普通高等教育一流本科专业建设成果教材

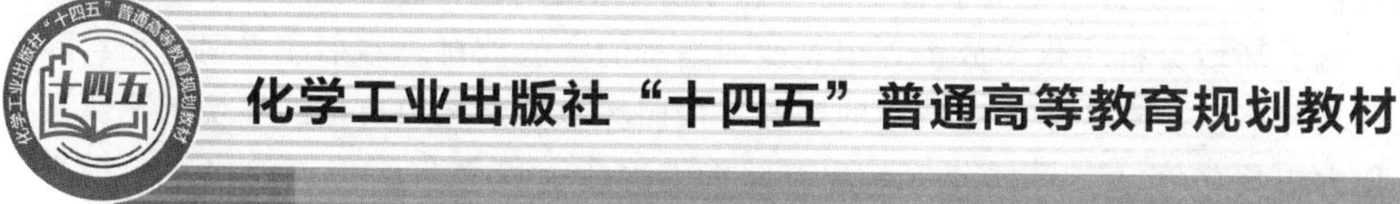

化学工业出版社“十四五”普通高等教育规划教材

环境分析监测实验

王　灿　黄建军　主编

化学工业出版社
·北京·

内容简介

《环境分析监测实验》是针对高等教育的特点和培养目标，为环境科学、环境工程专业本科生的环境监测、环境分析、化学分析等相关课程编写的实验教材。本书注重理论和实际相结合，突出环境分析监测专业素质和技能的培养，按照环境要素选取典型的环境指标及其分析监测方法作为主要内容。在具体分析监测方法的选择上，既考虑了传统的化学分析方法，也考虑了当前先进的仪器分析方法。在内容编写上，尽量翔实具体，便于实验教学工作的开展。全书分为六章。第一章为绪论。第二章至第六章共 50 个实验。第二章至第五章包括水质分析监测、大气分析监测、土壤分析监测、生物分析监测四个方面的技术实验。第六章为拓展实验，能够满足对实验难度有更高要求的高校师生。

本书可作为高等学校环境科学、环境工程、给水排水、市政工程及相关专业本科生的实验教材，也可供相关专业的研究生以及从事水、气、固、生物监测等方面工作的科研和工程技术人员参考。

图书在版编目（CIP）数据

环境分析监测实验 / 王灿，黄建军主编．—北京：化学工业出版社，2024. 4

普通高等教育一流本科专业建设成果教材

ISBN 978-7-122-45176-7

Ⅰ. ①环… Ⅱ. ①王… ②黄… Ⅲ. ①环境监测-高等学校-教材 Ⅳ. ①X83

中国国家版本馆 CIP 数据核字（2024）第 053090 号

责任编辑：满悦芝　　文字编辑：李　静　杨振美
责任校对：王　静　　装帧设计：张　辉

出版发行：化学工业出版社
（北京市东城区青年湖南街 13 号　邮政编码 100011）
印　　刷：北京云浩印刷有限责任公司
装　　订：三河市振勇印装有限公司
787mm×1092mm　1/16　印张 18¼　字数 457 千字
2024 年 6 月北京第 1 版第 1 次印刷

购书咨询：010-64518888　　售后服务：010-64518899
网　　址：http://www.cip.com.cn
凡购买本书，如有缺损质量问题，本社销售中心负责调换。

定　　价：65.00 元

《环境分析监测实验》编写人员名单

主　　　编　王　灿　黄建军

其他编写人员　（按姓名汉语拼音排序）：

程　荣　迟　杰　龚建宇

哈　莹　刘　翔　吴水平

杨仲禹　翟洪艳　赵　欣

赵金娟

前 言

环境分析监测是环境科学研究、环境工程设计、环境保护管理和政府决策等不可缺少的重要手段。环境分析监测的目的是准确、及时、全面地反映环境质量现状及其发展趋势，为环境管理、环境规划、环境评价以及污染控制与治理等提供科学依据。本书以实验为载体，针对高等教育的特点和培养目标，注重理论和实际相结合，从环境分析与监测的实际需求出发，通过对具体环境指标的含义、分析方法的基本原理深入浅出的阐述，强调实验的可操作性、规范性、指导性和实用性，重点培养环境相关专业学生的实验操作能力。本书可作为环境科学、环境工程专业本科生环境监测、环境分析、化学分析等相关课程的实验教材，为实验教学工作的开展提供借鉴和参考。

本书按照环境要素选取典型的环境指标及其分析监测方法作为主要内容。在具体分析监测方法的选择上，既考虑了传统的化学分析方法，也考虑了当前先进的仪器分析方法。在内容编写上，尽量翔实具体，便于实验教学工作的开展。全书分为六章，共 50 个实验，包括水质分析监测、大气分析监测、土壤分析监测、生物分析监测四个方面的技术实验，还设置了拓展实验，能够满足对实验难度有更高要求的高校师生。

本书由多所高校从事环境分析监测实验教学的教师共同编写。第一章由黄建军、哈莹编写；第二章由龚建宇、翟洪艳、赵金娟、赵欣、哈莹、程荣、迟杰编写；第三章由王灿、赵欣、吴水平编写；第四章由杨仲禹、翟洪艳、赵金娟、迟杰编写；第五章由刘翔、程荣编写；第六章由哈莹、程荣、吴水平、杨仲禹、龚建宇编写。王灿、黄建军负责确定内容框架并进行全书的统稿工作。此外，刘力铭、王佳易、刘俊江、史越、韩雨欣、李佳敏、梁梓梦、崔文杰、李欣宇、陈婷、蒋杉、吕昊、谢星炜、陈雅婷等同学参加了本书的文字校核和整理等工作。在此对参与本书编写的老师、同学表示衷心的感谢。

本书在编写过程中参考了大量的教材、专著以及相关资料，在此对这些作者表示感谢。由于编者知识水平有限，本书难免存在疏漏和不足之处，欢迎读者批评指正。

编者

2024 年 1 月 1 日于北洋园

目　录

第一章
绪　论

第一节　环境分析监测技术概述、发展、特点

一、环境分析监测技术概述

生态环境本身属于闭合性循环系统，原始的生态环境可以自行调节修复，从而达到生态平衡。近年来，随着经济的迅速发展，城市化进程不断加快，工业文明的发展带来了更多的污染物和污染源，打破了生态系统原有的平衡状态，环境问题日益严峻。而环境的质量与人们的生产生活息息相关，因此，保护环境刻不容缓。为了更好地应对人类社会发展与环境恶化之间的矛盾，需要对环境中污染物（特别是某些危害大的污染物）的来源、性质、含量及分布状态进行细致的调查和分析。在这一过程中，逐步形成了一门新的分支学科——环境分析化学，简称环境分析。但其是以化学分析为主要手段，取得对测定对象定时、定点、间断的、局部的分析结果，不能适应及时、准确、全面地反映环境质量和污染源动态变化的要求。因此，在环境分析的基础上又发展出环境监测（environmental monitoring）这一新的学科。环境监测是指运用各种分析、测试手段，对影响环境质量因素的代表值进行测定和监控，实时了解环境质量变化，确定环境质量状况及其变化趋势，为环境管理与规划、污染预防与治理等工作提供基本的保障。环境监测不仅是加强环境监督与管理的重要手段，也是保护环境的前提，更是环境影响评价、环境化学、环境物理学、环境医学、环境管理学、环境工程学、环境经济学以及环境法学等学科的基础。由此可知，环境监测在人类防治环境污染，解决现存的或潜在的环境问题，改善生活环境和生态环境，协调人类和环境的关系，以及最终实现人类的可持续发展的活动中，都起着举足轻重的作用。

科学、合理地开展环境监测工作，能够更好地找到污染源，有效地掌握当前的实际环境问题，并根据实际情况制定相应的优化方案，继而促进环保工作的有序进行。在这一过程中就需要用到各种环境分析监测技术。所谓的环境分析监测技术就是指对自然环境中所包含的各类污染物进行有规律的监测，以确定环境质量及其变化趋势的一系列方法或手段。在该技术的实际应用过程中，需对影响环境质量的相关因素进行监视与测定，从而获取相对应的环境数据与信息，并以此来判断环境变化的趋势。监测对象包含反映环境变化的诸多因素。以监测的介质（环境要素）为对象，可分为水质监测（各种环境水和废水的监测技术）、大气监测（包括环境空气和废气的监测技术）、土壤与固体废物监测、噪声监测、放射性监测、电磁辐射监测等。从测定内容方面，则主要可以分为以下三类。

（1）化学指标的监测

应用环境化学分析技术主要针对化学污染物进行监测，包括各种物质在空气、水体、土壤、生物体内水平的测定。

（2）物理指标的监测

应用环境物理计量技术主要针对能量污染进行监测，包括噪声、振动、热能、电磁波、放射性等水平的监测。

（3）生物、生态系统的监测

应用环境生物计量技术监测主要生物体及其代谢产物污染，包括生物体内的核酸、蛋白质、生物活性成分、代谢产物等物质。

由此可见，现阶段环境分析监测技术通过对环境质量进行全方位的综合测评，能够就所监测区域的环境现状予以实时的反映。当前环境分析监测技术所涉及的学科较为复杂，因此，在应用各种学科展开环境监测分析的同时，也需加强对多种学科知识的掌握与应用，以此来对现有的环境分析监测技术进行不断的升级与提高。根据所采用的手段和方法的不同，环境分析监测技术主要可以分为以下三类。

（1）化学技术

化学技术是指采用化学方法对环境中污染物的成分及状态与结构进行分析的技术。目前，常采用的化学分析方法主要包括：质量法，常用于残渣、降尘、油类、硫酸盐等的测定；容量法，常用于水中酸度、碱度、化学需氧量、溶解氧、硫化物、氰化物的测定。

（2）物理技术

物理技术是指采用基于物理或物理化学的分析方法对环境中污染物的成分及状态与结构进行分析的技术。目前，常采用的方法是仪器分析方法，主要包括光谱分析法（可见分光光度法、紫外分光光度法、红外光谱法、原子吸收光谱法、原子发射光谱法、X射线荧光光谱分析法、荧光分析法、化学发光分析法等）、色谱分析法（气相色谱法、高效液相色谱法、薄层色谱法、离子色谱法、色谱-质谱联用技术）、电化学分析法（极谱法、溶出伏安法、电导分析法、电位分析法、离子选择电极法、库仑分析法）、放射分析法（同位素稀释法、中子活化分析法）和流动注射分析法等。现阶段，仪器分析方法已被广泛应用于环境中污染物的定性和定量分析。例如，分光光度法常用于大部分金属和无机物的测定，气相色谱法常用于有机物的测定，紫外光谱、红外光谱、质谱及核磁共振等技术常用于污染物状态和结构的分析。

（3）生物技术

生物技术是指利用生物学的原理和方法，通过测量生物体内污染物的含量、观察生物在污染环境中的受害症状、研究生物的生理生化反应及生物群落结构和物种变化等手段来评估和理解环境质量状况的技术。例如，利用某些对特定污染物敏感的植物或动物在环境中受伤害的症状可以对空气或水的污染做出定性和定量的判断。

综上所述，环境分析监测技术可以根据环境变化采取不同手段为防治方案提供更加精准的数据支持，随着环境监测能力的提升，也可以对环境保护方案的实施效果进行评价。因此，提高环境分析监测技术的实践质量，对于环境保护具有重要价值。

二、环境分析监测技术的发展

（一）环境分析监测技术的发展历程

环境污染自古就有，而环境科学这一研究领域却到了20世纪50年代才开始崭露头角。

由于早期危害较大的环境污染事件是由化学毒物所造成的，因此，人们开始对环境污染物进行化学分析以确定其组成和含量，而这一过程也催生了环境分析这门学科。一般情况下，环境污染物的浓度属于痕量级甚至更低水平，并且基体复杂，流动性变异大，又涉及空间分布及变化，这就对分析的灵敏度、准确度、分辨率和分析速度等提出了很高要求。由此可见，环境分析这门学科的发展实际上是分析化学的发展，而这一阶段也被称为污染监测阶段或被动监测阶段。

到了 20 世纪 70 年代，随着科学的发展，人们逐渐认识到影响环境质量的因素不仅有化学因素，还有物理因素，例如噪声、光、热、电磁辐射、放射性等。因此，用生物的群落、受害症状等的变化作为判断环境质量的标准更为确切可靠。此外，某一化学毒物的含量仅是影响环境质量的因素之一，环境中各种污染物之间、污染物与其他物质之间还存在着叠加或抵消作用，这种相互作用也会对环境产生影响。因此，环境分析只是环境监测的一部分。环境分析监测技术不仅可以采用化学方法，还可以采用物理方法和生物方法等。同时，环境污染的监测区域也从点污染的监测发展到面污染以及区域性污染的监测。因此，这一阶段被称为环境监测阶段，也称为主动监测或目的监测阶段。

到了 20 世纪 80 年代初，发达国家相继建立了自动连续监测系统，并采用遥感和遥测技术，通过电子计算机遥控监测设备，用有线或无线传输的方式将数据输送到监测中心控制室，经电子计算机处理，可以自动生成指定的报表，绘制污染情况和浓度分布图，从而可以在极短的时间内观察到空气和水体污染程度的变化，并预测预报未来环境质量，当污染程度接近或超过环境标准时，可发布指令、通告，并采取保护措施。因此，这一阶段被称为防止监测阶段或自动监测阶段。

进入 21 世纪之后，监测技术得到了快速发展，许多新技术已经开始应用于监测过程中。例如，气相色谱-原子吸收光谱联用技术有效地结合了色谱和光谱两项技术的优势，实现了优势互补。然而，值得关注的是，虽然大型、自动、连续的监测系统在发展中占据了重要地位，但小型、便携式和快速监测技术的研究也越来越重要。尤其在面临突发污染事件时，这种情况可能会瞬间造成重大伤害，大型仪器可能无法及时使用，此时，便携式和快速测定技术的重要性就体现出来了，这对于野外环境同样适用。目前，已投入应用的环境分析监测技术还有以下三种。

（1）3S 技术

全球定位系统（global positioning system，GPS）技术、地理信息系统（geographic information system，GIS）技术与遥感（remote sensing，RS）技术被并称为 3S 技术。将这三种技术融合应用到环境监测工作中，可以大幅度提升信息获取与分析工作成效。比如，在监测水资源时，3S 技术可以快速地进行水环境调查，并高效地进行水资源评价、生态环境变迁分析与水体富营养化检测等多项工作内容。此外，3S 技术在湿地环境监测工作中也取得了良好的应用成效。

（2）现代生物技术

随着现代生物技术的飞速发展，以现代生物技术为代表的高新技术在环境科学领域中的应用越来越广泛。现代生物技术是以 DNA 重组技术的建立为标志的多学科交叉的新兴综合性技术体系，其应用于环境监测领域构成了现代生物监测技术。其中，具有代表性的生物大分子标记物监测技术和聚合酶链反应（polymerase chain reaction，PCR）技术已被广泛运用于各种实际的环境监测中。具体来说，PCR 技术在环境监测中的应用主要体现在检测和分析环境中的微生物以及分析环境中微生物群落的结构和多样性，其最大的优势在于能够快速有效地进行检测。而生物大分子标记物监测技术在环境监测中的应用主要体现在对生物体中某些关键生物大分子的跟踪和定量以及监测环境中的特定污染物。相比之下，后者的应用更具预警性与实用性，在对现有生态问题的分析与解决上有着重要的应用价值。此外，当今研究和应用比较广泛的生物技术还有单细胞凝胶电泳、生物传感器、酶联免疫技术等。

(3) 信息技术

信息技术已经广泛渗透到各个领域，在当代的环境监测实践中，信息技术也已经崭露头角，成为新型的监测手段。例如，运用无线传感器网络技术可以显著提升数据传输的效率和质量。另外，平面光波导（planar lightwave circuit，PLC）技术在环境监测中展现出了出色的防尘和抗震性能，在一些严苛的环境条件下也能发挥作用，尤其在雨水频繁的天气状况下，PLC 技术能对雨水进行实时、动态的监测，从而为抗洪等工作提供重要的信息支持。

（二）环境分析监测技术的未来发展趋势

(1) 增强环境监测的精度

为了提高我国环境监测的精准性，需要不断推动相关技术的发展，使其应用到环境分析监测技术中，以解决环境监测过程中出现的问题。由于部分有害污染物（例如丙烯基三丁基锡、双酚 A 等）在排放过程中具有不易被辨识的特点，常规的环境分析监测技术往往难以准确检测这些物质，但这些污染物会对环境造成巨大的破坏。因此，必须推动超痕量分析技术在环境监测领域的应用，从而提高环境分析监测技术对有害污染物的检测准确度。利用新型科学技术手段改进环境分析监测技术不仅可以增强监测效率和效果，还可以提升我国环境监测的整体质量，从而确保我国的环境保护工作更加有效地进行。

(2) 强化有毒有害物质的监控力度

在实际情况中，有毒有害物质以多种形态存在，并可能直接危害人体健康。因此，在未来的环境监测工作中，监测部门或团队应当制定具有针对性的策略，实行动态化的监控，以便对这些有毒有害物质进行有效管理。

三、环境分析监测技术的特点

环境监测是环境保护工作的基础，是环境保护法规的执行依据，是污染治理、环境科研、设计规划、环境管理中不可缺少的手段，也是环境质量评价的重要组成部分，因此环境监测是环境保护工作的“眼睛”。一般情况下，环境监测工作可以分为现场调查、制订计划、优化布点、样品采集、分析测试以及数据收集、综合评价等几大环节，遵循这一流程，能有效地对环境现状进行监测。随着现代科学技术的不断发展，监测过程中所涉及的内容也更加丰富。除了传统技术条件下的监测对象之外，现在的环境监测还涉及振动、噪声和光等方面的监测，从而使得对环境现状的评估更为全面和准确。因此，环境监测面临的任务愈加繁重，再加上污染物种类繁多、组成复杂、性质各异，其中大多数物质在环境中的含量极低，属于微量级甚至痕量级、超痕量级，而且污染物之间还有相互作用，分析测定时会相互干扰，这就要求环境监测方法达到“三高”，即高灵敏度、高准确度和高分辨率。此外，环境监测不仅要对环境污染进行追踪和预报，还要对环境质量进行监督和鉴定，因此就需要有必要数量的具代表性和可比性的数据以及高效、准确的自动在线监测手段。这就要求环境监测达到“三化”，即自动化、标准化和计算机化。环境监测涉及的知识面广、专业面宽，不仅需要有坚实的分析化学基础，还需要有足够的物理学、生物学、生态学、水文学、气象学、地学和工程学等多方面的知识。另外，在进行环境质量调查或鉴定时，环境监测也不能回避社会性问题，必须考虑一定的评价因素。由此可见，环境监测还具有多学科性、综合性和社会性等特征。

第二节　环境分析监测的基础知识

一、实验室安全知识

（一）实验室安全常识

① 进入实验室需统一穿好实验服，穿不露脚趾的满口鞋，长发必须束起。接触危险试剂时必须佩戴合适的手套、口罩及安全护目镜。严禁将食物、饮用水等带入实验室。

② 进入实验室后，必须首先了解和熟悉实验环境，如水阀门及电闸位置等，特别注意安全用具（如灭火器等）的放置地点及使用方法。

③ 在开始实验前，应检查仪器是否完好，装置是否安装正确，全部检查无误后再着手实验。

④ 实验中应严格遵守操作规程，不得擅自改变实验条件。

⑤ 做实验时要严肃认真，集中注意力进行观察，并及时将观察到的现象和实验结果记录在实验报告本上，同时要经常注意仪器有无破碎、漏气，反应是否正常。

⑥ 实验室内的药品严禁混合放置，以免发生意外。

⑦ 试剂、溶剂的瓶盖和瓶塞不可混淆使用，以免造成污染。

⑧ 使用电气设备时，应注意两台以上大功率仪器分时使用，避免用电超负荷而发生意外；同时还应严防触电，切不可用潮湿的手去接触电闸和电器开关。

⑨ 公用的仪器和试剂要轻拿轻放，用后立刻放回原处，并保持其整洁完好。

⑩ 为防止火灾的发生，实验室应避免长时间使用明火。

⑪ 实验室要保持整齐、清洁，桌上不要放不用的仪器或药品，要保持水槽、仪器、桌面、地面的干净整洁，废纸、火柴梗等应放入指定的废物缸，切勿丢入水槽，以免堵塞下水管道。

⑫ 废酸、废碱等废液应倒入指定的废液缸中，禁止倒入水槽，以免腐蚀水管和发生事故。有机废液要倒入回收瓶中，集中处理。

⑬ 做完实验后，将仪器洗净、放好，并清理实验台。值日生负责打扫实验室，清理水槽、药品台、地面，切断所有水、电、气开关，并关好门窗。

（二）实验室事故预防及应急处理方法

1. 中毒事故的预防及应急处理方法

（1）预防方法

实验室中大多数化学试剂都或多或少具有毒性。当有毒物质不慎侵入人体时，便会导致中毒，严重时甚至危及生命。还有一些有毒物质会在人体内长期积累，导致慢性中毒。

有毒物质往往通过呼吸吸入、皮肤渗入、误食等方式引起中毒。

实验过程中经常需要使用有毒气体，如硫化氢、氟化氢、氯气、一氧化碳等，同时化学反应中也时常产生大量有毒气体，如二氧化硫、氯化氢、氮的各种氧化物、氨气等，这些气体都能通过呼吸道进入人体。大部分有毒气体有异味且易于觉察，但吸入时间久了以后，会使人的嗅觉减弱而不易察觉，因此必须严加警惕。还有许多有机试剂往往能散发出令人愉快的气味，但它们绝大部分是有毒物质，如苯、硝基苯、乙醚等，吸入它们的蒸气，同样也会导致中毒。

为了防止这些无孔不入的毒气进入人体，涉及下述有毒气体的操作一定要在通风良好的通风橱中进行：

① 涉及氯气、硫化氢、一氧化碳等有毒气体的实验；

② 蒸发各种酸，如盐酸、硝酸、硫酸、氢氟酸等的实验操作；

③ 在硝酸中溶解各种金属、矿石或其他物质（会产生氮的各种氧化物）；

④ 用氯酸钾或其他氧化剂处理盐酸溶液时（会产生氯气）；

⑤ 酸与通常含有砷的工业锌作用（产生砷化氢气体）；

⑥ 对含有氰化物、硫氰化物、可溶性硫化物和溴盐的溶液进行酸化时（会产生氰化氢、硫化氢和溴化氢等气体）；

⑦ 蒸发含有硫化氢的溶液以及向硫化氢发生器添加试剂或洗涤发生器时（会有大量硫化氢气体排出）；

⑧ 倾倒液溴和各种发烟浓酸时（会有大量有毒气体放出）；

⑨ 灼烧含有硫、汞、砷的沉淀物时（会产生有毒气体）。

在使用通风橱时，应将通风橱中所有的门都关好，仅留一小缝，以便空气流通。通风开启后，切勿将头伸入橱内。在拆卸装有毒气的实验装置之前，必须先用空气或水将毒气从仪器内排出（在通风橱中进行），然后进行拆卸。在需要用鼻子鉴别试剂气味的情况下，应将盛放试剂的容器远离鼻子，用手轻轻扇动，稍闻气味即可，严禁用鼻子直接对着盛放试剂的容器嗅闻气味。在实验室中，应经常用排风装置进行排风，保持室内空气新鲜。

液体有毒物质除了会产生有毒气体外，接触或误食也会引发中毒；固体有毒物质的蒸气压较低，一般不会自动逸出有毒气体进入人体呼吸道，但也需避免接触与误食。液体或固体有毒物质中毒的具体预防措施如下。

① 严禁在实验室内饮水或吃东西。

② 严禁将饮水杯、盛放食物的器皿带入实验室，以防被有毒物质沾污。

③ 严禁在实验室内吸烟。实验过程中双手容易沾染上有毒物质，接触纸烟有可能因此发生中毒事故。

④ 在进行涉及有毒试剂的实验操作时，一定要穿好实验服，以免有毒物质沾污衣服；佩戴口罩及护目镜，避免有毒物质通过口眼鼻等进入人体，尤其在粉碎或研磨固体物质时，一定要戴上防尘口罩，细心操作；部分有毒物质能通过皮肤表面的破损处进入人体，并通过血液循环散布全身，因此，在进行涉及有毒物质的实验操作时，一定要戴上胶皮手套，防止将有毒物质沾染到手上。

⑤ 严禁用手直接接触有毒物质。不慎将有毒物质沾到皮肤上应当立即用大量清水和肥皂洗去，切忌用有机溶剂，否则会加快有毒物质渗入皮肤的速度。

⑥ 采用移液管吸取含有毒物质的溶液时，应使用橡胶洗耳球，禁止用口吸取。同时，移液管要伸入液面下，小心吸取。

⑦ 切勿将有毒物质洒落在实验台上，有毒物质溅落在桌面或地面上应及时除去，例如

不慎将汞洒落在地上，应立即尽量收集起来，并用硫黄粉覆盖在洒落的地方。

⑧ 实验室内盛装有毒物质的器皿要贴标签进行标注，用后及时清洗，经常使用有毒物质进行实验的操作台及水槽也要进行标注。

⑨ 实验后的有毒残渣必须按照实验室规定进行处理，不得乱丢。

⑩ 离开化学实验室时，首先应洗净双手，切勿使用实验室内的抹布擦干。

(2) 应急处理方法

当发生急性中毒时，紧急处理十分重要。在进行有毒物质实验操作的过程中，若出现咽喉灼痛、嘴唇脱色或发绀、胃部痉挛或恶心呕吐、心悸头晕等症状，可能是中毒所导致的，应立即采用下列方法进行急救。

① 吸入有毒气体时，应立即将中毒者转移到室外空气新鲜的地方，解开衣服，放松身体。若呼吸能力减弱，要马上进行人工呼吸，但不要采取口对口法。

② 不慎误食有毒物质时，若有毒物质尚在嘴里，应立即吐掉，并用大量水漱口；若已咽下，则须用手指或汤匙的柄摩擦中毒者的喉头或舌根，使其呕吐；若用上述方法还不能催吐，可口服吐根糖浆（催吐剂之一）15mL 并饮水 500mL，或在 80mL 热水中溶解一茶匙食盐给以饮服（但吞食酸、碱等腐蚀性药品或烃类液体时易形成胃穿孔，或胃中的食物吐出时易进入气管，因此，遇到此类情况，千万不可进行催吐）。绝大部分有毒物质会在 4h 内从胃转移到肠内，在这段时间内，为了降低胃液中药品的浓度，延缓毒物被人体吸收的速度，并保护胃黏膜，可服用牛奶、面粉、淀粉、打溶的鸡蛋、土豆泥的悬浮液以及水等。如果暂时无法获取以上物品，可在 500mL 的蒸馏水中加入 50g 活性炭，充分摇动润湿，用前再加 400mL 蒸馏水，分次少量吞服（一般 10～15g 活性炭大约可吸收 1g 毒物）。

③ 有毒物质沾染皮肤时，应立即用自来水不断淋湿皮肤；若同时沾染到衣服上，应一面脱去衣服，一面在皮肤上浇水。切勿使用化学解毒剂冲洗。

④ 有毒物质进入眼睛时，应及时撑开眼睑，用水冲洗 4～5min，切勿使用化学解毒剂冲洗。

在进行应急处理的同时，要尽快将中毒者送往医院或找医生治疗，并告知引起中毒的化学药品种类和数量以及中毒情况（包括吞食、吸入或沾到皮肤等）、发生中毒的时间等。若中毒者表现为痉挛或昏迷，则非专业医务人员不可随便处理。

(3) 常用无机化学试剂中毒的具体应急处理措施

① 强酸。呼吸道吸入中毒需在必要时让中毒者吸氧。

不慎吞服时，一般禁止催吐，应立即服用 2.5%氧化镁溶液或镁乳（75%氢氧化镁混悬液），或者牛奶、水等，迅速将强酸稀释，然后食用打溶的鸡蛋，同时可以喝一些植物油，保护消化道及胃黏膜。不要服用碳酸钠或碳酸氢钠，因为会产生大量二氧化碳气体，加重胃损伤。

皮肤接触中毒时，应首先用大量水冲洗 10～15min，切勿立即进行中和，因为会产生中和热，有进一步扩大伤害面积的危险。须经过充分水洗之后，再用碳酸氢钠之类的碱性溶液或肥皂液进行洗涤，严禁使用强碱溶液，以免加重伤害。

眼睛接触到强酸时，应该立即用清水冲洗，冲洗时应将面部完全浸入水中，两眼睁大，头部在水中左右晃动，如此反复。

② 强碱。呼吸道吸入中毒需在必要时让中毒者吸氧。

不慎吞服时，一般禁止催吐，应立即口服弱酸溶液如食用醋、1%～3%醋酸、1%稀盐酸、橘汁或柠檬汁等，可以再喝一些生蛋清、牛奶、橄榄油或其他植物油，以减少强碱对消化道及胃部的损害。

沾触皮肤时，应尽快用水冲洗至皮肤不滑为止，然后用经水稀释的醋酸或柠檬汁等进行中和。若中毒者接触的是生石灰，则应先使用油类物质除去生石灰，再用水进行冲洗。

眼睛接触到强碱时，应该立即用清水冲洗，冲洗时应将面部完全浸入水中，两眼睁大，头部在水中左右晃动，如此反复。

③ 草酸。误食草酸时，可以进行催吐，口服钙盐溶液（例如在 200mL 水中溶解 30g 丁酸钙制成的溶液），使其生成草酸钙沉淀，减少草酸的吸收。再喝一些牛奶或水等来稀释草酸，减少对胃部的刺激。

皮肤上沾染了草酸，应立即用大量的水冲洗，再用肥皂水清洗。

④ 一氧化碳。应立即将中毒者转移到室外空气新鲜的地方，使中毒者躺下，并加以保暖。为了使中毒者尽量减少氧气的消耗量，一定要使其保持安静。若中毒者有呕吐现象，要及时帮其清除呕吐物，以确保呼吸道畅通，同时有条件的话，应让中毒者吸氧。

⑤ 氨气。应立即将中毒者转移到室外空气新鲜的地方，保持安静。当氨气进入眼睛时，应让中毒者躺下，用水冲洗眼角膜 5～8min 后，再用稀醋酸或稀硼酸溶液冲洗。

⑥ 卤素气体。应立即将中毒者转移到室外空气新鲜的地方，保持安静。若吸入氯气，应给中毒者嗅乙醚与乙醇（1∶1）混合蒸气；若吸入溴蒸气，则应给中毒者嗅稀氨水。

⑦ 汞及其化合物。吸入性汞中毒应首先撤离现场，呼吸新鲜空气。若沾染到皮肤上，用大量水冲洗即可。误食中毒者应及时催吐，然后可以喝一些高蛋白食物如蛋清、牛奶、豆浆等。切忌饮用盐水，否则会有增加汞吸收的可能。

⑧ 铬盐、钡盐及铜盐。误食这些有毒物质，应先进行催吐，并尽快让中毒者服用蛋清、牛奶等高蛋白食物，有利于保护胃部的消化道黏膜。

⑨ 硝酸银。误食硝酸银，应先将 3～4 茶匙食盐溶于一杯水中给中毒者喝下，然后进行催吐，之后可以给中毒者喝一些牛奶、蛋清，以保护胃及消化道。

⑩ 氰化物。吸入氰化物时，应立即将中毒者转移到室外空气新鲜的地方。然后将沾有氰化物的衣服脱去，用清水反复冲洗眼睛、鼻腔、口腔，必要时要进行心肺复苏。

误食氰化物，同样需将中毒者转移到空气新鲜的地方，并用手指或汤匙柄摩擦患者的舌根部来催吐。

（4）常用有机化学试剂中毒的具体应急处理措施

① 甲醇。吸入中毒时，应立即将中毒者转移到室外空气新鲜的地方。若为误食中毒，则可先进行催吐，再口服乙醇葡萄糖溶液（通常在 5%～10%葡萄糖溶液中加入乙醇，配成 10%的乙醇葡萄糖溶液）来抑制甲醇代谢，从而减轻毒性。

② 乙醇。应立即催吐，并饮用温开水、淡盐水、糖水、蜂蜜水等，以降低血液中的乙醇浓度，加快乙醇的排出。

③ 酚类化合物。急性吸入中毒时，应立即撤离刺激性气体环境，转移到室外空气新鲜的地方。

误食中毒时，应及时催吐，可以喝一些食用醋，再喝一些牛奶、蛋清或植物油来保护胃及消化道。

皮肤灼伤中毒时，立即脱去被污染的衣服，并立即用大量流动水冲洗 10～15min。灼伤面积小时可用 50%酒精擦拭创面，或用甘油与聚乙二醇或乙醇与聚乙二醇的混合液擦拭皮肤，然后用大量清水冲洗，并用碳酸氢钠等弱碱中和。切勿在冲洗前使用中和剂，否则将产生中和热，加重灼伤。

眼睛接触时，需用生理盐水、冷开水或清水至少冲洗 15min。

④ 甲醛、乙醛、丙酮。吸入中毒时应立即撤离现场，呼吸新鲜空气。皮肤中毒时可用大量清水冲洗沾染皮肤，再用肥皂水或 2%碳酸氢钠溶液进行清洗。溅入眼内须立即使用大量清水或生理盐水冲洗。误食中毒时不可催吐，可以喝蛋清、牛奶等来保护胃和消化道。

⑤ 氯仿。吸入式中毒时，应立即将中毒者转移到室外空气新鲜的地方，并使中毒者的头降低，让中毒者伸出舌头，保持呼吸道畅通。若不慎进入眼中，应立即用大量水冲洗。如接触皮肤，可用大量清水冲洗，再用肥皂水进行清洗。误食中毒则需要立即催吐，并饮用大量水，不可喝咖啡等有刺激性的饮品。

2. 火灾事故的预防及应急处理方法

(1) 预防方法

在使用苯、乙醇、乙醚、丙酮等易挥发、易燃烧的有机溶剂时，如操作不当，易引起火灾事故。为了防止事故发生，必须随时注意以下几点。

① 使用易燃溶剂时，应远离火源、热源；不要把未熄灭的火柴梗乱丢；易发生自燃的物质（如白磷等）及沾有该物质的滤纸，不能随意丢弃，以免产生新的火源，引发火灾事故。

② 实验前应仔细检查仪器装置是否正确、稳妥与严密；操作过程要求正确、规范；对沸点低于 80℃的液体，一般蒸馏时应采用水浴加热，不能直接用明火加热；实验过程中应防止有机物蒸气外逸，更不要用敞口容器加热；若要进行除去溶剂的操作，则必须在通风橱内进行。

③ 进行加热、蒸发等操作时，不得擅自离开实验室。烘箱不能进行蒸发操作，能够产生腐蚀性气体的物质或易燃物质均不可放入烘箱内。

④ 身上或手上沾有易燃物质时，应立即清洗干净，不得靠近火源；当衣服上沾有氧化剂溶液时，稍微遇热就会着火继而引起火灾，因此须注意及时清洗。

⑤ 实验室内禁止存放大量易燃物。

(2) 应急处理方法

实验中一旦发生了火灾，切不可惊慌失措，应保持镇静。首先立即切断室内一切火源和电源，然后根据具体情况正确地进行抢救和灭火。常用的方法有以下几种。

① 在易燃液体着火时，应立即拿开着火区域内的一切可燃物质，关闭通风器，防止扩大燃烧范围。

② 有机溶剂着火时，应用石棉布、干沙扑灭或使用二氧化碳灭火器、干粉灭火器灭火。绝对不能用水灭火，否则会扩大燃烧面积。

③ 金属钾、钠或锂着火时，可用干沙、石墨粉扑灭，绝对不能用水、泡沫灭火器、二氧化碳灭火器、四氯化碳灭火器等灭火。

④ 电气设备导线等着火时，应先切断电源，再用二氧化碳或四氯化碳灭火器灭火，严禁用水及泡沫灭火器，以免触电。

⑤ 衣服着火时，千万不要奔跑，应立即用石棉布或厚外衣盖熄，或者迅速脱下衣服；火势较大时，应卧地打滚以扑灭火焰。

⑥发现烘箱有异味或冒烟时，应迅速切断电源，使其慢慢降温，并准备好灭火器。千万

不要急于打开烘箱门，以免突然进入空气助燃（爆）引起火灾。

⑦ 发生火灾时应注意尽快逃离现场，发生较大的火灾应立即报警。若有伤势较重者，应立即送医。

⑧ 熟悉实验室内灭火器材的位置和灭火器的使用方法。例如：手提式干粉灭火器使用方法为撕掉小铅块，拔出保险销；再用一手压下压把后提起灭火器，另一手握住喷嘴，将干粉射流喷向燃烧区火焰根部即可。

切记发生火灾时要做到三会：会报火警，会使用消防设施扑救初起火灾，会自救逃生。

3. 爆炸事故的预防及应急处理方法

（1）预防方法

① 注意易爆试剂的使用，过氧化物、芳香族多硝基化合物、硝酸酯类化合物、干燥的重氮盐、叠氮化物、重金属的炔化物等均属于易爆试剂。所有易爆试剂在使用时，应远离火源、热源；芳香族多硝基化合物不宜在烘箱内干燥；含过氧化物的乙醚在蒸馏时有爆炸的危险，必须事先除去过氧化物，可加入硫酸亚铁的酸性溶液予以去除；乙醇和浓硝酸混合在一起会引起极强烈的爆炸，应避免混合。所有易爆固体的残渣都必须小心销毁。

② 仪器装置安装不正确或操作错误，有时会引起爆炸，例如：在常压下进行蒸馏或加热回流操作时，仪器必须与大气相通，切勿形成密闭系统，否则可能会发生爆炸事故；在蒸馏时要注意，不要将物料蒸干；在减压操作时，不能使用不耐压的玻璃仪器（如平底烧瓶或锥形瓶等）；对于放热量很大的合成反应，要小心地慢慢滴加物料，并注意冷却，同时要防止由于滴液漏斗活塞漏液而引发事故。

③ 氢气、乙炔、环氧乙烷等气体与空气混合达到一定比例时，会产生爆炸性混合物，遇明火即会爆炸。因此，在使用上述物质时必须严禁明火。

（2）应急处理方法

① 爆炸发生时，应立即卧倒，趴在地面上不要动，或手抱头部迅速蹲下，或借助其他物品掩护迅速就近找掩蔽体躲避。

② 爆炸引起火灾，烟雾弥漫时，要做适当防护，尽量不要吸入烟尘，防止灼伤呼吸道。

③ 立即打电话报警，如遇伤害，拨打救援电话求助或到就近医院救治。

④ 尽力帮助伤者，将伤者送到安全的地方，帮助止血，等待救援机构人员到场。

⑤ 撤离现场时，应尽量保持镇静，不要乱跑，防止再度引起恐慌，增加危险。

4. 触电事故的预防及应急处理方法

（1）预防方法

① 使用新电气设备之前，应了解使用方法和注意事项，不要盲目接电源。

② 各种电气设备均有一定使用范围，例如：导线粗细应根据电流大小正确选择；低压开关不得在高压电路上使用，否则有烧毁电器和触电的危险。

③ 实验中常使用的电炉、电热套、电动搅拌机等电气设备，在使用时应防止人体与电器导电部分（如石棉网金属丝与电炉电阻丝）直接接触；电热套内严禁滴入水或其他液体溶剂，以防电器短路。

④ 装置和设备的金属外壳等应连接地线，实验后应先关闭仪器开关，再将连接电源的插头拔下。

⑤ 不能湿手接触带电体，也不允许将电气设备、导线等置于潮湿的地方。

⑥ 使用长时间搁置的电气设备时，应先仔细检查其绝缘情况，如发现有损坏的地方，

应及时修理，不得勉强使用。

⑦ 检查电气设备是否漏电时，应采用试电笔。凡是漏电的仪器一律不能使用。

（2）应急处理方法

① 遇到触电事故时，首先应使触电者迅速脱离电源，可立即关闭电源或用绝缘物将电源线拨开。

② 抢救者在实施急救时必须做好防止触电的安全措施，手或脚必须绝缘，切勿徒手触碰触电者，以免抢救者自身被电流击倒。

③ 触电者脱离电源后，应抬至空气新鲜处。如情况不严重，可以在短时间内自行恢复知觉；若已停止呼吸，需要进行人工呼吸及心肺复苏，并及时送往医院救治。

5. 烧（灼）伤事故的预防及应急处理方法

（1）预防方法

实验室烧（灼）伤主要是灼热的物体、电流、腐蚀品等作用于人体所导致的局部组织伤害，因此，在实验操作过程中，应注意以下事项。

① 用烧杯等容器加热液体时，需十分小心，不可俯视正在加热的液体；用试管加热时，不能将试管口朝向别人或自己，以免在加热过程中液体溅出伤人；取下正在沸腾的水或溶液时，必须先用烧杯夹或隔热物品轻轻摇动后才能取下使用，以防止使用时突然沸腾溅出伤人。

② 稀释浓酸（特别是浓硫酸）时，必须在烧杯等耐热容器中进行，在玻璃棒的不断搅拌下，将浓酸慢慢地注入水中，不可将水倒入酸中。如果放热急剧，可稍停片刻，待冷却后再继续进行。

③ 搬运或倾倒浓酸、浓碱或强氧化剂等时，要小心谨慎，防止容器破碎、溶液洒到衣物或身体上。

（2）应急处理方法

发生烧伤时，作为应急处理措施，应及时对伤处进行冷却。冷却处理要在现场立即进行。烧着的衣物，应立即浇水灭火，然后用水洗去烧坏的衣物，并用剪刀慢慢剪去或直接脱去未烧坏的部分，此时一定要注意，千万不要触碰到烧伤面。冷却处理至少要维持 0.5～2h，冷却水的温度以控制在 10～15℃为宜，最好不要低于最低温度。为了防止发生疼痛和细胞损伤，烧伤后应迅速采用冷却的方法，在 6h 内效果较好。

对于不便洗涤的脸及躯干等部位，可用水润湿 2～3 条毛巾包上冰块，敷在烧伤面上。要十分注意，应经常移动毛巾，以防同一部位过冷。若为口腔灼伤，可让伤者口含冰块。即使是小面积烧伤，也必须进行长时间的冷却。如果烧伤部位皮肤并未破裂，可擦涂治疗烧伤的外用药物，以使患处尽早痊愈。若烧伤部位有皮肤破损或大面积烧伤，应用湿毛巾冷却后，用洁净的纱布覆盖伤处以防止感染，并尽快送医。

6. 烫伤事故的预防及应急处理方法

（1）预防方法

实验室中的烫伤事故经常由火焰、蒸汽、红热的玻璃及铁器造成，因此，在实验操作中，需注意以下事项。

① 在实验过程中，须严防过热的物体与身体任何部分接触。加热后的容器、装置等应放在隔热材料上，使其自然冷却。

② 在加热、蒸发等操作过程中，应远离所产生的蒸汽。

（2）应急处理方法

发生烫伤时，应立即将伤处用大量水冲淋或浸泡。若起水泡，不宜挑破。对于轻微烫伤，可采用10%的高锰酸钾溶液或烫伤药膏擦拭患处。严重烫伤时应立即送医治疗。

7. 割伤事故的预防及应急处理方法

（1）预防方法

实验室中的割伤事故主要是由玻璃仪器或玻璃管的破碎引发的。因此，为避免此类事故发生，须注意以下事项。

① 在进行实验前，应熟悉并掌握各种玻璃仪器的正确使用方法。

② 使用玻璃仪器或器皿前，应先进行检查，不要使用有裂纹的仪器或器皿。

③ 在将玻璃管、玻璃棒、漏斗或温度计插入塞子时，应注意塞孔大小是否合适，然后涂些甘油，再插入塞子。为防止玻璃管插入时折断而割伤皮肤，要在手上垫上抹布，并握住玻璃管靠近塞子的部分，另一只手应握住塞子侧面，慢慢地旋转将玻璃管插入塞子。

④ 在实验操作过程中，严格规范地使用各种玻璃仪器。

（2）应急处理方法

由玻璃片或玻璃管造成的轻微割伤，首先必须取出伤口处的碎玻璃片，用水洗净伤口，挤出一点血后，再进行消毒，并在伤口处贴上创可贴。

严重割伤的情况下，出血多，作为紧急处理，首先应止血，因为大量流血会引发休克。原则上可直接压迫损伤部位进行止血，即使损伤动脉，也可用手指或纱布直接压迫损伤部位进行止血。但需要注意的是，在进行压迫止血前须将伤口处的玻璃碎片以及残渣全部取出。若不取出就进行压迫止血，会将碎玻璃片压深。损伤四肢的血管时，可用毛巾等捆扎止血。用毛巾止血时，要将毛巾用力捆扎在靠近伤口部位的关键地方。由于长时间的压迫，末梢部位非常疼痛，可平均每5min放松一次，经过1min再捆扎起来。

二、实验室常用试剂存放及使用规范

试剂是监测分析实验中不可缺少的材料，试剂的质量及试剂选择是否恰当将直接影响到监测分析结果。因此，需要对试剂的分类、储存及使用等方面进行充分的了解，以免因试剂选择不当而影响监测分析结果。

（一）试剂的分类

下面分别从类别、状态、用途以及性能等方面对试剂进行分类。

1. 类别

（1）无机试剂

无机试剂按单质、氧化物、酸、碱、盐分出大类后，再考虑按照性质进行分类。

（2）有机试剂

有机试剂按烃类、烃的衍生物、糖类、蛋白质、其他高分子化合物、指示剂等进行分类。

2. 状态

按状态可分为固体试剂、液体试剂。

3. 用途

按用途可分为通用试剂、专用试剂。

4. 性能

按性能可分为危险试剂、非危险试剂等。

根据危险试剂的性质和储存要求又可分为以下几类。

(1) 易燃试剂

这类试剂是指在空气中能够自燃或遇其他物质容易引起燃烧的化学物质。根据存在状态或引起燃烧原因的不同，通常可分为：

① 易自燃试剂，如白磷（黄磷）等；

② 遇水燃烧试剂，如钠、钾、碳化钙等；

③ 易燃液体试剂，如苯、甲醇、乙醚等；

④ 易燃固体试剂，如硫、铝粉、红磷等。

(2) 易爆试剂

易爆试剂指由于自身结构或受外力作用发生剧烈化学反应而引起燃烧爆炸的化学物质，如过氧化物、过氯酸盐、叠氮化合物、聚氮化合物等。

(3) 氧化性试剂

氧化性试剂指对其他物质能起氧化作用而自身被还原的物质，部分氧化性试剂在一定条件下可放出氧气发生爆炸，如过氧化物、高氯酸及其盐、重铬酸及其盐、高锰酸及其盐等。

(4) 腐蚀性试剂

腐蚀性试剂指具有强烈腐蚀性，能因腐蚀作用破坏人体及其他物品，甚至引起燃烧、爆炸的化学物质，如强酸、强碱、无水氯化铝、三氯化磷、甲醛、苯酚等。

(5) 毒害性试剂

毒害性试剂指对人或生物以及环境有强烈毒害性的化学物质，如苯、溴、甲醇、氯仿、汞盐等。

根据非危险试剂的性质与储存要求可分为以下几类。

(1) 遇光易变质的试剂

这类试剂指受光线影响，本身易分解变质，或与空气中的成分发生化学反应的物质，如硝酸、硝酸银、硫化铵、硫酸亚铁等。

(2) 遇热易变质的试剂

这类试剂多为生物制品或不稳定的物质，高温条件下就会发生分解、发霉、发酵作用，有的常温下也如此，如硝酸铵、碳酸铵、琼脂等。

(3) 易冻结试剂

这类试剂的熔点或凝固点都在室温变化范围以内，因此，当室温高于其熔点或下降到其凝固点以下时，试剂会由于熔化或凝固而发生体积的收缩或膨胀，易造成试剂瓶的炸裂，如冰醋酸、晶体硫酸钠、晶体碘酸钠以及溴的水溶液等。

(4) 易风化试剂

这类试剂本身含有一定比例的结晶水，通常为晶体，常温下在干燥的空气中（一般相对湿度在 70%以下）可逐渐失去部分或全部结晶水，甚至变成粉末状态，使用时不易掌握其含量，如结晶碳酸钠、结晶硫酸铝、结晶硫酸镁、胆矾、明矾等。

(5) 易潮解试剂

这类试剂易吸收空气中的潮气（水分）发生潮解、变质，导致外形改变、含量降低甚至发生霉变等，如氯化铁、无水乙酸钠、甲基橙、琼脂、还原铁粉、铝银粉等。

（二）试剂的分级

常用的国产试剂按杂质含量的多少大致可分为优级纯、分析纯、化学纯、实验纯四个级别，具体见表 0-1。此外，还有高纯、光谱纯、基准、分光纯等级别。

表 0-1 试剂等级对照表

试剂规格	国际通用等级符号	等级	标签颜色	杂质含量
优级纯	GR	一级品	绿色	很低
分析纯	AR	二级品	红色	低
化学纯	CP	三级品	蓝色	略高于分析纯
实验纯	LR	四级品	棕色或黄色等	略高于化学纯

一般情况下，在环境样品的分析监测中，优级纯试剂可用于配制标准溶液；分析纯试剂常用于配制定量分析中的普通试液，通常未标明规格的试剂均指分析纯试剂；化学纯试剂则用于配制半定量或定性分析中的普通试液；实验纯试剂只能用于配制常用洗液。

（三）试剂的储存保管

1. 试剂存放基本原则

（1）密封

多数试剂要密封存放，必须密封存放的有以下三类：

① 易挥发的试剂，如浓盐酸、浓硝酸、浓溴水等；

② 易与水蒸气、二氧化碳作用的试剂，如无水氯化钙、氢氧化钠、水玻璃等；

③ 易被氧化的试剂（或还原性试剂），如亚硫酸钠、硫代硫酸钠、硫酸亚铁等。

（2）避光

见光或受热易分解的试剂需要避免光照，应放置于阴凉处，如硝酸、硝酸银等，一般需盛放在棕色试剂瓶中。

（3）防蚀

对有腐蚀作用的试剂，要注意防蚀，如氢氟酸不能放在玻璃瓶中，强氧化剂、有机溶剂不能用带橡胶塞的试剂瓶存放，碱液、水玻璃等不可用带玻璃塞的试剂瓶存放。

（4）抑制

对于易水解、易被氧化的试剂，要加入一些物质抑制水解或氧化作用，如氯化铁溶液中滴入少量盐酸，硫酸亚铁溶液中加入少量铁屑。

（5）隔离

易燃有机试剂要远离火源，强氧化剂（过氧化物或有强氧化性的含氧酸及其盐）要与易被氧化的物质（炭粉、硫化物等）分开存放。

（6）通风

多数试剂的存放要遵循这一原则，特别是易燃有机物、强氧化剂等。

（7）低温

对于室温下易发生反应的试剂，要采取低温保存措施，如苯乙烯和丙烯酸甲酯等不饱和烃及其衍生物在室温下易发生聚合，过氧化氢易发生分解，因此要在10℃以下的环境中保存。

（8）特殊

特殊试剂要采取特殊措施保存，如：钾、钠要放在煤油中；白磷放在水中；液溴极易挥发，要在其液面上覆盖一层水；等等。

2. 试剂存放常识

① 所有存放试剂的容器都要贴上清晰、永久的标签，以标明内容物的名称及潜在危险。

② 所有试剂都应具备物品安全数据清单。

③ 熟悉所使用试剂的特性和潜在危害。

④ 对于在储存过程中不稳定或易形成过氧化物的试剂，需加注特别标记。

⑤ 所有试剂都应储存在合适的高度，通风橱内不得存放试剂。

⑥ 不稳定（易挥发、易潮解等）的试剂需要分开储存，标签上标明购买日期；有可能发生化学反应的试剂也需分开储存，以防发生相互作用而导致有毒烟雾的产生或发生火灾甚至爆炸。

3. 危险性化学试剂存放注意事项

① 易燃易爆化学试剂必须存放于危险化学品专用试剂柜（壁厚1mm以上的铁柜，且柜子的顶部有通风口）里面，且存放地点的温度不宜超过28℃，按规定实行“五双”管理制度，即双人收发、双人记账、双人双锁、双人运输、双人使用。

② 实验室内不得储存大量易燃易爆试剂，用多少领多少，使用中的易燃易爆试剂须放置在远离光照、热源的地方。

③ 氧化性试剂不得与其他性质抵触的试剂共同储存。

④ 腐蚀性试剂的储存容器必须按不同的腐蚀性合理选用。

⑤ 装有腐蚀性液体试剂的容器的储存位置应当尽可能低，并加垫收集盘，以防倾洒引起安全事故。

⑥ 毒害性试剂需储存于远离明火、热源、氧化剂以及酸类物质的通风良好处。

⑦ 挥发性和毒害性试剂需要特殊储存条件，未经允许不得在实验室储存剧毒试剂。

⑧ 遇水易燃试剂一定要存放在干燥且防水性能好的药品柜内。

⑨ 不得将腐蚀性试剂、毒害性试剂、氧化性试剂、易自燃试剂（特别是漂白剂、硝酸、高氯酸和过氧化氢等）与放射性物质保存在一起。

（四）常用试剂使用规范

1. 常用试剂取用注意事项

试剂的取用是实验者应掌握的基本操作，同时也是保证实验安全进行的前提之一。任何化学试剂都禁止用手直接取用，不能凑近试剂瓶口闻气味，更不能尝味道（如需嗅闻气体的气味，应用手在瓶口轻轻扇动，仅使极少量的气体进入鼻孔）。试剂瓶塞或瓶盖打开需倒放在实验桌上，取用试剂后立刻盖好瓶塞或瓶盖。当试剂受到污染或者变质时不能使用。实验室常用的试剂，一般多为固体试剂和液体试剂，具体取用注意事项如下。

（1）固体试剂的取用

① 取用粉末状或颗粒试剂应使用药匙，用量多、瓶口大的可选用大号药匙，用量小、容器口径小的可选用小号药匙。取用时应尽量将试剂送入容器底部，否则粉末状试剂容易散落或沾到容器口和容器壁上。也可将试剂倒在折成槽形的纸条上，再将容器放平，纸槽沿器壁伸入底部，然后慢慢竖起容器轻抖纸槽，使得粉末状试剂全部落入容器底部。

② 取用块状固体应使用镊子，送入容器时需将容器倾斜放置，使块状药品沿器壁慢慢滑入容器底部，不得垂直悬空投入，以免击破容器。

③ 固体试剂取用需要注意不要多取。多取的试剂不可倒回原瓶，因为已经与空气接触

的试剂有可能受到污染，倒回去容易污染瓶内的试剂，也不能随意丢弃，应放入指定的容器中。

④ 固体试剂可以放在干净的纸或者平面器具上称量。具有腐蚀性、强氧化性或者易潮解的固体试剂不能放在纸上称量，应放在称量瓶或玻璃容器内称量。

⑤ 取用过试剂的药匙或者镊子务必擦拭干净，不留残物，注意不能一匙（镊）多用。

（2）液体试剂的取用

① 取用少量液体试剂时，可用胶头滴管吸取，取完液体试剂的滴管不能伸入所用的容器中，以免接触器壁污染试剂，且装有试剂的滴管不得横放或倒置，以免试剂渗入滴管的胶皮帽中，致使之后所取试剂受到污染。

② 取用较大量试剂时，可直接将液体试剂从试剂瓶中倾倒入容器，倾倒过程中需注意将试剂瓶贴有标签的一面握在手心，另一只手将容器倾斜，使试剂瓶口与容器口相接触，逐渐倾斜试剂瓶，倒出试剂。试剂应沿着容器壁流入容器（或者使用洁净的玻璃棒将液体试剂引流到容器内），取出所需要的剂量，逐渐竖起试剂瓶，以免液体试剂沿着试剂瓶外壁流出。

③ 若实验中有规定剂量，则需根据要求选用量筒、滴定管或移液管。

④ 多取的试剂不能倒回原瓶，更不能随意丢弃，应倒入指定的容器。

2. 危险试剂安全使用注意事项

（1）易燃易爆试剂

易燃易爆试剂如果处理不当会引起火灾甚至爆炸。因此，在使用易燃易爆试剂时，需注意以下事项。

① 使用易燃易爆试剂时，应在通风良好的地方（如通风橱内）进行，远离热源、火源，用量不要过大，且需特别注意使用温度和实验条件。

② 若在使用易燃液体试剂过程中需要加热挥发，须选用水浴加热，严禁用明火，不可采用散口容器（如烧杯、广口锥形瓶等），并要在通风橱内进行（电源开关、电源插头等须在通风橱外）。

③ 如果不慎倾出了相当量的易燃液体，应按下法处理：立即关闭室内所有的火源和电加热器；关门，开启小窗及窗户；用毛巾或抹布擦拭洒出的液体，并将液体拧到大的容器中，然后倒入带塞的玻璃瓶中。

④ 易燃易爆试剂的残渣（如金属钠、白磷、火柴头）不得倒入污物桶或水槽中，应收集在指定的容器内。

⑤ 在实验室中存放易燃液体试剂时，应该尽可能减少储存量，以免引起危险。装易燃液体试剂的试剂瓶不要装满，装 2/3 左右即可。

⑥ 不使用时，需将盛放易燃易爆液体试剂的容器置于较低的试剂架上，保持容器密闭，需要倾倒液体时方可打开密闭容器的盖子。

⑦ 在使用易燃易爆试剂的过程中，需特别警惕以下常见火源：明火（本生灯、焊枪、油灯、壁炉、火苗）、火星（电源开关、摩擦）、热源（电热板、灯丝、电热套、烘箱、散热器、可移动加热器、香烟）、静电。

（2）强氧化性试剂

强氧化性试剂在适当条件下可放出氧发生爆炸，并且易与有机物、镁、铝、锌粉、硫等易燃物形成爆炸性混合物，有些遇水也可能发生爆炸，因此，在使用强氧化性试剂时，需注意以下事项。

① 在使用强氧化性化学试剂时，环境温度不要高于30℃，通风要良好，最好在通风橱中操作。

② 严禁与易燃、可燃物质（如有机酸、炭粉、木屑、硫化物、糖类等）或易被氧化的物质接触，应严格隔离。

（3）腐蚀性试剂

腐蚀性试剂使用不当会损害实验用的仪器仪表，还会对人体造成直接伤害，因此在使用过程中需注意以下事项。

① 使用腐蚀性试剂时，必须佩戴橡胶手套和护目镜，严格按照操作规程在通风橱内操作。

② 使用浓酸、浓碱，必须极为小心地操作，防止溅出。若不慎溅在实验台上或地面上，必须及时用湿抹布擦洗干净。

③ 用移液管量取腐蚀性液体试剂时，必须使用橡胶洗耳球，绝对不能用口吸取。

④ 使用腐蚀性试剂所产生的废液不能直接倒入下水道中，须倒入指定废液桶中进行回收。

（4）毒害性试剂

毒害性试剂与人体接触或被人体吸收时，会引起局部麻醉刺激或整个机体功能发生障碍，因此使用时应注意以下事项。

① 尽量不要让毒害性试剂直接接触皮肤，务必做好个人防护，佩戴合适的手套与护目镜。

② 注意保持实验场所通风，相关实验操作应在通风橱中进行。

③ 在使用过程中如果有毒害性液体试剂溢出，应根据溢出的量，移开所有火源，疏散实验室现场人员，再用吸收剂清扫、装袋、封口，作为废弃试剂处理。

三、实验室常用玻璃仪器洗涤

实验中所使用的玻璃仪器清洁与否会直接影响实验结果。洗涤过程不符合要求，使用不清洁或被污染的玻璃仪器可能造成较大的实验误差，甚至会出现相反的实验结果。因此，玻璃仪器的清洗是非常重要的实验前准备工作。

（一）初用玻璃仪器的清洗

新购买的玻璃仪器表面常附着有游离的碱性物质，可先用合成洗涤剂（肥皂水、洗洁精或去污粉等）洗刷，再用自来水洗净，浸泡在1%～2%盐酸溶液中过夜（不少于4h），之后再用自来水冲洗，最后用蒸馏水冲洗2～3次，在100～120℃烘箱内烘干备用。

（二）使用过的玻璃仪器的清洗

1. 一般玻璃仪器（如试管、烧杯、锥形瓶等）

先用自来水冲刷玻璃仪器至无污物，再选用大小合适的毛刷蘸取合成洗涤剂（肥皂水、洗洁精或去污粉等）或直接将玻璃仪器浸入稀释的洗涤剂内，将器皿内外（特别是内壁）仔细刷洗，尤其注意容器磨砂部分，用自来水冲洗干净后，再用蒸馏水冲洗3～5次，烘干或倒置在清洁处晾干后备用。凡洗净的玻璃器皿应可以被水均匀润湿。若器皿内壁附着的水凝聚成水珠或成股流下，则说明尚未洗干净，应再按上述方法重新洗涤。若发现内壁有难以去掉的污迹，可以采用各种洗液予以清除，再重新冲洗。

2. 量器（如移液管、滴定管、量筒等）

每次使用后应立即用流水冲洗或浸泡于冷水中，避免物质干燥后堵塞管口。通常使用流水冲去附着的试剂，晾干，然后浸泡在铬酸洗液中4～6h（或过夜），再用自来水充分冲洗，最后用蒸馏水冲洗2～4次，风干或晾干后备用（量具玻璃器皿不能烘干）。

3. 特殊器皿（如比色皿、成套组合仪器等）

某些实验对玻璃仪器有特殊的清洁要求。例如分光光度计上的比色皿，使用后应立即用蒸馏水充分冲洗，所有比色皿均可用脱脂棉蘸取合成洗涤剂小心地清洗，然后用大量蒸馏水充分漂洗干净，并倒置在清洁处晾干。在用于测定有机物后，应采用有机溶剂洗涤，必要时可用硝酸浸洗，但不可使用重铬酸钾洗液洗涤，以免重铬酸钾附着在玻璃上。用酸浸洗后，要先用自来水冲净，再以去离子水或蒸馏水洗净晾干，不宜在较高温度的烘箱中烘干。如应急使用需要除去比色皿内的水分，可先用滤纸吸干大部分水分，再用无水乙醇或丙酮润洗以除尽残存水分，晾干后即可使用。任何情况下都不得采用氢氧化钾的乙醇溶液或其他强碱性洗涤液清洗比色皿，这样会导致比色皿严重腐蚀。

有些玻璃仪器，尤其是成套的组合仪器，除了一般的洗涤流程外，还要安装起来用水蒸气蒸馏洗涤一定时间。

4. 有毒器皿（具有传染性样品或盛放过各种有毒药品等的容器）

具有传染性样品的容器，如病毒、传染病患者的血清等沾污过的容器，应先进行高压（或其他方法）灭菌后再进行清洗。盛放过各种有毒药品，特别是剧毒药品和放射性同位素等物质的容器，必须经过专门处理，确知没有残余毒物或放射性存在方可进行清洗。

（三）洗涤剂的种类和适用范围

上述玻璃仪器的洗涤方法需要用到各种洗涤剂，主要可分为合成洗涤剂和洗液两大类。

1. 合成洗涤剂

主要有肥皂水、洗洁精和去污粉等，用于可用刷子直接刷洗的情况。

2. 洗液

主要可分为酸性洗液、碱性洗液和中性洗液三大类，多用于不方便用刷子直接刷洗或用合成洗涤剂无法清除污垢的情况。下面简要介绍几种常用洗液的配制方法以及使用范围。

注：以下配制洗液所用到的药品除另有说明外，均为工业级别。

① 铬酸洗液（重铬酸钾-硫酸洗液）广泛用于玻璃仪器的洗涤，可清除顽固性污染物。常用的配制方法如下：取一定量的重铬酸钾（$K_2Cr_2O_7$），研细至粉末状放入烧杯中，用自来水加热溶解，稍冷后，将浓硫酸（H_2SO_4）少量多次加入重铬酸钾水溶液中，边加边用玻璃棒搅拌，并注意不要溅出，混合均匀，待冷却后装入洗液瓶备用，因浓硫酸易吸水，应用磨口塞子塞好。其中重铬酸钾、自来水与浓硫酸的比例为：$K_2Cr_2O_7$(g)∶H_2O(mL)∶H_2SO_4(mL)=1∶2∶20。新配制的溶液为红褐色，氧化能力非常强，可反复使用；当溶液变为墨绿色时，说明洗液已无氧化洗涤能力，不可再用。

② 浓盐酸（HCl）可用于洗去水垢或某些无机盐沉淀。

③ 苛性碱溶液一般指10%～15%的氢氧化钠或氢氧化钾溶液，使用时采用长时间（24h以上）浸泡法或浸煮法，去油效果较好。以10%的氢氧化钠溶液为例，配制方法为：称取100g氢氧化钠（NaOH）放入1000mL烧杯中，然后加入900mL自来水，搅拌至氢氧化钠完全溶解，转入塑料洗液瓶备用。

④ 碱性高锰酸钾洗液可以用于洗涤油污或其他有机物，洗后容器沾污处有二氧化锰析

出，需要用浓盐酸或草酸洗液等还原剂去除。碱性高锰酸钾洗液配制方法为：称取 4g 高锰酸钾（$KMnO_4$）放入 100mL 烧杯中，加 50mL 自来水，再加入 10g 氢氧化钠，搅拌至溶解，用自来水稀释至 100mL，转入棕色塑料洗液瓶备用。

⑤ 草酸洗液可用于洗去高锰酸钾以及二氧化锰的痕迹，必要时可加热使用。配制方法为：称取 5～10g 草酸晶体（$H_2C_2O_4 \cdot 2H_2O$）放入 150mL 烧杯中，加 100mL 自来水，可再加入少量浓盐酸（HCl），搅拌至溶解，转入棕色洗液瓶备用。注意若加入盐酸，其加入量须少于草酸。

⑥ 碘-碘化钾洗液可用于洗涤硝酸银滴定液留下的黑褐色沾污物，也可用于擦洗沾过硝酸银的白瓷水槽。配制方法为：称取 2g 碘化钾（KI）放入 100mL 烧杯中，加入 30mL 自来水溶解，再加入 1g 碘（I_2），振荡溶解，最后用自来水稀释至 100mL，转入棕色洗液瓶备用。

⑦ 有机溶剂可用于洗去油污或可溶于该溶剂的有机物，如丙酮、乙醇、乙醚等可用于洗去油脂、脂溶性染料等污痕，二甲苯可洗脱油漆的污垢。有机溶剂作为洗液使用时要注意其毒性及可燃性。

⑧ 乙醇与浓硝酸混合液用于一般方法很难洗净的少量残留有机物，该混合液不可提前配制，使用时应先在容器内加入不多于 2mL 的乙醇（C_2H_5OH），再加入 10mL 浓硝酸（HNO_3），静置即发生剧烈反应，放出大量热及二氧化氮气体，反应停止后再用水冲洗。注意以上操作应在通风橱中进行，不可塞住容器，操作者需做好防护。

⑨ 氢氧化钠的乙醇溶液可在铬酸洗液洗涤无效时，用于清洗各种油污。配制方法为：称取 120g 氢氧化钠（NaOH）固体于 1000mL 烧杯中，加 120mL 自来水溶解，再用乙醇（C_2H_5OH）稀释至 1000mL，转入塑料洗液瓶备用。由于碱对玻璃仪器的侵蚀性很强，因此该洗液用于清除玻璃容器内壁污垢时，洗涤时间不宜过长，使用时应小心慎重。

⑩ 尿素洗液是蛋白质的良好溶剂，适用于洗涤盛蛋白质制剂的容器。配制方法为：称量 2g 尿素［$CO(NH_2)_2$］放入 100mL 烧杯中，加 98mL 自来水溶解后，转入塑料洗液瓶中备用。

上述洗液均可多次使用，但是使用前必须将待洗涤的玻璃仪器先用自来水冲洗多次，除去各种合成洗涤剂及废液，沥干水分，再使用洗液，这样可以减少洗液消耗量，而且可以避免由稀释导致的降效。若仪器上有凡士林或羊毛脂，应先用纸擦去，然后用乙醇或乙醚擦净才能使用洗液，否则会使洗液迅速失效。洗液在使用时切记不能溅到身上，以免损坏衣物和损伤皮肤。将洗液倒入待清洗的仪器中，要使仪器全部短暂浸入洗液中，而后再将洗液倒回洗液瓶。第一次用少量自来水冲洗刚浸洗过的仪器，产生的废水不能倒入水池或下水道，否则长此以往会腐蚀水池和下水道，应将废水倒进废液缸中，统一回收。

四、分析监测质量控制

（一）采样质量控制

① 采样布点方法及采样点具体位置的选择应符合国家标准及有关技术规范的要求，确保采样结果具有代表性。

② 现场采样时，应尽可能覆盖所有项目，同时携带全程序空白样，并将其与样品一起妥善保存和运输，以便在实验室分析时对比现场空白样与实验室空白样之间的差异。

③ 现场平行样是指在同等条件下重复采集两个或多个完全相同的子样，数量一般为总

数的10%（如条件允许，应尽量覆盖所有项目）。平行样的编码可以是明码，即样品可告知分析人员，可编为同样的编码加标；也可以是暗码，即样品不可告知分析人员，需要编写独立的编码。分析时应对比现场平行样之间的偏差。

④ 采样过程中需注意环境条件或工况的变化，并及时记录相关信息。

（二）仪器设备质量控制

① 确保检测用计量仪器设备经检定、校准和自校合格。

② 定期检查和维护采样设备，尤其是空气和废气采样仪器，每次使用前进行必要的流量校准。

③ pH计、溶解氧仪、电导率仪等设备在现场使用前应进行定位校准，校准后再用标准物质进行测量，达到检测要求后再进行样品的测试，检测过程中仪器应保持开机状态，直至整个检测完毕后关机。

④ 噪声监测仪每次使用前后应使用声级校准器进行校准，校准结果偏差应符合技术规范的要求。SO_2、NO_2、CO等现场直读式测试仪，每次使用前应用标准物质进行校准，误差不应超过5%。

（三）标准溶液的配制

① 用精称法直接配制标准溶液，应尽量使用基准试剂或纯度不低于优级纯的试剂，所用溶剂为《分析实验室用水规格和试验方法》（GB/T 6682—2008）规定的二级以上纯水或优级纯（不得低于分析纯）溶剂。称样量一般不应小于0.1g，采用检定合格的容量瓶定容。

② 采用基准物标定法配制的标准溶液，至少平行标定3份，平行标定相对偏差不大于0.2%，取其平均值计算溶液的浓度。

③ 用工作基准试剂标定标准滴定溶液的浓度时，应由两人进行实验，分别做4个平行样，取两人8个平行样测定结果的平均值为标准滴定溶液的浓度。其扩展不确定度一般不应大于0.2%。

（四）标准曲线的制作与使用

① 根据分析方法的步骤，通过制作标准曲线来确定本实验室条件下的测定上限和下限。在使用时，仅可使用实测的线性范围，不得将标准曲线任意外延。

② 制作标准曲线时，至少应包括零浓度点在内的6个浓度点，同时应包括分析方法的测定上限和下限点。

③ 离子选择电极法、原子吸收分光光度法、冷原子吸收（荧光）测汞法、气相色谱法、液相色谱法、离子色谱法等仪器分析方法标准曲线的制作必须与样品测试同时进行。

④ 标准曲线比较稳定的分光光度法项目，每次需在两天内制作至少两条标准曲线。在两条曲线的回归方程截距、斜率经检验无显著性差异后，可合并使用。每条标准曲线使用期限不得超过一个月。标准溶液或其他主要试剂重新配制后，应重新制作标准曲线。

⑤ 制作标准曲线所使用的容器和量器，应经检定合格，使用的比色管应配套。

⑥ 在不制作标准曲线的样品分析过程中，应在样品分析的同时测定标准曲线上1～2个点，其测定结果与原标准曲线相应浓度点的相对偏差不得大于5%，否则需重新制作标准曲线。

⑦ 在必要情况下，对标准曲线的相关性、精密度和置信区间进行统计分析，检验斜率、截距和相关系数是否满足标准方法的要求。若不符合，则需从分析方法、仪器设备、量器、

试剂和操作等方面查找原因，改进后重新绘制标准曲线。

⑧ 标准曲线不得长期使用，应专人专机，不得套用，当环境、仪器、试剂发生变化时应重新绘制，一般情况下应与样品分析同时进行。

（五）全程空白样品测试

① 用于测试现场样品容器在经保存、运输一系列过程后可能含有的污染物，确定未采集样品时的背景值。若出现干扰情形，则须仔细查找原因并纠正。

② 气体空白样品：将空气收集器带至采样点，除不连接空气采集器采集空气样品外，其余操作同样品。

③ 水质空白样品：使用纯水代替样品，使用与样品采集同质、同批的容器，从实验室到采样现场又返回实验室，除不采集水样外，其余操作同样品。

④ 同一批次中，每个检测项目至少配备一份全程空白样品，相应检测遵循相应标准规范。

⑤ 全程空白测定结果一般应低于方法检出限，因此，不应从样品测定结果中扣除全程空白样品的测定结果。

（六）实验室空白样品测试

① 分析目的：未添加分析物的溶剂，采用与样品分析相同的操作程序进行分析，以判断分析过程是否受到污染。若已受到污染，则应仔细查找原因并纠正。

② 分析频率：每次配制分析标准曲线时，都需要配制并分析试剂空白样品。每制备一批样品，进行一次实验室空白测试。

③ 样品的检测结果应消除实验室空白造成的影响。实验室空白的检测结果高于接受限说明与空白同时分析的这批样品可能受到污染，检测结果不能被接受。当经过实验证明实验室空白处于稳定水平时，可适当减少空白实验的频次。

（七）平行样的测定

① 现场平行：在现场采样时，同样的样品平行采集两次或多次，为现场平行。

② 实验室平行：在实验室内，对同一样品进行两次或多次独立分析，为实验室平行。

③ 平行样品测定频次：每制备一批样品，进行一次平行样品测定。当经过实验验证证明检测水平稳定可控时，可适当减少平行样检测频次。

④ 平行样测定值的相对偏差：气相色谱法平行样的相对偏差≤10%；分光光度法、原子吸收法等平行样的相对偏差≤5%。

⑤ 平行样品测定偏差处理：如果平行样品测定偏差超出规定的允许偏差范围，应在样品有效保存期内进行复测。若复测结果仍超出允许偏差范围，说明该批次样品测定结果失控，需找出原因并纠正后重新测定，如有必要可重新采样。

（八）检出限测定

① 按照《职业卫生标准制定指南 第4部分：工作场所空气中化学物质测定方法》（GBZ/T 210.4—2008）或《环境监测分析方法标准制订技术导则》（HJ 168—2020）附录A方法特性指标确定方法 A.1 方法检出限的要求进行检出限测定。

② 实验室检出限应不高于标准分析方法的检出限，在给出样品分析结果时应标明相应的标准分析方法的检出限。

③ 当实验室检出限在允许范围内大于方法检出限时，在给出样品分析结果时应标明实

验室的检出限。

④ 当实验室检出限大于方法检出限超出许可范围（一般是方法检出限的两倍）时，应仔细查找原因。

（九）准确度控制

① 标准物质（或质控样品）的使用：检测过程中可采用测定标准物质（或质控样品）作为准确度控制手段，选用的标准物质（或质控样品）尽可能和分析样品具有相近的基体。

② 标准物质（或质控样品）测定间隔：对成批样品进行分析时，可根据当时所用仪器的稳定性决定每隔多少个样品（一般不超过20个样品）测定一次标准物质（或质控样品）。如质控样品测定值落在质控样品证书标示值不确定度范围外，应立即暂停检测工作，找到并消除影响检测准确性的原因，并对上一次质控样品之后所测定的样品进行复验。

③ 标准参考物质检测：标准样品配制浓度应接近样品浓度水平，按实际样品的检测程序对标准参考物质进行检测，对其测定结果与实际浓度进行分析评价，以检查仪器设备是否处于正常运转状态，进行仪器、方法的校验。如不一致，需进一步校准仪器，方可进行实际样品的检测工作。

④ 实验室控制样品测试频次：当经过实验室控制样品测试实验证明检测水平处于稳定和可控制状态时，可适当减少实验室控制样品的测试频次。

⑤ 特殊情况下的准确度控制：当由于待测样品贵重、稀少或不易获得或要求快速提供检测结果，无法进行重复测定时，应该选用与样品基体一致或相似的标准参考物质与样品同时测定。所得标准参考物质的测定值与其证书的保证值相吻合，则表明整个检测系统处于正常状态，样品的检测结果准确可靠；如不一致，则应当分析原因，采取措施消除对检测结果准确性起作用因素的影响。

⑥ 质量评价：定期用标准参考物质（或质控样品）对包括仪器、方法等在内的整个检测系统进行质量评价。用标准样品进行质量控制时，不应与绘制标准曲线的标准溶液来源相同，并应与样品同时测定。

（十）实验室内的比对

1. 方法比对

同一分析人员采用不同的检测方法获得的结果，进行一致性的比较分析。

2. 仪器比对

同一分析人员采用不同的检测仪器获得的结果，进行一致性的比较分析。

3. 人员比对

两个分析人员采用同样的方法、同样的仪器获得的结果，进行一致性的比较分析。

4. 留样复测

① 同一分析人员对有效期内的存留样品使用同样的方法、同样的仪器进行重复检测获得的结果，进行一致性的比较分析。

② 稳定的、测定过的样品保存一定时间后，若仍在测定有效期内，可进行重新测定。对两次测定结果进行比较，以评价该样品测定结果的可靠性。

5. 结果相关性

定期对同一样品不同项目检测结果进行相关性分析，确保检测结果的可信度。对同一样品不同特性检测结果进行相关性分析，如氨氮应小于总氮，$NO_x=NO+NO_2$，$TSP>PM_{10}>$

$PM_{2.5}$，等等。

第三节　环境分析监测基本技能

一、实验分析常规玻璃仪器的操作

环境监测实验过程中一般使用玻璃器皿，这是由于玻璃具有一系列可贵的性质，比如热稳定性高、化学稳定性高、很好的透明度、一定的机械强度、良好的绝缘性等，而且其获取方式相对便利，可以利用多种方法按需要制成各种不同形状的产品，还可以通过改变玻璃的化学组成制出符合不同要求的玻璃器皿。

玻璃的化学成分主要是 SiO_2、CaO、Na_2O、K_2O。为了适应不同的需要，通常引入 B_2O_3、Al_2O_3、ZnO、BaO 等物质改变玻璃的性质。一般的耐热类玻璃产品都含有较多的 SiO_2 和 B_2O_3，属于高硼硅酸盐玻璃，这类器皿通常热稳定性高，耐酸、耐水性能好，但耐碱性稍差。常用的仪器玻璃和量器玻璃是软质玻璃，热稳定性和耐腐蚀性稍差。特种仪器玻璃常采用石英玻璃，其理化性能与普通玻璃有同有异，具有极其优良的化学稳定性和热稳定性，但价格较贵。

玻璃的化学稳定性较好，但并不是绝对不受侵蚀，而是受侵蚀的程度符合一定标准，且满足检验的需求。受到侵蚀的玻璃会有痕量离子进入溶液中，并且玻璃器皿的表面也会吸附溶液中的待测离子，这些是在进行微量分析时需要特别注意的问题。氢氟酸会很强烈地腐蚀玻璃，故不能使用玻璃器皿进行涉及氢氟酸的实验。碱液特别是浓的或热的碱液对玻璃有明显的腐蚀作用，储存碱液的玻璃器皿如果是磨口器皿，还会使磨口粘在一起，无法打开。所以，玻璃器皿不能用于长时间存放碱液。

定量分析中常用的玻璃器皿按性能分为可加热的（试管、烧杯、烧瓶等）和不宜加热的（量筒、容量瓶、试剂瓶等）；按用途分为容器类（烧杯、锥形瓶、试剂瓶、滴瓶）、量器类（滴定管、移液管、量筒、容量瓶）和特殊用途类（漏斗、干燥器、坩埚）。下面具体介绍常用玻璃器皿的主要作用和使用注意事项。

（一）试管

1. 类型

具塞、无塞等。

2. 主要用途

① 常温或加热条件下，可用作少量物质的反应容器；

② 盛放少量固体或液体；

③ 收集少量气体。

3. 注意事项

① 应用拇、食、中三指握持试管上沿处，振荡时注意腕动臂不动；

② 反应液体不得超过试管容积的1/2，加热时不超过1/3；

③ 加热前需将试管外壁擦干，加热时要用试管夹夹持；

④ 加热液体时，管口不能对着人，并将试管倾斜与桌面成45°；

⑤ 加热固体时，管身倾斜，管底应略高于管口。

（二）烧杯

1. 类型

① 一般型、高型；

② 有刻度、无刻度。

2. 主要用途

① 常温或加热条件下，可用作大量物质的反应容器；

② 配制溶液或溶解固体。

3. 注意事项

① 反应液体不得超过烧杯容量的 2/3，加热时不超过 1/3；

② 加热前将烧杯外壁擦干，烧杯底要垫石棉网；

③ 加热时应均匀加热，最好不要烧干。

（三）烧瓶

1. 类型

① 平底、圆底；

② 长颈、短颈；

③ 细口、磨口；

④ 圆形、茄形、梨形；

⑤ 蒸馏、凯式；

⑥ 单口、二口、三口等。

2. 主要用途

① 常温或加热条件下，可用作反应容器；

② 烧瓶受热面积大，可作为液体蒸馏容器，圆底烧瓶可用于减压蒸馏；

③ 多口烧瓶可装配温度计、搅拌器、加料管或与冷凝器连接；

④ 凯氏烧瓶多用于消解有机物。

3. 注意事项

① 反应液体或物料不得超过烧瓶容量的 2/3，但也不宜过少；

② 加热前需将外壁擦干，放在石棉网上；

③ 加热时需固定在铁架台上；

④ 圆底烧瓶若放在桌面上，下面要有木环或石棉环，以免翻滚损坏；

⑤ 凯式烧瓶加热时，瓶口方向勿对着自己及他人。

（四）锥形瓶

1. 类型

① 具塞、无塞；

② 普通锥形瓶、具支锥形瓶、碘量瓶。

2. 主要用途

① 普通锥形瓶可加热液体；

② 在避免液体大量蒸发的情况下，普通锥形瓶可作为反应容器；

③ 在蒸馏实验中普通锥形瓶可用作液体接收器；

④ 普通锥形瓶可作为滴定容器；

⑤ 具支锥形瓶能够进行真空反应，可以作为少量气体的制取发生器；

⑥ 碘量瓶用于碘量法或其他生成挥发性物质的定量分析。

3. 注意事项

① 盛液不能过多，不能超过本身容积的 1/3；

② 普通锥形瓶用作滴定容器时，只需振荡不用搅拌；

③ 加热前需先将外壁擦干，再放置于石棉网上，碘量瓶可以加热，但是温度不宜过高；

④ 碘量瓶加入反应物后盖紧塞子，塞子外需加上适量水作密封，防止碘挥发。

（五）试剂瓶

1. 类型

① 广口、细口；

② 磨口、非磨口；

③ 无色、棕色等。

2. 主要用途

① 广口瓶用于存放固体试剂，也可用来装配气体发生器；

② 细口瓶用于存放液体试剂或溶液；

③ 棕色瓶盛放见光易分解和不稳定的试剂。

3. 注意事项

① 不能加热，不能在瓶内配制溶液，磨口塞需保持原配；

② 酸性药品、具有氧化性的药品、有机溶剂要用玻璃塞，碱性试剂要用橡胶塞或软木塞；

③ 保证瓶身标签完好；

④ 取液体试剂倾倒时，标签要对着手心。

（六）滴瓶

1. 类型

主要可分为无色和棕色两种，滴管上配有橡胶帽。

2. 主要用途

盛放液体试剂或溶液。

3. 注意事项

① 使用时胶头在上，管口在下；

② 滴管要保持垂直，不能使管端接触容器内壁，管口不能伸入受滴容器，以免接触到其他试剂；

③ 滴管在滴加完试剂后，应立即放回相应的滴瓶中，不得用水冲洗；

④ 滴瓶上的滴管必须与滴瓶配套使用，不能弄乱、弄脏。

（七）容量瓶

1. 类型

主要可分为无色和棕色两种，配有磨口塞。

2. 主要用途

准确配制一定体积或浓度的溶液。

3. 溶液配制步骤

计算→称量→溶解→冷却→转移→洗涤→定容→摇匀。

4. 注意事项

① 使用前检查瓶塞处是否漏水。具体操作方法是：在容量瓶内装入半瓶水，塞紧瓶塞，用右手食指顶住瓶塞，另一只手五指托住容量瓶底，将其倒立（瓶口朝下），观察容量瓶是否漏水。若不漏水，将瓶正立且将瓶塞旋转180°后，再次倒立，检查是否漏水。若两次操作容量瓶瓶塞周围皆无水漏出，即表明容量瓶不漏水。经检查不漏水的容量瓶才能使用。

② 禁止用容量瓶进行溶解操作，应将溶质在烧杯中溶解后再转移到容量瓶中。

③ 不可盛装冷或热的液体，所盛装的液体最好在20℃左右。

④ 不可加热。

⑤ 转移液体时需使用玻璃棒进行引流，切勿向容量瓶中直接倾倒。

⑥ 溶解用的烧杯和搅拌用的玻璃棒都要在转移后洗涤2～3次。

⑦ 加水接近标线时改用胶头滴管进行定容。

⑧ 容量瓶只能用于配制溶液，不能储存溶液，因为溶液可能会对瓶体造成腐蚀，从而使容量瓶的精度受到影响。

（八）滴定管

1. 类型

主要可分为酸式、碱式和酸碱两用四氟滴定管三种。

2. 主要用途

准确量取一定体积的液体。

3. 酸式滴定管注意事项

① 玻璃活塞必须配套；

② 需涂抹一定量的凡士林使玻璃活塞旋转自如；

③ 在活塞尾端套一橡胶圈使之固定；

④ 使用前必须查漏；

⑤ 使用前需用洗液洗、水洗、待装溶液润洗；

⑥ 调整液面时，使滴管尖嘴部分充满液体，读数时视线与管内凹液面的最低处保持水平。

4. 碱式滴定管操作要领

① 检查橡胶管是否破裂或老化；

② 检查玻璃珠大小是否合适；

③ 使用前必须查漏；

④ 使用前用洗液洗、水洗、待装溶液润洗；

⑤ 调整液面时，必须排出滴定管尖端的气泡，读数时视线与管内凹液面的最低处保持水平。

（九）移液管

1. 类型

① 单标线移液管、分度吸量管；

② 分度吸量管可分为不完全流出式、完全流出式、吹出式。

2. 主要用途

准确地移取一定量的液体。

3. 操作步骤

清洗→润洗→吸取→定容→注液。

其中，吸取的具体步骤如下。

① 把洗耳球内的空气尽量挤压干净，并把洗耳球贴近移液管。

② 右手持管插入液面下约1cm，左手释放洗耳球，并让它吸取盛放容器中的液体。在吸取少量液体时要留心不要吸入空气，以免污染洗耳球。

③ 洗耳球轻轻吸取液体，当液面上升超过刻度标线1cm时，迅速用右手食指堵住管口，松动食指调整液面使其与标线相切。

④ 释放液体时，将移液管插入接收容器中，使尖端接触器壁，容器微微倾斜，移液管直立，然后松开手指使溶液顺壁流下。

⑤ 当把液体由移液管释放出来时，由于水分子的附着力，会有部分液体依附在管尖，这是正常现象。

4. 注意事项

① 移液管不能在烘箱中烘干。

② 移液管不能移取太热或太冷的溶液。

③ 同一实验中应尽可能使用同一支移液管。

④ 移液管在使用完毕后，应立即用自来水及蒸馏水冲洗干净，置于移液管架上。

⑤ 移液管和容量瓶常配合使用，因此在使用前需做两者的相对体积校准。

⑥ 在使用分度吸量管时，为了减少测量误差，每次都应以最上面刻度（0刻度）处为起始点，往下放出所需体积的溶液，而不是需要多少体积就吸取多少体积。

⑦ 移液管有老式和新式之分。老式管身标有“吹”字样，需要用洗耳球将管口残余液体吹入接收容器中。新式的没有，千万不要吹出管口残余，否则会导致量取液体过多。

（十）量筒和量杯

1. 类型

① 上口大、下口小的叫量杯；

② 长圆筒状的叫量筒，有具塞和无塞等种类。

2. 主要用途

用于度量液体体积。

3. 操作要领

量筒倾斜握在手，先倒后滴把量瞅；

平视凹液最低处，三线一齐为读数。

4. 注意事项

① 不能加热，不能用作反应容器；

② 不能在其中溶解物质、稀释或混合液体。

（十一）滴管

1. 类型

主要可分为常用和胖肚两种。

2. 主要用途

① 吸取或添加少量试剂；

② 吸取上层清液，分离出沉淀。

3. 注意事项

① 使用滴管时，需用手指捏紧橡胶头，赶出滴管中的空气，然后把滴管伸入试剂瓶中，放开手指，试剂即被吸入；

② 取液后的滴管应保持橡胶头在上方，不要平放或倒置，防止溶液倒流而腐蚀橡胶头；

③ 滴加液体时，应把滴管悬空放在容器上方，不要接触容器内壁，以免沾污滴管或造成试剂的污染；

④ 不要把滴管放在实验台或其他地方，以免沾污滴管；

⑤ 用后应立即洗涤干净并插在洁净的试管内，以备再用，未经洗涤的滴管严禁吸取其他试剂（滴瓶上的滴管不要用水冲洗）。

（十二）冷凝管

1. 类型

主要可分为直形、球形和蛇形三种。

2. 主要用途

用于蒸馏液体或有机制备中的冷凝或回流环节。

3. 注意事项

① 装配仪器时，需先装冷却水胶管，再装仪器；

② 通常从下支管进水，从上支管出水，开始进水需缓慢，水流不能太大；

③ 进水口处常有较高的水压，为防止胶管脱落，应将胶管绑紧。

（十三）三角漏斗

1. 类型

粗颈、细颈等。

2. 主要用途

① 过滤液体；

② 用于向小口容器中倾倒液体；

③ 粗颈漏斗可用来转移固体试剂。

3. 过滤操作要领

（1）一贴

用水润湿后的滤纸应紧贴漏斗壁。

（2）二低

① 滤纸边缘稍低于漏斗边缘；

② 滤液液面稍低于滤纸边缘。

（3）三靠

① 玻璃棒紧靠三层滤纸边；

② 盛有待过滤液体的容器紧靠玻璃棒；

③ 漏斗末端紧靠承接容器内壁。

4. 注意事项

① 不能用火直接加热。

② 过滤的液体也不能太热。若需趁热过滤，应将漏斗置于金属加热夹套中进行；若无金属夹套，可事先把漏斗用热水浸泡预热再使用。

（十四）分液漏斗

1. 类型

球形、梨形、筒形、锥形等。

2. 主要用途

① 用于互不相溶的液-液分离；

② 用于向制备反应器中加液体；

③ 对液体进行洗涤或萃取。

3. 注意事项

① 不能用火直接加热；

② 磨口旋塞必须为原配；

③ 使用前必须查漏；

④ 磨口旋塞上需涂一薄层凡士林，旋塞处不能漏液；

⑤ 分液时，下层液体从漏斗管流出，上层液体从上部倒出；

⑥ 用作滴液容器加料到反应器中时，漏斗管下尖端应在反应液面以下；

⑦ 进行萃取时，振荡初期应放气数次。

（十五）比色皿

1. 类型

① 可见光系列（玻璃比色皿）；

② 紫外可见光系列（石英比色皿）；

③ 红外光系列（红外比色皿）。

2. 主要用途

用来盛装参比液、样品液，配套在光谱分析仪器上对物质进行定量、定性分析。

3. 注意事项

① 拿取比色皿时，只能用手指接触两侧的毛玻璃，应避免接触光学面；

② 不可将光学面与硬物或脏物接触；

③ 盛装液体时，高度为比色皿的2/3即可，光学面如有残液可先用滤纸轻轻吸干，然后用擦镜纸或丝绸擦拭；

④ 凡含有腐蚀玻璃的物质的溶液，不得长期盛放在比色皿中；

⑤ 比色皿在使用后，应立即用水冲洗干净，或使用无水乙醇清洗，必要时可用1∶1的盐酸浸泡，然后用水冲洗干净，及时擦拭干净；

⑥ 不能将比色皿放在火焰或者电炉上进行加热，或置于干燥箱内烘烤。

（十六）表面皿

1. 主要用途

① 常用于覆盖容器口以防止液体损失或固体溅出，并防止灰尘落入；

② 常用于采用热气流蒸发少量液体时；

③ 可用作容器，暂时盛放固体或液体试剂，方便取用；

④ 可用作承载器，用来盛放pH试纸，使滴在试纸上的酸液或碱液不腐蚀实验台。

2. 注意事项

① 不可直火加热，加热时需垫石棉网；

② 覆盖容器时，凹面要向上，以免滑落。

（十七）称量瓶

1. 类型

主要可分为扁形和高形两种。

2. 主要用途

① 用于准确称取一定量的固体，可以防止瓶中的固体吸收空气中的水分和二氧化碳等；

② 扁形用于测定水分或在烘箱中烘干基准物；

③ 高形用于称量基准物、样品。

3. 注意事项

① 不能加热；

② 瓶盖是配套磨口的，不能互换；

③ 洗净、烘干、冷却后方能用于称量；

④ 称量时要用洁净、干燥、结实的纸条围在称量瓶外壁进行夹取，严禁直接用手拿取称量瓶。

（十八）干燥器

1. 类型

主要可分为常压和真空两种。

2. 主要用途

保持烘干或灼烧过的物质的干燥，防止吸潮。

3. 注意事项

① 干燥器的盖子和座身上口的磨砂部分需涂少量凡士林，使盖子滑动数次以保证涂抹均匀，盖住后严密而不漏气；

② 干燥器在开启、合盖时，左手按住器体，右手握住盖顶的玻璃球，沿器体上沿轻推或拉动，切勿用力上提，盖子取下后要仰放在桌上，使盖顶的玻璃球在下，但要注意防止盖子滚动；

③ 需干燥的物质要盛在容器中，再放置于干燥器内部的有孔瓷板上面，盖好盖子，注意放入干燥器的物品温度不能过高；

④ 根据干燥物的性质和干燥剂的干燥效率选择适宜的干燥剂，放在有孔瓷板下面的空间内，所盛量约为空间容积的一半，使用一段时间后需注意更换；

⑤ 搬动干燥器时，必须两手同时拿住盖子和器体，以免打翻干燥器中盛放物质的容器或使盛放物质的容器器盖滑落；

⑥ 真空干燥器接真空系统抽去空气，干燥效果更好。

（十九）玻璃棒

1. 主要用途

① 溶解：用玻璃棒搅拌，可以加速物质的溶解；

② 过滤：采用玻璃棒为待过滤液体导流；

③ 蒸发：用玻璃棒不断搅拌液体，防止局部温度过高，造成液滴飞溅；

④ 测定溶液 pH 值：用玻璃棒蘸取待测溶液，将其沾在 pH 试纸上，显色后与标准比色卡对照。

2. 注意事项

① 搅拌时不要太用力，以免玻璃棒或容器（如烧杯等）破裂；

② 搅拌时不要碰撞容器壁、容器底，不要发出响声；

③ 要以一个方向搅拌（顺时针、逆时针都可以）。

（二十）酒精灯

1. 主要用途

实验室加热用。

2. 注意事项

① 酒精灯的灯芯要平整，如已烧焦或不平整，要用剪刀修整；

② 加入的酒精以灯容积的 1/2～2/3 为宜，使用时不少于容积的 1/4，绝对禁止向燃着的酒精灯里添加酒精，以免失火；

③ 使用时，需用火柴点燃，禁止用燃着的酒精灯去点另一盏酒精灯；

④ 熄灭时要用酒精灯灯盖盖灭，禁止用嘴吹灭；

⑤ 不要碰倒酒精灯，若不慎碰倒且洒出的酒精在桌上燃烧起来，应立即用湿布或沙子扑灭；

⑥ 不要使酒精灯的外焰受到侧风，一旦外焰进入灯内将发生爆炸。

二、环境分析监测实验方案的设计

开展某一项监测任务时，首先需要根据监测目的和要求进行实验设计，提出实验方案。

实验设计是指一种有计划的研究，包括有意图地对过程要素进行改变，并观测其效果，对这些结果进行统计分析以便确定过程变异之间的关系，从而改变有关过程。实验设计的主要功能是实现对变量的控制，即在控制条件下有效地改变自变量，观察因变量（即反应变量）的变化。狭义的实验设计是指实施实验处理的一个计划方案以及与计划方案有关的统计分析。在制订实验方案之前进行实验设计通常是必要的，特别是在大规模监测、联合监测或标准监测方法验证过程中，实验设计尤为重要，主要有以下原因。

① 可以从众多影响因素中找出影响输出的主要因素；

② 可以分析各影响因素之间交互作用的大小；

③ 可以科学合理地安排实验，从而减少实验次数，缩短实验周期，提高经济效益；

④ 能够找出较优的参数组合，并通过对实验结果的分析、比较，找出最优方案，进一步调整实验的方向；

⑤ 可以通过分析实验误差的影响大小，提高实验精度；

⑥ 可以对最佳方案的输出值进行预测。

由此可见，实验设计是为指导实验而预先进行的策划。良好的实验设计不仅是实验过程的依据和处理实验结果的先决条件，也是获得预期结果的重要保证。良好的实验设计方案普遍具备以下特点。

① 科学性：科学性是实验方案设计的原则。所谓科学性是指实验原理、实验方法和操作程序必须科学、规范。

② 安全性：设计实验时，在不影响目标的情况下，应尽量避免使用有毒的药品和进行

具有一定危险性的实验操作，如高温、高压、高电压、强磁场等。如果无法避免，应在所设计的实验方案中详细写明注意事项和安全措施，以免造成环境污染和人身伤害。

③ 可行性：设计实验要精选变量、抓住重点、切实可行，所选用的试剂、仪器、设备和方法等要经济可靠，最好在实验室现有的实验条件下能够得到满足。

④ 简约性：设计实验应尽可能简单易行，而不是越全面越好。可以通过预实验、正交设计等方法确定各种变量之间的关系，以较少的实验达到研究的要求。应对相关人员进行培训，并对采样方法、采样过程、样品运输、分析方法、仪器校核、数据处理和报告编写全过程实施质量控制，全程监督，避免得到一些无用或无效的数据。

在实验方案设计过程中，常用的设计方法有以下几种。

① 完全随机设计：亦称单因素实验设计。该方法不考虑个体差异的影响，仅涉及一个处理因素，但可以有两个或多个水平。该设计方法常将监测对象按随机化原则分配到处理组和对照组中，各组样本数可以相等，也可以不等，但相等时效率高。完全随机设计的优点是设计和统计分析方法简单易行；缺点是只分析一个因素，没有考虑个体间的差异，因而要求同质性较好，否则需扩大样本容量，而且一次只分析一个因素，设计的效率不高。

② 交叉设计：该方法是在自身配对设计的基础上发展起来的。该方法考虑了一个处理因素（A、B 两个水平）以及两个与处理因素无交互作用的非处理因素对实验结果的影响。该方法的优点是消除了个体间差异，减少了实验对象，提高了统计精度；缺点是不能得到个体差异性信息，若有多个处理因素，也不能得到因素之间交互作用的信息。

③ 正交设计：研究多因素多水平的一种设计方法，根据正交性从全面实验中挑选出部分有代表性的点进行实验，这些有代表性的点具备“均匀分散、齐整可比”的特点，是一种高效、快速、经济的实验设计方法。

④ 分式析因设计：一种将两个或多个因素的各水平交叉分组，进行实验（或试验）的设计。该方法不仅可以检验各因素内部不同水平间有无差异，还可检验两个或多个因素间是否存在交互作用。若因素间存在交互作用，表示各因素不是独立的，一个因素的水平发生变化，会影响其他因素的实验效应；若因素间不存在交互作用，表示各因素是独立的，任何一个因素的水平发生变化，不会影响其他因素的实验效应。分式析因设计的优点是效率高，不仅能够分析各因素内部不同水平间有无差别，还具有分析各种组合的交互作用的功能；缺点是与正交设计相比属于全面实验，因此，研究的因素数与水平数不宜过多。

一个完整的实验设计方案至少应该包括以下内容。

① 实验目的：包括监测任务和需要解决的问题。

② 实验原理：指监测实验采取的依据，主要是环境监测学的科学道理和原理等。

③ 实验方法与步骤：实验采取的方法及必需的操作程序。主要包括：布点和采样方法，样品量及混合方法；样品运输及保存；监测分析方法（没有标准分析方法时，可在稍作修改的情况下等效采用其他标准方法）；平行样品、对照样品、空白样品数量；数据整理方法；监测报告的编写，评价结论的依据和评价标准等。需罗列出所有可行的方法和途径，比较分析后选取出最佳方案，并根据实验方法具体实施过程总结出相应的实验步骤、操作方法以及质量控制方法。对于未知污染物（如突发性环境污染事件中的某些污染物），需根据现场情况进行估计、推测，假设实验方案，然后采用推理法或排除法进行证实。

④ 实验条件及注意事项：根据采取的实验方法和具体实施步骤详细提出和准备实验条

件，并注明实验用品（药品、试剂、仪器、装置、设备）的具体规格，以及在具体操作过程中需要注意的问题及其处置方法等。

⑤ 实验数据记录及结果分析：实验数据记录即对实验过程及结果进行科学的测量与准确的记录。对于收集的数据资料，需要经过统计处理和检验分析，总结出该实验的规律性特征。

第二章
水质分析监测

实验1　水样色度、浊度、酸度和碱度的测定

Ⅰ水样色度的测定（铂钴标准比色法）

水色可分为真色和表色，完全除去水中悬浮物后呈现的颜色称为真色，而未除去悬浮物时所呈现的颜色称为表色，水样的色度是指真色。水样色度的测定，通常用铂钴标准比色法进行。

一、实验目的

掌握铂钴标准比色法测定水和废水色度的原理和方法。

二、实验原理

用氯铂酸钾与氯化钴配成标准色列，与水样进行目视比色。每升水中含有1mg铂和0.5mg钴时所具有的颜色，称为1度，作为标准色度单位。

如水样浑浊，则放置澄清，亦可用离心法或孔径0.45μm滤膜过滤以去除悬浮物，但不能用滤纸过滤，因为滤纸可吸附掉部分溶解于水的颜色。

三、课时安排

① 理论课时安排：0.3学时，学习水的色度的定义、测试原理、具体操作步骤和注意事项。

② 实验课时安排：0.7学时，其中实验准备0.2学时，标准色列制备及测定0.5学时。

四、实验材料

（一）实验药品

如无特殊说明，药品均为化学纯级别，实验用水均为蒸馏水。

氯铂酸钾（K_2PtCl_6）、氯化钴（$CoCl_2 \cdot 6H_2O$）、浓盐酸（37.5%，ρ=1.19g·mL^{-1}）。

（二）器皿

① 50mL具塞比色管15支，刻度线高度应一致；

② 1000mL 棕色容量瓶 1 个；

③ 1000mL 棕色密塞玻璃瓶 1 个；

④ 250mL 烧杯 1 个；

⑤ 玻璃棒 1 根；

⑥ 50mL 移液管 1 支；

⑦ 洗耳球 1 个；

⑧ 100mL 量筒 1 个。

（三）实验装置

电子天平：量程 0～200g，精度 0.0001g。

（四）试剂

铂钴标准溶液：称取 1.246g 氯铂酸钾（K_2PtCl_6）（相当于 500mg 铂）及 1.000g 氯化钴（$CoCl_2 \cdot 6H_2O$）（相当于 250mg 钴），溶于 100mL 蒸馏水中，加入 100mL 浓盐酸，然后用蒸馏水稀释至 1000mL。获得的标准溶液色度为 500 度，保存在密塞玻璃瓶中，暗处存放。

五、实验步骤和方法

（一）标准色列的配制

① 将 50mL 透明水样置于 50mL 具塞比色管中，如水样色度过大，可少取水样，用蒸馏水稀释后比色；

② 如水样浑浊，可将水样放置澄清或离心沉淀后，取上部清液进行比色；

③ 另取 50mL 具塞比色管 11 支，分别加入铂钴标准溶液 0、0.5、1.0、1.5、2.0、2.5、3.0、3.5、4.0、4.5、5.0mL，加蒸馏水至标线，混合均匀，配制成 0、5、10、15、20、25、30、35、40、45、50 度的标准色列，可长期使用。

（二）水样的测定

① 吸取 50.00mL 澄清透明水样于比色管中，如水样色度较大，可酌情少取水样，用蒸馏水稀释至 50.00mL。

② 对水样与标准色列进行目视比较。观察时，可将比色管置于白瓷板或白纸上，使光线从管底部向上透过液柱，目光自管口垂直向下观察，记下与水样色度相同的铂钴标准色列的色度。

③ 若与标准色列的色调不一致，则为异色，可用文字描述。

六、实验结果整理和数据处理要求

色度的计算方法如下：

$$色度(度)=\frac{铂钴标准溶液用量(mL)\times 500}{V} \tag{1-1}$$

式中 V——测定的透明水样体积，mL。

七、注意事项

① 水样色度超过 50 度时，可取适量水样用水稀释后比色，直至颜色在标准色列之内，

记录色度。

② 所用比色管的规格要相同。为便于观察，可在比色管底部衬一张白纸或白色瓷板，自上而下地进行观察、比色，记录色度。

八、思考题

① 水样中如有颗粒物，将如何影响铂钴标准比色法测定色度？

② 试比较铂钴标准比色法、稀释倍数法、铬钴标准比色法三种测定色度的方法。

Ⅱ 水样浊度的测定（硅藻土标准比浊法）

硅藻土标准比浊法适用于测定生活饮用水及其水源水的浊度，该检测方法的最低检测浓度为1度。

一、实验目的

① 掌握目视比色法的基本原理；

② 掌握浊度的基本概念和测定方法。

二、实验原理

把相当于1mg一定粒度（颗粒直径大致为400μm左右）的硅藻土（SiO_2）在1L水中所产生的浊度作为一个浊度单位，并且用“度”（NTU）来表示。将水样与浊度标准溶液进行比较。

三、课时安排

① 理论课时安排：0.3学时，学习浊度测试原理、硅藻土标准比浊法测试步骤和注意事项。

② 实验课时安排：0.7学时，其中实验准备0.2学时，水样测定0.5学时。

四、实验材料

（一）实验药品

如无特殊说明，本实验用水均为蒸馏水。

试剂级硅藻土、分析纯氯化汞（$HgCl_2$）。

（二）器皿

① 100mL具塞比色管12支；

② 1000mL容量瓶1个；

③ 250mL容量瓶12个；

④ 250mL具塞玻璃瓶12个；

⑤ 1000mL量筒2个；

⑥ 1、10、100mL移液管各1支；

⑦ 50mL移液管2支；

⑧ 1000mL具塞无色玻璃瓶1个；
⑨ 0.1mm孔径筛子1个；
⑩ 玻璃棒1根；
⑪ 胶头滴管3～5个；
⑫ 1000mL烧杯2个；
⑬ 蒸发皿1个；
⑭ 干燥器1个；
⑮ 研钵1个；
⑯ 洗耳球1个。

（三）实验装置

① 电子天平：量程0～200g，精度0.0001g；
② 烘箱；
③ 水浴加热装置。

（四）试剂

① 浊度标准溶液：将通过0.1mm筛孔的硅藻土放入105～110℃烘箱中烘2h。冷却后称取10g，置于研钵中，加少许蒸馏水调成糊状并研细，然后移入1000mL的量筒中，加蒸馏水至刻度线。充分搅拌后，在室温下（最好放在20℃恒温箱中）静置一天。用虹吸法小心将上层800mL悬浊液吸至另一个1000mL的量筒中并加蒸馏水至刻度线，充分搅拌后，再静置一天，吸出上层800mL悬浊液，弃去。底部沉积物加蒸馏水至1000mL，充分搅拌后贮于具塞玻璃瓶中，作为浊度原液。

② 原液的浊度测定：取上述悬浊液50mL置于已恒重的蒸发皿中，在水浴装置上蒸干。于105℃烘箱内烘2h，置干燥器中冷却30min，称重。同上述方法，再烘1h，冷却，称重。重复进行直至烘至恒重。求出每毫升悬浊液中含硅藻土的质量（mg）。

③ 吸取含250mg硅藻土的悬浊液，置于1000mL容量瓶中，加水至标线，摇匀。此溶液浊度为250度。

④ 吸取浊度为250度的标准液100.00mL置于250mL容量瓶中，用水稀释至标线，此溶液作为浊度为100度的标准液。

于上述原液和各标准液中各加入1g氯化汞，以防菌类生长。

五、实验步骤和方法

（一）测定浊度低于10度的水样

① 吸取浊度为100度的标准液0、1.00、2.00、3.00、4.00、5.00、6.00、7.00、8.00、9.00、10.00mL于100mL比色管中，加水稀释至标线，混匀，得到浊度依次为0、1、2、3、4、5、6、7、8、9、10度的标准液。

② 取100mL摇匀水样置于100mL比色管中，与浊度标准液进行比较。可在黑色底板上，由上往下垂直观察。

（二）测定浊度为10~100度的水样

① 吸取浊度为250度的标准液0、10.00、20.00、30.00、40.00、50.00、60.00、70.00、80.00、90.00、100.00mL置于250mL的容量瓶中，加水稀释至标线，混匀，即得

浊度为0、10、20、30、40、50、60、70、80、90、100度的标准液，移入成套的250mL具塞玻璃瓶中，每瓶加入1g氯化汞，以防菌类生长，密塞保存。

② 取250mL摇匀水样，置于成套的250mL具塞玻璃瓶中，瓶后放一有黑线的白纸作为判别标志，从瓶前向后观察，根据目标清晰程度，选出与水样产生视觉效果相近的标准液，记下其浊度值。

（三）测定浊度大于100度的水样

若水样浊度超过100度，用水稀释后测定。

六、实验结果整理和数据处理要求

（一）实验结果记录

实验记录表如表1-1所示。

表1-1 实验记录表

测试水样	浊度/NTU	测试水样	浊度/NTU
样品1		样品4	
样品2		…	
样品3			

（二）实验数据处理

浊度结果可于测定时直接读取，不同浊度范围的读数精度要求如表1-2所示。

表1-2 浊度精度要求

浊度范围/NTU	读数精度/NTU	浊度范围/NTU	读数精度/NTU
1～10	1	400～700	50
10～100	5	700以上	100
100～400	10		

七、注意事项

① 水样浊度超过100度时，需用蒸馏水稀释后再测定。

② 选择好标准物的粒度大小对配制浊度标准溶液极为重要。用本法配制的硅藻土浊度标准溶液，其硅藻土的颗粒直径为400μm左右。

③ 称至恒重，即两次称重相差不超过0.0004g为止。

八、思考题

应采用何种方法来制备标准的无浊度的实验用水？

Ⅲ 水样碱度的测定

一、实验目的

① 掌握滴定分析的基本操作；

② 掌握标准溶液的配制和标定方法；

③ 掌握酸碱滴定法测定水中碱度的原理和方法。

二、实验原理

碱度是指水中含有的能与强酸发生中和作用的物质的总量，是衡量水体水质变化的重要指标之一，是水的综合性特征指标。天然水中的碱度主要包含碳酸盐、碳酸氢盐及氢氧化物。

（一）HCl 溶液的标定

首先配制约 $0.1mol \cdot L^{-1}$ 的盐酸溶液，然后以甲基橙作指示剂，用已知准确浓度的 Na_2CO_3 标准溶液来标定盐酸的准确浓度。

$$Na_2CO_3+2HCl = H_2O+CO_2\uparrow+2NaCl \tag{1-2}$$

$$c_{Na_2CO_3}\ (mol \cdot L^{-1})=\frac{m\times 1000}{MV} \tag{1-3}$$

式中　$c_{Na_2CO_3}$——Na_2CO_3 溶液的浓度，$mol \cdot L^{-1}$；

m——Na_2CO_3 的质量，g；

M——Na_2CO_3 的摩尔质量，$g \cdot mol^{-1}$；

V——Na_2CO_3 溶液的体积，即容量瓶的容积，mL。

$$c_{HCl}=\frac{2c_{Na_2CO_3}V_{Na_2CO_3}}{V_{HCl}} \tag{1-4}$$

式中　c_{HCl}——盐酸溶液的浓度，$mol \cdot L^{-1}$；

$V_{Na_2CO_3}$——Na_2CO_3 溶液的取用量，mL；

V_{HCl}——滴定消耗盐酸溶液的体积，mL。

（二）水样中碱度的测定

（1）酚酞碱度

以酚酞为指示剂，用 HCl 标准溶液滴定至溶液由红色变为无色为止，盐酸消耗的体积为 V_1（mL），计量点 pH 约为 8.31。反应式如下：

$$OH^-+H^+ = H_2O \tag{1-5}$$

$$CO_3^{2-}+H^+ = HCO_3^- \tag{1-6}$$

$$酚酞碱度(mol \cdot L^{-1})=\frac{c_{HCl}V_1}{V_{水样}} \tag{1-7}$$

（2）总碱度（甲基橙碱度）

在上述溶液中加入甲基橙指示剂，用 HCl 标准溶液滴定至溶液由黄色变为橙色为止，盐酸消耗的体积为 V_2（mL），计量点 pH 约为 4.41。反应式如下：

$$HCO_3^-+H^+ = H_2O+CO_2\uparrow \tag{1-8}$$

$$总碱度(mol \cdot L^{-1})=\frac{c_{HCl}(V_1+V_2)}{V_{水样}} \tag{1-9}$$

由 V_1 及 V_2 的大小可以判断水中碱度的组成（如表 1-3 所示），并可计算出氢氧化物、碳酸盐和碳酸氢盐的含量。

表 1-3　碱度组成

滴定结果	氢氧化物(OH^-)	碳酸盐(CO_3^{2-})	碳酸氢盐(HCO_3^-)
$V_2=0$	V_1	0	0
$V_1>V_2$	V_1-V_2	$2V_2$	0
$V_1=V_2$	0	$2V_1$	0
$V_1<V_2$	0	$2V_1$	V_2-V_1
$V_1=0$	0	0	V_2

三、课时安排

① 理论课时安排：0.2 学时，学习测定水中碱度的基本原理、操作步骤及注意事项。

② 实验课时安排：0.8 学时，其中试剂配制等前期准备 0.4 学时，样品测定 0.4 学时。

四、实验材料

（一）实验药品

如无特殊说明，本实验用水均为蒸馏水。

分析纯浓盐酸、分析纯氢氧化钠、分析纯碳酸钠、分析纯乙醇（95%）、甲基橙、酚酞。

（二）器皿

① 称量瓶 1 个；

② 100、500mL 烧杯各 1 个；

③ 250mL 容量瓶 1 个，1000mL 容量瓶 2 个；

④ 500mL 试剂瓶 1 个，1000mL 试剂瓶 2 个；

⑤ 10、25mL 移液管各 1 支；

⑥ 250mL 锥形瓶 4 个；

⑦ 10、50、100mL 量筒各 1 个；

⑧ 酸式滴定管（50mL）1 个；

⑨ 玻璃棒 1 根；

⑩ 洗耳球 1 个；

⑪ 胶头滴管若干；

⑫ 滴瓶 2 个。

（三）实验装置

① 电子天平：量程 0～200g，精度 0.0001g；

② 烘箱。

（四）试剂

① 盐酸标准溶液（0.1000mol・L^{-1}）：移取 9.00mL 浓盐酸于 1000mL 容量瓶中，加入蒸馏水稀释至标线，转移至 1000mL 试剂瓶备用。

② NaOH 溶液（0.01mol・L^{-1}）：准确称取 0.4000g 氢氧化钠（NaOH）于 500mL 烧

杯中溶解，冷却，移入 1000mL 容量瓶中，用蒸馏水稀释至标线，转移至 1000mL 试剂瓶备用。

③ 酚酞指示剂（0.1%）：称取 0.1g 酚酞，溶于 50mL 95%的乙醇中，再加入 50mL 蒸馏水，滴加 NaOH 溶液（$0.01mol \cdot L^{-1}$）至溶液呈现极微红色。

④ 甲基橙指示剂（0.1%）：称取 0.1g 甲基橙，溶于 100mL 蒸馏水中。

五、实验步骤和方法

（一）Na_2CO_3 标准溶液的配制

在电子天平上，用差减法称取 Na_2CO_3 1.2～1.4g（准确至 0.0001g）于 100mL 小烧杯中，加入约 50mL 蒸馏水，用玻璃棒搅拌，使其完全溶解，然后全部转移到 250mL 容量瓶中，用水稀释到标线。盖好瓶塞，摇匀。

（二）盐酸标准溶液（$0.1mol \cdot L^{-1}$）的配制及标定

（1）盐酸标准溶液的配制（$0.1mol \cdot L^{-1}$）

用 10mL 小量筒量取约 4.50mL 浓盐酸于 500mL 清洁的试剂瓶中，加 500mL 蒸馏水。

（2）盐酸溶液浓度的标定

用移液管准确吸取 25.00mL 已知准确浓度的 Na_2CO_3 溶液于 250mL 锥形瓶中，加入甲基橙指示剂两滴，用盐酸溶液滴定至溶液颜色由黄色变为橙色且摇动不消失即为滴定终点，记录滴定所用盐酸溶液的体积。至少做三份平行，滴定的相对平均偏差不应超过 0.2%。

（三）碱度的测定

① 取 25.00mL 试液置于 250mL 锥形瓶中，加入 1～2 滴酚酞指示剂，混匀，用盐酸标准溶液滴定至红色变为无色即为终点，记录盐酸消耗体积 V_1（mL）。

② 再滴加 2～3 滴甲基橙指示剂，混匀，用盐酸标准溶液滴定至黄色变为橙色且摇动不消失即为终点，记录盐酸消耗体积 V_2（mL）。

六、实验结果整理和数据处理要求

（一）实验结果记录

① 盐酸溶液浓度的计算。实验记录表如表 1-4 所示。

表 1-4　实验记录表 1

编号	1	2	3	4
m_1=(称量瓶+基准物质量)/g				
m_2=倾出基准物后的质量/g				
$m_基=(m_1-m_2)$/g				
$c_{Na_2CO_3}=\frac{m\times1000}{MV}/(mol \cdot L^{-1})$				
$V_{Na_2CO_3}$/mL	25.00	25.00	25.00	25.00
V_{HCl}/mL				

续表

编号	1	2	3	4
$c_{HCl}=\dfrac{2c_{Na_2CO_3}V_{Na_2CO_3}}{V_{HCl}}/(mol\cdot L^{-1})$				
$c_{HCl}/(mol\cdot L^{-1})$				
相对偏差				
相对平均偏差				

② 碱度的测定。实验记录表如表1-5所示。

表1-5 实验记录表2

$V_{水样}/mL$	25.00	25.00	25.00	25.00
V_1/mL				
V_2/mL				
酚酞碱度				
酚酞碱度平均值				
相对平均偏差				
总碱度				
总碱度平均值				
相对平均偏差				

③ 根据V_1及V_2的大小，判断水中碱度的组成，并计算其含量。

（二）实验数据处理

（1）酚酞碱度计算

$$酚酞碱度(mol\cdot L^{-1})=\frac{c_{HCl}V_1}{V_{水样}} \tag{1-10}$$

式中 c_{HCl}——盐酸标准溶液浓度，$mol\cdot L^{-1}$；

V_1——酚酞作指示剂时盐酸标准溶液用量，mL；

$V_{水样}$——水样的体积，mL。

（2）总碱度（甲基橙碱度）计算

$$总碱度(mol\cdot L^{-1})=\frac{c_{HCl}(V_1+V_2)}{V_{水样}} \tag{1-11}$$

式中 c_{HCl}——盐酸标准溶液浓度，$mol\cdot L^{-1}$；

V_1——酚酞作指示剂时盐酸标准溶液用量，mL；

V_2——甲基橙作指示剂时盐酸消耗的体积，mL；

$V_{水样}$——水样的体积，mL。

七、注意事项

① 浑浊的水样可以离心或过滤后，取清水样进行测定。

② 水样有颜色时，可用除去二氧化碳的蒸馏水稀释水样。

③ 水样中的余氯能使指示剂褪色，可加入硫代硫酸钠溶液以除去干扰。

八、思考题

① 什么叫碱度？如何判断碱度组成？
② 根据实验结果，判断水样中有何种碱度。
③ 碱度的计算公式如何表示？
④ 为什么水样直接以甲基橙为指示剂，用酸标准溶液滴定至终点所得碱度是总碱度？
⑤ 用于滴定的锥形瓶或烧杯是否需要干燥？要不要用标准溶液润洗？为什么？

Ⅳ 水样酸度的测定

一、实验目的

熟练掌握酸碱指示剂滴定法测定水样中酸度。

二、实验原理

在水中，由于溶质的离解或水解（无机酸类、硫酸亚铁和硫酸铝等）而产生氢离子，它们与碱标准溶液作用至一定 pH 值所消耗的量，称为酸度。酸度数值的大小随所用指示剂指示终点 pH 值的不同而异。滴定终点的 pH 值有两种规定，即 8.3 和 3.7。用氢氧化钠溶液滴定到 pH 值为 8.3（以酚酞作指示剂）的酸度，称为酚酞酸度，又称总酸度，它包括强酸和弱酸。用氢氧化钠溶液滴定到 pH 值为 3.7（以甲基橙为指示剂）的酸度，称为甲基橙酸度，代表一些较强的酸。

三、课时安排

① 理论课时安排：0.2 学时，学习水中酸度测定的基本原理、操作步骤及注意事项。
② 实验课时安排：0.8 学时，其中试剂配制等前期准备 0.4 学时，样品测定 0.4 学时。

四、实验材料

（一）实验药品

如无特殊说明，本实验用水均为无二氧化碳蒸馏水。

分析纯氢氧化钠、试剂级邻苯二甲酸氢钾（$KHC_8H_4O_4$）、乙醇（95%）、分析纯硫代硫酸钠、甲基橙、酚酞。

（二）器皿

① 150mL 烧杯 3 个；
② 1000mL 容量瓶 2 个；
③ 25mL 碱式滴定管 1 个；
④ 50mL 碱式滴定管 1 个；
⑤ 250mL 锥形瓶 3 个；
⑥ 150mL 聚乙烯瓶 2 个；
⑦ 50、100mL 量筒各 1 个；

⑧ 玻璃棒 1 根；

⑨ 酒精灯 1 盏；

⑩ 石棉网 1 片；

⑪ 滴瓶 2 个。

（三）实验装置

① 电子天平：量程 0～200g，精度 0.0001g；

② 烘箱。

（四）试剂

① 无二氧化碳水：将 pH 值不低于 6.0 的蒸馏水煮沸 15min，加盖冷却至室温。如蒸馏水 pH 较低，可适当延长煮沸时间，最后水的 pH ＞ 6.0。

② 氢氧化钠标准溶液（0.1mol · L^{-1}）：称取 4.00g 干燥的氢氧化钠于 150mL 烧杯中，加入无二氧化碳水 50mL（边加边用玻璃棒搅拌）溶解，待溶液冷却后转入 1000mL 容量瓶中，用无二氧化碳水稀释至标线，摇匀。按下述方法进行标定。

称取在 105～110℃干燥过的邻苯二甲酸氢钾（$KHC_8H_4O_4$）约 0.5g（称准至 0.0001g）置于 250mL 锥形瓶中，加无二氧化碳水 100mL 使之溶解，加入 4 滴酚酞指示剂，用待标定的氢氧化钠标准溶液滴定至浅红色为终点。同时用无二氧化碳水做空白滴定，氢氧化钠标准溶液浓度 c 按下式进行计算：

$$c(\mathrm{mol} \cdot \mathrm{L}^{-1})=\frac{m\times 1000}{M(V_1-V_0)} \quad (1\text{-}12)$$

式中 m——称取邻苯二甲酸氢钾的质量，g；

V_0——滴定空白时，所消耗氢氧化钠标准溶液的体积，mL；

V_1——滴定邻苯二甲酸氢钾时，所消耗氢氧化钠标准溶液的体积，mL；

M——邻苯二甲酸氢钾（$KHC_8H_4O_4$）的摩尔质量，为 204.23g · mol^{-1}。

③ 酚酞指示剂（0.5%）：称取 0.5g 酚酞，溶于 50mL 乙醇（95%）中，用水稀释至 100mL。

④ 甲基橙指示剂（0.05%）：称取 0.05g 甲基橙，溶于 100mL 水中。

⑤ 硫代硫酸钠标准溶液（0.1mol · L^{-1}）：称取 2.5g $Na_2S_2O_3 \cdot 5H_2O$ 溶于水，用无二氧化碳水稀释至 100mL。

五、实验步骤和方法

① 取适量水样置于 250mL 锥形瓶中，用无二氧化碳水稀释至 100mL，瓶下放一白瓷板。向锥形瓶中加入 2 滴甲基橙指示剂，用上述氢氧化钠标准溶液滴定至溶液由橙红色变为黄色为终点，记录氢氧化钠标准溶液用量（V_2）。

② 另取一份水样于 250mL 锥形瓶中，用无二氧化碳水稀释至 100mL，加入 4 滴酚酞指示剂，用氢氧化钠标准溶液滴定至溶液刚变为浅红色为终点，记录用量（V_3）。

③ 如水样中含硫酸铁、硫酸铝，加酚酞后煮沸 2min，趁热滴至红色。

六、实验结果整理和数据处理要求

（一）实验结果记录

根据实验结果将数据填入表 1-6。

表 1-6　实验记录表　　单位：mL

水样编号	滴定水样消耗氢氧化钠标准溶液的体积（甲基橙作滴定指示剂）			滴定水样消耗氢氧化钠标准溶液的体积（酚酞作滴定指示剂）		
	初始体积 $V_{始}$	终点体积 $V_{终}$	消耗体积 V_2	初始体积 $V_{始}$	终点体积 $V_{终}$	消耗体积 V_3
1						
2						
3						
4						

（二）实验数据处理

$$甲基橙酸度（CaCO_3，mg \cdot L^{-1}）=cV_2 \times M \times 1000/V \quad (1\text{-}13)$$

$$酚酞酸度（总酸度，CaCO_3，mg \cdot L^{-1}）=cV_3 \times M \times 1000/V \quad (1\text{-}14)$$

式中　c——氢氧化钠标准溶液浓度，$mol \cdot L^{-1}$；

V_2——用甲基橙作滴定指示剂时，消耗氢氧化钠标准溶液的体积，mL；

V_3——用酚酞作滴定指示剂时，消耗氢氧化钠标准溶液的体积，mL；

V——水样体积，mL；

M——碳酸钙（$1/2CaCO_3$）摩尔质量，为 $50g \cdot mol^{-1}$。

七、注意事项

① 水样取用体积参考滴定时所消耗氢氧化钠标准溶液用量，在 10～25mL 之间为宜。

② 采集的样品用聚乙烯瓶或硅硼玻璃瓶贮存，并要使水样充满不留空间，盖紧瓶盖。若为废水样品，接触空气易引起微生物活动，容易影响二氧化碳及其他气体的含量，最好在一天之内分析完毕。受生物活动影响明显的水样，应在 6h 内分析完。

八、思考题

① 采集的水样如不及时测定而长期暴露于空气中，对测定有何影响？

② 对于同一种水样，使用不同的指示剂测定的酸度或碱度结果相同吗？

实验 2　天然水总硬度的测定

水的硬度原系指沉淀肥皂的程度。肥皂沉淀主要是由于水中的钙、镁离子，此外，铁、铝、锰、锶及锌离子也有同样的作用。一般在较清洁的水中，钙、镁离子以外的其他金属离子的浓度都很低。所以常以钙、镁离子的含量来计算水的硬度。本实验参考《水质分析化学》（第三版），采用乙二胺四乙酸二钠（简称 EDTA）滴定法（GB/T 5750.4—2023）测定天然水的总硬度。

一、实验目的

① 掌握 EDTA 法测定水中总硬度的原理和方法；

② 掌握 EDTA 标准溶液的配制和标定方法；

③ 掌握水中总硬度的表示方法及计算。

二、实验原理

水的硬度是水质指标的重要内容，普通的钙盐及镁盐在天然水中以碳酸盐、碳酸氢盐、硫酸盐、氯化物或硝酸盐等形式存在。水的硬度可分成碳酸盐硬度及非碳酸盐硬度两种。

① 碳酸盐硬度主要由钙、镁的碳酸氢盐所形成。这种水煮沸时，钙、镁的碳酸氢盐将分解生成沉淀。这时，水中的碳酸盐硬度大部分可被除去。由于分解产生的沉淀物（主要是碳酸钙）在水中有一定的溶解度，因此该硬度并不能由煮沸全部除去。

② 非碳酸盐硬度主要由钙、镁的硫酸盐、氯化物等形成。

此外，硬度还可以按照水中所含有的金属离子来分类，水中钙离子的含量称为钙硬度，镁离子的含量称为镁硬度。

硬度一般用 $CaCO_3$ 的物质的量浓度（$mmol \cdot L^{-1}$）和质量浓度（$mg \cdot L^{-1}$）表示。在实际应用中，硬度的单位又常用“度”来表示，将水中含有 $10mg \cdot L^{-1}$ 的 CaO 称为 1 德国度，将水中含有 $10mg \cdot L^{-1}$ 的 $CaCO_3$ 称为 1 法国度，硬度单位之间可以相互换算。

本实验采用乙二胺四乙酸二钠滴定法测定水中钙、镁离子的总量，即在碱性（$pH \approx 10$）溶液中，以铬黑 T 为指示剂，用 EDTA 标准溶液进行滴定。最后经过换算，以每升水中氧化钙的质量表示水的硬度。

由于铬黑 T（以 In 表示）和 EDTA（以 Y 表示）都能与钙、镁离子形成络合物，其络合物的稳定性顺序是 $CaY^{2-} > MgY^{2-} > MgIn^{-} > CaIn^{-}$，因此，在加入指示剂铬黑 T 时，镁、钙离子先后与铬黑 T 形成紫红色的络合物：

$$Mg^{2+} + HIn^{2-} = MgIn^{-} + H^{+} \tag{2-1}$$

$$Ca^{2+} + HIn^{2-} = CaIn^{-} + H^{+} \tag{2-2}$$

当用 EDTA 滴定时，EDTA 先与游离的钙离子络合，然后与游离的镁离子络合，最后依次夺取 $CaIn^{-}$、$MgIn^{-}$ 络合物中的钙、镁离子，使铬黑 T 游离出来。当溶液由紫红色变为蓝色时，即为滴定终点。其滴定反应如下：

$$Ca^{2+} + H_2Y^{2-} = CaY^{2-} + 2H^{+} \tag{2-3}$$

$$Mg^{2+} + H_2Y^{2-} = MgY^{2-} + 2H^{+} \tag{2-4}$$

$$CaIn^{-} + H_2Y^{2-} = CaY^{2-} + HIn^{2-} + H^{+} \tag{2-5}$$

$$MgIn^{-} + H_2Y^{2-} = MgY^{2-} + HIn^{2-} + H^{+} \tag{2-6}$$

紫红色　　　　　　　　　　蓝色

由于反应过程中有 H^{+} 放出，因此络合滴定在缓冲溶液中进行。碱性增大可降低酸效应，使滴定终点更加明显，但有析出碳酸钙和氢氧化镁沉淀的可能，故将溶液的 pH 值控制在 10 为宜。

水样中含有较多量的有机物时，对滴定终点的观察有影响，可取适量水样蒸干，在 600℃灼烧至有机物完全氧化，将残渣溶于盐酸中，按一般水样操作。某些普通金属离子的干扰作用，可用硫化钠或盐酸羟胺消除。

铬黑 T 和镁离子的显色灵敏度高于钙离子的显色灵敏度，当水样中镁的含量较低时，指示剂在终点的变色不敏锐。为了使滴定终点明显，需要在缓冲溶液中加入足够的 EDTA 镁盐。

三、课时安排

① 理论课时安排：2 学时，学习水中总硬度测定的基本原理、测定步骤及注意事项；

② 实验课时安排：2 学时，其中试剂配制等前期准备 1 学时，样品测定等 1 学时。

四、实验材料

（一）实验药品

如无特殊说明，本实验用水均为蒸馏水。

分析纯氯化铵（NH_4Cl）、浓氨水（$\rho=0.88g \cdot mL^{-1}$）、分析纯硫酸镁（$MgSO_4 \cdot 7H_2O$）、分析纯乙二胺四乙酸二钠（$Na_2H_2C_{10}H_{12}O_8N_2 \cdot 2H_2O$）、铬黑 T、乙醇（95%）、分析纯锌粒（Zn）、浓盐酸、化学纯硫化钠（$Na_2S \cdot 9H_2O$）、化学纯盐酸羟胺（$NH_2OH \cdot HCl$）。

（二）器皿

① 50mL 酸式滴定管 1 支；

② 150mL 锥形瓶 6 个；

③ 100mL 烧杯 5 个，250mL 烧杯 2 个，500mL 烧杯 1 个；

④ 100、250mL 容量瓶各 3 个，500mL 容量瓶 1 个；

⑤ 100mL 试剂瓶 2 个；

⑥ 1、10、25、50mL 移液管各 3 支；

⑦ 玻璃棒 1 根；

⑧ 洗耳球 1 个；

⑨ 50、100mL 量筒各 1 个。

（三）试剂

（1）缓冲溶液

① 氯化铵-氨水溶液：称取 16.9g 氯化铵，溶于 143mL 浓氨水中。

② 称取 0.8g 硫酸镁（$MgSO_4 \cdot 7H_2O$）及 1.1g 乙二胺四乙酸二钠（$Na_2H_2C_{10}H_{12}O_8N_2 \cdot 2H_2O$），溶于 50mL 蒸馏水中，加入 2mL 上述氯化铵-氨水溶液、5 滴铬黑 T 指示剂，用 EDTA 滴定至溶液由紫红色变为蓝色。

③ 合并①、②液，并用蒸馏水稀释至 250mL。

（2）铬黑 T 指示剂

称取 0.5g 铬黑 T，溶于 10mL 缓冲溶液中，用 95%的乙醇稀释至 100mL，放在冰箱中保存，此指示剂可稳定一个月。

（3）EDTA 标准溶液（$0.0100mol \cdot L^{-1}$）

称取 1.86g 分析纯乙二胺四乙酸二钠（$Na_2H_2C_{10}H_{12}O_8N_2 \cdot 2H_2O$）溶于蒸馏水中，并稀释至 500mL。按下述方法标定其准确浓度。

① 锌标准溶液：准确称取 0.15～0.20g 锌粒于 100mL 小烧杯中，加入 5mL 盐酸（1∶1），置于水浴上温热，溶解后定量转移至 250mL 容量瓶中，用蒸馏水稀释至标线。

$$c_{Zn}(mol \cdot L^{-1})=\frac{m_{Zn}}{M_{Zn}\times 0.25} \tag{2-7}$$

式中 m_{Zn}——称取锌粒的质量，g；

c_{Zn}——锌标准溶液的浓度，$mol \cdot L^{-1}$；

M_{Zn}——锌的摩尔质量，65.39g·mol^{-1}。

② 吸取25.00mL锌标准溶液于150mL锥形瓶中，加入25mL蒸馏水，加几滴氨水调节溶液至近中性，再加2mL缓冲溶液及5滴铬黑T指示剂，在不断振荡下，用EDTA溶液滴定至不变的纯蓝色。

做三份平行，并计算相对平均偏差。

$$c_{EDTA}(mol \cdot L^{-1})=\frac{c_{Zn}V_{Zn}}{V_{EDTA}} \tag{2-8}$$

(4) 硫化钠溶液（5%）

称取5.0g化学纯硫化钠（$Na_2S \cdot 9H_2O$），溶于100mL蒸馏水中。

(5) 盐酸羟胺溶液（1%）

称取1.0g化学纯盐酸羟胺（$NH_2OH \cdot HCl$），溶于100mL蒸馏水中。

（四）实验装置

① 电子天平：量程0～200g，精度0.0001g；

② 电炉；

③ 水浴加热装置。

五、实验步骤和方法

① 吸取50.00mL水样（硬度过高的水样，可取适量水样，用纯水稀释至50mL；硬度过低的水样，可取100mL），置于150mL锥形瓶中。

② 若水样中有其他金属离子干扰，导致滴定时终点拖长或颜色发暗，可加入1mL硫化钠溶液（5%）、5滴盐酸羟胺溶液（1%）。

③ 加入2mL缓冲溶液及5滴铬黑T指示剂，立即用EDTA标准溶液滴定，充分振摇，至溶液呈蓝色时即为终点。

做三份平行，并计算相对平均偏差。

六、实验结果整理和数据处理要求

（一）实验结果记录

(1) EDTA标准溶液浓度的标定

EDTA标准溶液浓度的标定数据填入表2-1。

表2-1 EDTA标准溶液浓度的标定数据

编号		Ⅰ	Ⅱ	Ⅲ
锌粒质量/g				
锌溶液浓度/($mol \cdot L^{-1}$)				
EDTA体积/mL	初始体积			
	终点体积			
	消耗体积			
EDTA浓度/($mol \cdot L^{-1}$)				
EDTA浓度平均值/($mol \cdot L^{-1}$)				
相对平均偏差/%				

(2) 天然水总硬度的测定

天然水总硬度的测定数据填入表 2-2。

表 2-2　天然水总硬度的测定数据

编号		Ⅰ	Ⅱ	Ⅲ
水样体积/mL				
EDTA 体积/mL	初始体积			
	终点体积			
	消耗体积			
水样总硬度/($mg \cdot L^{-1}$)				
水样总硬度平均值/($mg \cdot L^{-1}$)				
相对平均偏差/%				

(二) 实验数据处理

水样总硬度用下式计算：

$$\text{总硬度}(CaO, mg \cdot L^{-1}) = \frac{Vc_{EDTA}M \times 1000}{V_{\text{水样}}} \tag{2-9}$$

式中 V——EDTA 标准溶液体积，mL；

c_{EDTA}——EDTA 标准溶液浓度，$mol \cdot L^{-1}$；

$V_{\text{水样}}$——水样体积，mL；

M——氧化钙 (CaO) 的摩尔质量，56.08$g \cdot mol^{-1}$。

七、注意事项

① 因 EDTA 络合滴定较酸碱反应慢得多，故滴定时速度不可过快，接近终点时，每加一滴 EDTA 溶液都要充分振荡，否则会使终点过早出现，测定结果偏低。

② 水样中加入缓冲溶液后，为防止钙、镁离子产生沉淀，必须立即进行滴定，并在 5min 内完成滴定。

③ 如滴定至蓝色终点时，稍放置片刻又重新出现紫红色，这可能是微小颗粒状的钙、镁盐的存在引起的。遇此情况，应另取水样，滴加盐酸使其呈酸性，加热至沸，然后加氨水至中性，再按步骤进行测定。

八、思考题

① 简述用 EDTA 络合滴定法测定硬度的原理及条件。

② 什么叫作水的硬度？常用哪几种方法来表示水的硬度？

③ 为什么 EDTA 镁盐能够提高终点敏锐度？加入 EDTA 镁盐对测定结果有无影响？

④ 测定水的总硬度时，加入缓冲溶液的作用是什么？当水的硬度较大时，加入氨性缓冲溶液后可能会出现什么情况？

⑤ 如欲掩蔽水样中的铁离子和铝离子，为什么掩蔽剂要在指示剂之前加入？

实验3 水中溶解氧的测定

溶解在水中的分子态氧称为溶解氧。天然水中的溶解氧含量取决于水体与大气中氧的平衡。溶解氧的饱和含量和空气中氧的分压、大气压力、水温有密切关系：清洁地表水溶解氧一般接近饱和；由于藻类的生长，溶解氧可能过饱和；有机、无机还原性物质污染使溶解氧降低。当大气中的氧来不及补充时，水中溶解氧含量逐渐降低，以至趋近于零，此时厌氧菌大量繁殖，水质逐渐恶化。

一、实验目的

① 掌握碘量法测定溶解氧的原理和方法；

② 练习滴定及测量的操作。

二、实验原理

在碱性溶液中，水样中的溶解氧可与氢氧化锰生成碱性氧化锰［$MnO(OH)_2$］棕色沉淀。酸化后，$MnO(OH)_2$ 可将碘化钾（KI）氧化，析出与溶解氧物质的量相等的碘。用硫代硫酸钠（$Na_2S_2O_3$）标准溶液滴定析出的碘。根据硫代硫酸钠的用量，可计算水样中溶解氧的含量。

在无干扰的情况下，此方法适用于各种溶解氧浓度大于 $0.2mg \cdot L^{-1}$ 和小于氧的饱和浓度两倍（约 $20mg \cdot L^{-1}$）的水样。易氧化的有机物，如单宁酸、腐殖酸和木质素等会对测定产生干扰。可氧化的硫的化合物，如硫脲，也容易产生干扰。当含有这类物质时，宜采用电化学探头法。

三、课时安排

① 理论课时安排：1学时，学习水中溶解氧测定基本原理、测定步骤及注意事项；

② 实验课时安排：1学时，其中试剂配制等前期准备0.5学时，样品测定等0.5学时。

四、实验材料

（一）实验药品

如无特殊说明，本实验用水均为蒸馏水。

浓硫酸（H_2SO_4）、可溶性淀粉［$(C_6H_{10}O_5)_n$］、水杨酸（$C_7H_6O_3$）或氯化锌（$ZnCl_2$）、二水合硫酸锰（$MnSO_4 \cdot 2H_2O$）或四水合硫酸锰（$MnSO_4 \cdot 4H_2O$）、氢氧化钠（分析纯，NaOH）、碘化钾（分析纯，KI）、硫代硫酸钠（分析纯，$Na_2S_2O_3 \cdot 5H_2O$）、无水碳酸钠（Na_2CO_3）、碘化汞（HgI_2）、重铬酸钾（分析纯，$K_2Cr_2O_7$）。

（二）器皿

① 250mL或300mL溶解氧瓶2个；

② 50、100mL量筒各1个；

③ 1、2、5、10、100mL移液管各1支；

④ 25mL棕色滴定管1支；

⑤ 250mL 锥形瓶 2 个；

⑥ 250mL 烧杯 1 个，1000mL 烧杯 1 个；

⑦ 1000mL 容量瓶 3 个；

⑧ 1000mL 棕色试剂瓶 1 个；

⑨ 洗耳球 1 个；

⑩ 玻璃棒 1 根；

⑪ 酒精灯 1 盏；

⑫ 石棉网 1 片；

⑬ 漏斗 1 个；

⑭ 滤纸若干。

（三）实验装置

① 电子天平：量程 0～200g，精度 0.0001g；

② 烘箱。

（四）试剂

（1）淀粉指示剂（1%）

称取 2g 可溶性淀粉，溶于少量蒸馏水，用玻璃棒搅拌成糊状，再加煮沸的蒸馏水至 200mL。冷却后加入 0.25g 水杨酸或 0.8g 氯化锌（$ZnCl_2$）以防分解变质。

（2）硫酸锰溶液

称取 480g $MnSO_4 \cdot 4H_2O$ 或 400g $MnSO_4 \cdot 2H_2O$ 溶于蒸馏水中，过滤不澄清的溶液后，稀释至 1000mL。

（3）碱性碘化钾溶液

称取 500g 氢氧化钠（NaOH）于 1000mL 烧杯中，加 300～400mL 蒸馏水溶解（边加边用玻璃棒搅拌），冷却至室温；再称取 150g 分析纯碘化钾，溶于 200mL 蒸馏水中。将以上两种溶液合并，混匀，加蒸馏水稀释至 1000mL。静置一天，倾出上层澄清液备用。

（4）硫代硫酸钠标准溶液（$0.025mol \cdot L^{-1}$）

称取 6.2g 分析纯硫代硫酸钠（$Na_2S_2O_3 \cdot 5H_2O$），溶于煮沸放冷的蒸馏水中，稀释至 1000mL。加入 0.2g 无水碳酸钠（Na_2CO_3）或数小粒碘化汞（HgI_2），摇匀后贮存于棕色瓶内以防分解。使用前按下列方法标定其准确浓度。

① 重铬酸钾标准溶液（$c_{1/6\,K_2Cr_2O_7} = 0.0250mol \cdot L^{-1}$）：精确称取在 105～110℃烘箱中干燥的重铬酸钾 1.2257g，溶于蒸馏水中，转移至 1000mL 容量瓶并定容。

② 用上述重铬酸钾标准溶液（$0.0250mol \cdot L^{-1}$）标定硫代硫酸钠标准溶液的浓度。在 250mL 锥形瓶内加入 1g 左右固体碘化钾（KI）及 50mL 蒸馏水，用移液管加入 15.00mL 重铬酸钾标准溶液（$0.0250mol \cdot L^{-1}$）及 5.00mL 硫酸（$3mol \cdot L^{-1}$）。此时溶液中有下列反应：

$$K_2Cr_2O_7 + 6KI + 7H_2SO_4 \xlongequal{} 4K_2SO_4 + Cr_2(SO_4)_3 + 7H_2O + 3I_2 \qquad (3\text{-}1)$$

静置 5min，用硫代硫酸钠标准溶液滴至溶液变成淡黄色时，加入 1mL 淀粉指示剂，继续滴定至蓝色刚褪去为止，记录硫代硫酸钠标准溶液用量（到达终点时应带淡绿色，因为含有三价铬离子），重复滴定一次，求出硫代硫酸钠标准溶液的准确浓度。

五、实验步骤和方法

（一）水样采集

收集水样于溶解氧瓶内，盖上瓶塞。采集水样时，不要让水与空气接触。从自来水水龙头取样时，需用一根橡胶管与水龙头相接，橡胶管的另一端放到溶解氧瓶的底部。将水样注满溶解氧瓶，并使之溢流数分钟，不得使溶解氧瓶中留有气泡。取出橡胶管，迅速盖上玻璃塞。

取河水或塘水水样时，将取样装置投入水体中，待达到所需要的深度时停止下沉。此时水样进入溶解氧瓶并赶出空气至大瓶中，水继而进入大瓶并赶出大瓶中的空气，直至大瓶中不再有空气为止（即水面不再冒气泡）。取出取样装置，将瓶取下，迅速用玻璃塞盖紧。

（二）溶解氧的固定

① 取下瓶塞，立即依次加入 1.00mL 硫酸锰溶液和 2.00mL 碱性碘化钾溶液。加液时，移液管端应恰在水面之下。

② 立即盖紧瓶塞，把溶解氧瓶颠倒混合 5 次左右。

③ 静置溶液，待沉淀沉降至瓶的一半高度时，再次将瓶颠倒混匀。

（三）碘的析出

① 再次静置溶液，待沉淀沉降至瓶的一半时，加 2mL 浓硫酸。盖紧瓶塞，颠倒混匀至棕色沉淀全部溶解为止。

② 将此溶液在暗处静置 5min。

（四）样品的测定

移取 100.00mL 上述溶液于 250mL 锥形瓶中，用硫代硫酸钠标准溶液滴至溶液颜色变为淡黄色时，加入 1mL 淀粉指示剂，继续滴定至蓝色消失为止。记录硫代硫酸钠标准溶液用量。

六、实验结果整理和数据处理要求

（一）实验结果记录

根据实验结果将数据填入表 3-1。

表 3-1　实验记录表　　单位：mL

水样编号	标定硫代硫酸钠时消耗硫代硫酸钠			滴定溶解氧消耗硫代硫酸钠		
	初始体积 V_1	终点体积 V_2	消耗体积 V_3	初始体积 V_4	终点体积 V_5	消耗体积 V_6
1						
2						
3						
4						

（二）实验数据处理

$$溶解氧(O_2, mg \cdot L^{-1}) = \frac{c_{Na_2S_2O_3} V_{Na_2S_2O_3} M \times 1000}{100} \tag{3-2}$$

式中 $c_{Na_2S_2O_3}$——硫代硫酸钠标准溶液浓度，mol·L^{-1}；

$V_{Na_2S_2O_3}$——硫代硫酸钠标准溶液用量，mL；

M——氧（1/2 O_2）的摩尔质量，8g·mol^{-1}。

《地表水环境质量标准》（GB 3838—2002）关于溶解氧的规定见表3-2。

表3-2 溶解氧限值

分类	标准值	分类	标准值
Ⅰ类水体	饱和率≥90%（或≥7.5mg·L^{-1}）	Ⅳ类水体	≥3mg·L^{-1}
Ⅱ类水体	≥6mg·L^{-1}	Ⅴ类水体	≥2 mg·L^{-1}
Ⅲ类水体	≥5mg·L^{-1}		

七、注意事项

① 对于含有 Fe^{2+}、S^{2-}、SO_3^{2-}、NO_2^- 和有机物等还原性物质的水样，在测定溶解氧之前，需先用高锰酸钾在酸性溶液中将这些还原性物质氧化。过量的高锰酸钾用草酸还原。

② 对于含有 NO_2^- 的水样，也可用叠氮化钠（NaN_3）来消除 NO_2^- 的干扰。可在用浓硫酸溶解沉淀物之前，在水样瓶中加入数滴5%的叠氮化钠溶液。

注意：a. 叠氮化钠有剧毒，需在通风橱中进行操作，使用过程注意防护，避免皮肤接触和吸入，远离热源；b. 在配制5%叠氮化钠溶液时，应避免叠氮化钠固体与酸接触而产生剧毒的叠氮酸雾。

③ 如水样中的游离氯含量大于0.1mg·L^{-1}，则应预先加硫代硫酸钠去除。

④ 取水样时要避免瓶中出现气泡，否则会使测定值偏大。

八、思考题

① 取水样时应注意哪些情况？

② 加入硫酸锰溶液、碱性碘化钾溶液和浓硫酸时，移液管端为什么必须插入液面以下？

③ 当碘析出时，为什么把溶解氧瓶放置在暗处5min？

实验4 水中氨氮、亚硝酸盐氮和硝酸盐氮的测定

氮是蛋白质、核酸、维生素等有机物中的重要组分。洁净的天然水体中的含氮物质是很少的，水体中含氮物质的主要来源是生活污水和某些工业废水。含氮有机物进入水体后，由于微生物和氧的作用，可以逐步分解或氧化为无机氨（NH_3）、铵根（NH_4^+）、亚硝酸根（NO_2^-）和硝酸根（NO_3^-）。氨和铵中的氮称氨氮（NH_4^+-N），亚硝酸盐中的氮称亚硝酸盐氮（NO_2^--N），硝酸盐中的氮称为硝酸盐氮（NO_3^--N）。这三种形态氮的含量都可以作为水质指标，分别代表氮元素循环中的不同阶段，表征水体的富营养化程度。有机氮及这三种无机氮的相对含量在一定程度上反映了含氮有机物在水体中的时间长短，因而对探讨它们的分解趋势、水体污染历史和水体自净状况有一定的参考价值。

氨氮的测定方法包括纳氏试剂比色法（检出限0.025mg·L^{-1}，测定上限2mg·L^{-1}）、气相分子吸收法、苯酚-次氯酸盐（或水杨酸-次氯酸盐）比色法和电极法等。本实验采用纳氏试剂比色法，实验方法参考《水和废水监测分析方法》（第四版）、《环境分析监测理论与

技术》。纳氏试剂比色法具有操作简便、灵敏等特点，但钙、镁、铁等金属离子，硫化物，醛、酮，以及水中色度和浑浊等干扰测定，需要进行相应的预处理。

水中亚硝酸盐的测定方法通常采用重氮-偶联反应，使其生成红紫色染料，方法灵敏、选择性强。所用重氮和偶联试剂种类较多，最常用的，前者为对氨基苯磺酰胺和对氨基苯磺酸，后者为 *N*-(1-萘基)-乙二胺二盐酸盐（盐酸萘乙二胺）和 α-萘胺（即1-萘胺）（检出限 $0.003mg \cdot L^{-1}$，测定上限 $0.2mg \cdot L^{-1}$）。此外，目前普遍使用的离子色谱法和新开发的气相分子吸收法虽然需使用专用仪器，但方法简便、快速，干扰较少。亚硝酸盐在水中可受微生物等作用而很不稳定，采集后应尽快进行分析，必要时冷藏以抑制微生物的影响。本实验采用 *N*-(1-萘基)-乙二胺光度法，实验方法参考《水和废水监测分析方法》(第四版)。

水中硝酸盐的测定方法常用的有酚二磺酸光度法（检出限 $0.02mg \cdot L^{-1}$，测定上限 $2mg \cdot L^{-1}$）、气相分子吸收光谱法（检出限 $0.005mg \cdot L^{-1}$，测定上限 $10mg \cdot L^{-1}$）、紫外分光光度法（检出限 $0.08mg \cdot L^{-1}$，测定上限 $4mg \cdot L^{-1}$）、镉柱还原法、离子色谱法、戴氏合金还原法和电极法等。酚二磺酸光度法测量范围较宽，显色稳定，适用于测定饮用水、地下水和清洁地表水中的硝酸盐氮。本实验采用酚二磺酸光度法。

一、实验目的

① 掌握纳氏比色法测定氨氮的原理和方法；

② 掌握 *N*-(1-萘基)-乙二胺光度法测定亚硝酸盐氮的原理和方法；

③ 掌握酚二磺酸光度法测定硝酸盐氮的原理和方法。

二、实验原理

(1) 水中氨氮的测定——纳氏比色法

碘化汞和碘化钾的碱性溶液与氨反应生成淡红棕色胶态化合物，该化合物在较宽的波长范围内具有强烈的吸收，通常可在波长410～425nm范围内测其吸光度，其吸光度与氨氮含量成正比。水样做适当的预处理后，本法可用于地表水、地下水、工业废水和生活污水中氨氮的测定。

(2) 亚硝酸盐氮的测定——*N*-(1-萘基)-乙二胺光度法

在磷酸介质中，pH值为 1.8 ± 0.3 时，亚硝酸盐与对氨基苯磺酰胺反应，生成重氮盐，再与 *N*-(1-萘基)-乙二胺偶联生成红色染料，在540nm波长处有最大吸收。本法适用于饮用水、地表水、地下水、生活污水和工业废水中亚硝酸盐的测定。

(3) 硝酸盐氮的测定——酚二磺酸光度法

硝酸盐在无水情况下与酚二磺酸反应，生成硝基二磺酸酚，在碱性溶液中生成黄色化合物，可进行定量测定。

三、课时安排

① 水中氨氮测定的实验课时安排：3学时，学习氨氮的分析方法1学时，试剂配制等前期准备1学时，标准曲线绘制、样品测定等1学时；

② 水中亚硝酸盐氮测定的实验课时安排：3学时，学习亚硝酸盐氮的分析方法1学时，试剂配制等前期准备1学时，标准曲线绘制、样品测定等1学时；

③ 水中硝酸盐氮测定的实验课时安排：3学时，学习硝酸盐氮的分析方法1学时，试剂

配制等前期准备1学时，标准曲线绘制、样品测定等1学时。

四、实验材料

（一）水中氨氮的测定——纳氏比色法

（1）实验药品

药品除另有说明外，均为分析纯级别。

硫酸（H_2SO_4，ρ=1.84g·mL^{-1}，优级纯）、氢氧化钠（NaOH）、碘化钾（KI）、碘化汞（HgI_2）、氯化铵（NH_4Cl，优级纯）、酒石酸钾钠（$KNaC_4H_4O_6 \cdot 4H_2O$）。

（2）器皿

① 比色皿：1cm，2个；

② 具塞比色管：50mL，9支［直径、线高、材质（尤其色度）、壁厚基本一致的比色管］；

③ 玻璃刻度移液管：1、2、5、10mL各1支；

④ 量筒：25、50、100mL各1个；

⑤ 容量瓶：100mL 2个，500mL 1个，1000mL 1个；

⑥ 烧杯：100、200mL各2个；

⑦ 聚乙烯瓶：100mL 2个；

⑧ 锥形瓶：250mL 2个；

⑨ 如果需要制备无氨水，5～10L具塞磨口玻璃瓶1个（储备无氨水）。

（3）试剂

测试氨氮的实验中，配制试剂用水均应为无氨水或超纯水。

① 无氨水制备（蒸馏法）：每升蒸馏水中加0.1mL浓硫酸，在全玻璃蒸馏器中重蒸馏，弃去50mL初馏液，接取其余馏出液于具塞磨口玻璃瓶中，密塞保存。

② 纳氏试剂：称取16g氢氧化钠放入100mL烧杯中，加50mL无氨水或超纯水（加水时用玻璃棒搅拌）溶解，注意溶解过程会放热，冷却至室温。另称取7g碘化钾和10g碘化汞放入100mL烧杯中，加20mL无氨水或超纯水溶解，然后在搅拌下将此溶液徐徐注入上述氢氧化钠溶液中。将溶液转入100mL容量瓶后定容，此溶液为纳氏试剂，移入聚乙烯瓶，密塞保存。或直接购买纳氏试剂。特别提醒：氯化汞（$HgCl_2$）、碘化汞（HgI_2）和所配制的纳氏试剂均有剧毒，实验时应避免与皮肤和口腔接触。

③ 酒石酸钾钠溶液：称取50g酒石酸钾钠放入200mL烧杯中，加100mL无氨水或超纯水溶解，然后加热煮沸以除去氨，冷却至室温，将溶液转入100mL容量瓶后定容，移入聚乙烯瓶，密塞保存。

④ 氨标准贮备液和氨标准溶液：称取3.8190g经100℃干燥过的氯化铵于100mL烧杯中，加适量无氨水或超纯水溶解，转入1000mL容量瓶中，用无氨水或超纯水稀释至标线。此溶液为氨标准贮备液，每毫升含1.00mg氨氮（以N计）。用移液管移取5.00mL氨标准贮备液于500mL容量瓶中，用无氨水或超纯水稀释至标线。此溶液为氨标准溶液，每毫升含0.010mg氨氮。此溶液使用时，当天配制。

（4）实验装置及材料

① 电子天平：量程0～200g，精度为0.0001g；

② 鼓风干燥箱：控温范围为（室温+10℃）～250℃，温度波动度±1℃；

③ 分光光度计：双光束，波长范围190～1100nm，分辨率0.1nm；

④ 水浴加热装置：控温范围为（室温+5℃）～100℃；

⑤ 玻璃棒；

⑥ 常压全玻璃蒸馏器：1000mL 套装（铁架台、十字夹、烧瓶夹、红水温度计及其套管、1000mL 单口烧瓶、蒸馏头、冷凝管、真空尾接管、500mL 或 250mL 锥形瓶）。

（二）水中亚硝酸盐氮的测定——N-(1-萘基)-乙二胺光度法

（1）实验药品

药品除另有说明外，均为分析纯级别。

高锰酸钾（$KMnO_4$）、氢氧化钙［$Ca(OH)_2$］、磷酸（H_3PO_4，$\rho=1.69g \cdot mL^{-1}$）、对氨基苯磺酰胺（$C_6H_8N_2O_2S$）、*N*-(1-萘基)-乙二胺二盐酸盐（$C_{10}H_7NHC_2H_4NH_2 \cdot 2HCl$）、亚硝酸钠（$NaNO_2$）、三氯甲烷、氨水、乙醇（95%）。如果水样 pH≥11，还应准备酚酞；如果水样有颜色和悬浮物，还应准备硫酸铝钾［$KAl(SO_4)_2 \cdot 12H_2O$］或硫酸铝铵［$NH_4Al(SO_4)_2 \cdot 12H_2O$］。

（2）器皿

① 比色皿：1cm，2 个；

② 具塞比色管：50mL，9 支［直径、线高、材质（尤其色度）、壁厚基本一致］；

③ 玻璃刻度移液管：1、2、5、10、50mL 各 1 支；

④ 容量瓶：250、1000mL 各 1 个，500mL 2 个；

⑤ 烧杯：100、200mL 各 1 个，500mL 2 个，1000、2000mL 各 1 个；

⑥ 螺纹棕色玻璃瓶：250、500、1000mL 各 1 个；

⑦ 锥形瓶：250mL，2 个；

⑧ 量筒：25、100、250、1000mL 各 1 个；

⑨ 漏斗：1 个；

⑩ 如果需要制备无亚硝酸盐水，5～10L 磨口玻璃瓶 1 个（储备无亚硝酸盐水）；

⑪ 玻璃试剂瓶：50、100、150mL 各 1 个。

（3）试剂

测试亚硝酸盐的实验中，配制试剂用水均应为无亚硝酸盐水或超纯水。

① 无亚硝酸盐水的制备：在 5～10L 水中加入少许高锰酸钾晶体，再加氢氧化钙，使之呈碱性。在全玻璃蒸馏器中重蒸馏，弃去 50mL 初馏液，收集中间 70% 的无亚硝酸盐馏分，存于磨口玻璃瓶中，密塞保存。

② 显色剂：分别量取 250mL 无亚硝酸盐水或超纯水和 50mL 磷酸，先后加入 500mL 烧杯中，然后向该水溶液中先后加入并溶解对氨基苯磺酰胺 20.0g、*N*-(1-萘基)-乙二胺二盐酸盐 1.00g，然后将该溶液转移至 500mL 容量瓶中，用水稀释至标线。此溶液贮于棕色玻璃瓶中，2～5℃保存，至少可稳定一个月。（注意：该试剂有毒性，避免与皮肤接触或摄入体内。）

③ 亚硝酸盐标准贮备液：称取亚硝酸钠 1.232g 放入 200mL 烧杯中，加入无亚硝酸盐水或超纯水 150mL 溶解，将溶液转入 1000mL 容量瓶后定容。此溶液为亚硝酸盐标准贮备液，每毫升含 0.25mg 亚硝酸盐氮。该贮备液存放在 1000mL 棕色玻璃瓶中，加入 1mL 三氯甲烷，2～5℃保存，至少可稳定一个月。

④ 亚硝酸盐标准中间液：移取 50.00mL 亚硝酸盐标准贮备液于 250mL 容量瓶中，用无亚硝酸盐水或超纯水定容。此溶液为亚硝酸盐标准中间液，每毫升含 50.0μg 亚硝酸盐

氮，贮于棕色瓶内，2～5℃保存，可稳定一周。

⑤ 亚硝酸盐标准使用液：移取10.00mL亚硝酸盐标准中间液于500mL容量瓶中，用无亚硝酸盐水或超纯水定容。此溶液为亚硝酸盐标准使用液，每毫升含1.00μg亚硝酸盐氮。此溶液使用时，当天配制。

⑥ 氢氧化铝悬浮液：称取125g硫酸铝钾或硫酸铝铵于2000mL烧杯中，加入1000mL水，加热至60℃，在不断搅拌下，徐徐加入浓氨水55mL，放置约1h后，移入1000mL量筒内，用水反复洗涤沉淀，至洗涤液中不含亚硝酸盐为止。澄清后，把上清液尽量全部倾出，只留稠的悬浮物，最后加入100mL水，使用前应振荡均匀。

⑦ 酚酞溶液（$10g \cdot L^{-1}$）：称取酚酞0.5g于100mL烧杯中，加入50mL乙醇（95%）溶解，转移至50mL试剂瓶中。

⑧ 磷酸溶液（1∶9）：量取90mL水于200mL烧杯中，然后量取10mL浓磷酸缓缓加入水中，溶液混匀后移入100mL玻璃试剂瓶中。

（4）实验装置及材料

① 电子天平：量程0～200g，精度为0.0001g；

② 鼓风干燥箱：控温范围为（室温+10℃）～250℃，温度波动度±1℃；

③ 分光光度计：双光束，波长范围190～1100nm，分辨率0.1nm；

④ 玻璃棒；

⑤ 精密pH试纸：pH值范围1～14；

⑥ 常压全玻璃蒸馏器：1000mL套装（铁架台、十字夹、烧瓶夹、红水温度计及其套管、1000mL单口烧瓶、蒸馏头、冷凝管、真空尾接管、500mL或250mL锥形瓶）；

⑦ 水浴加热装置：控温范围为（室温+5℃）～100℃。

（三）水中硝酸盐氮的测定——酚二磺酸光度法

（1）实验药品

药品除另有说明外，均为分析纯级别。

苯酚（C_6H_5OH）、硫酸（H_2SO_4，$\rho=1.84g \cdot mL^{-1}$，优级纯）、硝酸钾（KNO_3）、酚二磺酸[$C_6H_4(OH)(SO_3H)_2$]、三氯甲烷（$CHCl_3$）、氢氧化钠（NaOH）、氨水（$NH_3 \cdot H_2O$，$\rho=0.90g \cdot mL^{-1}$）。水样如有颜色和悬浮物，还应准备硫酸铝钾［$KAl(SO_4)_2 \cdot 12H_2O$］或硫酸铝铵［$NH_4Al(SO_4)_2 \cdot 12H_2O$］。

（2）器皿

① 比色皿：1cm，2个；

② 具塞比色管：50mL 9支，100mL 1支［直径、线高、材质（尤其色度）、壁厚基本一致］；

③ 玻璃刻度移液管：1、5、10、50mL各1支，2mL 2支；

④ 蒸发皿：100mL，2个；

⑤ 容量瓶：500、1000mL各1个；

⑥ 锥形瓶：500mL，1个；

⑦ 量筒：100、200、1000mL各1个；

⑧ 棕色带盖玻璃瓶：200、500、1000mL各1个；

⑨ 试剂瓶：1个（不小于1000mL）；

⑩ 烧杯：100、200、2000mL 各 1 个；

⑪ 小玻璃漏斗：1 个；

⑫ 玻璃试剂瓶：100mL，2 个；

⑬ 聚乙烯瓶：50mL，1 个；

⑭ 胶头滴管：多个。

（3）试剂

实验用水可以采用蒸馏水或超纯水。

① 酚二磺酸溶液：称取苯酚 25g 置于 500mL 锥形瓶中，用 200mL 玻璃量筒量取 150mL 浓硫酸使之溶解，再加入 75mL 酚二磺酸，将该溶液在沸水浴中加热 6h（瓶口插一小漏斗），得淡棕色稠液，贮于棕色瓶中，密塞保存，防止吸收空气中的水汽。

② 氢氧化钠溶液（$0.1mol \cdot L^{-1}$）：用烧杯称取氢氧化钠 0.2g 加蒸馏水溶解后稀释至 50mL，贮于聚乙烯瓶中备用。

③ 硝酸盐标准贮备液：称取经 105～110℃干燥 2h 的硝酸钾 0.7218g 放入 200mL 烧杯中溶解，然后转移到 1000mL 容量瓶中定容、混匀。用移液管移取 2.00mL 三氯甲烷作为保存剂加入该溶液中，可稳定 6 个月。该溶液为硝酸盐标准贮备液，每毫升含 0.100mg 硝酸盐氮。

④ 硝酸盐标准使用液：移取 50.00mL 硝酸盐标准贮备液置于蒸发皿内，用滴管逐滴加入 $0.1mol \cdot L^{-1}$ 氢氧化钠溶液将 pH 调至 8.0，在水浴上蒸发至干。用移液管移取 2.00mL 酚二磺酸溶液，用玻璃棒研磨蒸发皿内壁，使残渣与试剂充分接触，放置片刻，重复研磨一次，放置 10min，加入少量水，移入 500mL 容量瓶中，定容、混匀。转移贮于棕色瓶中，此溶液可以稳定至少 6 个月。该溶液为硝酸盐标准使用液，每毫升含 0.010mg 硝酸盐氮。

⑤ 氢氧化铝悬浮液：称取硫酸铝钾或硫酸铝铵 125g 于 2000mL 烧杯中，加入 1000mL 水，加热至 60℃，在不断搅拌下，徐徐加入浓氨水 55mL，放置约 1h 后，移入 1000mL 量筒内，用水反复洗涤沉淀，至洗涤液中不含亚硝酸盐为止。澄清后，把上清液尽量全部倾出，只留稠的悬浮物，最后加入 100mL 水，移入 100mL 玻璃试剂瓶中，使用前应振荡均匀。

（4）实验装置及材料

① 电子天平：量程 0～200g，精度为 0.0001g；

② 鼓风干燥箱：控温范围为（室温+10℃）～250℃，温度波动度±1℃；

③ 分光光度计：双光束，波长范围 190～1100nm，分辨率 0.1nm；

④ 水浴加热装置：控温范围为（室温+5℃）～100℃；

⑤ 玻璃棒：1 根；

⑥ 精密 pH 试纸；

⑦ 玻璃研磨棒：1 根。

五、实验步骤和方法

（一）水中氨氮的测定

（1）水样的预处理

水样采集后应尽快分析。如需保存，应向水样中加硫酸溶液酸化至 pH<2，于 2～5℃保存。酸化的样品应注意防止因吸收空气中的氨而受到污染。

（2）标准曲线的绘制

① 用移液管准确吸取 0、0.50、1.00、3.00、5.00、7.00、10.00mL 氨标准溶液至 50mL 比色管中，加水至标线。

② 用 1mL 移液管向各比色管中加 1.00mL 酒石酸钾钠溶液，混匀。用 2mL 移液管加 1.50mL 纳氏试剂，混匀，静置显色 10min。

③ 调节分光光度计的吸收波长到 420nm 处，用 1cm 比色皿，以零浓度为参比，测量吸光度，以吸光度为纵坐标，相应氨氮质量为横坐标绘出标准曲线。

（3）水样测定

用移液管分取适量水样（使氨氮含量不超过 0.01mg）于 50mL 比色管中，加水至标线，显色方法和分光光度计比色方法同标准系列，以水为参比，测量步骤同标准溶液测定。进行空白校正后，根据所测吸光度从标准曲线上查得氨氮质量。

（4）计算公式

$$\text{氨氮}\ (\mathrm{N},\ \mathrm{mg} \cdot \mathrm{L}^{-1}) = \frac{m}{V} \times 1000 \tag{4-1}$$

式中　m——从标准曲线上查得的氨氮质量，mg；

V——水样体积，mL。

（5）实验结果整理和数据处理要求

标准系列记录如表 4-1 所示。

表 4-1　标准系列记录

管号	1	2	3	4	5	6	7
标液体积/mL	0	0.50	1.00	3.00	5.00	7.00	10.00
氨氮质量/mg							
吸光度 A							
氨氮浓度/($\mathrm{mg \cdot L^{-1}}$)							

注：结果保留至小数点后的第二位。

水样测定记录如表 4-2 所示。

表 4-2　水样记录

管号	1	2	3	4	5	6	…
水样体积/mL							
吸光度 A							
氨氮质量/mg							
氨氮浓度/($\mathrm{mg \cdot L^{-1}}$)							

注：结果保留至小数点后的第二位。

（6）注意事项

① 纳氏试剂中碘化汞与碘化钾的比例对显色反应的灵敏度有较大影响。静置后生成的沉淀应除去。

② 滤纸中常含痕量铵盐，使用时注意用无氨水洗涤。所用玻璃器皿应避免实验室空气中氨的污染。

水样带色或浑浊以及含其他一些干扰物质会影响氨氮的测定。为此，在分析时需做适当的预处理。对较清洁的水，可采用絮凝沉淀法；对污染严重的水或工业废水，则用蒸馏法消除干扰。

（二）水中亚硝酸盐氮的测定

（1）水样的预处理

当水样 pH≥11 时，可加入 1 滴酚酞溶液，边搅拌边逐滴加入磷酸溶液（1∶9）至红色刚好消失。

水样如有颜色和悬浮物，可向每 1000mL 水中加入 2mL 氢氧化铝悬浮液，搅拌、静置、过滤，弃去 25mL 初滤液，取 25.00mL 滤液测定。

如亚硝酸盐含量高，可适量少取水样，用无亚硝酸盐水稀释至 50mL。如水样清澈，则直接取 25mL 分析或过 0.45μm 滤膜后分析。

（2）标准曲线的绘制

① 移液管准确吸取 0、1.00、2.00、3.00、5.00、7.00、10.00mL 亚硝酸盐标准使用液至 50mL 比色管中。

② 向比色管中加水稀释至标线，加入 1mL 显色剂，混匀，静置 20min。

③ 在 2h 内用分光光度计比色，调节分光光度计的吸收波长到 540nm 处，用 1cm 比色皿，以水为参比，测量吸光度，以吸光度为纵坐标，相应亚硝酸盐氮质量为横坐标绘出标准曲线。

（3）水样测定

用移液管分取适量水样（使亚硝酸盐氮含量不超过 0.010mg）于 50mL 比色管中，加水至标线，显色方法和分光光度计比色方法同标准系列，以水为参比，测量步骤同标准溶液测定，进行空白校正后，根据所测吸光度从标准曲线上查得亚硝酸盐氮质量。

（4）空白试验

用超纯水代替水样，按相同步骤进行测定。

（5）计算公式

$$\text{亚硝酸盐氮浓度（N，mg} \cdot \text{L}^{-1}\text{）} = \frac{m}{V} \times 1000 \tag{4-2}$$

式中 m——从标准曲线上查得的亚硝酸盐氮质量，mg；

V——水样体积，mL。

（6）实验结果整理和数据处理要求

标准系列数据记录如表 4-3 所示。

表 4-3 标准系列记录

管号	1	2	3	4	5	6	7
标液体积/mL	0	1.00	2.00	3.00	5.00	7.00	10.00
亚硝酸盐氮质量/mg							
吸光度 A							
校准吸光度 A'							
亚硝酸盐氮浓度/(mg·L^{-1})							

注：结果保留至小数点后的第二位。

水样测定记录如表 4-4 所示。

表 4-4　水样记录

管号	1	2	3	4	5	6	…
水样体积/mL							
吸光度 A							
校准吸光度 A'							
亚硝酸盐氮质量/mg							
亚硝酸盐氮浓度/(mg·L^{-1})							

注：结果保留至小数点后的第二位。

（三）水中硝酸盐氮的测定

（1）水样的预处理

水样浑浊和带色时，可取 100mL 水样于具塞比色管中，加入 2mL 氢氧化铝悬浮液，密塞振摇，静置数分钟后，过滤，弃去 20mL 初滤液。

如吸光度值超出标准曲线范围，可将显色溶液用水定量稀释，然后测量吸光度，计算时乘以稀释倍数。

（2）标准曲线的绘制

① 用移液管准确吸取 0、0.10、0.50、1.00、3.00、5.00mL 硝酸盐标准溶液至比色管中，加水至约 40mL，用移液管加 3mL 氨水至碱性，用水稀释至标线，混匀。

② 用分光光度计比色，调节分光光度计的吸收波长到 410nm 处，用 1cm 比色皿，以零浓度为参比，测量吸光度，以吸光度为纵坐标，相应硝酸盐氮质量为横坐标绘制标准曲线。

（3）水样的测定

① 取 50.00mL 水样于蒸发皿中，用 pH 试纸检查，必要时用硫酸（0.5mol·L^{-1}）或氢氧化钠溶液（0.1mol·L^{-1}）调节至微碱性（pH 为 8），置水浴上蒸发至干。

② 加入 1.00mL 酚二磺酸，用玻璃棒研磨，使试剂与蒸发皿内残渣充分接触，放置片刻，再研磨一次，放置 10min，加入约 10mL 纯水。在搅拌下加入 3～4mL 氨水。如有沉淀，则过滤。将溶液移入 50mL 比色管中，稀释至标线，混匀。

③ 分光光度计比色方法同标准溶液的测定，以水为参比，测量吸光度，进行空白校正后，根据所测吸光度从标准曲线上查得硝酸盐氮质量。

（4）空白试验

以蒸馏水代替水样，按相同步骤进行全程序空白测定。

（5）计算公式

$$\text{硝酸盐氮浓度（N，mg·L}^{-1}\text{）}=\frac{m}{V}\times 1000 \quad (4\text{-}3)$$

式中　m——从标准曲线上查得的硝酸盐氮质量，mg；

V——水样体积，mL。

（6）实验结果整理和数据处理要求

标准系列数据记录如表 4-5 所示。

表 4-5　标准系列记录

管号	1	2	3	4	5	6
标液体积/mL	0	0.10	0.50	1.00	3.00	5.00
硝酸盐氮质量/mg						
吸光度 A						
校准吸光度 A'						
硝酸盐氮浓度/($mg \cdot L^{-1}$)						

注：结果保留至小数点后的第二位。

水样测定记录如表 4-6 所示。

表 4-6　水样记录

管号	1	2	3	4	5	6	…
水样体积/mL							
吸光度 A							
校准吸光度 A'							
硝酸盐氮质量/mg							
硝酸盐氮浓度/($mg \cdot L^{-1}$)							

注：结果保留至小数点后的第二位。

(7) 注意事项

① 氯离子的去除：取 100mL 水样移入具塞比色管中，根据已测定的氯离子含量加入相当量的硫酸银溶液，充分混合。在暗处放置 0.5h 使氯化银沉淀凝聚，然后用慢速滤纸过滤，弃去 20mL 初滤液。如不能获得澄清滤液，可将已加硫酸银溶液的试样在近 80℃ 的水浴中加热，并用力振摇，使沉淀充分凝聚，冷却后再过滤。

② 亚硝酸盐的干扰：当亚硝酸盐氮含量超过 $0.2mg \cdot L^{-1}$ 时，可取 100mL 水样，加 1mL 硫酸（$0.5mol \cdot L^{-1}$），混匀后，滴加高锰酸钾溶液至淡红色保持 15min 不褪为止，使亚硝酸盐氧化为硝酸盐，最后从硝酸盐氮测定结果中减去亚硝酸盐氮量。

③ 当吸光度较低，水样硝酸盐氮浓度低于 $1mg \cdot L^{-1}$ 时，应考虑分取少量硝酸盐标准贮备液，稀释至浓度为 0.20、0.40、0.80、1.00、$1.20mg \cdot L^{-1}$ 后，取 50mL 溶液，经蒸干、硝基化、显色等操作后，测量吸光度，绘制标准曲线。

六、思考题

① 影响测定氨氮准确度的因素有哪些？如何减少干扰？

② 影响测定亚硝酸盐氮和硝酸盐氮准确度的因素有哪些？如何减少干扰？

实验 5　水中总磷的测定

磷作为天然水体中的一种营养物质，是生物新陈代谢不可或缺的重要元素。适量的磷促进生物和微生物生长，而浓度过高时会使微生物、浮游植物迅速繁殖生长，导致水中溶解氧下降，是使湖泊暴发水华和海湾出现赤潮的主要原因之一。磷的含量与水体的富营养化程度息息相关。近年来工农业快速发展，大量外源污染物持续进入水体，水体污染和富营养化问题普遍存在，磷的监测对水质评估至关重要。

水中总磷指水样中可被测定的溶解性及悬浮物中磷的总和，包括水质中正磷酸盐、缩合磷酸盐（焦磷酸盐、偏磷酸盐、多磷酸盐）及有机磷化合物（如磷酸酯、磷酸胺等）等各种价态和形态磷的总量，是评价水体环境质量的重要指标之一，是污水处理厂污泥农林业资源化利用技术的一项重要参数，是衡量水体富营养化程度的重要指标之一。

本实验方法依据国家标准《水质 总磷的测定 钼酸铵分光光度法》（GB 11893—89），该方法适用于地表水、污水和工业废水。取 25mL 水样，本实验方法的最低检出浓度为 $0.01mg \cdot L^{-1}$，测定上限为 $0.6mg \cdot L^{-1}$，在酸性条件下，砷、铬、硫干扰测定。

一、实验目的

① 了解水中磷浓度过高的危害及测定水中总磷的意义；

② 掌握钼酸铵分光光度法测定总磷的基本原理和方法。

二、实验原理

在中性条件下用硝酸-高氯酸使试样消解，将各形态磷全部氧化为正磷酸盐。在酸性介质中，正磷酸盐与钼酸铵反应，在锑盐存在下生成磷钼杂多酸后，立即被抗坏血酸还原，生成蓝色的络合物，该络合物在波长 700nm 处具有最大吸光度，采用分光光度法进行分析。试样体积为 25mL 时，本方法的最低检出浓度为 $0.01mg \cdot L^{-1}$，测定上限为 $0.6mg \cdot L^{-1}$。在酸性条件下，砷、铬、硫干扰测定。

三、课时安排

① 理论课时安排：1 学时，学习磷元素的各种形态，学习钼酸铵分光光度法的分析原理；

② 实验课时安排：3 学时，其中试剂配制等前期准备 1 学时，标准曲线绘制、样品测定等 2 学时。

四、实验材料

（一）实验药品

注：以下药品除另有说明外，均为分析纯级别。

硫酸（H_2SO_4，$\rho=1.84g \cdot mL^{-1}$，优级纯）、硝酸（HNO_3，$\rho=1.42g \cdot mL^{-1}$，优级纯）、高氯酸（$HClO_4$，$\rho=1.68g \cdot mL^{-1}$，优级纯）、氢氧化钠（NaOH）、抗坏血酸（$C_6H_8O_6$）、钼酸铵 [$(NH_4)_6Mo_7O_{24} \cdot 4H_2O$]、酒石酸锑钾（$KSbC_4H_4O_7 \cdot 1/2\ H_2O$）、磷酸二氢钾（$KH_2PO_4$）、酚酞、乙醇（95%）。

（二）器皿

注：所有玻璃器皿均应用稀盐酸或稀硝酸浸泡。

① 烧杯：100、500、1000、2000mL 各 1 个，200mL 2 个；

② 量筒：100mL 2 个，25、50、500、1000mL 各 1 个；

③ 容量瓶：100、250、500、1000mL 各 2 个；

④ 具塞（磨口）刻度比色管：50mL，9 支；

⑤ 移液管：1、2、5、10、25mL 各 2 支；

⑥ 棕色试剂瓶：100、500mL 各 1 个；

⑦ 锥形瓶：150mL，4 个；

⑧ 胶头滴管：2 个；

⑨ 玻璃试剂瓶：50、100、500、1000mL 各 1 个；

⑩ 细口玻璃瓶：100、1000mL 各 2 个；

⑪ 聚乙烯瓶：500mL，2 个；

⑫ 玻璃珠：数粒；

⑬ 胶头滴管：2 个；

⑭ 比色皿：1cm，2 个。

（三）试剂

本方法所用试剂除另有说明外，均应使用符合国家标准或专业标准的分析试剂、超纯水或蒸馏水。

① 硫酸溶液 1（1∶1）：在 200mL 烧杯中加入 50mL 蒸馏水，用量筒量取 50mL 浓硫酸缓慢倒入烧杯中，并不断搅拌至混合均匀，待溶液冷却后，转入 100mL 细口玻璃瓶中待用。

② 硫酸溶液 2 [$c(1/2H_2SO_4)=1mol \cdot L^{-1}$]：在 2000mL 烧杯中加入 973mL 水，用量筒量取 27mL 浓硫酸缓慢倒入烧杯中，并不断搅拌至混合均匀，待溶液冷却后，转入 1000mL 细口玻璃瓶中待用。

③ 氢氧化钠溶液（$1mol \cdot L^{-1}$）：称取氢氧化钠 20g 放入 500mL 烧杯中，加 100mL 水溶解（边加边用玻璃棒搅拌），冷却后转入 500mL 容量瓶中，定容、混匀，转入 500mL 聚乙烯瓶中密闭保存。

④ 氢氧化钠溶液（$6mol \cdot L^{-1}$）：称取氢氧化钠 120g 放入 500mL 烧杯中，加 250mL 水溶解（边加边用玻璃棒搅拌），冷却后转入 500mL 容量瓶中，定容、混匀，转入 500mL 聚乙烯瓶中密闭保存。

⑤ 抗坏血酸溶液（$100g \cdot L^{-1}$）：称取抗坏血酸 10g 放入 100mL 烧杯中，加 50mL 水溶解，转入 100mL 容量瓶中，定容、混匀，转入 100mL 棕色试剂瓶，在约 4℃低温保存可稳定 1～2 周。

⑥ 钼酸盐溶液：称取钼酸铵 13g 放入 200mL 烧杯中，加入 100mL 水溶解；再称取酒石酸锑钾 0.35g 放入另一个 200mL 烧杯中，加入 100mL 水溶解；再取 1000mL 烧杯一个，加入 300mL 硫酸溶液 1（1∶1），在不断搅拌下把 100mL 钼酸铵溶液徐徐加入，然后将酒石酸锑钾溶液徐徐加入，混合均匀。此溶液转入 500mL 棕色试剂瓶中储存，在约 4℃ 处可保存两个月。

⑦ 浊度-色度补偿液：用量筒量取 50mL 硫酸溶液 1（1∶1）放入 200mL 烧杯中，然后用量筒量取 25mL 抗坏血酸溶液加入烧杯中混合均匀，转移至 100mL 玻璃试剂瓶中，使用当天配制。

⑧ 磷标准贮备溶液：称取于 110℃ 干燥 2h 的磷酸二氢钾（0.2197±0.001）g 放入 500mL 烧杯中，加入 200mL 水溶解，然后转移到 1000mL 容量瓶中，加入 5mL 硫酸溶液 1（1∶1），用水稀释至标线并摇匀。此溶液每毫升含 50.0μg 磷，可贮存至少六个月。

⑨ 磷标准使用溶液：用移液管取 10.00mL 磷标准贮备溶液于 250mL 容量瓶中，用水

稀释至标线并混匀。此溶液每毫升含 2.0μg 磷，使用当天配制。

⑩ 酚酞溶液（$10g \cdot L^{-1}$）：称取酚酞 0.5g 放入 100mL 烧杯中，然后加入 50mL 乙醇（95%）溶解，转移至 50mL 试剂瓶中。

（四）实验装置及材料

① 电子天平：量程 0～200g，精度 0.0001g；

② 水浴加热装置：控温范围为（室温+5℃）～100℃；

③ 电热板：控温范围为室温～400℃；

④ 鼓风干燥箱：控温范围为（室温+10℃）～250℃，温度波动度±1℃；

⑤ 精密 pH 试纸：pH 值范围 1～14；

⑥ 分光光度计：双光束，波长范围 190～1100nm，分辨率 0.1nm。

五、实验步骤和方法

注：本节中若无特别说明，pH 值一律采用精密 pH 试纸测定。

（一）水样的采集和制备

水样应用玻璃瓶采集。采集 500mL 水样放于 500mL 玻璃试剂瓶中，用移液管取 1.00mL 浓硫酸插入试剂瓶底，缓缓加入，调节样品的 pH 值低于或等于 1。采样后尽快测定，如需放置，应放冷处保存。

（二）标准曲线的绘制

在 7 支 50mL 具塞刻度比色管中依次加入 0、0.50、1.00、3.00、5.00、10.00、15.00mL 磷标准使用溶液，加水至 50mL 标线。分别向各比色管加入 1mL 抗坏血酸溶液混匀，30s 后加 2mL 钼酸盐溶液，充分混匀。

室温下放置 15min 后，使用光程为 1cm 的比色皿，在 700nm 波长下，以水做参比，测定吸光度。扣除空白试验的吸光度后，以吸光度为纵坐标，相应磷元素质量为横坐标绘出标准曲线。

注：如显色时室温低于 13℃，在 20～30℃水浴中显色 15min 即可。

（三）水样的测定

(1) 取样

水样摇匀后用移液管分别取三份 25.00mL 水样于 150mL 锥形瓶中。如样品中含磷浓度较高，试样体积可以减少。

(2) 硝酸-高氯酸消解

向锥形瓶中加入数粒玻璃珠，再加入 2mL 硝酸，在电热板上加热浓缩至约 10mL。冷却后加 5mL 硝酸，再加热浓缩至约 10mL，放冷。加 3mL 高氯酸，加热至高氯酸冒白烟，此时可在锥形瓶上加小漏斗或调节电热板温度，使消解液在锥形瓶内壁保持回流状态，直至剩下 3～4mL，放冷。加水 10mL，加 1 滴酚酞指示剂。滴加氢氧化钠溶液至刚呈微红色，再滴加硫酸溶液 2 [$c(1/2H_2SO_4)=1mol \cdot L^{-1}$] 使微红色刚好褪去，充分混匀。移至比色管中，用水稀释至标线。

(3) 显色测定

显色和分光光度法测定步骤同标准溶液，进行空白校正后根据所测吸光度从标准曲线上查得磷元素质量。同时进行三个水样的平行试验。用水代替试样作为空白试样，消解和显色测定步骤不变。

（四）计算公式

总磷含量以 ρ（$mg \cdot L^{-1}$）表示，按下式计算：

$$\rho = m/V \tag{5-1}$$

式中　m——从标准曲线上查得的试样含磷量，μg；

V——测定用试样体积，mL。

六、实验结果整理和数据处理要求

（一）标准系列数据记录

标准系列记录如表 5-1 所示。

表 5-1　标准系列记录

管号	1	2	3	4	5	6	7
标准溶液体积/mL	0.00	0.50	1.00	3.00	5.00	10.00	15.00
含磷量/μg							
吸光度 A							
校正吸光度 A'							

（二）水样数据记录及结果整理

水样记录如表 5-2 所示。

表 5-2　水样记录

平行水样编号	1	2	3
吸光度 A			
空白组吸光度 A''			
校正吸光度 A'			
由标准曲线查得的含磷量/μg			
样品测量浓度/($mg \cdot L^{-1}$)			

七、注意事项

① 硝酸-高氯酸消解时，需要在通风橱中进行。高氯酸和有机物的混合物经加热易发生危险，需先用硝酸将试样消解，然后加入硝酸-高氯酸进行消解。绝不可把消解的试样蒸干。当消解后有残渣时，用滤纸过滤于具塞刻度比色管中，并用水充分清洗锥形瓶及滤纸，一并移到具塞刻度比色管中。水样中的有机物用过硫酸钾氧化不能完全破坏时，可用此法消解。

② 显色时，如试样中含有浊度或色度，需配制一个空白试样（消解后用水稀释至标线），然后向试样中加入 3mL 浊度-色度补偿液，但不加抗坏血酸溶液和钼酸盐溶液。然后从试样的吸光度中扣除空白试样的吸光度。其中，砷大于 $2mg \cdot L^{-1}$ 时干扰测定，用硫代硫酸钠去除；硫化物大于 $2mg \cdot L^{-1}$ 时干扰测定，通氮气去除；铬大于 $50mg \cdot L^{-1}$ 时干扰测定，用亚硫酸钠去除。

八、思考题

① 水中磷酸盐的形态的分类有哪些？

② 水中磷酸盐的分析方法是什么？

实验 6 水中生物化学需氧量（BOD_5）的测定

生物化学需氧量（biochemical oxygen demand，BOD）指在一定时间内，微生物分解一定体积水中的某些可被氧化物质（特别是有机物）所消耗的溶解氧的数量，简称生化需氧量，通常写作 BOD，以 $mg \cdot L^{-1}$ 或%表示。BOD 是表示水中有机物等需氧污染物含量的一个综合指标，它说明水中有机物由于微生物的生化作用发生氧化分解，使之无机化或气体化时所消耗水中溶解氧的总量。BOD 值越高，说明水中有机污染物越多，污染也就越严重，故 BOD 广泛应用于衡量废水的污染强度和废水处理构筑物的负荷与效率，也用于研究水体的氧平衡，长期以来作为一项环境监测指标被广泛使用。

污水中各种有机物得到完全氧化分解，在 20℃下总共约需 100 天，为了缩短检测时间，一般生化需氧量以被检验的水样在 20℃下，五天内的耗氧量为代表，称其为五日生化需氧量，简称 BOD_5，对生活污水来说，它约等于完全氧化分解耗氧量的 70%。

本实验方法参考行业标准《水质 五日生化需氧量（BOD_5）的测定 稀释与接种法》（HJ 505—2009），该方法的检出限为 $0.5mg \cdot L^{-1}$，方法的测定下限为 $2mg \cdot L^{-1}$，非稀释法和非稀释接种法的测定上限为 $6mg \cdot L^{-1}$，稀释法和稀释接种法的测定上限为 $6000mg \cdot L^{-1}$。BOD 的分析可能会被水中存在的某些物质所干扰，对微生物有毒的物质，如杀菌剂、有毒金属或游离氯等，会抑制生化作用，水中的藻类或硝化微生物也可能造成结果偏高。

一、实验目的

① 掌握生化需氧量（BOD_5）的含义；

② 掌握稀释与接种法测定生化需氧量的基本原理。

二、实验原理

将水样注满培养瓶，塞好后应不透气，在（20±1）℃条件下培养五天，分别测定培养前后的溶解氧含量，二者之差即为五日生化过程所消耗的氧量（BOD_5）。溶解氧测定一般用碘量法。

对于某些地表水及大多数工业废水、生活污水，因含较多的有机物，需要稀释后再培养测定，以降低其浓度，保证降解过程在有足够溶解氧的条件下进行。其具体水样稀释倍数可借助于高锰酸钾指数或化学需氧量（COD_{Cr}）推算。如果 BOD_5 未超过 $7mg \cdot L^{-1}$，则不必稀释，可直接测定。

对于不含或少含微生物的工业废水，在测定 BOD_5 时应进行接种，以引入能分解废水中有机物的微生物。当废水中存在难于被一般生活污水中的微生物以正常速度降解的有机物或含有剧毒物质时，应接种经过驯化的微生物。

三、课时安排

① 理论课时安排：1 学时，学习稀释与接种法测定生化需氧量的基本原理和方法、碘

量法测定水中溶解氧的基本原理和方法；

② 实验课时安排：2 学时，其中试剂配制等前期准备 1 学时，碘量法测定水中溶解氧含量 1 学时。

四、实验材料

（一）实验药品

注：以下药品除另有说明外，均为分析纯级别。

磷酸二氢钾（KH_2PO_4）、磷酸氢二钾（K_2HPO_4）、磷酸氢二钠（$Na_2HPO_4 \cdot 7H_2O$）、氯化铵（NH_4Cl）、硫酸镁（$MgSO_4 \cdot 7H_2O$）、无水氯化钙（$CaCl_2$）、氯化铁（$FeCl_3 \cdot 6H_2O$）、盐酸（HCl，ρ=1.19g·mL^{-1}）、氢氧化钠（NaOH）、亚硫酸钠（Na_2SO_3）、葡萄糖（$C_6H_{12}O_6$）、谷氨酸（HOOC—CH_2—CH_2—$CHNH_2$—COOH）、硫代硫酸钠（$Na_2S_2O_3 \cdot 5H_2O$）、无水碳酸钠（Na_2CO_3）、碘化钾（KI）、重铬酸钾（$K_2Cr_2O_7$，优级纯）、水杨酸（$C_7H_6O_3$）或氯化锌（$ZnCl_2$）、硫酸锰（$MnSO_4 \cdot 4H_2O$ 或 $MnSO_4 \cdot 2H_2O$）、硫酸（H_2SO_4，ρ=1.84g·mL^{-1}，优级纯）、可溶性淀粉。

（二）器皿

① 细口玻璃瓶：20L，1 个；

② 量筒：100mL 2 个，10、50、250、500、1000mL 各 1 个；

③ 玻璃棒：1 根；

④ 溶解氧瓶：200～300mL，带有磨口玻璃塞并具有供水封用的钟形口，6 个；

⑤ 虹吸管：1 个，供分取水样和添加稀释水用；

⑥ 容量瓶：1000mL 10 个，100、500mL 各 1 个；

⑦ 烧杯：100、150mL 各 1 个，500、1000mL 各 2 个；

⑧ 酸式滴定管：50mL，2 支；

⑨ 移液管：1mL 5 支，5、20、100mL 各 1 支；

⑩ 细口玻璃瓶：100mL，2 个；

⑪ 橡胶塞棕色玻璃试剂瓶：1000mL，2 个；

⑫ 聚乙烯瓶：500mL，1 个；

⑬ 锥形瓶：250mL，2 个。

（三）试剂

如无特殊说明，试剂用水均为超纯水或蒸馏水。

① 磷酸盐缓冲溶液：分别称取磷酸二氢钾 8.5g、磷酸氢二钾 21.75g、磷酸氢二钠 33.4g 和氯化铵 1.7g 放入 1000mL 烧杯中，加入 500mL 水溶解，转入 1000mL 容量瓶中，定容、混匀，此溶液 pH 应为 7.2。

② 硫酸镁溶液：称取硫酸镁 22.5g 于 500mL 烧杯中，加入 250mL 水溶解，转入 1000mL 容量瓶中，定容、混匀。

③ 氯化钙溶液：称取无水氯化钙 27.5g 放入 1000mL 烧杯中，加入 500mL 水溶解，转入 1000mL 容量瓶中，定容、混匀。

④ 氯化铁溶液：称取氯化铁 0.25g 放入 500mL 烧杯中，加入 250mL 水溶解，转入 1000mL 容量瓶中，定容、混匀。

⑤ 盐酸溶液（0.5mol·L^{-1}）：在100mL烧杯中加入40mL水，用量筒量取4.2mL浓盐酸缓缓加入，搅拌混合均匀，转入100mL容量瓶中，定容、混匀，转入100mL细口瓶中待用。

⑥ 氢氧化钠溶液（0.5mol·L^{-1}）：称取氢氧化钠10g放入500mL烧杯中，加250mL水溶解（边加边用玻璃棒搅拌），冷却后转入500mL容量瓶中，定容、混匀，转入500mL聚乙烯瓶中密闭保存。

⑦ 亚硫酸钠溶液［$c(1/2Na_2SO_3)=0.025$mol·L^{-1}］：称取亚硫酸钠1.575g放入500mL烧杯中，加250mL水溶解，转入1000mL容量瓶中，定容、混匀，此溶液不稳定，需要当天配制。

⑧ 葡萄糖-谷氨酸标准溶液：分别称取葡萄糖0.150g和103℃干燥1h并冷却后的谷氨酸0.150g放入500mL烧杯中，加250mL水溶解，转入1000mL容量瓶中，定容、混匀，此溶液不稳定，临用前配制。

⑨ 稀释水：在20L玻璃瓶内装入20L的水，控制水温在20℃左右。然后用无油空气压缩机或薄膜泵将此水曝气2～8h，使水中的溶解氧接近饱和。瓶口盖以两层经洗涤晾干的纱布，置于20℃培养箱中放置数小时，使水中溶解氧含量达8mg·L^{-1}左右。临用前于每升水中加入氯化钙溶液、氯化铁溶液、硫酸镁溶液、磷酸盐缓冲溶液各1mL，并混合均匀。稀释水的pH值应为7.2，其BOD_5应小于0.2mg·L^{-1}。

⑩ 接种液：如实验样品本身不含足够的合适微生物，应选用以下任一方法，以获得适用的接种液。

a. 含城市污水的河水或湖水，滤纸过滤备用。

b. 表层土壤浸出液，取100g花园土壤或植物生长土壤放入1000mL烧杯中，加入1000mL水，混合并静置10min，取上清液备用。

接种稀释水：取适量接种液，加入稀释水中，混匀。每升稀释水中接种液加入量：表层土壤浸出液为20～30mL，河水、湖水为10～100mL。接种稀释水的pH值应为7.2，BOD_5值以在0.3～1.0mg·L^{-1}之间为宜。接种稀释水配制后应立即使用。

⑪ 硫代硫酸钠标准溶液（0.025mol·L^{-1}）：称取硫代硫酸钠3.1g放入500mL烧杯中溶解，加入煮沸放冷的水250mL，加入碳酸钠粉末0.2g溶解，转入1000mL容量瓶中，定容、摇匀，转入1000mL棕色玻璃试剂瓶中保存。使用前用0.0250mol·L^{-1}重铬酸钾标准溶液标定。

⑫ 重铬酸钾标准溶液［$c(1/6K_2Cr_2O_7)=0.0250$mol·L^{-1}］：精确称取在105～110℃烘箱中干燥并冷却的重铬酸钾1.2258g，放入500mL烧杯中，加入250mL水溶解，转入1000mL容量瓶中，定容、混匀。

⑬ 硫酸溶液（1∶5）：在150mL烧杯中加入50mL蒸馏水，用量筒量取10mL浓硫酸缓慢倒入烧杯中，并不断搅拌至混合均匀，待溶液冷却后，转入100mL细口瓶中待用。

⑭ 淀粉指示剂（1%）：称取可溶性淀粉1g放入100mL烧杯中，加入少量水，用玻璃棒搅拌成糊状，再加100mL刚煮沸的水使淀粉完全溶解。冷却后加入水杨酸0.25g或氯化锌0.8g以防止分解变质。

⑮ 硫酸锰溶液：称取$MnSO_4\cdot 4H_2O$ 480g或$MnSO_4\cdot 2H_2O$ 400g于1000mL烧杯中，加入500mL水，充分搅拌溶解，悬浮物或沉淀用滤纸过滤，转移到1000mL容量瓶中，定容、摇匀。

⑯ 碱性碘化钾溶液：称取氢氧化钠 500g 于 1000mL 烧杯中，加入 400mL 水（边加边用玻璃棒搅拌）中溶解并冷却。称取碘化钾 150g 于 500mL 烧杯中，加入 200mL 水溶解。然后将以上碘化钾溶液倒入氢氧化钠溶液中混匀，转入 1000mL 容量瓶中，定容。静置一天，倾出上层清液，转入 1000mL 带橡胶塞的棕色玻璃瓶中避光保存。

（四）实验装置及材料

① 电子天平：量程 0～200g，精度 0.0001g；

② 恒温培养箱：(室温＋5℃)～60℃；

③ 鼓风干燥箱：控温范围为（室温＋10℃)～250℃，温度波动度±1℃；

④ 精密 pH 试纸：pH 值范围 5～10 或 2～9；

⑤ 无油空气压缩机或薄膜泵：1 台，带曝气头 1 个；

⑥ 带胶板的玻璃棒：1 根；

⑦ 纱布；

⑧ 滤纸。

五、实验步骤和方法

（一）水样的预处理

水样的 pH 值若超出 6.5～7.5 范围，可用盐酸或氢氧化钠溶液调节至接近 7，但用量不要超过水样体积的 0.5%。若水样的酸度或碱度很高，可改用高浓度的碱或酸液进行调整。

（二）水样的测定

(1) 不经稀释水样的测定

直接以虹吸法将约 20℃的水样转移至两个溶解氧瓶内，转移过程中应注意不使其产生气泡，加塞水封。立即测定其中一瓶的溶解氧含量。将另一瓶放入培养箱中，在 (20±1)℃培养 5d 后，测其溶解氧含量。

(2) 需经稀释水样的测定

用重铬酸钾法测得水样的 COD 值。通常需作三个稀释比例：使用稀释水时，由 COD 值分别乘以系数 0.075、0.15、0.225，即获得三个稀释倍数；使用接种稀释水时，则分别乘以 0.075、0.15 和 0.25，获得三个稀释倍数。

稀释倍数确定后按下法之一测定水样。

① 一般稀释法：按照选定的稀释比例，用虹吸法沿筒壁先引入部分稀释水（或接种稀释水）于 1000mL 量筒中，加入水样，再引入稀释水（或接种稀释水）至 800mL，用带胶板的玻璃棒小心上下搅匀。搅拌时勿使玻璃棒的胶板露出水面，防止产生气泡。按不经稀释水样的测定步骤进行装瓶，测定当天溶解氧含量和培养 5d 后的溶解氧含量。

另取两个溶解氧瓶，用虹吸法装满稀释水（或接种稀释水）作为空白，分别测定 5d 前、后的溶解氧含量。

② 直接稀释法：直接稀释法是在溶解氧瓶内直接稀释。在已知两个容积相同（其差小于 1mL）的溶解氧瓶内，用虹吸法加入部分稀释水（或接种稀释水），再加入根据瓶容积和稀释比例计算出的水样量，然后引入稀释水（或接种稀释水）至刚好充满，加塞，勿留气泡于瓶内。其余操作与上述一般稀释法相同。

（三）碘量法测定溶解氧

（1）硫代硫酸钠标准溶液的标定

在250mL锥形瓶中加入1g左右固体碘化钾，然后加入50mL水使碘化钾溶解，用移液管加入15.00mL重铬酸钾标准溶液（$0.0250mol \cdot L^{-1}$）和5.00mL硫酸溶液（1∶5）。静置5min后，用硫代硫酸钠标准溶液滴定，溶液变成淡黄色时，加入1mL淀粉溶液，继续滴定至蓝色刚好褪去。记录硫代硫酸钠标准溶液用量（到达终点时应带淡绿色，因为含有三价铬离子），重复滴定一次，求出硫代硫酸钠标准溶液的准确浓度。

（2）溶解氧的固定

取下瓶塞，依次加入1mL硫酸锰溶液和2mL碱性碘化钾溶液。加液时，移液管尖端应恰在水面之下。加液后，立即盖好瓶盖，颠倒混合五次以上，静置溶液，待沉淀沉降至瓶的一半高度时，再次将瓶颠倒混匀，待沉淀物降到瓶底。

（3）碘的析出

轻轻打开瓶塞，立即用移液管插入液面下加入1.5mL硫酸溶液（1∶5），盖好瓶盖，颠倒混合均匀，至沉淀物全部溶解为止，暗处放置5min。

（4）样品的测定

移取100.00mL上述溶液于250mL锥形瓶中，用硫代硫酸钠标准溶液滴定至溶液呈淡黄色，加入1mL淀粉溶液，继续滴定至蓝色刚好全部褪去，记录硫代硫酸钠标准溶液的用量。

（四）计算公式

（1）溶解氧含量的计算

溶解氧含量以DO（O_2，$mg \cdot L^{-1}$）表示，按下式计算：

$$DO = cV_1M \times 1000/V_2 \tag{6-1}$$

式中 c——硫代硫酸钠标准溶液的浓度，$mol \cdot L^{-1}$；

V_1——滴定时消耗的硫代硫酸钠标准溶液的体积，mL；

M——氧（1/2O）的摩尔质量，$8g \cdot mol^{-1}$；

V_2——水样体积，mL。

（2）BOD_5的计算

不经稀释直接培养的水样：

$$BOD_5(mg \cdot L^{-1}) = \rho_1 - \rho_2 \tag{6-2}$$

式中 ρ_1——水样在培养前的溶解氧浓度，$mg \cdot L^{-1}$；

ρ_2——水样经5d培养后，剩余溶解氧浓度，$mg \cdot L^{-1}$。

经稀释后培养的水样：

$$BOD_5(mg \cdot L^{-1}) = [(\rho_1 - \rho_2) - (B_1 - B_2)f_1]/f_2 \tag{6-3}$$

式中 B_1——稀释水（或接种稀释水）在培养前的溶解氧浓度，$mg \cdot L^{-1}$；

B_2——稀释水（或接种稀释水）在培养后的溶解氧浓度，$mg \cdot L^{-1}$；

f_1——稀释水（或接种稀释水）在培养液中所占比例；

f_2——水样在培养液中所占比例。

六、实验结果整理和数据处理要求

实验记录如表6-1所示。

表 6-1 测定数据

组别		空白	水样 1	水样 2	水样 3
稀释倍数					
培养前	$V(Na_2S_2O_3)$/mL				
	DO/(mg·L^{-1})				
培养后	$V(Na_2S_2O_3)$/mL				
	DO/(mg·L^{-1})				
BOD_5/(mg·L^{-1})					

注：$c(Na_2S_2O_3)$ = 0.025mol·L^{-1}。

七、注意事项

① 如果水样中含有氧化性物质（如游离氯大于0.1mg·L^{-1}时），应预先于水样中加入硫代硫酸钠去除。即用两个溶解氧瓶各取一瓶水样，在其中一瓶加入5mL硫酸（1∶5）和1g碘化钾，摇匀，此时析出碘。以淀粉作指示剂，用硫代硫酸钠标准溶液滴定至蓝色刚好褪去，记下用量（相当于去除游离氯的量）。于另一瓶水样中加入同样量的硫代硫酸钠标准溶液，摇匀后，按操作步骤测定。

② 若水样中含有Cu、Pb、Zn、Cr、As等有毒物质，使用含经驯化的微生物接种液的稀释水进行稀释，或提高稀释倍数，降低毒物浓度。

八、思考题

① 如何进行水样预处理？

② 五日后，溶解氧瓶中若有白色絮状物，说明什么问题？如何处理？

③ 如何根据BOD_5和COD_{Cr}的比值判断废水的可生化性？

实验7 水中化学需氧量（COD_{Cr}）的测定

化学需氧量（COD_{Cr}）是指在一定条件下，用强氧化剂（重铬酸钾等）氧化处理水样时，水样中溶解性物质和悬浮物所消耗的强氧化剂（重铬酸钾等）对应的氧的质量浓度，以mg·L^{-1}表示。本实验方案参照《水质 化学需氧量的测定 重铬酸盐法》（HJ 828—2017）。

一、实验目的

① 学习废水COD_{Cr}的测定方法；

② 掌握回流操作和氧化还原滴定。

二、实验原理

在强酸性（H_2SO_4）条件下，一定量的重铬酸钾将水样中还原性物质（有机的和无机的）氧化，过量的重铬酸钾以试亚铁灵作指示剂，用硫酸亚铁铵回滴，根据所消耗的重铬酸钾标准溶液量，即可计算出每升水样中还原性物质被氧化所消耗的氧的质量。

$$水中有机物+空白有机物=c_{\frac{1}{6}K_2Cr_2O_7}V_{K_2Cr_2O_7}-(cV_1)_{Fe} \tag{7-1}$$

$$空白有机物=c_{\frac{1}{6}K_2Cr_2O_7}V_{K_2Cr_2O_7}-(cV_0)_{Fe} \tag{7-2}$$

$$水中有机物=(cV_0)_{Fe}-(cV_1)_{Fe} \tag{7-3}$$

$$4Fe^{2+}+O_2+4H^+ = 4Fe^{3+}+2H_2O \tag{7-4}$$

$$化学需氧量(O_2,mg\cdot L^{-1})=\frac{c_{Fe}(V_0-V_1)\times 8\times 1000}{V_{水样}} \tag{7-5}$$

本法可将大部分有机物氧化，但直链烃、芳烃等化合物仍不能被氧化，若加硫酸银作催化剂，直链烃可被氧化，但芳烃仍不能被氧化。氯化物在此条件下也能被重铬酸钾氧化生成氯气，并且能与硫酸银作用产生沉淀，影响测定结果。因此，水样中氯化物高于 $30mg\cdot L^{-1}$ 时，需在回流前向水样中加入硫酸汞，使其成为络合物以消除干扰。氯离子含量高于 $1000mg\cdot L^{-1}$ 的样品应先定量稀释，使含量降至 $1000mg\cdot L^{-1}$ 以下，再进行测定。

三、课时安排

① 理论课时安排：2 学时，学习重铬酸钾法测定水中化学需氧量的基本原理、测定步骤及注意事项；

② 实验课时安排：2 学时，其中试剂配制等前期准备 1 学时，样品测定等 1 学时。

四、实验材料

（一）实验药品

如无特殊说明，本实验用水均为蒸馏水。

化学纯邻二氮菲($C_{12}H_8N_2\cdot H_2O$)、化学纯硫酸亚铁($FeSO_4\cdot 7H_2O$)、分析纯重铬酸钾（$K_2Cr_2O_7$）、分析纯硫酸亚铁铵 [$(NH_4)_2Fe(SO_4)_2\cdot 6H_2O$]、分析纯硫酸银（$Ag_2SO_4$）、分析纯硫酸汞（$HgSO_4$）、优级纯浓硫酸。

（二）器皿

① 50mL 酸式滴定管 1 支；

② 250、500mL 锥形瓶各 1 个；

③ 100、250、500mL 烧杯各 1 个；

④ 5、10、20、25、50mL 移液管各 1 支；

⑤ 100mL 量筒 1 个；

⑥ 250、500mL 容量瓶各 1 个；

⑦ 500mL 磨口锥形瓶 1 个；

⑧ 蛇形或球形冷凝管 1 根；

⑨ 冷凝管架 1 个；

⑩ 洗耳球 1 个；

⑪ 防暴沸玻璃珠若干；

⑫ 100mL 棕色瓶 1 个。

（三）试剂

① 试亚铁灵指示剂：称取 1.485g 邻二氮菲($C_{12}H_8N_2\cdot H_2O$)与 0.695g 硫酸亚铁(Fe-

$SO_4 \cdot 7H_2O$)溶于蒸馏水中，搅拌至溶解，稀释至100mL，储于棕色瓶内。

② 重铬酸钾标准溶液（$\frac{1}{6}K_2Cr_2O_7$，0.2500mol·L^{-1}）：称取3.0645g $K_2Cr_2O_7$（先在105～110℃烘箱内烘2h，于干燥器内冷却），溶于少量蒸馏水中，然后全部转移至250mL容量瓶中，加水稀释至标线。

③ 硫酸亚铁铵标准溶液（约0.25mol·L^{-1}）：称取49g硫酸亚铁铵［$(NH_4)_2Fe(SO_4)_2 \cdot 6H_2O$］溶于200mL蒸馏水中，加入10mL浓硫酸，冷却后用蒸馏水稀释至500mL。使用时用重铬酸钾标准溶液标定。

标定方法：准确吸取25.00mL重铬酸钾标准溶液于250mL锥形瓶中，加少量蒸馏水稀释，缓慢加入20mL浓硫酸，冷却后加2～3滴试亚铁灵指示剂，用硫酸亚铁铵标准溶液滴定至溶液由黄色经蓝绿色至刚变到红褐色为止，记录消耗的硫酸亚铁铵标准溶液体积（V）。

$$c_{Fe}(mol \cdot L^{-1})=\frac{25.00\times 0.2500}{V} \tag{7-6}$$

式中 c_{Fe}——硫酸亚铁铵标准溶液的浓度，mol·L^{-1}；

0.2500——重铬酸钾标准溶液（$1/6K_2Cr_2O_7$）的浓度，mol·L^{-1}；

25.00——重铬酸钾标准溶液体积，mL；

V——硫酸亚铁铵标准溶液的用量，mL。

平行测定三次，相对平均偏差≤0.2%。

④ 硫酸银-硫酸溶液：称取5.0g硫酸银溶于500mL浓硫酸中，放置1～2d，不时摇动使其溶解。

（四）实验装置

① 回流装置：带有250mL锥形瓶的全玻璃回流装置（如取样量在30mL以上，则采用带500mL锥形瓶的全玻璃回流装置）。

② 加热装置：电热板或变阻电炉。

③ 电子天平：量程0～200g，精度为0.0001g。

④ 干燥器。

⑤ 烘箱。

五、实验步骤和方法

（一）水样的氧化

吸取50.00mL均匀水样于500mL磨口锥形瓶中，加入25.00mL重铬酸钾标准溶液，再慢慢加入75mL浓硫酸，边加边摇动。加数粒玻璃珠，装上磨口回流冷凝管，开启冷凝水，从冷凝管上口慢慢加入40mL硫酸银-硫酸溶液，轻轻摇动锥形瓶使溶液混匀，加热，自溶液开始沸腾计时，回流2h。

（二）消除氯化物的干扰

若水样中含较多氯化物，则取50.00mL均匀水样，加1g硫酸汞、5mL浓硫酸，待硫酸汞溶解后，再加25.00mL重铬酸钾标准溶液、70mL浓硫酸、1g硫酸银，加热回流2h。

（三）溶液稀释

冷却后，先用少量蒸馏水从冷凝管口冲洗冷凝管壁，再用蒸馏水稀释磨口锥形瓶中溶液至约 350mL，避免因酸度太高，滴定终点不明显。

（四）滴定

取下锥形瓶，冷却后加入 2～3 滴试亚铁灵指示剂，用硫酸亚铁铵标准溶液滴定至溶液由黄色经蓝绿色最后变成红褐色为止，记录水样消耗的硫酸亚铁铵标准溶液的体积（V_1）。

（五）空白试验

同时做空白试验，即以 50.00mL 蒸馏水代替水样，操作步骤与水样测定相同，记录空白试验所消耗的硫酸亚铁铵标准溶液的体积（V_0）。

终点颜色：橙红 → 黄绿 → 翠绿 → 红褐色

$K_2Cr_2O_7$　　$Cr_2O_7^{2-}+Cr^{3+}+Fe^{3+}$　　$Cr^{3+}+Fe^{3+}$　　Fe^{2+}+试亚铁灵

六、实验结果整理和数据处理要求

（一）实验结果记录

根据实验结果将数据填入表 7-1 和表 7-2。

表 7-1　标定硫酸亚铁铵标准溶液

编号	V/mL	c_{Fe}/(mol·L^{-1})
1		
2		
平均值		

表 7-2　水样测定

编号	$V_{水样}$/mL	V_0/mL	V_1/mL	$COD_{Cr}(O_2)$/(mg·L^{-1})
1				
2				
平均值				

（二）实验数据处理

$$化学需氧量（O_2，mg\cdot L^{-1}）=\frac{(V_0-V_1)\times c_{Fe}\times M\times 1000}{V_{水样}} \tag{7-7}$$

式中　c_{Fe}——硫酸亚铁铵标准溶液的浓度，mol·L^{-1}；

V_0——滴定空白时硫酸亚铁铵标准溶液用量，mL；

V_1——滴定水样时硫酸亚铁铵标准溶液用量，mL；

$V_{水样}$——水样体积，mL；

M——氧（1/2 O）的摩尔质量，8g·mol^{-1}。

七、注意事项

① 回流时，若溶液颜色变绿，说明水样中还原性物质含量过高，应取少量水样稀释后

重新测定。

② 若取用 20mL 水样加热回流，其他试剂加入的体积或质量都应按比例减少。

③ 水样中的亚硝酸盐氮含量多时，对测定有影响，每毫克亚硝酸盐氮相当于 1.14mg 的化学需氧量，故可按每毫克亚硝酸盐氮加入 10mg 氨基磺酸的比例加入氨基磺酸，以消除干扰。蒸馏水空白中也应加入等量的氨基磺酸。

④ 检验测定的准确度，可用邻苯二甲酸氢钾或葡萄糖标准溶液做实验。1g 纯邻苯二甲酸氢钾产生的理论 COD 是 1.176g，1L 溶有 425.1mg 纯邻苯二甲酸氢钾溶液的 COD 是 $500mg \cdot L^{-1}$；1g 葡萄糖产生的理论 COD 是 1.067g，1L 溶有 468.6mg 纯葡萄糖溶液的 COD 是 $500mg \cdot L^{-1}$，葡萄糖易被生物氧化，稳定性不及邻苯二甲酸氢钾。

⑤ 每次实验时，应对硫酸亚铁铵标准溶液进行标定，室温较高时尤其注意其浓度的变化。

⑥ 回流冷凝管不能用软质乳胶管，否则容易老化、变形、冷却水不通畅。

⑦ 用手摸冷却水时不能有温感，否则测定结果偏低。

⑧ 滴定时不能剧烈摇动锥形瓶，瓶内试液不能溅出水花，否则影响测定结果。

八、思考题

① 在装好冷凝管后，从冷凝管上口缓慢加入硫酸银-硫酸溶液的原因是什么？

② 对氯离子含量较高的水样，加入硫酸汞的作用是什么？

③ 简述滴定过程的颜色变化原理。

④ 简述需要做空白试验的原因，测定结果偏高的可能原因，测定结果偏低的可能原因。

实验 8 水中化学需氧量（COD_{Mn}）的测定

本实验采用氧化还原滴定法，该方法是以氧化还原反应为基础的滴定分析方法，水质分析中常用间接的定量反应关系测定具有氧化性或还原性物质的浓度。高锰酸钾指数是指 1L 水中的还原性物质（无机物和有机物），在规定的条件下被高锰酸钾氧化时，所消耗高锰酸钾的量，以氧的质量表示（O_2，$mg \cdot L^{-1}$），又称高锰酸盐指数。本实验方法参考《水质 高锰酸盐指数的测定》(GB 11892—89)、《水质分析化学》(第三版) 等。

一、实验目的

① 掌握酸性条件下高锰酸钾指数的测定原理及方法；

② 了解水体富营养化状况的评价方法。

二、实验原理

高锰酸钾指数是反映水体中有机及无机还原性物质污染的常用指标，其不能作为理论需氧量或总有机物含量的指标，因为在规定的条件下，许多有机物只能部分被氧化，易挥发的有机物也不包含在测定值之内。

具体测定原理如下：在样品中加入已知量的高锰酸钾和硫酸，在沸水浴中加热 30min，酸性条件下高锰酸钾将样品中的某些有机物和无机还原性物质氧化。其反应式为：

$$4MnO_4^- + 5C + 12H^+ = 4Mn^{2+} + 5CO_2\uparrow + 6H_2O \qquad (8\text{-}1)$$

水样中污染物被氧化后，加入过量的草酸还原剩余的高锰酸钾，反应式为：

$$2MnO_4^- + 5H_2C_2O_4 + 6H^+ = 2Mn^{2+} + 10CO_2\uparrow + 8H_2O \qquad (8\text{-}2)$$

最后再用高锰酸钾标准溶液回滴过量的 $H_2C_2O_4$，使溶液呈粉红色为止。由消耗的高锰酸钾的量计算出相当的氧的量。

当水样中氯化物含量超过 300mg · L^{-1} 时，在硫酸酸化条件下，氯化物被高锰酸钾氧化，这样就多消耗了高锰酸钾而使结果偏高。遇此情况，可加蒸馏水稀释水样，降低氯化物浓度减少其干扰后再进行测定。

三、课时安排

① 理论课时安排：2 学时，学习高锰酸钾法测定水中化学需氧量的基本原理、实验步骤及注意事项；

② 实验课时安排：2 学时，其中试剂配制等前期准备 1 学时，标准曲线绘制、样品测定等 1 学时。

四、实验材料

（一）实验药品

如无特殊说明，本实验用水均为蒸馏水。

化学纯浓硫酸，分析纯高锰酸钾（$KMnO_4$），分析纯草酸（$H_2C_2O_4 \cdot 2H_2O$）。

（二）器皿

① 250mL 锥形瓶 1 个；

② 1、10、20、50mL 移液管各 1 支；

③ 25mL 酸式滴定管 1 支；

④ 200、1000mL 容量瓶各 2 个；

⑤ 200mL 试剂瓶 2 个；

⑥ 500mL 烧杯 2 个；

⑦ 玻璃砂芯漏斗 1 个；

⑧ 玻璃棒若干根；

⑨ 洗耳球 1 个；

⑩ 1000mL 棕色试剂瓶 2 个；

⑪ 100mL 量筒 1 个。

（三）试剂

① 硫酸溶液（1∶3）：量取 100mL 浓硫酸沿烧杯壁缓慢加入 300mL 蒸馏水中，并用玻璃棒搅拌，加高锰酸钾溶液至硫酸溶液保持微红色。

② 草酸溶液（$c_{\frac{1}{2}H_2C_2O_4 \cdot 2H_2O}$ = 0.1000mol · L^{-1}）：准确称取 6.3032g 草酸二水合物（$H_2C_2O_4 \cdot 2H_2O$）溶于少量蒸馏水中，转入 1000mL 容量瓶定容，摇匀，转移至 1000mL 棕色试剂瓶置于暗处保存。

③ 草酸溶液（$c_{\frac{1}{2}H_2C_2O_4 \cdot 2H_2O}$ = 0.0100mol · L^{-1}）：移取 20.00mL 草酸溶液（0.1000mol · L^{-1}）转入 200mL 容量瓶，用蒸馏水定容，并转移至试剂瓶中备用。

④ 高锰酸钾溶液（$c_{\frac{1}{5}KMnO_4}$ =0.1mol·L^{-1}）：称取 3.3g 高锰酸钾溶于少量蒸馏水中，于 1000mL 容量瓶定容，煮沸 15min，静置两天以上。然后用玻璃砂芯漏斗过滤，滤液置于棕色瓶内（或用虹吸管将上部清液移入棕色瓶内），再置于暗处保存。

⑤ 高锰酸钾溶液（$c_{\frac{1}{5}KMnO_4}$ =0.01mol·L^{-1}）：移取 20.00mL 高锰酸钾溶液（0.1mol·L^{-1}）于 200mL 容量瓶，用蒸馏水定容，摇匀，并转移至试剂瓶中备用。

（四）实验装置

① 电子天平：量程 0～200g，精度 0.0001g；

② 电加热炉；

③ 水浴锅。

五、实验步骤和方法

① 测定前先向 250mL 锥形瓶内加入 50mL 蒸馏水，再加 1mL 硫酸溶液（1∶3）及少量高锰酸钾溶液，加热煮沸数分钟，溶液应保持微红色。将溶液倾出，并用少量蒸馏水将锥形瓶冲洗一次。

② 取 100mL 混匀的水样（或根据其中有机物含量取适量水样，以蒸馏水稀释至 100mL），置于处理过的锥形瓶中，加入 5mL 硫酸溶液（1∶3），用滴定管加入 10.00mL 高锰酸钾溶液（0.01mol·L^{-1}），并加入数粒玻璃珠。

③ 将锥形瓶放在均匀的火力下加热，从开始沸腾时计时，准确煮沸 30min，至溶液颜色稳定。如加热过程中红色明显减退，需将水样稀释重做。

④ 取下锥形瓶，趁热（80℃左右）自滴定管加入 10.00mL 草酸溶液（0.0100mol·L^{-1}）后充分振摇，使红色褪尽。

⑤ 再于白色背景上，自滴定管加入高锰酸钾溶液（0.01mol·L^{-1}），至溶液呈微红色即为终点，记录用量（V_1）。V_1 超过 5mL 时，应另取少量水样用蒸馏水稀释重做。

⑥ 在滴定至终点的水样中，趁热（70～80℃）加入 10.00mL 草酸溶液（0.0100mol·L^{-1}），立即用高锰酸钾溶液（0.01mol·L^{-1}）滴定至微红色，记录用量（V_2）。如高锰酸钾溶液浓度是准确的 0.0100mol·L^{-1}，则滴定时用量应为 10.00mL。否则，可求校正系数（K）：

$$K=\frac{10}{V_2} \tag{8-3}$$

⑦ 如水样用蒸馏水稀释，则应另取 100mL 蒸馏水，同上述步骤滴定，记录高锰酸钾溶液消耗量（V_0）。

注意：

a. 沸水浴的水面要高于锥形瓶内的液面。

b. 滴定时温度如低于 60℃，反应速度缓慢，因此应加热至 80℃左右。

c. 沸水浴温度为 98℃。如在高原地区，报出数据时，需注明水的沸点。

六、实验结果整理和数据处理要求

（一）实验结果记录

根据实验结果将数据填入表 8-1。

表 8-1 实验记录表

水样序号	高锰酸钾溶液消耗量/mL	V_0	V_1	V_2	…
1					
2					
…					

（二）实验数据处理

根据高锰酸钾溶液用量可计算出水样的耗氧量：

$$耗氧量(O_2,mg\cdot L^{-1})=\frac{[(10+V_1)K-10]\times c\times 8\times 1000}{100} \tag{8-4}$$

式中 V_1——滴定样品时高锰酸钾溶液消耗体积，mL；

K——校正系数；

c——草酸标准溶液浓度，0.0100mol·L^{-1}。

如果水样用蒸馏水稀释，则采用下列公式计算：

$$耗氧量(O_2,mg\cdot L^{-1})=\frac{\{[(10+V_1)K-10]-[(10+V_0)K-10]R\}\times 0.0100\times 8\times 1000}{V_{水样}} \tag{8-5}$$

式中 V_0——空白试验高锰酸钾溶液消耗体积，mL；

R——稀释水样时，所用蒸馏水在 100mL 中所占的比例（例如：10mL 样品用水稀释至 100mL，则 $R=\frac{100-10}{100}=0.90$）。

七、注意事项

① 此法较适用于清洁或轻度污染的水样，测定范围为 0.5～4.5mg·L^{-1}。对污染较重的水，可少取水样，经适当稀释后测定。

② 本方法不适用于测定工业废水中有机污染的负荷量，如需测定，可用重铬酸钾法测定化学需氧量。

③ 高锰酸钾溶液的准确浓度只能等于或略小于草酸溶液的准确浓度。

④ 必须严格控制测试条件，若采用在沸腾水浴锅中加热的方法，其时间应为水浴重新沸腾开始计时 30min。

八、思考题

① 高锰酸钾法的优缺点各是什么？

② 除高锰酸钾法外还有什么方法可以测定水中化学需氧量？各适用于什么情况？

③ 影响高锰酸钾指数测定结果准确度的因素有哪些？测定结果偏高或偏低的原因有哪些？

实验 9 水中挥发酚的测定

通常认为沸点在 230℃以下的酚类为挥发酚（一般为一元酚）。其主要污染源为煤气洗涤、炼焦、合成氨、造纸、木材防腐和化工行业的工业废水。挥发酚属高毒物质，具有致畸、致癌和致突变的毒性，对人体和渔业生产危害大。生活饮用水和Ⅰ、Ⅱ类地表水水质标准中挥发酚的限值均为 $0.002mg \cdot L^{-1}$，污水中其最高允许排放浓度为 $0.5mg \cdot L^{-1}$（一、二级标准）。

测定水中挥发酚的方法较多，主要有4-氨基安替比林分光光度法、溴化容量法、紫外光谱法、红外光谱法、液相色谱法、气相色谱法和流动注射分析法等。其中，4-氨基安替比林分光光度法是国际标准化组织颁布的方法。本实验采用4-氨基安替比林分光光度法测定水中挥发酚。

一、实验目的

① 掌握用蒸馏法预处理水样的方法；

② 掌握用分光光度法测定挥发酚的原理和实验技术；

③ 分析影响测定准确度的因素。

二、实验原理

酚类化合物于 $pH=10.0\pm0.2$ 的介质中，在氧化剂铁氰化钾存在的条件下，与4-氨基安替比林反应所生成的橙红色安替比林染料可被三氯甲烷萃取。此橙红色染料在460.0nm波长处有最大吸收。本法检出限为 $0.0003mg \cdot L^{-1}$，测定下限为 $0.001mg \cdot L^{-1}$，测定上限为 $0.04mg \cdot L^{-1}$。

三、课时安排

① 理论课时安排：0.5学时，学习本实验的背景知识、实验原理、测定方法以及实验注意事项等。

② 实验课时安排：3.5学时，包括预蒸馏、标准系列配制、标准曲线测定、样品和空白样品的测定等。(试剂配制等前期准备约需4学时，不占用实验学时。)

四、实验材料

（一）实验药品

本实验所用药品除非另有说明，均为符合国家标准的分析纯化学试剂。

碳酸钠（Na_2CO_3）、氯化铵（NH_4Cl）、硫代硫酸钠（$Na_2S_2O_3 \cdot 5H_2O$）、溴酸钾（$KBrO_3$）、溴化钾（KBr）、碘酸钾（KIO_3）、铁氰化钾（$K_3[Fe(CN)_6]$）、硫酸亚铁（$FeSO_4 \cdot 7H_2O$）、碘化钾（KI）、4-氨基安替比林（$C_{11}H_{13}N_3O$）、硫酸铜（$CuSO_4 \cdot 5H_2O$）、三氯甲烷（$CHCl_3$）、氨水（$NH_3 \cdot H_2O$，$\rho=0.90g \cdot mL^{-1}$）、高锰酸钾（$KMnO_4$）、磷酸（H_3PO_4，$\rho=1.69g \cdot mL^{-1}$）、浓硫酸（H_2SO_4，$\rho=1.84g \cdot mL^{-1}$）、盐酸（HCl，$\rho=1.19g \cdot mL^{-1}$）、甲基橙、可溶性淀粉、活性炭粉末、氢氧化钠（NaOH）、苯酚（C_6H_5OH）。

（二）器皿

除非另有说明，分析时均使用符合国家A级标准的玻璃器皿。

① 500mL全玻蒸馏器1套/组；

② 500mL分液漏斗10个/组，100mL容量瓶1个/组；

③ 1000mL容量瓶4个，250mL容量瓶1个；

④ 1.0、2.0、5.0、10mL 玻璃刻度移液管各 1 支，100mL 肚型玻璃移液管 1 支；

⑤ 100、500、1000mL 烧杯各 1 个；

⑥ 25mL 滴定管 1 支；

⑦ 玻璃棒 1 根；

⑧ 250mL 碘量瓶 1 个；

⑨ 50、100mL 量筒各 1 个；

⑩ 胶头滴管 2 个；

⑪ 干脱脂棉若干；

⑫ pH 试纸若干；

⑬ 玻璃珠若干；

⑭ 中速滤纸若干。

（三）试剂

实验所用蒸馏水不得含酚及游离氯。

① 无酚水的制备：于 1L 水中加入 0.2g 经 200℃ 活化 0.5h 的活性炭粉末，充分振摇后，放置过夜。用双层中速滤纸过滤或加氢氧化钠使水呈强碱性，并滴加高锰酸钾溶液至紫红色。将此溶液移入蒸馏瓶中加热蒸馏，收集馏出液备用。

无酚水应贮于玻璃瓶中，取用时应避免与橡胶制品（橡胶塞或乳胶管）接触。

② 硫酸铜溶液：称取 50g 硫酸铜（$CuSO_4 \cdot 5H_2O$）溶于蒸馏水，稀释至 500mL。

③ 磷酸溶液：量取 50mL 磷酸，用蒸馏水稀释至 500mL。

④ 甲基橙指示剂：称取 0.05g 甲基橙溶于 100mL 蒸馏水中。

⑤ 苯酚标准贮备液：称取 1.00g 无色苯酚（C_6H_5OH）溶于蒸馏水，定容至 1000mL。置冰箱内备用（至少可以使用一个月）。该溶液按下述方法标定。

移取 10.00mL 苯酚标准贮备液于 250mL 碘量瓶中，加蒸馏水稀释至 100mL，加 10.00mL 的溴酸钾-溴化钾标准参考溶液（$0.1mol \cdot L^{-1}$），立即加入 5mL 浓盐酸，盖好瓶塞，轻轻摇匀，于暗处放置 15min，加入 1g 碘化钾，密塞，再轻轻摇匀，于暗处放置 5min，用 $0.0125mol \cdot L^{-1}$ 硫代硫酸钠标准滴定溶液滴定至淡黄色，加入 1mL 淀粉溶液，继续滴定至蓝色刚好褪去，记录用量。

同时以蒸馏水代替苯酚标准贮备液做空白试验，记录硫代硫酸钠标准滴定溶液用量。

苯酚标准贮备液浓度由下式计算：

$$\text{苯酚标准贮备液浓度}(mg \cdot mL^{-1})=\frac{(V_1-V_2)\times c\times M}{V} \tag{9-1}$$

式中　V_1——空白试验中硫代硫酸钠标准滴定溶液用量，mL；

V_2——滴定苯酚标准贮备液时，硫代硫酸钠标准滴定溶液用量，mL；

V——取用苯酚标准贮备液体积，mL；

c——硫代硫酸钠标准滴定溶液浓度，$mol \cdot L^{-1}$；

M——苯酚（$1/6\ C_6H_5OH$）的摩尔质量，$15.68g \cdot mol^{-1}$。

⑥ 苯酚标准中间液：移取适量苯酚标准贮备液到 250mL 容量瓶中，用蒸馏水稀释至每毫升含 0.010mg 苯酚。使用时当天配制。

⑦ 苯酚标准使用液：移取适量苯酚标准中间液到 1000mL 容量瓶中，用蒸馏水稀释至每毫升含 1μg 苯酚。使用时当天配制。

⑧ 溴酸钾-溴化钾标准参考溶液 [$c(1/6KBrO_3)=0.1mol \cdot L^{-1}$]：准确称取 2.784g 溴酸钾溶于蒸馏水，加入 10g 溴化钾。溶解后移入 1000mL 容量瓶中，稀释至标线。

⑨ 碘酸钾标准参考溶液 [$c(1/6\ KIO_3)=0.0125mol \cdot L^{-1}$]：准确称取预先经 180℃烘干的碘酸钾 0.4458g，溶于蒸馏水，然后移入 1000mL 容量中，稀释至标线。

⑩ 硫代硫酸钠标准滴定溶液 [$c(Na_2S_2O_3 \cdot 5H_2O)\approx 0.0125mol \cdot L^{-1}$]：称取 3.1g 硫代硫酸钠溶于煮沸放冷的水中，加入 0.2g 碳酸钠，稀释至 1000mL。使用前，用碘酸钾溶液标定。具体方法如下：

移取 10.00mL 碘酸钾标准参考溶液置于 250mL 碘量瓶中，加蒸馏水稀释至 100mL，加 1g 碘化钾，再加 5mL 硫酸（1∶5），加塞，轻轻摇匀。置暗处放置 5min，用硫代硫酸钠标准滴定溶液滴定至淡黄色，加 1mL 淀粉溶液，继续滴定至蓝色刚褪去为止，记录硫代硫酸钠标准滴定溶液用量。按下式计算硫代硫酸钠标准滴定溶液浓度（$mol \cdot L^{-1}$）：

$$c(Na_2S_2O_3 \cdot 5H_2O)=\frac{cV_4}{V_3} \tag{9-2}$$

式中 V_3——硫代硫酸钠标准滴定溶液滴定用量，mL；

V_4——移取碘酸钾标准参考溶液量，mL；

c——碘酸钾标准参考溶液浓度，$0.0125mol \cdot L^{-1}$。

⑪ 淀粉溶液：称取 1g 可溶性淀粉，用少量蒸馏水调成糊状，加沸水至 100mL。

⑫ 缓冲溶液（pH≈10)：称取 20g 氯化铵溶于 100mL 氨水中，加塞，置冰箱中保存。为避免氨挥发引起 pH 值改变，应在低温下保存，取用后立即加塞盖严，根据使用情况适量配制。

⑬ 4-氨基安替比林溶液（$20g \cdot L^{-1}$）：称取 4-氨基安替比林 2g 溶于蒸馏水，稀释至 100mL，置冰箱中保存，可使用一周。

⑭ 铁氰化钾溶液（$80g \cdot L^{-1}$）：称取 8g 铁氰化钾溶于蒸馏水，稀释至 100mL，置冰箱中保存，可使用一周。

（四）实验装置

① 分光光度计，配 1cm 比色皿。

② 电子天平：量程 0～200g，精度 0.0001g。

③ 电炉。

五、实验步骤和方法

（一）水样预蒸馏

① 量取 100mL 水样置于蒸馏瓶中，加数粒小玻璃珠以防暴沸，再加两滴甲基橙指示剂，用磷酸溶液调节至 pH=4（溶液呈褐红色），再加 5mL 硫酸铜溶液（如采样时已加过硫酸铜，则适量补加）。

加入硫酸铜溶液后，若产生较多且呈黑色的硫化铜沉淀，应摇匀放置片刻，待沉淀后再滴加硫酸铜溶液，至不再产生沉淀为止。

② 连接冷凝器，加热蒸馏，至蒸馏出约 80mL 馏出液时停止加热，放冷。向蒸馏瓶中加入 20mL 蒸馏水，继续蒸馏至馏出液为 100mL 为止。

蒸馏过程中如发现甲基橙的红色褪去，应在蒸馏结束后，再加 1 滴甲基橙指示剂。如发现蒸馏后残液不呈酸性，则应重新取样，增加磷酸溶液加入量，再进行蒸馏。

（二）标准曲线的绘制

于一组 8 个分液漏斗中分别加入 50mL 蒸馏水，依次加入 0、0.50、1.00、3.00、5.00、7.00、10.00、15.00mL 苯酚标准使用液，再分别加蒸馏水至 100mL。加 2.00mL 缓冲溶液，混匀，此时 pH 值为 10.0±0.2。加 1.50mL 4-氨基安替比林溶液，混匀，再加 1.50mL 铁氰化钾溶液，充分混匀后，放置 10min。

准确加入 10.00mL 三氯甲烷，加塞，剧烈振摇 2min，静置分层。用干脱脂棉拭干分液漏斗颈管内壁，于颈管内塞一小团干脱脂棉或滤纸，放出三氯甲烷，弃去最初滤出的数滴萃取液后，直接放入光程为 1cm 的比色皿中，于 460nm 波长处，以三氯甲烷为参比，测量吸光度。由标准系列测得的吸光度值减去零浓度管的吸光度值，绘制吸光度值对酚含量（μg）的曲线。

（三）水样的测定

分取馏出液加入分液漏斗中，加蒸馏水至 100mL，用与绘制标准曲线相同操作步骤测量吸光度，再减去空白试验吸光度。

（四）空白试验

用蒸馏水代替水样进行蒸馏后，按水样测定步骤进行测定，以其结果作为水样测定的空白校正值。

（五）计算公式

水样中挥发酚的含量按下式计算：

$$挥发酚（以苯酚计，mg \cdot L^{-1}）=\frac{m}{V}$$

式中　m——水样吸光度经空白校正后从标准曲线查得的苯酚含量，μg；
　　　V——移取馏出液体积，mL。

六、实验结果整理和数据处理要求

（一）标准系列数据记录

标准系列记录如表 9-1 所示。根据实验数据绘制标准曲线。

表 9-1　标准系列记录

管号	0	1	2	3	4	5	6	7
苯酚标液体积/mL	0.00	0.50	1.00	3.00	5.00	7.00	10.00	15.00
苯酚质量/μg								
吸光度 A								
校正吸光度 A'								

（二）水样数据记录及结果整理

水样记录如表 9-2 所示。

表 9-2　水样记录

管号	1	2	3	4	5	…
吸光度 A						
校正吸光度 A'						
挥发酚质量(以苯酚计)/μg						
水样体积/mL						
挥发酚含量(以苯酚计)/(mg·L^{-1})						

七、注意事项

① 各种试剂加入的顺序不能随意更改。4-氨基安替比林的加入量必须准确，否则由于空白值来自氧化剂对 4-氨基安替比林的氧化，会造成误差。

② 4-氨基安替比林与酚在水溶液中生成的橙红色染料萃取至三氯甲烷中可稳定 4h。时间过长染料颜色会由红变黄。

③ 当水样中含游离氯等氧化剂以及硫化物、油类、芳香胺类和甲醛、亚硫酸钠等还原剂时，应在蒸馏前先做适当处理。处理方法参阅《水质　挥发酚的测定　4-氨基安替比林分光光度法》(HJ 503—2009)。

④ 不得用橡胶塞、胶皮管连接蒸馏瓶及冷凝器，否则可能造成干扰。

八、思考题

① 简述挥发酚的测定原理。

② 根据实验情况，分析影响测定结果准确度的因素。

③ 测定挥发酚时，如何排除干扰？

实验 10　水中石油类和动植物油类的测定

水中的石油类和动植物油类物质的测定方法有重量法、紫外分光光度法、荧光分光光度法和红外分光光度法等。与其他方法相比，红外分光光度法具有灵敏度高、适用范围广、测定结果受标准油品及样品中油品组成影响较小等优点。该方法不仅适用于地表水、地下水、生活污水和工业废水中石油类和动植物油类含量的测定，也可用于土壤、植物含油量的测定及洗涤性能的测定。

一、实验目的

① 了解水中油类物质的测定意义和表示方法；

② 掌握红外分光光度法测定水中油类物质的方法和操作。

二、实验原理

本实验的原理是在 pH≤2 的条件下采用四氯乙烯萃取水中油类物质，测定总油，然后用硅酸镁吸附萃取液，脱除动植物油等极性物质后，测定石油类，动植物油类的含量通过计算总油与石油类含量之差得到。油类和石油类物质的含量由波数分别为 2930cm^{-1} (CH_2 基团中C—H键的伸缩振动）、2960cm^{-1}（CH_3基团中C—H键的伸缩振动）和3030cm^{-1}（芳香环中C—H键的伸缩振动）处的吸光度A_{2930}、A_{2960}和A_{3030}进行计算。

三、课时安排

① 理论课时安排：2学时，学习红外分光光度法的基本原理，红外分光光度计的基本结构、测定原理及使用注意事项；

② 实验课时安排：2学时，其中试剂配制、试样制备等前期准备1学时，校正系数的测定、样品测定等1学时。

四、实验材料

（一）实验药品

除另有说明外，药品均为分析纯级别，实验用水均为蒸馏水。

浓盐酸（HCl，ρ=1.19g·mL^{-1}），优级纯。

四氯乙烯（C_2Cl_4），在2800～3100cm^{-1}之间扫描（以4cm空石英比色皿为参比），2930、2960、3030cm^{-1}处的吸光度应分别不超过0.34、0.07、0。

无水硫酸钠（Na_2SO_4），置于马弗炉内550℃加热4h，稍冷后装入磨口玻璃瓶中，置于干燥器内贮存。

测油专用硅酸镁（$MgSiO_3$），60～100目。取硅酸镁于瓷蒸发皿中，置于马弗炉内550℃加热4h，稍冷后移入干燥器中冷却至室温。称取适量的硅酸镁于磨口玻璃瓶中，根据硅酸镁的质量，按质量分数6%的比例加入适量的蒸馏水，密塞并充分振荡，放置12h后使用，于磨口玻璃瓶内保存。

苯（C_6H_6），色谱纯；异辛烷（C_8H_{18}），色谱纯；正十六烷（$C_{16}H_{34}$），色谱纯；氯化钠（NaCl）；活性炭。

（二）器皿

① 1000mL分液漏斗1个，具聚四氟乙烯旋塞；

② 25mL比色管1个，50mL比色管1个，具磨口塞；

③ 100mL容量瓶6个；

④ 1000mL量筒1个，100mL量筒2个；

⑤ 250mL烧杯1个，500mL烧杯1个；

⑥ 40mL玻璃漏斗1个；

⑦ 玻璃吸附柱，内径10mm，长约200mm；

⑧ 50mL锥形瓶1个；

⑨ 2、10mL移液管各1支。

（三）试剂

① 盐酸溶液（1∶1）：用100mL量筒量取50mL蒸馏水，倒入250mL烧杯中，再用量筒量取50mL浓盐酸，将其沿杯壁缓慢倒入烧杯中，并用玻璃棒不断搅拌均匀。

② 石油类标准贮备液（1000.00mg·L^{-1}）：可直接购买市售有证标准溶液。

③ 正十六烷标准贮备液（1000.00mg·L^{-1}）：准确称取0.1000g正十六烷于100mL容量瓶中，用四氯乙烯定容，摇匀。

④ 异辛烷标准贮备液（1000.00mg·L^{-1}）：准确称取 0.1000g 异辛烷于 100mL 容量瓶中，用四氯乙烯定容，摇匀。

⑤ 苯标准贮备液（1000.00mg·L^{-1}）：准确称取 0.1000g 苯于 100mL 容量瓶中，用四氯乙烯定容，摇匀。

（四）实验装置

① 红外分光光度计：能在 2400～3400cm^{-1} 之间扫描，并配有 1cm 和 4cm 带盖石英比色皿；

② 旋转振荡器：振荡频率可达 300 次·min^{-1}；

③ 电子天平：量程 0～200g，精度 0.0001g。

五、实验步骤和方法

（一）试样的制备

在约 500mL 水样中加入盐酸溶液酸化至 pH≤2。将样品全部转移至 1000mL 分液漏斗中，量取 50mL 四氯乙烯洗涤样品瓶后，全部转移至分液漏斗中。振荡 3min，并经常开启旋塞排气，静置分层。用镊子取用四氯乙烯浸泡洗涤后晾干的玻璃棉置于玻璃漏斗中，取适量的无水硫酸钠铺于上面。打开分液漏斗旋塞，将下层有机相萃取液通过装有无水硫酸钠的玻璃漏斗放至 50mL 比色管中，用适量四氯乙烯润洗玻璃漏斗，润洗液合并至萃取液中，用四氯乙烯定容至标线。将上层水相全部转移至 1000mL 量筒中，测量样品体积并记录。

将 50mL 萃取液平均分为两份。一份直接用于测定总油；另一份倒入装有 5g 硅酸镁的 50mL 锥形瓶，置于旋转振荡器上，以 180～200r·min^{-1} 的速度连续振荡 20min，静置。将玻璃棉置于玻璃漏斗中，萃取液经玻璃漏斗过滤至 25mL 比色管中，用于测定石油类。

注：石油类和动植物油类的吸附分离也可采用吸附柱法，即取适量的萃取液过硅酸镁吸附柱，弃去前 5mL 滤出液，余下部分接入 25mL 比色管中，用于测定石油类。

（二）空白试样的制备

以实验用水代替样品，加入盐酸溶液酸化至 pH≤2，按照试样的制备步骤，制备空白试样。

（三）校正系数的测定

分别移取 2.00mL 正十六烷标准贮备液、2.00mL 异辛烷标准贮备液和 10.00mL 苯标准贮备液于 3 个 100mL 容量瓶中，用四氯乙烯定容至标线，摇匀。正十六烷、异辛烷、苯标准溶液的浓度分别为 20.00、20.00、100.00mg·L^{-1}。

用四氯乙烯作参比溶液，使用 4cm 比色皿，分别测量正十六烷、异辛烷和苯标准溶液在 2930cm^{-1}、2960cm^{-1} 和 3030cm^{-1} 处的吸光度 A_{2930}、A_{2960} 和 A_{3030}。正十六烷、异辛烷和苯标准溶液在上述波数处的吸光度均符合式(10-1)，由此得出联立方程式，经求解后，可分别得到相应的校正系数 X、Y、Z 和 F。

$$\rho = XA_{2930} + YA_{2960} + Z\left(A_{3030} - \frac{A_{2930}}{F}\right) \tag{10-1}$$

式中　ρ——四氯乙烯中油类的含量，mg·L^{-1}；

X——与 CH_2 基团中 C—H 键吸光度相对应的系数，mg·L^{-1}；

Y——与 CH_3 基团中 C—H 键吸光度相对应的系数，$mg \cdot L^{-1}$；

Z——与芳香环中 C—H 键吸光度相对应的系数，$mg \cdot L^{-1}$；

A_{2930}、A_{2960}、A_{3030}——各对应波数下测得的吸光度；

F——脂肪烃对芳香烃影响的校正因子，即正十六烷在 $2930cm^{-1}$ 与 $3030cm^{-1}$ 处的吸光度之比。

对于正十六烷（H）和异辛烷（I），由于其芳香烃含量为零，即 $A_{3030}-\frac{A_{2930}}{F}=0$，则有：

$$F=\frac{A_{2930}(H)}{A_{3030}(H)} \tag{10-2}$$

$$\rho(H)=XA_{2930}(H)+YA_{2960}(H) \tag{10-3}$$

$$\rho(I)=XA_{2930}(I)+YA_{2960}(I) \tag{10-4}$$

由式(10-2) 可得 F 值，由式(10-3) 和式(10-4) 可得 X 和 Y 值。对于苯（B），则有：

$$\rho(B)=XA_{2930}(B)+YA_{2960}(B)+Z\left(A_{3030}(B)-\frac{A_{2930}(B)}{F}\right) \tag{10-5}$$

由式(10-5) 可得 Z 值。

式中 $\rho(H)$——正十六烷标准溶液的浓度，$mg \cdot L^{-1}$；

$\rho(I)$——异辛烷标准溶液的浓度，$mg \cdot L^{-1}$；

$\rho(B)$——苯标准溶液的浓度，$mg \cdot L^{-1}$；

$A_{2930}(H)$、$A_{2960}(H)$、$A_{3030}(H)$——各对应波数下测得正十六烷标准溶液的吸光度；

$A_{2930}(I)$、$A_{2960}(I)$——各对应波数下测得异辛烷标准溶液的吸光度；

$A_{2930}(B)$、$A_{2960}(B)$、$A_{3030}(B)$——各对应波数下测得苯标准溶液的吸光度。

（四）试样测定

① 总油浓度的测定：将未经硅酸镁吸附的萃取液转移至 4cm 比色皿中，以四氯乙烯作参比溶液，于 $2930cm^{-1}$、$2960cm^{-1}$ 和 $3030cm^{-1}$ 处测量其吸光度 $A_{1\text{-}2930}$、$A_{1\text{-}2960}$、$A_{1\text{-}3030}$，计算总油的浓度。

② 石油类浓度的测定：将经硅酸镁吸附后的萃取液转移至 4cm 比色皿中，以四氯乙烯作参比溶液，于 $2930cm^{-1}$、$2960cm^{-1}$ 和 $3030cm^{-1}$ 处测量其吸光度 $A_{2\text{-}2930}$、$A_{2\text{-}2960}$、$A_{2\text{-}3030}$，计算石油类的浓度。

③ 动植物油类浓度的测定：总油浓度与石油类浓度之差即为动植物油类浓度。

（五）空白测定

以空白试样代替试样，按照以上试样测定步骤进行。

六、实验结果整理和数据处理要求

（一）总油的浓度

样品中总油的浓度 $\rho_1(mg \cdot L^{-1})$，按照下式进行计算：

$$\rho_1=\left[XA_{1\text{-}2930}+YA_{1\text{-}2960}+Z\left(A_{1\text{-}3030}-\frac{A_{1\text{-}2930}}{F}\right)\right]\times\frac{V_0D}{V_w}-\rho_0 \tag{10-6}$$

式中 ρ_1——样品中总油的浓度，$mg \cdot L^{-1}$；

ρ_0——空白样品中油类的浓度，$mg \cdot L^{-1}$；

X、Y、Z、F——校正系数；

$A_{1\text{-}2930}$、$A_{1\text{-}2960}$、$A_{1\text{-}3030}$——各对应波数下测得萃取液的吸光度；

V_0——萃取溶剂的体积，mL；

V_w——样品体积，mL；

D——萃取液稀释倍数。

（二）石油类的浓度

样品中石油类的浓度 ρ_2（$mg \cdot L^{-1}$），按照下式进行计算：

$$\rho_2=\left[XA_{2\text{-}2930}+YA_{2\text{-}2960}+Z\left(A_{2\text{-}3030}-\frac{A_{2\text{-}2930}}{F}\right)\right]\times\frac{V_0D}{V_w}-\rho_0 \tag{10-7}$$

式中 ρ_2——样品中石油类的浓度，$mg \cdot L^{-1}$；

$A_{2\text{-}2930}$、$A_{2\text{-}2960}$、$A_{2\text{-}3030}$——各对应波数下测得经硅酸镁吸附后萃取液的吸光度。

（三）动植物油类的浓度

样品中动植物油类的浓度 ρ_3（$mg \cdot L^{-1}$），按照下式进行计算：

$$\rho_3=\rho_1-\rho_2 \tag{10-8}$$

式中 ρ_3——样品中动植物油类的浓度，$mg \cdot L^{-1}$。

七、注意事项

① 四氯乙烯必须经检验合格后才能使用，且同一次实验要使用同一批次的四氯乙烯以免除试剂带来的误差。四氯乙烯有剧毒，操作应在通风橱内进行，并戴上手套和防毒面具。

② 油污是普遍现象，实验过程中的玻璃仪器要严格按照规定进行洗涤和保存。在使用硅酸镁和无水硫酸钠之前必须检验其受油污染程度。

③ 用红外分光光度法测定水中石油类时，样品的采集、测试条件的选择、萃取剂空白值、试剂的选用、器皿洁净度等因素对测定结果的准确性有很大的影响。

八、思考题

① 在水中油的测定过程中，特别是油浓度较低时，为什么必须做空白试验？如何做空白试验？

② 根据实验中水样石油类的测定结果，对照《地表水环境质量标准》(GB 3838—2002)中对石油类浓度限值的规定，分析监测采样点区域水体的相关污染状况。

③ 分析实验中可能造成误差的原因。

实验 11 废水中油的测定

水中的石油类物质来自生活污水和工业废水的污染，其测定方法有重量法、红外分光光度法、非色散红外吸收法、紫外分光光度法等。本实验采用紫外分光光度法测定废水中的油。

一、实验目的

① 掌握用紫外分光光度法测定废水中油的原理和方法，以及该方法的适用范围；

② 学习废水中油的萃取方法。

二、实验原理

石油及其产品在紫外光区有特征吸收，带有苯环的芳香族化合物主要吸收波长为250～260nm，带有共轭双键的化合物主要吸收波长为215～230nm。一般原油的两个主要吸收波长为225nm及254nm。石油产品中，如燃料油、润滑油等的吸收峰与原油相近。因此，波长的选择应视实际情况而定，原油和重质油可选254nm，而轻质油及炼油厂的油品可选225nm。

标准油采用受污染地点水样中的石油醚萃取物。如有困难可采用15号机油、20号重柴油或环保部门批准的标准油。

三、课时安排

① 理论课时安排：2学时，学习紫外分光光度法的基本原理，紫外分光光度计的基本结构、测定原理及使用注意事项；

② 实验课时安排：2学时，其中试剂配制、油类的萃取等前期准备1学时，标准曲线绘制、样品测定等1学时。

四、实验材料

（一）实验药品

如无特殊说明，本实验用水均为蒸馏水。

浓硫酸（H_2SO_4，$\rho=1.84g\cdot mL^{-1}$），氯化钠（NaCl），石油醚（60～90℃馏分），微球硅胶，氧化铝。

无水硫酸钠（Na_2SO_4）：在300℃下烘干1h，冷却后装瓶备用。

（二）器皿

① 1000mL分液漏斗1个；

② 50mL容量瓶8个，100mL容量瓶1个；

③ 内径25mm（其他规格亦可）、高750mm的玻璃柱1根；

④ 1000mL细口瓶1个；

⑤ 100mL量筒2个；

⑥ 250mL烧杯1个；

⑦ 25mL玻璃砂芯漏斗1个；

⑧ 5mL移液管1个，10mL移液管1个。

（三）试剂

① 脱芳烃石油醚：将60～100目粗孔微球硅胶和70～120目色谱用中性氧化铝（在150～160℃活化4h）在未完全冷却前装入内径25mm（其他规格亦可）、高750mm的玻璃柱中。下层硅胶高600mm，上面覆盖50mm厚的氧化铝（约可处理420mL石油醚），将

60～90℃馏分的石油醚通过此柱以脱除芳烃。收集石油醚于细口瓶中，以水为参比，在225nm处测定处理过的石油醚，其透光率应不小于80%。

② 标准油：用脱芳烃并重蒸馏过的60～90℃沸程的石油醚从待测水样中萃取油品，经无水硫酸钠脱水后过滤。将滤液置于（65±5）℃水浴上蒸出石油醚，然后置于（65±5）℃恒温箱内赶尽残留的石油醚，即得到标准油。

③ 标准油贮备液：准确称取0.100g标准油溶于脱芳烃60～90℃沸程的石油醚中，移入100mL容量瓶内，稀释至标线，贮于冰箱中。每毫升标准油贮备液含有1.00mg油。

④ 标准油使用液：使用前把上述标准油贮备液用脱芳烃石油醚稀释10倍，即每毫升标准油使用液含0.10mg油。

⑤ 硫酸（1∶1）：用100mL量筒量取50mL蒸馏水，倒入250mL烧杯中，再用量筒量取50mL浓硫酸，将其沿杯壁缓慢倒入烧杯中，并用玻璃棒搅拌均匀。

（四）实验装置

① 紫外分光光度计，带10mm石英比色皿；

② 水浴加热装置；

③ 恒温箱；

④ 电子天平：量程0～200g，精度0.0001g。

五、实验步骤和方法

（一）标准曲线的绘制

向7个50mL容量瓶中分别加入0、2.00、4.00、8.00、12.00、20.00、25.00mL标准油使用液，用脱芳烃石油醚（60～90℃馏分）稀释至标线。在选定波长处，用10mm石英比色皿，以脱芳烃石油醚为参比测定其吸光度。经空白校正后，绘制标准曲线。

（二）油类的萃取

① 将已测量体积的水样仔细移入1000mL分液漏斗中，加入5mL硫酸（1∶1）酸化，若采样时已酸化，则不需再次加酸。加入氯化钠，其量约为水量的2%。用20mL脱芳烃石油醚（60～90℃馏分）清洗采样瓶后，移入分液漏斗中。充分振摇3min，静置使之分层，将水层移入采样瓶内。

② 将石油醚萃取液通过内铺约5mm厚无水硫酸钠层的玻璃砂芯漏斗滤入50mL容量瓶内。

③ 用10mL脱芳烃石油醚洗涤玻璃砂芯漏斗，洗涤液均收集于同一容量瓶内，并用脱芳烃石油醚稀释至标线。

（三）吸光度测定

在选定的波长处，用10mm石英比色皿，以脱芳烃石油醚为参比，测定其吸光度。

（四）空白值测定

取与水样相同体积的纯水，按照水样操作步骤制备空白试验溶液，进行空白试验。

六、实验结果整理和数据处理要求

（一）标准系列数据记录

标准系列记录如表11-1所示。

表 11-1 标准系列记录

编号	1	2	3	4	5	6	7
标准油使用液/mL	0	2.00	4.00	8.00	12.00	20.00	25.00
石油醚定容/mL	50						
浓度/($mg \cdot mL^{-1}$)							
吸光度							

（二）实验结果计算

由水样测得的吸光度，减去空白试验的吸光度后，从标准曲线上查出相应的油含量。通过下式计算出废水中油的浓度。

$$\rho=\frac{m\times1000}{V} \tag{11-1}$$

式中 ρ——废水中油的浓度，$mg \cdot L^{-1}$；

m——从标准曲线上查出的相应油的质量，mg；

V——水样体积，mL。

七、注意事项

① 实验中所使用的玻璃容器需先用自来水清洗干净，再用去离子水清洗，然后置于电热鼓风干燥箱中烘干，需要注意容量瓶不能用干燥箱烘干。使用的器皿应避免有机物污染。

② 不同油品的特征吸收峰不同，难以确定测定的波长时，可向 50mL 容量瓶中移入标准油使用液 20～25mL，用脱芳烃石油醚稀释至标线，在波长 215～300nm 间，用 10mm 石英比色皿测得吸收光谱（以吸光度为纵坐标，波长为横坐标的吸光度曲线），得到最大吸收峰的位置，一般在 220～225nm。

③ 水样及空白测定所使用的石油醚应为同一批次，否则会由于空白值不同而产生误差。

④ 如石油醚纯度较低，或缺乏脱芳烃条件，亦可采用己烷作萃取剂。把己烷进行重蒸馏后使用，或用水洗涤 3 次，以除去水溶性杂质。以水作参比，于波长 225nm 处测定，其透光率应大于 80%。

⑤ 用塑料桶采集或保存水样会引起测定结果偏低。

八、思考题

① 实验操作过程中，加入氯化钠的作用是什么？

② 根据实验情况，分析影响测定结果准确度的因素。

③ 水中油的测定方法有哪些？比较其优缺点。

④ 为什么要测定空白？测定的是什么物质的空白？为什么使用石油醚作为参比？

实验 12 水中六价铬的测定

铬是生物体所必需的微量元素之一，但具有一定毒性。铬的毒性与其存在价态有关，水体中铬的化合物常见的价态有六价和三价，通常认为六价铬的毒性比三价铬高 100 倍，属于高毒性物质。而且六价铬更容易被人体吸收，并在体内积累，从而诱发皮肤溃疡、贫血、肾炎及神经炎等疾病。因此，我国已把六价铬规定为实施总量控制的指标之一。工业废水排放时，要求六价铬的排放量不超过 0.3mg·L^{-1}；而生活饮用水和地表水，则要求六价铬的含量不超过 0.05mg·L^{-1}。

废水中的铬主要来源于含铬矿石的加工、金属表面的处理（电镀）、皮革鞣制、印染等过程。

水体中铬的测定方法有紫外-可见分光光度法、原子吸收光谱法、ICP-AES 法（电感耦合等离子体原子发射光谱法）、滴定法等。本实验采用二苯碳酰二肼分光光度法，该方法适用于地表水和工业废水中六价铬的测定。本实验方法参考《水质　六价铬的测定　二苯碳酰二肼分光光度法》(GB 7467—87）等。

一、实验目的

① 了解水中铬的来源及测定水中六价铬的意义；

② 掌握二苯碳酰二肼分光光度法测定六价铬的基本原理和方法；

③ 熟练使用紫外-可见分光光度计。

二、实验原理

本实验采用二苯碳酰二肼作为显色剂，实验原理基于以下反应：在酸性溶液中，六价铬与二苯碳酰二肼反应，生成紫红色络合物，其最大吸收波长为 540nm，吸光度与浓度的关系符合朗伯-比尔定律，因此，可采用紫外-可见分光光度法进行分析。在该方法中，试样体积为 50mL，使用光程为 3cm 的比色皿，最小检出量为 0.2μg 六价铬，最低检出浓度为 0.004mg·L^{-1}；使用光程为 1cm 的比色皿，测定上限浓度为 1.0mg·L^{-1}。对于浓度高于测定上限的样品，可适当稀释后进行测定。

三、课时安排

① 理论课时安排：2 学时，学习紫外-可见分光光度法的基本原理，紫外-可见分光光度计的基本结构、测定原理及使用注意事项；

② 实验课时安排：2 学时，其中试剂配制等前期准备 1 学时，标准曲线绘制、样品测定等 1 学时。

四、实验材料

（一）实验药品

除另有说明外，药品均为分析纯级别，实验用水均为蒸馏水。

99.5%丙酮（C_3H_6O）、氢氧化钠（NaOH）、硫酸锌（$ZnSO_4 \cdot 7H_2O$）、硫酸（H_2SO_4，ρ=1.84g·mL^{-1}，优级纯）、磷酸（H_3PO_4，ρ=1.69g·mL^{-1}，优级纯）、高锰酸钾（$KMnO_4$）、重铬酸钾（$K_2Cr_2O_7$，优级纯）、尿素［$CO(NH_2)_2$］、亚硝酸钠（$NaNO_2$）、二苯碳酰二肼（$C_{13}H_{14}N_4O$）。

（二）器皿

注：以下玻璃器皿除另有说明外，均符合国家 A 级标准。

① 比色皿：1、3cm，各 1 个。

② 具塞比色管：50mL，14 支。

③ 移液管：1、5、10mL，各 1 支。

④ 容量瓶：100mL，3 个；500、1000mL，各 1 个。

⑤ 烧杯：150mL，5 个；300mL，1 个。

⑥ 聚乙烯瓶：100mL，2 个；150、250mL，各 1 个。

⑦ 细口瓶：100mL，4 个；500mL，1 个。

⑧ 棕色细口瓶：100mL，3 个；500、1000mL，各 1 个。

⑨ 量筒：10、50、100mL，各 1 个。

⑩ 锥形瓶：150mL，1 个。

⑪ 胶头滴管：2 支。

⑫ 玻璃棒：1 根。

⑬ 防暴沸玻璃珠：3～5 粒。

（三）试剂

（1）氢氧化钠溶液（$4g \cdot L^{-1}$）

称取 1g 氢氧化钠放入 300mL 烧杯中，加 10mL 蒸馏水溶解，并用蒸馏水进一步稀释至 250mL，转入聚乙烯瓶中密闭保存。

（2）氢氧化锌共沉淀剂

① 硫酸锌溶液（$80g \cdot L^{-1}$）：称取 8g 硫酸锌放入 150mL 烧杯中，加 10mL 蒸馏水溶解，并用蒸馏水进一步稀释至 100mL，移入 100mL 聚乙烯瓶密闭保存。

② 氢氧化钠（$20g \cdot L^{-1}$）：称取 2.4g 氢氧化钠放入 150mL 烧杯中，加 10mL 新煮沸冷却的蒸馏水溶解，并用新煮沸冷却蒸馏水进一步稀释至 120mL，移入 150mL 聚乙烯瓶密闭保存。

使用时将以上两溶液混合。

（3）硫酸溶液（1∶1）

在 150mL 烧杯中加入 50mL 蒸馏水，量取 50mL 浓硫酸缓慢倒入烧杯中，并不断搅拌至混合均匀，待溶液冷却后，转入细口瓶中待用。

（4）硫酸溶液（1∶9）

在 150mL 烧杯中加入 90mL 蒸馏水，量取 10mL 浓硫酸缓慢倒入烧杯中，并不断搅拌至混合均匀，待溶液冷却后，转入细口瓶中待用。

（5）磷酸溶液（1∶1）

在 150mL 烧杯中加入 50mL 蒸馏水，量取 50mL 磷酸缓慢倒入烧杯中，并不断搅拌至混合均匀，待溶液冷却后，转入细口瓶中待用。

（6）高锰酸钾溶液（$40g \cdot L^{-1}$）

称取 4g 高锰酸钾放入 150mL 烧杯中，加 50mL 蒸馏水，水浴加热，在 40℃下搅拌加热至高锰酸钾完全溶解，最后加入蒸馏水稀释至 100mL，转入棕色细口瓶中待用。

（7）尿素溶液（$200g \cdot L^{-1}$）

称取 20g 尿素放入 150mL 烧杯中，加 40mL 蒸馏水溶解，并用蒸馏水进一步稀释至 100mL，移入 100mL 聚乙烯瓶密闭保存。

（8）亚硝酸钠溶液（$20g \cdot L^{-1}$）

称取 2g 亚硝酸钠放入 150mL 烧杯中，加 40mL 蒸馏水溶解，并用蒸馏水进一步稀释至

100mL，移入细口瓶密闭保存。

(9) 铬标准贮备液

称取 0.2829g 于 120℃干燥 2h 后的重铬酸钾放入 150mL 烧杯中，加 100mL 蒸馏水溶解，移入 1000mL 容量瓶中，用蒸馏水稀释至标线，摇匀，转入棕色细口瓶中密闭保存（每毫升铬标准贮备液含 0.100mg 六价铬）。

(10) 铬标准使用液

移取 5.00mL 铬标准贮备液于 500mL 容量瓶中，用蒸馏水稀释至标线，摇匀，转入棕色细口瓶中备用（每毫升铬标准使用液含 1.00μg 六价铬），使用当天配制。

(11) 显色剂（二苯碳酰二肼）溶液（Ⅰ）

称取 0.2g 二苯碳酰二肼放入 150mL 烧杯中，量取 50mL 丙酮加入其中，搅拌至二苯碳酰二肼完全溶解，转入 100mL 容量瓶中，加蒸馏水稀释至标线，摇匀，贮于棕色细口瓶内，置于冰箱中保存，颜色变深后不可再用。

(12) 显色剂（二苯碳酰二肼）溶液（Ⅱ）

称取 2g 二苯碳酰二肼放入 150mL 烧杯中，量取 50mL 丙酮加入其中，搅拌至二苯碳酰二肼完全溶解，转入 100mL 容量瓶中，加蒸馏水稀释至标线，摇匀，贮于棕色细口瓶内，置于冰箱中保存，颜色变深后不可再用。

（四）实验装置及材料

① 电子天平：量程 0～200g，精度 0.0001g；

② 加热装置：电炉或其他等效加热装置；

③ 过滤装置；

④ 鼓风干燥箱；

⑤ 精密 pH 试纸；

⑥ 紫外-可见分光光度计；

⑦ 慢速、中速滤纸。

五、实验步骤和方法

注：本实验中若无特别说明，pH 值一律采用精密 pH 试纸测定。

（一）水样的采集

水样应用玻璃瓶采集。采集时，需加入氢氧化钠溶液，将样品 pH 值调节至 8 左右。采样后应尽快测定，如需放置，不要超过 24h。

（二）水样的预处理

① 对不含悬浮物且色度低的清洁地表水，可直接进行测定，无需预处理。

② 若水样有色但不深，可进行色度校正，即另取一份水样，以 2mL 丙酮代替显色剂，并加入除显色剂以外的各种试剂，用此溶液作为测定样品溶液吸光度的参比溶液。

③ 对于浑浊且色度较深的水样，应加入氢氧化锌共沉淀剂并做过滤处理。具体步骤：量取适量水样（六价铬含量少于 100μg）于 150mL 烧杯中，加蒸馏水稀释至 50mL，滴加氢氧化钠溶液（$4g \cdot L^{-1}$），将溶液的 pH 值调节至 7～8，在不断搅拌下，滴加氢氧化锌共沉淀剂至溶液 pH 值变为 8～9，将此溶液转移至 100mL 容量瓶中，用蒸馏水稀释至标线，用慢速滤纸过滤，弃去 10～20mL 初滤液，取其中 50mL 滤液供测定。

注：当样品经锌盐沉淀分离法前处理后仍含有机物干扰测定时，可用酸性高锰酸钾氧化法破坏有机物后再测定，即：量取 50mL 滤液放入 150mL 锥形瓶中，加入几粒玻璃珠，分别加入 0.5mL 硫酸溶液（1∶1）、0.5mL 磷酸溶液（1∶1），摇匀；滴加 2 滴高锰酸钾溶液（$40g \cdot L^{-1}$），如紫红色褪去，则应继续添加高锰酸钾溶液以使得溶液保持紫红色；加热煮沸至溶液体积约剩 20mL，取下稍冷，定量中速滤纸过滤，用水洗涤数次，合并滤液和洗液至 50mL 具塞比色管中；加入 1mL 尿素溶液（$200g \cdot L^{-1}$），摇匀；滴加亚硝酸钠溶液（$20g \cdot L^{-1}$），每加一滴充分摇匀，至溶液的紫红色刚好褪去；稍停片刻，待溶液内气泡逸尽，用蒸馏水稀释至标线，供测定用。

④ 水样中存在低价铁、亚硫酸盐、硫化物等还原性物质时，会将六价铬还原为三价铬，此时，需加入显色剂溶液（Ⅱ），放置 5min 后再酸化显色。

⑤ 水样中存在次氯酸盐等氧化性物质时会干扰测定，可加入尿素和亚硝酸钠消除干扰。

（三）标准曲线的绘制

在 9 支 50mL 具塞比色管中用移液管依次加入 0、0.20、0.50、1.00、2.00、4.00、6.00、8.00、10.00mL 铬标准使用液，用蒸馏水稀释至标线，分别加入 0.5mL 硫酸溶液（1∶1）和 0.5mL 磷酸溶液（1∶1），摇匀。再加入 2mL 显色剂溶液（Ⅰ），摇匀。等待 5～10min 后，于 540nm 波长处，用 1cm 或 3cm 比色皿，以蒸馏水为参比，测定吸光度并做空白校正。以吸光度为纵坐标，相应六价铬质量为横坐标绘出标准曲线。

（四）水样的测定

① 一般水样测定：量取适量（含六价铬少于 50μg）无色透明或经预处理的水样于 50mL 具塞比色管中，用蒸馏水稀释至标线，余下步骤同标准溶液测定。进行空白校正后根据所测吸光度从标准曲线上查得六价铬质量。

② 含有低价铁、亚硫酸盐、硫化物等还原性物质的水样测定：量取适量水样（六价铬含量少于 50μg）于 50mL 具塞比色管中，用蒸馏水稀释至标线，加入 4mL 显色剂溶液（Ⅱ），混合均匀，放置 5min 后，加入 1mL 硫酸溶液（1∶1），摇匀，再放置 5～10min 后，在 540nm 波长处，用 1cm 或 3cm 光程的比色皿，以蒸馏水作参比，测定吸光度，并用同法做标准曲线，扣除空白试验测得的吸光度后，从标准曲线查得六价铬质量。

③ 含有次氯酸盐等氧化性物质的水样测定：量取适量水样（含六价铬少于 50μg）于 50mL 具塞比色管中，用蒸馏水稀释至标线，加入 0.5mL 硫酸溶液（1∶1）、0.5mL 磷酸溶液（1∶1）和 1.0mL 尿素溶液（$200g \cdot L^{-1}$），摇匀，逐滴加入 1.0mL 亚硝酸钠溶液（$20g \cdot L^{-1}$），边加边摇，以除去由过量的亚硝酸钠与尿素反应生成的气泡，待气泡除尽后，按一般水样测定方法（免去加硫酸溶液和磷酸溶液）进行操作。

④ 空白试验：采用 50mL 蒸馏水代替水样，按照不同水样的测定步骤进行空白试验。

（五）计算公式

$$\rho_{Cr(VI)} = \frac{m}{V} \tag{12-1}$$

式中 $\rho_{Cr(VI)}$——水样中六价铬含量，$mg \cdot L^{-1}$；

m——从标准曲线上查得的六价铬的质量，μg；

V——水样的体积，mL。

六、实验结果整理和数据处理要求

（一）标准系列数据记录

标准系列记录如表 12-1 所示。

表 12-1　标准系列记录

管号	0	1	2	3	4	5	6	7	8
铬标准使用液体积/mL	0	0.20	0.50	1.00	2.00	4.00	6.00	8.00	10.00
六价铬质量/μg									
吸光度 A									
校正吸光度 A'									

（二）水样数据记录及结果整理

水样记录如表 12-2 所示。

表 12-2　水样记录

管号	1	2	3	4	5	6	…
吸光度 A							
校正吸光度 A'							
六价铬质量/μg							
水样体积/mL							
六价铬含量/(mg·L^{-1})							

七、注意事项

① 用于测定铬的玻璃器皿内壁必须光洁，以免吸附铬离子，且不得用重铬酸钾洗液进行洗涤。

② 六价铬与二苯碳酰二肼的显色反应一般控制酸度在 0.05～0.3mol·L^{-1}（$1/2H_2SO_4$）范围，以 0.2mol·L^{-1} 时显色最好。显色前，水样应调至中性。此外，显色温度和放置时间对显色也有影响，在温度为 15℃时，5～15min 颜色即可稳定。

③ 若测定清洁地表水水样，显色剂可按以下方法配制：称取 0.2g 二苯碳酰二肼放入 500mL 烧杯中，加入 100mL 的乙醇（95%），然后边搅拌边加入 400mL 硫酸（1∶9），转入细口瓶备用，该溶液可在冰箱中存放一个月。显色时直接加入 2.5mL 此显色剂即可，不必再加酸，但加入显色剂后要立即摇匀，以免六价铬被还原。

八、思考题

① 影响测定准确度的因素有哪些？如何减少干扰？

② 对于浑浊有色的水样，除了采用氢氧化锌共沉淀法进行前处理外，还可采用什么方法？举例说明。

③ 显色剂（二苯碳酰二肼）溶液颜色变深后为何不可再用？

实验 13 水中挥发性有机物的测定

挥发性有机物（volatile organic compounds，VOCs）通常是指沸点等于或低于250℃的有机化合物，主要成分为脂肪烃、芳烃、卤代烃、醛类和酮类等化合物。许多VOCs是重要的化工原料、中间体和有机溶剂，被广泛应用于化工、医药、农药、制革等行业。VOCs在生产、运输、储存、处理和使用等过程中易释放到环境中，从而对大气、地表水、地下水以及土壤环境造成不同程度的污染。

VOCs作为一类重要的环境污染物，具有迁移性、持久性和毒性，与空气中的氮氧化物结合还可产生臭氧，而且通过呼吸道、消化道和皮肤进入人体后，会对人体产生致畸、致突变和致癌等作用。由此可见，对环境中VOCs进行测定具有重要意义。其中，水体中VOCs的测定尤其重要，这是由于水体是污染物迁移的主要途径之一，而VOCs在迁移过程中，很可能从空气或土壤进入水体，形成二次污染。对水体中VOCs的测定可以更好地评估污染物迁移途径和风险，为污染防治提供科学依据。水中VOCs的测定方法主要有吹扫捕集气相色谱法和气相色谱-质谱法。本实验方法参考《水质 挥发性有机物的测定 吹扫捕集/气相色谱法》（HJ 686—2014）等。

一、实验目的

① 了解水中挥发性有机物的来源及测定水中挥发性有机物的意义；

② 熟悉气相色谱的原理和仪器使用方法；

③ 掌握用吹扫捕集气相色谱法测定挥发性有机物的原理和方法。

二、实验原理

样品中的挥发性有机物经高纯氮气吹扫后吸附于捕集管中，加热捕集管并以高纯氮气反吹，被热脱附出来的组分经气相色谱分离后，用电子捕获检测器（ECD）或火焰离子化检测器（FID）进行检测，根据保留时间定性，外标法定量。

三、课时安排

① 理论课时安排：2学时，学习吹扫捕集气相色谱法测定挥发性有机物的基本原理，吹扫捕集气相色谱仪的基本结构、测定原理及使用注意事项。

② 实验课时安排：2学时，其中试剂配制等前期准备1学时，标准曲线绘制、样品测定等1学时。

四、实验材料

（一）实验药品

注：除另有说明外，药品均为分析纯级别，实验用水均为超纯水。

甲醇（CH_3OH，优级纯）、盐酸（HCl，$\rho=1.19g\cdot mL^{-1}$）、抗坏血酸（$C_6H_8O_6$）、超纯水（18.2MΩ·cm）、高纯氮气（纯度≥99.999%）、高纯氦气（纯度≥99.999%）。

（二）器皿

注：以下玻璃器皿除另有说明外，均符合国家A级标准。

① 气密性注射器：5mL，1支；

② 微量注射器：10、100μL，各1支；

③ 样品瓶（具聚四氟乙烯-硅胶衬垫螺旋盖棕色玻璃瓶）：40mL若干，50mL 7个；

④ 棕色容量瓶：50mL，1个；

⑤ 移液管：1、5、10mL，各1支；

⑥ 量筒：50、100mL，各1个；

⑦ 烧杯：150mL，1个；

⑧ 细口瓶：100mL，1个。

（三）试剂

① 甲醇：使用前需确认无目标化合物或目标化合物浓度低于方法检出限。

② 盐酸溶液（1∶1）：在150mL烧杯中加入50mL超纯水，量取50mL盐酸缓慢倒入烧杯中，并不断搅拌至混合均匀，待溶液冷却后，转入细口瓶中待用。

③ 标准贮备液（$100\mu g \cdot mL^{-1}$）：可直接购买市售有证标准溶液，或用高浓度标准溶液配制。挥发性有机物混合标准贮备液应避光保存，开封后应尽快使用完。如开封后的贮备液需保存，应在−10～−20℃冷冻密封保存。需保存贮备液在使用前应进行检测，如发现化合物响应值或种类出现异常，则弃去不用。贮备液使用前需恢复至室温。

④ 标准中间液（$20\mu g \cdot mL^{-1}$）：移取10.00mL标准贮备液（$100\mu g \cdot mL^{-1}$）放入50mL棕色容量瓶，用甲醇稀释到标线，转入样品瓶中贮存，保存时间不超过一个月。

（四）实验装置及材料

(1) 气相色谱

气相色谱部分具分流/不分流进样口，可程序升温，且能保证脱附气流与气相色谱柱型匹配，配置电子捕获检测器（ECD）或火焰离子化检测器（FID）。

(2) 色谱柱

① 测定苯系物：石英毛细管色谱柱，30m（长）×320μm（内径）×0.50μm（膜厚），固定相为聚乙二醇，也可使用其他等效毛细管柱；

② 测定卤代烃：石英毛细管色谱柱，30m（长）×320μm（内径）×1.80μm（膜厚），固定相为6%氰丙基苯-94%二甲基聚硅氧烷，也可使用其他等效毛细管柱。

(3) 吹扫捕集装置

此装置主要包括吹扫装置、捕集管及脱附装置，其中吹扫装置能直接连接到气相色谱部分，并能自动启动气相色谱，能容纳25mL水样且带有5mL的吹扫管；捕集管规格为25cm（长）×3mm（内径），内部填有1/3聚2,6-二苯基对苯醚（Tenax）、1/3硅胶、1/3活性炭组成的混合吸附剂，也可使用其他等效吸附剂，但必须满足相关的质量控制要求。

五、实验步骤和方法

（一）水样的采集和保存

水样采集应使用玻璃瓶采集平行双样，且每批样品应带一个全程序空白和一个运输空白。

采集样品时，应使水样在样品瓶中溢流而不留空间。取样时应尽量避免或减少样品在空气中的暴露。

对于不含余氯的样品和现场空白，每个样品瓶需加入0.5mL盐酸溶液（1∶1）。

对于含余氯的样品和现场空白，需要向每个样品瓶中先加入抗坏血酸，每40mL样品加入25mg的抗坏血酸。如果水样中总余氯的量超过5mg·L^{-1}，应先测定总余氯，再确定抗坏血酸的加入量。在40mL样品瓶中，总余氯每超过5mg·L^{-1}，需多加25mg的抗坏血酸。然后加入水样至充满样品瓶，再加入适量盐酸溶液使水样pH≤2。

样品采集后冷藏运输，运回实验室后应立即放入冰箱中，在4℃以下保存，14天内分析完毕。

（二）仪器参考条件

（1）吹扫捕集参考条件

吹扫温度：30℃；吹扫流量：40mL·min^{-1}；吹扫时间：11min；干吹温度：35℃；干吹时间：1min；预脱附温度：180℃；脱附温度：190℃；脱附时间：2min；脱附流量：30mL·min^{-1}；烘烤温度：200℃；烘烤时间：6min；传输线温度：220℃；除湿阱温度：就绪50℃，烘烤200℃；阀箱温度：260℃。其余参数设定为仪器默认参数。

（2）气相色谱参考条件

进样口温度：200℃；检测器温度：280℃；载气：高纯氮气或氦气；载气流量：2.5mL·min^{-1}；进样方式：分流进样；分流比：10∶1或根据仪器条件；程序升温：40℃（保持6min）$\xrightarrow{5℃\cdot min^{-1}}$100℃（保持2min）$\xrightarrow{5℃\cdot min^{-1}}$200℃。

（三）标准系列的制备

本方法的线性范围为0.05～200μg·L^{-1}。

根据仪器的灵敏度和线性要求以及实际样品的浓度，取适量标准中间液（20μg·mL^{-1}）用超纯水配制相应的标准浓度序列。

苯系物：低浓度标准系列为0.50、1.00、2.00、5.00、10.00、20.00μg·L^{-1}，高浓度标准系列为5.00、10.00、20.00、50.00、100.00、200.00μg·L^{-1}（均为参考浓度序列），现配现用。

卤代烃：低浓度标准系列为0.05、0.20、0.50、2.00、5.00、10.00μg·L^{-1}，高浓度标准系列为0.50、2.00、10.00、20.00、50.00、200.00μg·L^{-1}（均为参考浓度序列），现配现用。

（四）标准曲线的绘制

分别移取一定量的标准中间液（20μg·mL^{-1}）快速加入装有超纯水的50mL容量瓶中，定容至标线，混合均匀，转入样品瓶中待用。

取5.00mL标准曲线系列溶液于吹扫管中，经吹扫捕集浓缩后进入气相色谱进行分析，得到对应不同浓度的气相色谱图。以峰面积为纵坐标，浓度为横坐标，绘制标准曲线。

根据检测器类别，目标化合物参考谱图见图13-1和图13-2。其中图13-1是ECD检测卤代烃类的气相色谱图，图13-2是FID检测苯系物类的气相色谱图。

（五）水样的测定及分析

（1）水样的测定

将样品瓶恢复至室温后，用气密性注射器吸取5.0mL样品，按与标准样品完全相同的分析条件进行分析，记录各组分色谱峰的保留时间和峰面积。有自动进样器的吹扫捕集仪可参照仪器说明进行操作。

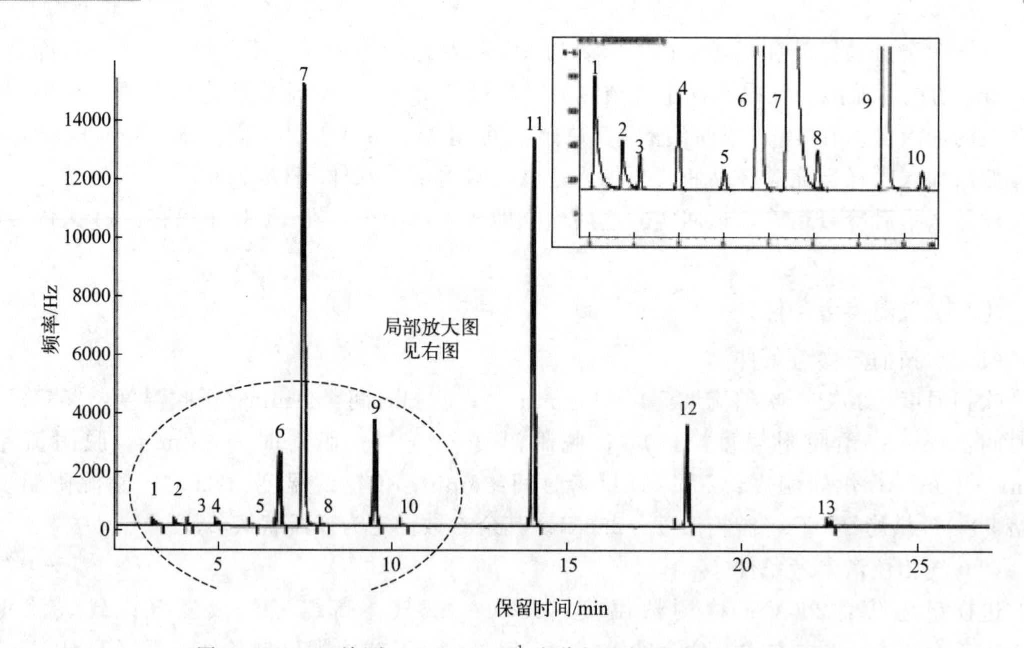

图 13-1　ECD 检测 5.00μg·L^{-1} 卤代烃目标组分的气相色谱图

1—1,1-二氯乙烯；2—二氯甲烷；3—反式-1,2-二氯乙烯；4—氯丁二烯；5—顺式-1,2-二氯乙烯；6—三氯甲烷；7—四氯化碳；8—1,2-二氯乙烷；9—三氯乙烯；10—环氧氯丙烷；11—四氯乙烯；12—三溴甲烷；13—六氯丁二烯

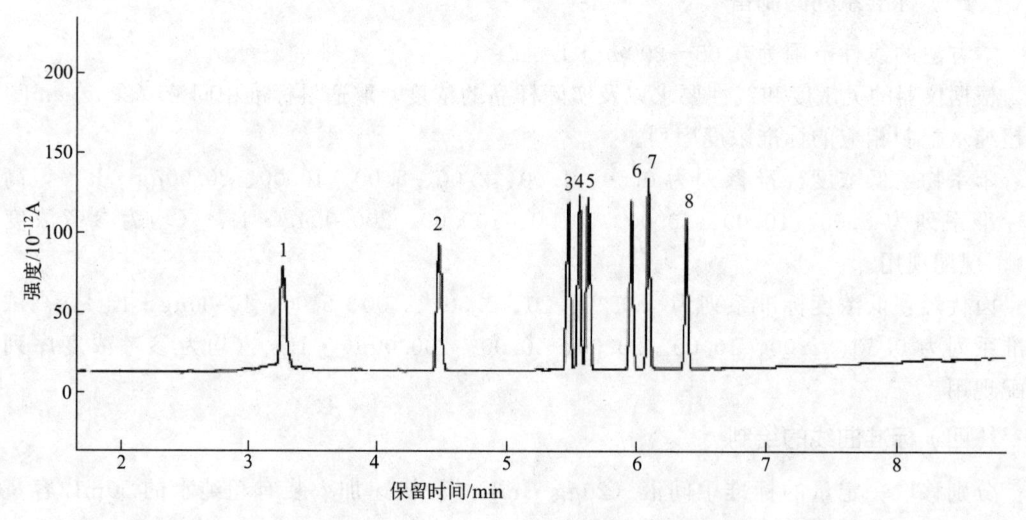

图 13-2　FID 检测 5.00μg·L^{-1} 苯系物目标组分的气相色谱图

1—苯；2—甲苯；3—乙苯；4—对二甲苯；5—间二甲苯；6—异丙苯；7—邻二甲苯；8—苯乙烯

（2）定性分析

根据标准物质各组分的保留时间进行定性分析。

（3）定量分析

采用外标法定量，单位为 μg·L^{-1}。当测定值小于 100μg·L^{-1} 时，计算结果保留小数点后 1 位；当测定值大于等于 100μg·L^{-1} 时，保留 3 位有效数字。

（4）空白试验

用气密性注射器吸取 5.0mL 超纯水，然后将超纯水快速注入吹扫管中，按照与标准样品相同的测定步骤进行测定。有自动进样器的吹扫捕集仪可参照仪器说明进行操作。

（六）计算公式

$$\rho_i=\rho_{ri}\times\frac{A_i}{A_{ri}} \tag{13-1}$$

式中　ρ_i——样品中目标化合物 i 的浓度，$\mu g \cdot L^{-1}$；

ρ_{ri}——标准品中目标化合物 i 的浓度，$\mu g \cdot L^{-1}$；

A_i——样品中目标化合物 i 在色谱图中的峰面积；

A_{ri}——标准品中目标化合物 i 在色谱图中的峰面积。

六、实验结果整理和数据处理要求

（一）标准系列数据记录

标准系列记录如表 13-1、表 13-2 所示。

表 13-1　苯系物标准系列记录

标准点号	1	2	3	4	5	6
目标化合物 i 的浓度/($\mu g \cdot L^{-1}$)						
目标化合物 i 的保留时间/min						
目标化合物 i 的峰面积						

表 13-2　卤代烃标准系列记录

标准点号	1	2	3	4	5	6	…
目标化合物 i 的浓度/($\mu g \cdot L^{-1}$)							
目标化合物 i 的保留时间/min							
目标化合物 i 的峰面积							

（二）水样数据记录及结果整理

水样记录如表 13-3 所示。

表 13-3　水样记录

水样编号	1	2	3	4	5	6	…
目标化合物 i 的浓度/($\mu g \cdot L^{-1}$)							
目标化合物 i 的保留时间/min							
目标化合物 i 的峰面积							

七、注意事项

① 样品瓶应在采样前用甲醇清洗，采样时无须用样品进行润洗；

② 用超纯水配制的标准溶液不稳定，因此需现用现配；

③ 对于极易挥发的目标化合物（如氯乙烯等），应使用气密性注射器进行溶液配制，分别移取一定量的标准中间液直接加入装有 5mL 蒸馏水的气密性注射器中配成所需的浓度；

④ 吹扫装置在每次开机后和关机前应进行烘烤，以确保系统无污染；

⑤ 若样品中的待测物浓度超过曲线最高点，则需取适量样品在容量瓶中进行稀释后立即测定；

⑥ 苯系物测定的干扰主要来源于甲醇峰的拖尾，因此样品分析过程中应尽量少引入甲醇。

八、思考题

① 采集水样时，为何要求溢满样品瓶不留空隙？

② 采集水样时所带的全程序空白和运输空白的作用分别是什么？

③ 对于含余氯的水样，为何采集时要先在样品中加入抗坏血酸？

实验 14 水中半挥发性有机物的测定

半挥发性有机物（SVOCs）一般指挥发性较弱，不溶于水，易溶于有机溶剂，沸点在170～350℃、蒸气压在 10^{-7}～0.1mmHg❶之间的一大类化合物。相比于挥发性有机物（VOCs），半挥发性有机物（SVOCs）更难降解，存在时间更长。这类化合物大多数呈油状液体，易长期存在于空气、水、土壤等环境中，能远距离传输，具有一定的毒性和生物蓄积作用。SVOCs种类繁多，主要包括二噁英类、多环芳烃、有机农药类、氯代苯类、多氯联苯类、吡啶类、喹啉类、硝基苯类、邻苯二甲酸酯类、亚硝胺类、苯胺类、苯酚类、多氯萘类和多溴联苯类等化合物。

SVOCs 的测定方法主要有气相色谱法（GC）、气相色谱-质谱法（GC-MS）、高效液相色谱法（HPLC）等。GC-MS 因其相对标准偏差较小，操作条件稳定，简便易行，分离效率高、检测灵敏度高，可适用于各种环境中 SVOCs 的测定，是目前最常用的方法。不过，GC-MS 虽应用广泛，但不适用于氨基甲酸酯类农药等热不稳定的 SVOCs。HPLC 则不受样品热稳定性的限制，适用于热稳定性差的物质。本实验采取 GC-MS 定性定量分析水中的半挥发性有机物。

一、实验目的

① 了解测定水中半挥发性有机物（SVOCs）的意义；

② 学习气相色谱-质谱仪的基本原理和使用方法；

③ 掌握实际水体中半挥发性有机物的检测流程。

二、实验原理

本实验采取液液萃取的方法富集提取水体中的半挥发性有机物：用二氯甲烷分别在 pH>11 和 pH<2 的条件下，萃取样品中的半挥发性有机物。萃取液经脱水、浓缩和定容后，经气相色谱-质谱法（GC-MS）分离检测，根据保留时间和目标化合物的特征离子定性，内标法定量。

样品由载气携带进入色谱柱，样品中各组分在色谱柱流动相（气相）和固定相（液相或固相）间的分配系数存在差异，使得各组分在载气的冲洗下在两相间反复多次分配最终分

❶ 1mmHg=133Pa。

离，然后由接在柱后的检测器根据组分的物理化学特性，将各组分按顺序检测出来，可通过检测结果的保留时间定性样品种类，峰高（峰面积）定量样品含量。

三、课时安排

① 理论课时安排：2 学时，学习样品提取和测定的基本原理和方法，学习 GC-MS 测定流程和使用注意事项。

② 实验课时安排：2 学时，其中水样的前处理 1 学时，样品测定 1 学时。

四、实验材料

（一）实验药品

注：以下样品中，有机溶剂均为色谱纯级别，无机试剂和药品均为分析纯级别。如无特殊说明，本实验用水均为蒸馏水。

二氯甲烷（CH_2Cl_2）、硫酸（H_2SO_4，$\rho=1.84g \cdot mL^{-1}$）、氢氧化钠（NaOH）、无水硫酸钠（Na_2SO_4；在 400℃下灼烧或烘烤 4h，冷却后装入具塞磨口玻璃瓶中密封，于干燥器中保存）。

半挥发性有机物混合标准贮备液（$1000\mu g \cdot mL^{-1}$，市售）、内标化合物标准贮备液（$2000\mu g \cdot mL^{-1}$，市售）、酸性替代物贮备液（$10000\mu g \cdot mL^{-1}$，市售）、碱性替代物贮备液（$5000\mu g \cdot mL^{-1}$，市售）。

上述贮备液均为市售有证标准溶液，需按照说明书要求保存。

（二）器皿

① 5mL 容量瓶 5 个；

② 10mL 容量瓶 2 个，100mL 容量瓶 1 个；

③ 10、50、100 μL 微量注射器各 1 支；

④ 0.45μm 滤膜若干；

⑤ 150mL 烧杯 2 个；

⑥ 100mL 细口瓶、聚乙烯瓶各 1 个；

⑦ 采样瓶：1000mL 具聚四氟乙烯内衬盖或铝箔包裹瓶盖的棕色磨口玻璃瓶，若干个（根据采样点个数确定）；

⑧ 10、50、1000mL 量筒各 1 个；

⑨ 普通漏斗 1 个；

⑩ 2000mL 分液漏斗 1 个（聚四氟乙烯旋塞）；

⑪ 250mL 具塞锥形瓶 3 个；

⑫ 1、2mL 移液管各 1 支。

（三）试剂

① 硫酸溶液（1∶1）：在 150mL 烧杯中加入 50mL 蒸馏水，量取 50mL 浓硫酸缓慢倒入烧杯中，并不断搅拌至混合均匀，待溶液冷却后，转入细口瓶中备用；

② 氢氧化钠溶液（$10.0mol \cdot L^{-1}$）：取适量蒸馏水（约 50mL）置于 150mL 烧杯中，称取 40g 氢氧化钠少量多次加入水中溶解，将溶液用蒸馏水定容至 100mL，转入聚乙烯瓶中备用；

③ 酸性替代物使用液（1000μg·mL^{-1}）：移取 1.00mL 酸性替代物贮备液至 10mL 容量瓶中，用二氯甲烷定容至标线，混匀备用；

④ 碱性替代物使用液（500μg·mL^{-1}）：移取 1.00mL 碱性替代物贮备液至 10mL 容量瓶中，用二氯甲烷定容至标线，混匀备用。

（四）实验装置及材料

① 气相色谱-质谱仪：具有电子轰击（EI）离子源；

② 色谱柱：30m×0.25mm 的熔融石英毛细柱，膜厚 0.25μm（5%苯基-95%二甲基聚硅氧烷固定液），或其他等效毛细管色谱柱；

③ 浓缩装置：配有带 1.00mL 刻度线浓缩管的氮吹仪，或其他同等性能的设备；

④ 电子天平：量程 0～200g，精度 0.0001g；

⑤ pH 计。

五、实验步骤和方法

（一）样品采集

按照《地表水和污水监测技术规范》（HJ/T 91）、《污水监测技术规范》（HJ 91.1）和《地下水环境监测技术规范》（HJ 164）的相关规定进行样品的采集，将样品采集到采样瓶中，每批样品应至少采集 1 个全程序空白样品，用同批次实验用水在现场装满采样瓶，采样结束后与样品一起带回实验室。

（二）样品保存

样品到达实验室后放于冰箱中 4℃保存。如果样品有浑浊或沉淀，必须先用 0.45μm 的滤膜进行过滤。所有样品必须在采集后 7 天内进行萃取，萃取液装于密闭玻璃瓶中，避光并储存于 4℃以下，萃取后 40 天内完成分析。

（三）试样的制备

取 1000mL 均匀样品于分液漏斗中，加 20μL 酸性替代物使用液和 40μL 碱性替代物使用液，使最终试样中替代物的浓度均为 20μg·mL^{-1}，混合均匀。用氢氧化钠溶液（10.0mol·L^{-1}）调节样品 pH>11，加入 30mL 二氯甲烷，振摇萃取 10min（萃取时注意周期性放气释放压力），静置分层，收集有机相，再重复以上萃取步骤两次。合并 3 次萃取液于 250mL 具塞锥形瓶中待用。用硫酸溶液（1∶1）调节水相 pH<2，分别用 30mL 二氯甲烷萃取 3 次，有机相全部收集合并于锥形瓶中。

将锥形瓶中的萃取液通过装有无水硫酸钠的漏斗，脱水后转移至浓缩装置的浓缩管中。用少量二氯甲烷多次淋洗无水硫酸钠，淋洗液合并于同一根浓缩管中。将浓缩管置于氮吹仪中，在 40℃下用高纯氮气将其浓缩至 0.5～1mL。用二氯甲烷定容至 1mL，加 5μL 内标化合物标准贮备液，使试样中内标化合物的浓度为 10μg·mL^{-1}，混匀待测。

设置 A、B 两组双平行样，同时用蒸馏水代替样品，按照试样制备步骤制备空白试样。

（四）色谱条件选择

色谱柱：DB-5 MS 型毛细色谱柱，30m × 250μm ×0.25μm；进样口温度：280℃；不分流进样；载气：高纯氦气（纯度≥99.999%）；进样量：1.0μL；柱流量：1mL·min^{-1}；温度：初始 40℃，保持 4min，以 8℃·min^{-1}的速率升温至 300℃。

（五）标准曲线的建立

取5个5mL容量瓶，预先加入2mL二氯甲烷，分别取适量的半挥发性有机物混合标准贮备液、酸性替代物使用液、碱性替代物使用液和内标化合物标准贮备液，用二氯甲烷定容后混匀，配制成半挥发性有机物和替代物的质量浓度分别为5.0、20.0、50.0、80.0、100.0μg·mL^{-1}，内标化合物的质量浓度均为10.0μg·mL^{-1}的系列标准溶液。也可根据仪器灵敏度或样品中目标化合物浓度配制成其他适合气相色谱-质谱仪的浓度水平标准系列。按照气相色谱条件，从低浓度到高浓度依次进样分析，测定标样中各半挥发性有机物的保留时间及峰高（或峰面积），以浓度为横坐标，峰高（或峰面积）为纵坐标，绘制标准曲线。

（六）样品测定

在同一气相色谱条件下，将试样A、B和空白试样进样，得到色谱图。将色谱图中各物质的保留时间与标准谱图中半挥发性化合物的保留时间比较，可定性水中的半挥发性化合物。在对目标化合物定性的基础上，根据化合物的峰高（或峰面积），采用内标法定量。

（七）计算公式

$$\rho_x=\rho_1 V_1/V_x \tag{14-1}$$

式中　ρ_x——水中被测组分浓度，μg·L^{-1}；

ρ_1——试样中被测组分浓度，μg·mL^{-1}；

V_1——试样体积，mL；

V_x——取样体积，L。

六、实验结果整理和数据处理要求

（一）标准系列数据记录

标准系列记录如表14-1所示。

表14-1　标准系列半挥发性有机物（SVOCs）数据记录表

浓度/(μg·mL^{-1})	物质1峰高(峰面积)	物质2峰高(峰面积)	…	…	…	…
5.0						
20.0						
50.0						
80.0						
100.0						

绘制各半挥发性有机物（SVOCs）的标准曲线。

（二）水体中半挥发性有机物（SVOCs）结果记录

水体中半挥发性有机物（SVOCs）数据记录如表14-2所示。

表14-2　水体中半挥发性有机物（SVOCs）数据记录表

组别	物质1峰高(峰面积)	物质2峰高(峰面积)	…	…	…	…
A组试样						
B组试样						

续表

组别	物质1峰高(峰面积)	物质2峰高(峰面积)	…	…	…	…
空白对照						
对应SVOCs物质						
标准曲线中A组浓度/($\mu g \cdot mL^{-1}$)						
标准曲线中B组浓度/($\mu g \cdot mL^{-1}$)						
水中被测组分含量/($\mu g \cdot mL^{-1}$)						

七、注意事项

① 制备试样时，如遇成分复杂的样品在萃取时发生乳化现象，可采取机械手段完成两相分离，包括搅动、离心、用玻璃棉过滤等方法，也可采用冷冻方法破乳。

② 当分析高浓度样品或连续分析样品时，可能由于过载引起污染。因此，分析样品时应考虑到高浓度样品的干扰，对后续样品中出现的相似分析组分进行重新分析，以确保不是污染引入的。

八、思考题

① 该水体中半挥发性有机物的含量如何？请解释说明水体中半挥发性有机物的污染情况。

② 本实验采用内标法绘制标准曲线，试分析内标法和外标法绘制标准曲线的区别。

实验15　水中总有机碳（TOC）的测定

总有机碳（TOC）是以碳的含量表示水体中有机物总量（包括溶解性和悬浮性有机物）的综合指标，比化学需氧量（COD）或生化需氧量（BOD_5）更能反映有机物的总量。目前，广泛应用的测定TOC的方法是燃烧氧化-非色散红外吸收法。此法能将水样中的有机物全部氧化，是评价水体中有机物污染程度的重要指标。TOC测定已经广泛应用于江河、湖泊以及海洋等方面的监测。对于地表水、饮用水和工业用水等的质量控制，此指标同样是重要的测量参数。

一、实验目的

① 掌握水体总有机碳的测定原理和方法；

② 了解总有机碳分析仪的工作原理及使用方法。

二、实验原理

燃烧氧化-非色散红外吸收法按照测定方式不同可分为差减法和直接法。

(1) 差减法测定总有机碳

将一定量的水样连同净化气体（干燥且除去二氧化碳）分别导入高温燃烧管（680℃或900℃，各厂商燃烧管催化剂不同，采用的温度也不同）和低温反应管（150℃）中，经高温燃烧管的水样在催化剂（铂和二氧化钴或三氧化二铬）的作用下，有机物转化为二氧化碳，无机碳在高温下分解成二氧化碳，该模式下水中所有的有机和无机碳都转化成二氧化碳，即总碳（TC）。经低温反应管的水样酸化后，其中的无机碳（IC）分解成二氧化碳。两个反应管中生成的二氧化碳分别被导入非色散红外检测器。特定波长的红外线被二氧化碳选择性吸收，并且在一定浓度范围内，二氧化碳对红外线的吸收强度与二氧化碳的浓度成正比，根据浓度可得 TC 和 IC。总碳（TC）与无机碳（IC）的差值，即为 TOC。TOC 可由公式 TOC＝TC－IC 计算得到。

（2）直接法测定总有机碳

将水样加酸酸化至 pH 值小于 2，通入氮气曝气，使碳酸盐转化为二氧化碳并被吹脱去除。再将水样注入高温燃烧管中，可直接测定 TOC。由于酸化曝气的同时会使挥发性有机物有所损失（这部分可称为可吹扫有机碳，其余部分可称为不可吹扫有机碳），从而影响测定结果，所以，当水中挥发性有机物含量较少而碳酸盐含量相对较高时，宜用直接法。由于天然水、公共用水和纯净水中只有少量的可吹扫有机碳，可以用直接法测定。

本方法的检出限为 $0.1mg \cdot L^{-1}$，测定下限为 $0.5mg \cdot L^{-1}$。

三、课时安排

① 理论课时安排：0.5 学时，学习水中总有机碳的测定原理和方法、总有机碳分析仪的工作原理及使用方法。

② 实验课时安排：1.5 学时，标准系列配制、标准曲线绘制和样品测定。此外，试剂配制等前期准备还需 2 学时。

四、实验材料

（一）实验药品

本实验所用试剂除另有说明外，均应为符合国家标准的优级纯试剂。所用水均为无二氧化碳水。

氢氧化钠（NaOH）、邻苯二甲酸氢钾（$KHC_8H_4O_4$）、无水碳酸钠（Na_2CO_3）、碳酸氢钠（$NaHCO_3$）、浓硫酸（H_2SO_4，$\rho=1.84g \cdot mL^{-1}$，分析纯）、氮气或氧气（纯度大于 99.99%）。

无二氧化碳水：将重蒸馏水在烧杯中煮沸蒸发（蒸发量 10%），冷却后备用。也可使用纯水机制备的纯水或超纯水。无二氧化碳水应现用现制，并经检验 TOC 质量浓度不超过 $0.5mg \cdot L^{-1}$。

（二）器皿

本实验除非另有说明，分析时均使用符合国家 A 级标准的玻璃量器。

① 100mL 容量瓶 14 个，200、1000mL 容量瓶各 2 个；

② 50、100mL 单标线吸量管各 1 支；

③ 2、5、10、50、100mL 玻璃移液管各 1 支：

④ 100mL 量筒 1 个；

⑤ 100mL 烧杯 2 个，1000mL 烧杯 1 个；

⑥ 1000mL 聚乙烯瓶 1 个。

(三)试剂

① 氢氧化钠溶液($10g \cdot L^{-1}$):称取氢氧化钠10g放入1000mL烧杯中,加300mL蒸馏水溶解,并用蒸馏水进一步稀释至1000mL,混匀,移入聚乙烯瓶密闭保存。

② TC标准贮备液($400mg \cdot L^{-1}$,以C计):准确称取0.8502g邻苯二甲酸氢钾(预先在110~120℃下干燥至恒重),置于烧杯中,加无二氧化碳水溶解后,转移至1000mL容量瓶中,用无二氧化碳水稀释至标线,混匀。在4℃条件下可保存两个月。

③ TC标准使用液($200mg \cdot L^{-1}$,以C计):用单标线吸量管移取100.00mL的TC标准贮备液于200mL容量瓶中,用无二氧化碳水稀释至标线,混匀。在4℃条件下贮存,可稳定保存一周。

④ IC标准贮备液($400mg \cdot L^{-1}$,以C计):准确称取1.7634g无水碳酸钠(预先在105℃下干燥至恒重)和1.4000g碳酸氢钠(预先在干燥器内干燥),置于烧杯中,加无二氧化碳水溶解后,转移至1000mL容量瓶中,用无二氧化碳水稀释至标线,混匀。在4℃条件下可保存两周。

⑤ IC标准使用液($100mg \cdot L^{-1}$,以C计):用单标线吸量管移取50.00mL的IC标准贮备液于200mL容量瓶中,用无二氧化碳水稀释至标线,混匀。在4℃条件下贮存,可稳定保存一周。

(四)实验装置

① 非色散红外吸收TOC分析仪;

② 电子天平:量程0~200g,精度0.0001g;

③ 干燥器;

④ 烘箱。

五、实验步骤和方法

(一)水样的采集与保存

水样应采集在棕色玻璃瓶中并应充满采样瓶,不留顶空。不同水体类型(污水、地表水、湖泊水和地下水等)的采集方法参照《水和废水监测分析方法》(第四版)。水样采集后应在24h内测定,否则应加入硫酸将水样酸化至pH≤2,在4℃条件下可保存7d。

(二)分析测试

① 开机,按TOC分析仪说明书设定条件参数,进行调试。

② 标准曲线的绘制。

差减法标准曲线的绘制:在一组7个100mL容量瓶中,分别加入0.00、2.00、5.00、10.00、20.00、40.00、100.00mL的TC标准使用液和IC标准使用液,用无二氧化碳水稀释至标线,混匀。配制成TC质量浓度为0.0、4.0、10.0、20.0、40.0、80.0、200.0$mg \cdot L^{-1}$,IC质量浓度为0.0、2.0、5.0、10.0、20.0、40.0、100.0$mg \cdot L^{-1}$的标准系列溶液,测定其响应值。以标准系列溶液质量浓度对应仪器响应值,分别绘制TC和IC标准曲线。

直接法标准曲线的绘制:在一组7个100mL容量瓶中,分别加入0.00、2.00、5.00、10.00、20.00、40.00、100.00mL的TC标准使用液,用无二氧化碳水稀释至标线,混匀。配制成有机碳质量浓度为0.0、2.0、5.0、10.0、20.0、40.0、100.0$mg \cdot L^{-1}$的标准系列溶液，测定其响应值。以标准系列溶液质量浓度对应仪器响应值，绘制有机碳标准曲线。

上述标准曲线浓度范围可根据仪器和测定样品种类的不同进行调整。

③ 样品测定。

差减法：经酸化的水样，在测定前应用氢氧化钠溶液中和至中性。取一定体积水样注入TOC分析仪进行测定，记录相应的响应值。

直接法：取一定体积水样酸化至 $pH \leqslant 2$，注入TOC分析仪。经曝气除去IC后导入高温燃烧管，记录相应的响应值。

（三）计算公式

(1) 差减法

根据所测水样响应值，由标准曲线计算出TC和IC质量浓度。试样中TOC质量浓度为：

$$\rho(\mathrm{TOC})=\rho(\mathrm{TC})-\rho(\mathrm{IC}) \tag{15-1}$$

式中 $\rho(\mathrm{TOC})$——试样总有机碳质量浓度，$mg \cdot L^{-1}$；

$\rho(\mathrm{TC})$——试样总碳质量浓度，$mg \cdot L^{-1}$；

$\rho(\mathrm{IC})$——试样无机碳质量浓度，$mg \cdot L^{-1}$。

(2) 直接法

根据所测试样响应值，由标准曲线计算出TOC的质量浓度 $\rho(\mathrm{TOC})$。

(3) 结果表示

当测定结果小于 $100mg \cdot L^{-1}$ 时，保留到小数点后一位；大于等于 $100mg \cdot L^{-1}$ 时，保留三位有效数字。

六、实验结果整理和数据处理要求

（一）标准系列数据记录

标准系列记录如表15-1所示。根据数据绘制标准曲线。

表15-1 标准系列记录

管号	0	1	2	3	4	5	6
标液体积/mL	0.00	2.00	5.00	10.00	20.00	40.00	100.00
标液浓度(以C计)/($mg \cdot L^{-1}$)							
响应值							

（二）水样数据记录及结果整理

水样记录如表15-2所示。

表15-2 水样记录

管号	1	2	3	4	5	…
响应值						
TOC质量浓度(以C计)/($mg \cdot L^{-1}$)						

七、注意事项

① 样品呈强酸性、强碱性或者盐度较高时，不可以进行测定。

② 样品浑浊时，必须进行过滤。

③ 水中常见共存离子超过下列质量浓度时，可用无二氧化碳水稀释水样，至共存离子质量浓度低于其干扰允许质量浓度后，再进行测定：SO_4^{2-}（400mg·L^{-1}）、Cl^-（400mg·L^{-1}）、NO_3^-（100mg·L^{-1}）、PO_4^{3-}（100mg·L^{-1}）、S^{2-}（100mg·L^{-1}）。

④ 每次实验前应检测无二氧化碳水的 TOC 含量，不应超过 0.5mg·L^{-1}。

⑤ 每次实验应代一个标准曲线中间点进行校核，校核点测定值和标准曲线相应点浓度的相对误差应不超过 10%。

八、思考题

① 为什么测定 TOC 所用试剂必须用无二氧化碳水进行配制？

② 差减法和直接法测定 TOC 各自的适用条件是什么？

③ 简述 TC、IC、TOC、可吹扫有机碳和不可吹扫有机碳之间的关系。

实验 16　水中无机阴离子的测定

离子色谱是高效液相色谱的一种，用于分析阴离子和阳离子。此方法具有高效、高速、高灵敏度和选择性良好等特点，广泛应用于环境监测、化工、生物化学、食品和卫生等领域。离子色谱法是分析地表水、地下水、工业废水和生活污水中无机阴离子（如 F^-、Cl^-、NO_2^-、Br^-、NO_3^-、PO_4^{3-}、SO_3^{2-} 和 SO_4^{2-}）最常用的方法。按照国家环境保护标准《水质　无机阴离子（F^-、Cl^-、NO_2^-、Br^-、NO_3^-、PO_4^{3-}、SO_3^{2-}、SO_4^{2-}）的测定　离子色谱法》(HJ 84—2016)，当进样量为 25μL 时，该方法测定这 8 种无机阴离子的检出限和测定下限见表 16-1。

表 16-1　方法检出限和测定下限　　单位：mg·L^{-1}

离子名称	F^-	Cl^-	NO_2^-	Br^-	NO_3^-	PO_4^{3-}	SO_3^{2-}	SO_4^{2-}
方法检出限	0.006	0.007	0.016	0.016	0.016	0.051	0.046	0.018
测定下限	0.024	0.028	0.064	0.064	0.064	0.204	0.184	0.072

一、实验目的

① 了解并掌握快速定量测定无机阴离子的方法；

② 学习离子色谱仪的工作原理并学会使用 ICS-1100 离子色谱仪。

二、实验原理

水样中的阴离子经阴离子色谱柱交换分离，抑制型电导检测器检测，再根据保留时间定性，峰高或峰面积定量。

样品注入仪器后，在淋洗液的携带下经泵进入色谱柱。由于色谱柱中的离子交换树脂对待测离子的亲和力不同，在 KOH 淋洗液作用下，待测离子依次被分离出来。被分离出的离子经抑制器被转换为高电导的无机酸，KOH 淋洗液被转化为水，削弱了背景电导。用电导检测器测定被转变为相应无机酸的阴离子，与标准样品进行比较。根据保留时间定性，峰高或峰面积定量。

三、课时安排

① 理论课时安排：0.5 学时，学习离子色谱仪的工作原理和 ICS-1100 离子色谱仪的操作方法。

② 实验课时安排：1.5 学时，标准系列配制、标准曲线绘制和样品测定。此外，试剂配制等前期准备还需 2 学时。

四、实验材料

（一）实验药品

除非另有说明，分析时均使用符合国家标准的优级纯试剂，并且使用前于 105℃±5℃ 干燥至恒重后，置于干燥器中保存。实验用水为电阻率≥18MΩ · cm（25℃），并经过 0.45μm 微孔滤膜过滤的去离子水。

氟化钠（NaF）、氯化钠（NaCl）、溴化钾（KBr）、硝酸钾（KNO_3）、磷酸二氢钾（KH_2PO_4）、无水硫酸钠（Na_2SO_4）、亚硝酸钠（$NaNO_2$，使用前于干燥器中平衡 24h）、亚硫酸钠（Na_2SO_3，使用前于干燥器中平衡 24h）、甲醛（CH_2O，纯度 40%）。

（二）器皿

① 100mL 容量瓶 6 个，1000mL 容量瓶 9 个；

② 1、2、5、10、20、50、100mL 玻璃刻度移液管各 1 支；

③ 1000mL 聚乙烯瓶 8 个；

④ 孔径 0.45μm 的一次性水系微孔滤膜针筒过滤器；

⑤ 一次性注射器；

⑥ 100mL 烧杯 8 个。

（三）试剂

① 氟离子标准贮备液（$1000mg \cdot L^{-1}$）：准确称取 2.2100g 氟化钠溶于适量水中，再全量移入 1000mL 容量瓶，用水稀释定容至标线，混匀。转移至聚乙烯瓶中，于 4℃ 以下冷藏、避光密封可保存 6 个月。亦可购买市售有证标准溶液。

② 氯离子标准贮备液（$1000mg \cdot L^{-1}$）：准确称取 1.6485g 氯化钠溶于适量水中，全量转入 1000mL 容量瓶，用水稀释定容至标线，混匀。转移至聚乙烯瓶中，于 4℃ 以下冷藏、避光密封可保存 6 个月。亦可购买市售有证标准溶液。

③ 溴离子标准贮备液（$1000mg \cdot L^{-1}$）：准确称取 1.4875g 溴化钾溶于适量水中，全量转入 1000mL 容量瓶，用水稀释定容至标线，混匀。转移至聚乙烯瓶中，于 4℃ 以下冷藏、避光密封可保存 6 个月。亦可购买市售有证标准溶液。

④ 亚硝酸根标准贮备液（$1000mg \cdot L^{-1}$）：准确称取 1.4997g 亚硝酸钠溶于适量水中，全量转入 1000mL 容量瓶，用水稀释定容至标线，混匀。转移至聚乙烯瓶中，于 4℃ 以下冷藏、避光密封可保存 1 个月。亦可购买市售有证标准溶液。

⑤ 硝酸根标准贮备液（$1000mg \cdot L^{-1}$）：准确称取 1.6304g 硝酸钾溶于适量水中，全量转入 1000mL 容量瓶，用水稀释定容至标线，混匀。转移至聚乙烯瓶中，于 4℃以下冷藏、避光密封可保存 6 个月。亦可购买市售有证标准溶液。

⑥ 磷酸根标准贮备液（$1000mg \cdot L^{-1}$）：准确称取 1.4316g 磷酸二氢钾溶于适量水中，全量转入 1000mL 容量瓶，用水稀释定容至标线，混匀。转移至聚乙烯瓶中，于 4℃以下冷藏、避光密封可保存 1 个月。亦可购买市售有证标准溶液。

⑦ 亚硫酸根标准贮备液（$1000mg \cdot L^{-1}$）：准确称取 1.5750g 亚硫酸钠溶于适量水中，全量转入 1000mL 容量瓶，加入 1mL 甲醛进行固定（为防止 SO_3^{2-} 氧化），用水稀释定容至标线，混匀。转移至聚乙烯瓶中，于 4℃以下冷藏、避光密封可保存 1 个月。

⑧ 硫酸根标准贮备液（$1000mg \cdot L^{-1}$）：准确称取 1.4792g 无水硫酸钠溶于适量水中，全量转入 1000mL 容量瓶，用水稀释定容至标线，混匀。转移至聚乙烯瓶中，于 4℃以下冷藏、避光密封可保存 6 个月。亦可购买市售有证标准溶液。

⑨ 混合标准使用液：分别移取 10.00mL 氟离子标准贮备液、200.00mL 氯离子标准贮备液、10.00mL 溴离子标准贮备液、10.00mL 亚硝酸根标准贮备液、100.00mL 硝酸根标准贮备液、50.00mL 磷酸根标准贮备液、50.00mL 亚硫酸根标准贮备液和 200.00mL 硫酸根标准贮备液于 1000mL 容量瓶中，用水稀释定容至标线，混匀。配制成含有 $10mg \cdot L^{-1}$ 的 F^-、$200mg \cdot L^{-1}$ 的 Cl^-、$10mg \cdot L^{-1}$ 的 Br^-、$10mg \cdot L^{-1}$ 的 NO_2^-、$100mg \cdot L^{-1}$ 的 NO_3^-、$50mg \cdot L^{-1}$ 的 PO_4^{3-}、$50mg \cdot L^{-1}$ 的 SO_3^{2-} 和 $200mg \cdot L^{-1}$ 的 SO_4^{2-} 的混合标准使用液。

⑩ 淋洗液的配制：根据仪器型号及色谱柱说明书中的使用条件进行配制。

（四）实验装置

① 离子色谱仪：由离子色谱仪、操作软件及所需附件组成的分析系统；

② 配有孔径≤0.45μm 醋酸纤维或聚乙烯滤膜的抽气过滤装置；

③ 电子天平：量程 0～200g，精度 0.0001g；

④ 干燥器。

五、实验步骤和方法

（一）样品

（1）样品的保存

采集的样品应尽快分析。若不能及时测定，应经抽气过滤装置过滤，于 4℃以下冷藏、避光保存。含不同待测离子水样的保存时间和容器材质要求见表 16-2。

表 16-2　水样的保存条件和要求

离子名称	水样盛放容器的材质	保存时间
F^-	聚乙烯瓶	14 天
Cl^-	硬质玻璃瓶或聚乙烯瓶	30 天
NO_2^-	硬质玻璃瓶或聚乙烯瓶	2 天
Br^-	硬质玻璃瓶或聚乙烯瓶	2 天
NO_3^-	硬质玻璃瓶或聚乙烯瓶	7 天

续表

离子名称	水样盛放容器的材质	保存时间
PO_4^{3-}	硬质玻璃瓶或聚乙烯瓶	2 天
SO_3^{2-}	硬质玻璃瓶或聚乙烯瓶	7 天
SO_4^{2-}	硬质玻璃瓶或聚乙烯瓶	30 天

(2) 样品处理

对于不含疏水性化合物、重金属或过渡金属离子等干扰物质的清洁水样，经抽气过滤装置过滤后，可直接进样；也可用带有水系微孔滤膜针筒过滤器的一次性注射器进样。对于含干扰物质的复杂水样，须用相应的预处理柱进行有效去除后再进样。

(3) 空白样品

以实验用水代替样品，按照样品制备步骤制备实验室空白试样。

（二）离子色谱分析参考条件

根据仪器使用说明书优化测量条件或参数，可按照实际样品的基体及组成优化淋洗液浓度。以下给出 ICS-1100 离子色谱仪分析条件供参考：

① 阴离子分离柱；

② 淋洗液为 $0.025mol \cdot L^{-1}$ 氢氧化钾，流量为 $1.00mL \cdot min^{-1}$，等度淋洗；

③ 抑制型电导检测器；

④ 连续自循环再生抑制器，电流 62 mA；

⑤ 25μL 定量环。

（三）标准曲线的绘制

分别准确移取 0.00、1.00、2.00、5.00、10.00、20.00mL 混合标准使用液置于一组 100mL 容量瓶中，用水稀释定容至标线，混匀，配制成混合标准系列。标准系列质量浓度见表 16-3。可根据被测样品的浓度确定合适的标准系列浓度范围。按浓度由低到高的顺序依次注入离子色谱仪，记录峰面积（或峰高）。以各离子的质量浓度为横坐标，峰面积（或峰高）为纵坐标，绘制标准曲线。

表 16-3 阴离子标准系列质量浓度 单位：$mg \cdot L^{-1}$

离子名称	移取混合标准使用液体积					
	0.00mL	1.00mL	2.00mL	5.00mL	10.00mL	20.00mL
F^-	0.00	0.10	0.20	0.50	1.00	2.00
Cl^-	0.00	2.00	4.00	10.00	20.00	40.00
NO_2^-	0.00	0.10	0.20	0.50	1.00	2.00
Br^-	0.00	0.10	0.20	0.50	1.00	2.00
NO_3^-	0.00	1.00	2.00	5.00	10.00	20.00
PO_4^{3-}	0.00	0.50	1.00	2.50	5.00	10.00
SO_3^{2-}	0.00	0.50	1.00	2.50	5.00	10.00
SO_4^{2-}	0.00	2.00	4.00	10.00	20.00	40.00

（四）样品的测定

按照与绘制标准曲线相同的色谱条件和步骤，将样品注入离子色谱仪。以保留时间定性，记录阴离子的峰面积（或峰高），减去空白试验的峰面积（或峰高），以差值定量。

若测定结果超出标准曲线范围，应将样品用实验用水稀释处理后重新测定。可预先稀释50～100倍后试进样，再根据所得结果选择适当的稀释倍数重新进样分析，同时记录样品稀释倍数（f）。

（五）空白试验

按照与样品测定相同的色谱条件和步骤，将空白试样注入离子色谱仪。以保留时间定性，记录阴离子的峰面积（或峰高）。

（六）计算公式

水样中阴离子质量浓度按如下公式计算：

$$X = f\rho \tag{16-1}$$

式中　X——阴离子质量浓度，$mg \cdot L^{-1}$；

ρ——根据试样的峰面积（或峰高）经空白校正后从标准曲线查得的阴离子质量浓度，$mg \cdot L^{-1}$；

f——稀释倍数。

六、实验结果整理和数据处理要求

（一）标准系列数据记录

标准系列记录如表16-4所示。根据数据绘制标准曲线。

表16-4　标准系列记录（以F^-为例）

管号	0	1	2	3	4	5
混合标液体积/mL	0.00	1.00	2.00	5.00	10.00	20.00
F^-的质量浓度/($mg \cdot L^{-1}$)						
峰面积(或峰高)						

（二）水样数据记录及结果整理

水样记录如表16-5所示。离子色谱仪自动计算结果，但样品如经过稀释或浓缩，应在结果中乘以或除以相应的倍数。

表16-5　水样记录（以F^-为例）

管号	1	2	3	4	5	…
峰面积(或峰高)						
校正峰面积(或峰高)						
试样中F^-的质量浓度/($mg \cdot L^{-1}$)						
稀释倍数						
水样中F^-的质量浓度/($mg \cdot L^{-1}$)						

七、注意事项

① 由于 SO_3^{2-} 在环境中极易氧化成 SO_4^{2-}，为防止其氧化，可在配制 SO_3^{2-} 贮备液时，加入 0.1%甲醛进行固定。校准系列可采用 7+1 方式制备，即配制成 7 种阴离子混合标准系列和 SO_3^{2-} 单独标准系列。

② 分析废水样品时，所用的预处理柱应能有效去除样品基质中的疏水性化合物、重金属或过渡金属离子，同时对测定的阴离子不发生吸附。

③ 每批次（≤20 个）样品应至少做 2 个实验室空白试验。空白试验结果应低于方法检出限，否则应查明原因，重新分析直至合格之后才能测定样品。

④ 标准曲线的相关系数应≥0.995，否则应重新绘制标准曲线。

⑤ 每批次（≤20 个）样品，应分析一个标准曲线中间点浓度的标准溶液，其测定结果与标准曲线该点浓度之间的相对误差应≤10%。否则，应重新绘制标准曲线。

⑥ 每批次（≤20 个）样品，应至少测定 10%的平行双样；样品数量少于 10 个时，应至少测定一个平行双样。平行双样测定结果的相对偏差应≤10%。

⑦ 每批次（≤20 个）样品，应至少做 1 个加标回收率测定，实际样品的加标回收率应控制在 80%～120%。

⑧ 实验中产生的废液应集中收集，妥善保管，委托有资质的单位处理。

八、思考题

① 简述离子色谱分离原理。

② 简述离子色谱仪的工作原理。

③ 离子色谱的分离模式有哪些？

实验 17　水中钠、钾、镁、钙、铁、铜的测定（原子吸收分光光度法）

目前，我国关于水中金属元素的分析方法有很多，包括分光光度法、原子吸收分光光度法（AAS）、电感耦合等离子体原子发射光谱法（ICP-AES）、电感耦合等离子体质谱法（ICP-MS）等。其中，原子吸收分光光度法具有分析速度快、干扰少、灵敏度高、检出限低和操作简便等优点，而且仪器的价格比较低，易于推广。原子吸收分光光度法可以测定周期表中的约 70 种元素，不仅可以测定金属元素，还可以用间接原子吸收法测定非金属和有机化合物。在我国环境监测方法中，原子吸收分光光度法作为标准分析方法广泛应用于地表水、地下水、雨（雪）水、海水、工业废水、城市污水、空气颗粒物、固体废物、土壤、污泥和城市垃圾等众多环境样品中金属元素的检测。

污水和废水、土壤消解液和固体废物浸出液中常规金属元素的分析，主要采用火焰原子吸收光谱法（FAAS）。而对于金属元素含量低的清洁地表水、地下水、海水及空气颗粒物中金属元素的检测，需要萃取或离子交换富集后再用 FAAS 检测，或者采用石墨炉原子吸收光谱法（GFAAS）检测。

一、实验目的

① 掌握火焰原子吸收分光光度计的工作原理和使用方法；

② 掌握用火焰原子吸收分光光度计测定水中钠、钾、镁、钙、铁、铜的原理和方法。

二、实验原理

火焰原子吸收光谱法所用的仪器称为火焰原子吸收分光光度计，主要由光源（空心阴极灯）、火焰原子化器、分光系统、检测器等部分组成。

由光源辐射出的待测元素特征谱线的光，经过试样蒸气时被蒸气中待测元素基态原子吸收。根据特征谱线光被减弱的程度来检测试样中待测元素的含量。原子吸收分光光度法遵循朗伯-比尔定律，通过比较样品溶液和标准溶液的吸光度，求出样品中待测元素的含量。按照国家环境保护标准，本方法测定的这 6 种金属元素的检出限和测定范围见表 17-1。

表 17-1　各元素检出限和测定范围

元素种类	检出限/($mg \cdot L^{-1}$)	测定范围/($mg \cdot L^{-1}$)
钾	—	0.05～4
钠	—	0.01～2
钙	0.02	0.1～6
镁	0.002	0.01～0.6
铜	—	0.05～5
铁	0.03	0.1～5

三、课时安排

① 理论课时安排：0.5 学时，学习火焰原子吸收分光光度计的工作原理和使用方法。

② 实验课时安排：1.5 学时，标准系列配制、标准曲线绘制和样品测定。此外，试剂配制等前期准备还需 2 学时。

四、实验材料

（一）实验药品

除非另有说明，分析时均使用符合国家标准的优级纯化学试剂。实验用水为电阻率≥18MΩ·cm（25℃），并经过 0.45μm 微孔滤膜过滤的去离子水。

硝酸（HNO_3，$\rho=1.42g \cdot mL^{-1}$）、盐酸（HCl，$\rho=1.19g \cdot mL^{-1}$）、高氯酸（$HClO_4$，$\rho=1.68g \cdot mL^{-1}$）、硝酸铯（$CsNO_3$）、氧化镧（La_2O_3）、碳酸钙（$CaCO_3$）、无水氯化钙（$CaCl_2$）、氯化钾（KCl）、氯化钠（NaCl）、氧化镁（MgO，分析纯）、铜（Cu，光谱纯）、铁（Fe，光谱纯）。

其中，硝酸铯、氧化镧和碳酸钙使用前于 105℃±5℃下干燥至恒重后，置于干燥器中保存。氯化钾和氯化钠在 400～450℃ 灼烧至无爆裂声，置于干燥器中保存。

（二）器皿

① 50mL 容量瓶 33 个，100mL 容量瓶 13 个，1000mL 容量瓶 7 个；

② 1000mL 聚乙烯瓶 2 个；

③ 100mL 烧杯 4 个，200mL 烧杯 3 个，1000mL 烧杯 2 个；

④ 1、2、5、10、50、100mL 玻璃刻度移液管各 1 支；

⑤ 10、100、500、1000mL 量筒各 1 个；

⑥ 胶头滴管 1 个。

所用玻璃器皿均应经硝酸溶液（1∶1）浸泡，用时以去离子水洗净。

（三）试剂

① 硝酸溶液（1∶1）：分别量取 500mL 的硝酸和水，混合均匀。

② 硝酸溶液（2∶998）：量取 2mL 硝酸加入 998mL 水中混合均匀。

③ 盐酸溶液（1∶99）：量取 10mL 盐酸加入 990mL 水中混合均匀。

④ 盐酸溶液（1∶1）：分别量取 500mL 的盐酸和水，混合均匀。

⑤ 硝酸铯溶液（10.0g·L^{-1}）：称取 1.0g 硝酸铯溶于 100mL 水中。

⑥ 钾标准贮备溶液（1000.00mg·L^{-1}）：准确称取 1.9067g 氯化钾，以水溶解并移至 1000mL 容量瓶中，稀释至标线，摇匀，将此溶液及时转入聚乙烯瓶中保存。也可以购买市售有证标准溶液。

⑦ 钾标准使用溶液（100.00mg·L^{-1}）：移取钾标准贮备溶液 10.00mL 于 100mL 容量瓶中，加 2mL 硝酸溶液（1∶1），以水稀释至标线，摇匀备用。此溶液可保存 3 个月。

⑧ 钠标准贮备溶液（1000.00mg·L^{-1}）：准确称取 2.5421g 氯化钠，以水溶解并移至 1000mL 容量瓶中，稀释至标线摇匀，及时转入聚乙烯瓶中保存。也可以购买市售有证标准溶液。

⑨ 钠标准使用溶液Ⅰ（100.00mg·L^{-1}）：移取钠标准贮备溶液 10.00mL 于 100mL 容量瓶中，加 2mL 硝酸溶液（1∶1），以水稀释至标线，摇匀。此溶液可保存 3 个月。

⑩ 钠标准使用溶液Ⅱ（10.00mg·L^{-1}）：移取 10.00mL 的钠标准使用溶液Ⅰ于 100mL 容量瓶中，加 2mL 硝酸溶液（1∶1），以水稀释至标线，摇匀。此溶液可保存一个月。

⑪ 钙标准贮备溶液（1000.00mg·L^{-1}）：准确称取经 105～110℃ 烘干的碳酸钙 2.4973g 于 100mL 烧杯中，加入 20mL 水，小心滴加硝酸溶液（1∶1）至碳酸钙溶解。再加 10mL 硝酸溶液（1∶1），加热煮沸，冷却后转移至 1000mL 容量瓶中，用水稀释至标线，摇匀。也可以购买市售有证标准溶液。

⑫ 钙标准使用溶液（50.00mg·L^{-1}）：吸取钙标准贮备溶液 5.00mL 于 100mL 容量瓶中，加入 1mL 硝酸溶液（1∶1），用水稀释至标线，摇匀。

⑬ 镁标准贮备溶液（100.00mg·L^{-1}）：准确称取于 800℃ 灼烧至恒重的氧化镁 0.1658g 于 100mL 烧杯中，加 20mL 水，滴加硝酸溶液（1∶1）至氧化镁完全溶解。再加 10mL 硝酸溶液（1∶1），加热煮沸，冷却后转移至 1000mL 容量瓶中，用水稀释至标线，摇匀。也可以购买市售有证标准溶液。

⑭ 镁标准使用溶液（5.00mg·L^{-1}）：移取镁标准贮备溶液 5.00mL 于 100mL 容量瓶中，加入 1mL 硝酸溶液（1∶1），用水稀释至标线，摇匀。

⑮ 铜标准贮备溶液（1000.00mg·L^{-1}）：准确称取 1.0000g 光谱纯铜，用硝酸（$\rho=$1.42g·mL^{-1}，优级纯）溶解，必要时加热，直至铜溶解完全，冷却后转移至 1000mL 容量瓶中，用水稀释至标线，摇匀。也可以购买市售有证标准溶液。

⑯ 铜标准使用溶液（50.00mg·L^{-1}）：移取铜标准贮备溶液 5.00mL 于 100mL 容量瓶中，用硝酸溶液（2∶998）稀释至标线，摇匀。

⑰ 铁标准贮备溶液（1000.00mg·L^{-1}）：准确称取光谱纯金属铁 1.0000g，用 60mL 盐酸溶液（1∶1）溶解，转移至 1000mL 容量瓶中，用水稀释至标线，摇匀。也可以购买市售有证标准溶液。

⑱ 铁标准使用溶液（$50.00mg \cdot L^{-1}$）：移取铁标准贮备溶液 50.00mL 于 1000mL 容量瓶中，用盐酸溶液（1∶99）稀释至标线，摇匀。

⑲ 钙溶液（$10g \cdot L^{-1}$）：称取无水氯化钙 2.7750g 溶于水并稀释至 100mL。

⑳ 镧溶液（$0.1g \cdot mL^{-1}$）：称取氧化镧 23.5g，用少量硝酸溶液（1∶1）溶解，加热蒸至近干，加 10mL 硝酸溶液（1∶1）及适量水，微热溶解，冷却后用水稀释至 200mL。

㉑ 硝酸铯溶液（$10.0g \cdot L^{-1}$）：称取 1.0g 硝酸铯溶于 100mL 水中。

（四）实验装置和材料

① 火焰原子吸收分光光度计。

② 空心阴极灯。

③ 乙炔的供气装置：乙炔钢瓶。

④ 空气压缩机：应附有过滤装置，由此得到无油无水净化空气。

⑤ 温控电热板：具温控功能（温度稳定±5℃），可控温度大于 180℃。

⑥ 微波消解仪：功率 600～1500W，温度精度±2.5℃，配备微波消解罐。

⑦ 电子天平：量程 0～200g，精度 0.0001g。

⑧ 0.45μm 滤膜。

⑨ 中速滤纸。

五、实验步骤和方法

（一）样品保存与试样制备

用聚乙烯瓶采集样品。采样瓶先用洗涤剂洗净，然后在硝酸溶液（1∶1）中浸泡，使用前用水冲洗干净。

（1）钾和钠

水样采集后应立即以 0.45μm 滤膜过滤，滤液用硝酸（1∶1）调节 pH 值为 1～2，于聚乙烯瓶中保存。

如果样品中钾、钠浓度大体已知，可直接取样，或者采用次灵敏线测定先求得其浓度范围再取样。分取一定量（一般为 2～10mL）的实验室样品于 50mL 容量瓶中，加 3.0mL 硝酸铯溶液，用水稀释至标线，摇匀。此溶液应在当天完成测定。

（2）钙和镁

分析溶解态钙和镁时，如水样有大量的泥沙和悬浮物，样品采集后应及时澄清。澄清液通过 0.45μm 有机微孔滤膜过滤，滤液加硝酸酸化至 pH 值为 1～2。

分析钙和镁总量时，样品采集后立即加硝酸酸化至 pH 值为 1～2。如果样品需要消解，则标准溶液、空白溶液也要消解。消解步骤如下：移取 100.00mL 待处理样品置于 200mL 烧杯中，加入 5mL 硝酸，在电热板上加热消解，蒸至 10mL 左右，加入 5mL 硝酸和 2mL 高氯酸，继续消解，蒸至 1mL 左右，取下冷却，加水溶解残渣，通过中速滤纸，滤入 50mL 容量瓶中，用水稀释至标线。（消解中使用的高氯酸易爆炸，因此要求在通风橱中进行。）

（3）铜

分析溶解态铜时，样品采集后立即通过 0.45μm 微孔滤膜过滤，得到的滤液再加硝酸酸化至 pH 值为 1～2。

测定金属总量时，如果样品需要消解，混匀后移取 100.00mL 实验室样品置于 200mL 烧杯中，加入5mL硝酸，在电热板上加热消解，确保样品不沸腾，蒸至10mL左右，加入5mL硝酸和2mL高氯酸，继续消解，蒸至1mL左右。如果消解不完全，再加入5mL硝酸和2mL高氯酸，再蒸至1mL左右。取下冷却，加水溶解残渣，通过中速滤纸（预先用酸洗）滤入100mL容量瓶中，用水稀释至标线。（消解中使用的高氯酸易爆炸，要求在通风橱中进行。）

（4）铁

分析溶解态铁时，样品采集后立即通过0.45μm微孔滤膜过滤，得到的滤液再加硝酸酸化至pH值为1～2。

测定金属总量时，如果样品需要消解，混匀后取100.00mL实验室样品置于200mL烧杯中，加入5mL硝酸，在电热板上加热消解，确保样品不沸腾，蒸至10mL左右，加入5mL硝酸和2mL高氯酸，继续消解，蒸至1mL左右。如果消解不完全，再加入5mL硝酸和2mL高氯酸，再蒸至1mL左右。取下冷却，加盐酸溶液（1∶99）溶解残渣。若有沉淀，用定量滤纸滤入50mL容量瓶中，加1mL钙溶液，以盐酸溶液（1∶99）稀释至标线。（消解中使用的高氯酸易爆炸，要求在通风橱中进行。）

（二）标准溶液的制备

（1）钾标准溶液

取6个50mL容量瓶，分别加入钾标准使用溶液0、0.50、1.00、1.50、2.00、2.50mL，加3.00mL硝酸铯溶液，加1.00mL硝酸溶液（1∶1），用水稀释至标线，摇匀。钾浓度分别为0、1.00、2.00、3.00、4.00、5.00mg·L^{-1}。本标准溶液应在当天使用。

（2）钠标准溶液

取6个50mL容量瓶，分别加入钠标准使用溶液Ⅱ（10.00mg·L^{-1}）0、1.00、3.00、5.00、7.50、10.00mL，加3.00mL硝酸铯溶液，加1mL硝酸溶液（1∶1），用水稀释至标线，摇匀。钠浓度分别为0、0.20、0.60、1.00、1.50、2.00mg·L^{-1}。本标准溶液应在当天使用。

（3）钙标准溶液

取6个50mL容量瓶，分别加入钙标准使用溶液0、0.50、1.00、3.00、5.00、6.00mL，加1mL硝酸（1∶1）和1mL镧溶液，用水稀释至标线，摇匀。钙浓度分别为0、0.50、1.00、3.00、5.00、6.00mg·L^{-1}。本标准溶液应在当天使用。

（4）镁标准溶液

取6个50mL容量瓶，分别加入镁标准使用溶液0、0.50、1.00、3.00、5.00、6.00mL，加1mL硝酸（1∶1）和1mL镧溶液，用水稀释至标线，摇匀。镁浓度分别为0、0.05、0.10、0.30、0.50、0.60mg·L^{-1}。本标准溶液应在当天使用。

（5）铜标准溶液

取6个100mL容量瓶，分别加入铜标准使用溶液0、0.50、1.00、3.00、5.00、10.00mL，用硝酸溶液（2∶998）稀释至标线，摇匀。铜浓度分别为0、0.25、0.50、1.50、2.50、5.00mg·L^{-1}。本标准溶液应在当天使用。

（6）铁标准溶液

取6个50mL容量瓶，分别加入铁标准使用溶液0、0.50、1.00、3.00、5.00、10.00mL，用盐酸溶液（1∶99）稀释至标线，摇匀。铁浓度分别为0、0.50、1.00、3.00、5.00、10.00mg·L^{-1}。本标准溶液应在当天使用。

（三）仪器的准备

将待测元素空心阴极灯装在灯架上，经预热稳定后，按表 17-2 选择波长并调节火焰至最佳工作条件。

表 17-2　各元素灵敏线

元素种类	特征谱线/nm	次灵敏线/nm
钾	766.5	404.4
钠	589.0	330.2
钙	422.7	—
镁	285.2	—
铜	324.7	—
铁	248.3	—

注意在打开气路时，必须先开空气压缩机，再开乙炔；在关闭气路时，必须先关乙炔，后关空气压缩机，以免回火爆炸。点火后，在测量前，先以硝酸溶液（2∶998）喷雾 5min，以清洗雾化系统。

（四）测量标准溶液和试样

测量前，先用水调节仪器零点，再进样品。依次从低浓度到高浓度测定标准溶液，记录吸光度。以标准溶液吸光度为纵坐标，对应标准溶液的浓度为横坐标绘制标准曲线。

按照测定标准溶液吸光度的步骤测定试样吸光度，依据标准曲线得到试样浓度。

（五）空白试验

在测定的同时应进行空白试验。空白试验用 50mL 水取代试样，所用试剂及其用量、步骤与试样测定完全相同。

（六）计算公式

水样中金属含量按如下公式计算：

$$X=f(\rho-\rho') \tag{17-1}$$

式中　X——水样金属元素含量，以金属计，$mg \cdot L^{-1}$；

ρ——试样的金属浓度，$mg \cdot L^{-1}$；

ρ'——空白溶液的金属浓度，$mg \cdot L^{-1}$；

f——稀释倍数。

六、实验结果整理和数据处理要求

（一）标准系列数据记录

标准系列记录如表 17-3 所示，根据数据绘制标准曲线。

表 17-3　标准系列记录（以钾为例）

管号	0	1	2	3	4	5
标液体积/mL	0.00	0.50	1.00	1.50	2.00	2.50
钾的质量浓度/($mg \cdot L^{-1}$)						
吸光度 A						

（二）水样数据记录及结果整理

水样记录如表 17-4 所示。

表 17-4　水样记录（以钾为例）

管号	1	2	3	4	5	…
试样吸光度 A						
试样中钾的质量浓度/($mg \cdot L^{-1}$)						
空白吸光度 A'						
空白中钾的质量浓度/($mg \cdot L^{-1}$)						
稀释倍数 f						
水样中钾的质量浓度/($mg \cdot L^{-1}$)						

七、注意事项

① 钾和钠均为溶解度很大的常量元素，原子吸收分光光度法又是灵敏度很高的方法，为了取得精密度好、准确度高的分析结果，所用玻璃器皿必须认真清洗。试剂及蒸馏水在同一批测定中必须使用同一规格同一瓶，而且应避免汗水、洗涤剂及尘埃等带来污染。

② 样品及标准溶液不能保存在软质玻璃瓶中，应保存在聚乙烯瓶中。

③ 对于钾和钠浓度较高的样品，在使用本标准时会因稀释倍数过大，降低测定的准确度，同时也给操作带来麻烦。因为一般的地表水中钾和钠的浓度都比较高，可使用次灵敏线钾 404.4nm、钠 330.2nm 测定，浓度范围可扩大到钾为 $200mg \cdot L^{-1}$ 以内，钠为 $100mg \cdot L^{-1}$ 以内。

④ 原子吸收分光光度法测定钙、镁的主要干扰有铝、硫酸盐、磷酸盐、硅酸盐等，它们能抑制钙、镁的原子化。可加入锶、镧或其他释放剂来消除干扰。火焰条件直接影响测定灵敏度，必须选择合适的乙炔量和火焰观测高度。试样需检查是否有背景吸收，如有背景吸收，应予以校正。

⑤ 原子吸收分光光度法测定铁的主要干扰是化学干扰。当硅的浓度大于 $20mg \cdot L^{-1}$ 时，对铁的测定产生负干扰，干扰的程度随着硅浓度的增加而增加。试样中存在 $200mg \cdot L^{-1}$ 钙时，上述干扰可以消除。一般来说，基体干扰不严重时，分子吸收或光散射造成的背景吸收也可忽略。但遇到高矿化度水样，有背景吸收时，应进行背景校正，或将水样适当稀释后再测定。

⑥ 铁的光谱线较复杂，为克服光谱干扰，应选择窄的光谱通带。

八、思考题

① 简述火焰原子吸收分光光度计的工作原理和分析过程。

② 测定水中金属元素含量的方法有哪些？

实验 18　水中铬、镉、铅、锰、铜、镍的测定（电感耦合等离子体原子发射光谱法）

重金属污染具有不可降解性、高毒性以及生物富集性等特点，可以通过食物链放大传递，进而威胁到水生生物和人体健康。水体重金属污染主要由人类活动造成。其中，最为主要的是工业废水的排放，如采矿、选矿、冶金、电镀、化工、制革和造纸等工业所排放的废水。铜和铁等人体必需的微量元素，含量超过一定数值也会产生危害。铅、铬和镉本身就对人体健康有害。《地表水环境质量标准》（GB 3838—2002）将铜、锌、铅和镉作为基本项目进行监测并规定了标准限值。

电感耦合等离子体原子发射光谱法（ICP-AES）是以电感耦合等离子体为激发光源的光谱分析方法，具有原子化和激发能力强、检出限低、准确度和精密度高、线性范围宽、可同时测定多种元素等优点。ICP-AES已成为环境试样中金属元素测定的最有效方法之一，可用于环境样品中数十种元素的测定。

一、实验目的

① 掌握电感耦合等离子体原子发射光谱仪的工作原理和使用方法；

② 掌握用电感耦合等离子体原子发射光谱仪测定水中铬、镉、铅、锰、铜和镍的方法及步骤。

二、实验原理

经过滤或消解的水样注入电感耦合等离子体原子发射光谱仪后，目标元素在等离子体火炬中被气化、电离、激发并辐射出特征谱线。在一定浓度范围内，特征谱线的强度与元素的浓度成正比。

实验中各元素的方法检出限为0.004～0.1mg·L^{-1}，测定下限为0.02～0.39mg·L^{-1}（具体见表18-1）。

表18-1 各元素的检出限和测定下限 单位：mg·L^{-1}

元素种类	水平观测		垂直观测	
	检出限	测定下限	检出限	测定下限
铬	0.03	0.11	0.03	0.12
镉	0.05	0.20	0.005	0.02
锰	0.01	0.06	0.004	0.02
铅	0.1	0.39	0.07	0.29
铜	0.04	0.16	0.006	0.02
镍	0.007	0.03	0.02	0.06

三、课时安排

① 理论课时安排：0.5学时，学习电感耦合等离子体原子发射光谱仪的工作原理和使用方法。

② 实验课时安排：1.5学时，标准系列配制、标准曲线绘制和样品测定。此外，试剂配制等前期准备还需2学时。

四、实验材料

（一）实验药品

除非另有说明，分析时均使用符合国家标准的优级纯化学试剂。实验用水为电阻率≥

18MΩ·cm（25℃），并经过 0.45μm 微孔滤膜过滤的去离子水。

硝酸（HNO_3，ρ=1.42g·mL^{-1}）、盐酸（HCl，ρ=1.19g·mL^{-1}）、高氯酸（$HClO_4$，ρ=1.68g·mL^{-1}）、铬（Cr，光谱纯）、镉（Cd，光谱纯）、铅（Pb，光谱纯）、锰（Mn，光谱纯）、铜（Cu，光谱纯）、镍（Ni，光谱纯）、氩气（纯度不低于 99.9%）。

（二）器皿

① 100mL 容量瓶 5 个，1000mL 容量瓶 13 个；

② 250mL 烧杯 2 个，1000mL 烧杯 8 个；

③ 1、5、10mL 玻璃刻度移液管各 1 支；

④ 100mL 肚型移液管 1 支；

⑤ 50、100、500mL 量筒各 1 个；

⑥ 0.45μm 孔径水系微孔滤膜；

⑦ 胶头滴管 1 个。

所用玻璃器皿均应经硝酸溶液（1∶1）浸泡，用时以去离子水洗净。

（三）试剂

① 硝酸溶液（1∶1）：分别量取 500mL 的硝酸和水，混合均匀。

② 硝酸溶液（2∶98）：量取 20mL 硝酸加入 980mL 水中混合均匀。

③ 盐酸溶液（1∶1）：分别量取 500mL 的盐酸和水，混合均匀。

④ 镉标准贮备液（1000.00mg·L^{-1}）：称取 1.0000g 金属镉，用 30mL 硝酸溶解，转移至 1000mL 容量瓶中，用实验用水定容至 1000mL，摇匀。或购买市售有证标准溶液。

⑤ 铬标准贮备液（1000.00mg·L^{-1}）：准确称取 1.0000g 金属铬，用 30mL 盐酸溶液（1∶1）加热溶解，冷却后用实验用水定容至 1000mL，摇匀。

⑥ 铜标准贮备液（1000.00mg·L^{-1}）：准确称取 1.0000g 金属铜，用 30mL 硝酸溶液（1∶1）加热溶解，冷却后用实验用水定容至 1000mL，摇匀。

⑦ 锰标准贮备液（1000.00mg·L^{-1}）：准确称取 1.0000g 金属锰，用 30mL 盐酸溶液（1∶1）加热溶解，冷却后用实验用水定容至 1000mL，摇匀。

⑧ 铅标准贮备液（1000.00mg·L^{-1}）：准确称取 1.0000g 金属铅，用 30mL 硝酸溶液（1∶1）加热溶解，冷却后用实验用水定容至 1000mL，摇匀。

⑨ 镍标准贮备液（1000.00mg·L^{-1}）：准确称取 1.0000g 金属镍，用 30mL 硝酸溶液（1∶1）加热溶解，冷却后用实验用水定容至 1000mL，摇匀。

⑩ 铬标准使用液（100mg·L^{-1}）：准确移取铬标准贮备液 100.00mL 于 1000mL 容量瓶中，用硝酸溶液（2∶98）稀释至标线，摇匀。

⑪ 镉标准使用液（100mg·L^{-1}）：准确移取镉标准贮备液 100.00mL 于 1000mL 容量瓶中，用硝酸溶液（2∶98）稀释至标线，摇匀。

⑫ 铅标准使用液（100mg·L^{-1}）：准确移取铅标准贮备液 100.00mL 于 1000mL 容量瓶中，用硝酸溶液（2∶98）稀释至标线，摇匀。

⑬ 锰标准使用液（100mg·L^{-1}）：准确移取锰标准贮备液 100.00mL 于 1000mL 容量瓶中，用硝酸溶液（2∶98）稀释至标线，摇匀。

⑭ 铜标准使用液（100mg·L^{-1}）：准确移取铜标准贮备液 100.00mL 于 1000mL 容量

瓶中，用硝酸溶液（2∶98）稀释至标线，摇匀。

⑮ 镍标准使用液（$100mg \cdot L^{-1}$）：准确移取镍标准贮备液100.00mL于1000mL容量瓶中，用硝酸溶液（2∶98）稀释至标线，摇匀。

⑯ 铬、镉、铅、锰、铜和镍的混合标准使用液：分别准确移取100.00mL铬、铅、锰、铜和镍标准使用液和5.00mL镉标准使用液于1000mL容量瓶中，用硝酸溶液（2∶98）稀释至标线，摇匀。此时铬、铅、锰、铜和镍的浓度均为$10mg \cdot L^{-1}$，镉的浓度为$0.5mg \cdot L^{-1}$。

（四）实验装置

① 电感耦合等离子体原子发射光谱仪：具背景校正发射光谱计算机控制系统。

② 控温电热板：具温控功能（温度稳定±5℃），可控温度大于180℃。

③ 离心机：带25～50mL离心管，转速可达$3000r \cdot min^{-1}$。

④ 电子天平：量程0～200g，精度0.0001g。

五、实验步骤和方法

（一）样品的采集和保存

按照《地表水和污水监测技术规范》（HJ/T 91—2002）、《污水监测技术规范》（HJ 91.1—2019）、《地下水环境监测技术规范》（HJ 164—2020）的相关规定进行水样的采集。采样前，用洗涤剂和水依次洗净聚乙烯瓶，再置于硝酸溶液（1∶1）中浸泡24h以上，用实验用水彻底洗净。若测定可溶性元素，样品采集后立即通过水系微孔滤膜过滤，弃去初始的50～100mL滤液，收集所需体积的滤液，加入适量硝酸，使硝酸含量达到1%。若测定元素总量，样品采集后立即加入适量硝酸，使硝酸含量达到1%。

（二）试样的制备

（1）测定可溶性元素

样品处理方法见（一）样本的采集和保存。

（2）测定元素总量

按比例在一定体积的均匀样品中加入硝酸，通常100mL样品中加入5.0mL硝酸（1∶1）。置于电热板上加热消解，在不沸腾的情况下，缓慢加热至近干，取下冷却，反复进行这一过程，直至试样溶液颜色变浅或稳定不变。冷却后，加入5.0mL硝酸（1∶1），再加入少量水，置于电热板上继续加热使残渣溶解。冷却后，用实验用水定容至原取样体积，使溶液保持体积分数为1%的硝酸酸度。当目标元素含量较高时，应取适量消解液用1%硝酸溶液稀释。

对于某些基体复杂的废水，消解时可加入2～5mL高氯酸消解。若消解液中存在一些不溶物，可静置或在2000～$3000r \cdot min^{-1}$转速下离心分离10min以获得澄清液。若离心或静置过夜后仍有悬浮物，则可过滤去除，但应避免过滤过程中可能的污染。

如有条件，水样消解也可按照《水质　金属总量的消解　微波消解法》（HJ 678—2013）采用微波消解法。

（3）空白试样的制备

以水代替样品，按试样制备步骤进行空白试样的制备。

（三）仪器参考测试条件

不同型号仪器的最佳测试条件不同，根据仪器说明书要求优化测试条件。

（四）标准曲线的绘制

取5个100mL的容量瓶，分别加入铬、镉、铅、锰、铜和镍混合标准使用液0、1.00、3.00、5.00、10.00mL，用硝酸溶液（2∶98）稀释至标线，混匀。配制成5个不同浓度的混合标准系列。金属元素标准系列质量浓度见表18-2。

表18-2 金属元素标准系列质量浓度 单位：mg·L^{-1}

元素名称	移取混合标准使用液体积				
	0.00mL	1.00mL	3.00mL	5.00mL	10.00mL
铬	0.00	0.10	0.30	0.50	1.00
镉	0.00	0.005	0.015	0.025	0.05
铅	0.00	0.10	0.30	0.50	1.00
锰	0.00	0.10	0.30	0.50	1.00
铜	0.00	0.10	0.30	0.50	1.00
镍	0.00	0.10	0.30	0.50	1.00

注：元素浓度范围根据所使用仪器适当调整，测定废水时需提高标准曲线浓度范围。

由低浓度到高浓度依次进样，按照仪器参考测试条件测量发射强度。以发射强度值为纵坐标，各元素系列质量浓度为横坐标，建立各元素的标准曲线。

（五）样品测定

在与建立标准曲线相同的条件下，测定试样的发射强度。根据发射强度值在标准曲线上查得元素含量。样品测量过程中，若样品中待测元素浓度超出标准曲线范围，样品需稀释后重新测定。

（六）空白样品的测定

按照与试样测定相同的条件测定空白试样。

（七）计算公式

样品中元素含量按照式(18-1)计算。测定结果小数位数与方法检出限一致，最多保留三位有效数字。

$$\rho = (\rho_1 - \rho_2) \times f \tag{18-1}$$

式中 ρ——实际样品中目标元素的质量浓度，mg·L^{-1}；

ρ_1——样品测定时目标元素的质量浓度，mg·L^{-1}；

ρ_2——空白试样中目标元素的质量浓度，mg·L^{-1}；

f——稀释倍数。

六、实验结果整理和数据处理要求

（一）标准系列数据记录

标准系列记录如表18-3所示。根据数据绘制标准曲线。

表 18-3　标准系列记录

元素名称	标准曲线拟合方程	相关系数 R^2
铬		
镉		
铅		
锰		
铜		
镍		

（二）水样数据记录及结果整理

水样记录如表 18-4 所示。

表 18-4　水样记录

元素名称	铬	镉	铅	锰	铜	镍
空白样品的质量浓度/($mg \cdot L^{-1}$)						
样品 1 的测定质量浓度/($mg \cdot L^{-1}$)						
样品 1 的稀释倍数 f						
样品 1 的实际质量浓度/($mg \cdot L^{-1}$)						
样品 2						
…						

七、注意事项

① 每批样品分析前均须绘制标准曲线，标准曲线的相关系数应大于或等于 0.995。

② 每分析 10 个样品需用一个标准曲线的中间点浓度标准溶液进行校准核查，其测定结果与最近一次标准曲线该点浓度的相对偏差应≤10%，否则应重新绘制标准曲线。

③ 每半年至少应做一次仪器谱线的校对以及元素间干扰校正系数的测定。

④ 每批样品至少做 2 个实验室空白，空白值应低于方法测定下限。否则应检查实验用水质量、试剂纯度、器皿洁净度及仪器性能等。

⑤ 全程序空白：每批样品至少做 1 个全程序空白，空白值应低于方法测定下限。否则应查明原因，重新分析直至合格之后才能测定样品。

⑥ 精密度控制：每批样品至少测定 10%的平行双样，样品数量少于 10 个时，应至少测定一个平行双样，两次平行测定结果的相对偏差应≤25%。

⑦ 准确度控制：每批样品应至少测定 10%的加标样品，样品数量少于 10 个时，应至少测定一个加标样品，加标回收率应在 70%～120%。

八、思考题

① 简述电感耦合等离子体原子发射光谱仪的工作原理和分析过程。

② 对比原子吸收分光光度计和电感耦合等离子体原子发射光谱仪在原理上的异同。

③ 为什么环境水样在测定金属元素含量前一般需要消解或过滤？

第三章
大气分析监测

实验 19　环境空气中氮氧化物的测定

氮氧化物的测定方法主要有化学发光法、盐酸萘乙二胺分光光度法、库仑原电池法及传感器法等。化学发光法具有极高的灵敏度、较好的选择性，仪器装置简单。库仑原电池法可以测得氮氧化物的小时平均浓度和日平均浓度，此法仪器维护量较大，连续运行能力较差，因此应用受到限制。盐酸萘乙二胺分光光度法具有分析简便、显色稳定、准确度和灵敏度较高等优点，且费用低，操作简单，测定快速，因此应用比较广泛。

一、实验目的

① 掌握用盐酸萘乙二胺分光光度法测定空气中氮氧化物的原理、方法及操作过程；

② 掌握利用空气采样器采集空气中氮氧化物的操作技术；

③ 熟悉大气监测中布点、采样、分析等环节的工作内容及方法。

二、实验原理

环境空气中的氮氧化物（NO_x）主要以一氧化氮（NO）和二氧化氮（NO_2）的形态存在，主要来自燃料燃烧，如汽车排放出的尾气。

被测定的空气样品中的 NO 首先被氧化成 NO_2，NO_2 被吸收液所吸收，转化为亚硝酸（HNO_2），亚硝酸与吸收液中的对氨基苯磺酸发生重氮化反应生成重氮盐，重氮盐与盐酸萘乙二胺发生偶联反应，生成玫瑰红色偶氮染料。于波长 540～545nm 之间测定显色溶液的吸光度，根据吸光度可换算出氮氧化物的浓度，测定结果以 NO_2 表示。

因为空气中的 NO_2 不能全部转化为溶液中的 HNO_2，故在计算结果时需除以转换系数[称为萨尔茨曼（Saltzman）实验系数]。

三、课时安排

① 理论课时安排：2 学时，学习盐酸萘乙二胺分光光度法测定空气中氮氧化物的基本原理，学习空气采样器的操作方法及使用注意事项；

② 实验课时安排：3 学时，其中试剂配制等前期准备 1 学时，样品采集 1 学时，标准曲线绘制、样品测定等 1 学时。

四、实验材料

（一）实验药品

对氨基苯磺酸（$C_6H_7NO_3S$）、盐酸萘乙二胺（$C_{12}H_{14}N_2 \cdot 2HCl$）、无水乙酸（$CH_3COOH$）、亚硝酸钠（$NaNO_2$）、浓硫酸、高锰酸钾、蒸馏水等。

（二）器皿

① 10mL 具塞比色管 6 支；

② 100mL 容量瓶 1 个，500mL 容量瓶 1 个，1000mL 容量瓶 2 个；

③ 内装 10mL 吸收液的多孔玻板吸收瓶 2 支，液柱不低于 80mm；

④ 内装 5～10mL 酸性高锰酸钾溶液的氧化瓶 1 支，液柱不低于 80mm；

⑤ 500mL 棕色瓶 1 个，1000mL 棕色瓶 3 个；

⑥ 20、200mL 量筒各 1 个；

⑦ 1000mL 烧杯 2 个；

⑧ 1、50mL 移液管各 1 支。

（三）试剂

所有试剂均用不含硝酸盐的蒸馏水配制。

① 盐酸萘乙二胺贮备液（1.0g·L^{-1}）：称取 0.50g 盐酸萘乙二胺于 500mL 容量瓶中，用水稀释至标线，摇匀。溶液置于密闭棕色瓶中冷藏，可稳定 3 个月。

② 显色液：称取 5.0g 对氨基苯磺酸溶于 200mL 热水（40～50℃）中，冷却至室温后转移至 1000mL 容量瓶中，加入 50.00mL 盐酸萘乙二胺贮备液（1.0g·L^{-1}）和 50.00mL 无水乙酸，用水稀释至标线，摇匀。将此溶液贮存在密闭的棕色瓶中，25℃以下暗处存放可稳定 3 个月。若溶液呈现淡红色，应重配。

③ 吸收液：采样时将显色液和水按 4∶1（体积比）混合，即为采样用的吸收液。吸收液在 540nm 处的吸光度不超过 0.005（1cm 比色皿，以蒸馏水为参比）。

④ 亚硝酸钠标准贮备液（250μg·mL^{-1}）：准确称取 0.3750g 优级纯亚硝酸钠（$NaNO_2$，预先在干燥器内干燥 24h）溶于水，移入 1000mL 容量瓶中，用水稀释至标线，摇匀。此标准贮备液每毫升含 250μg NO_2^-，贮于棕色瓶中于暗处存放，可稳定 3 个月。

⑤ 亚硝酸钠标准使用液（2.50μg·mL^{-1}）：准确吸取 1.00mL 亚硝酸钠标准贮备液于 100mL 容量瓶中，用水稀释至标线。此溶液每毫升含 2.50μg NO_2^-，临用现配。

⑥ 硫酸溶液 [$c(1/2H_2SO_4)$=1mol·L^{-1}]：量取 15mL 浓硫酸，徐徐加入 500mL 水中，搅拌均匀，冷却备用。

⑦ 酸性高锰酸钾溶液（25g·L^{-1}）：称取 25g 高锰酸钾于 1000mL 烧杯中，加入 500mL 水，稍微加热使其全部溶解，然后加入 500mL 硫酸溶液（1mol·L^{-1}），搅拌均匀，贮于棕色试剂瓶中。

（四）实验装置

① 便携式空气采样器：流量为 0～1L·min^{-1}；

② 分光光度计；

③ 干燥器；

④ 电子天平：量程 0～200g，精度 0.0001g。

五、实验步骤和方法

（一）采样

取两支内装 10mL 吸收液的吸收瓶和一支内装 5～10mL 酸性高锰酸钾溶液的氧化瓶（液柱不低于 80mm），用尽量短的硅橡胶管将氧化管串联在两支吸收瓶之间，以 0.4L·min^{-1} 流量采气 4～24L。采样装置见图 19-1。

采样时将装有吸收液的吸收瓶带到现场，在与样品相同的条件下保存、运输，直至送至实验室，作为现场空白。

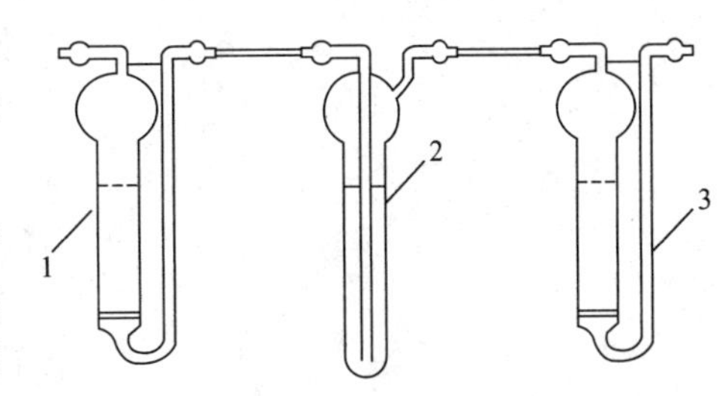

图 19-1　采样装置图

1,3—多孔玻板吸收瓶；2—氧化瓶

样品采集、运输及存放过程中保持避光，采样后尽快分析。若不能及时测定，要将样品于低温暗处存放，在 30℃下暗处存放可稳定 8h，在 20℃下暗处存放可稳定 24h，于 0～4℃冷藏至少可稳定 3d。

（二）标准曲线的绘制

取 6 支 10mL 具塞比色管，按表 19-1 配制亚硝酸钠标准系列。

表 19-1　亚硝酸钠标准系列

编号	0	1	2	3	4	5
亚硝酸钠标准使用液/mL	0	0.40	0.80	1.20	1.60	2.00
水/mL	2.00	1.60	1.20	0.80	0.40	0
显色液/mL	8.00	8.00	8.00	8.00	8.00	8.00
NO_2^- 质量浓度/($\mu g \cdot mL^{-1}$)	0	0.10	0.20	0.30	0.40	0.50

各比色管加完试剂后混匀，于暗处放置 20min（室温低于 20℃时，显色 40min 以上）。用 1cm 比色皿，在波长 540nm 处，以水为参比测定其吸光度。扣除空白样品的吸光度以后，对应 NO_2^- 质量浓度（$\mu g \cdot mL^{-1}$），用最小二乘法计算标准曲线的回归方程。

（三）样品测定

采样后放置 20min（室温低于 20℃时，放置 40min 以上），用水将吸收瓶中的吸收液补至标线，混匀。按标准系列测定步骤测定样品的吸光度。

（四）空白样品的测定

空白样品、样品和标准系列应用同一批吸收液。

六、实验结果整理和数据处理要求

样品中氮氧化物的浓度计算：

$$\rho(NO_2)=\frac{(A_1-A_0-a)\times VD}{bfV_0} \tag{19-1}$$

$$\rho(NO)=\frac{(A_2-A_0-a)\times VD}{bfkV_0} \quad (19\text{-}2)$$

$$\rho(NO_x)=\rho(NO_2)+\rho(NO) \quad (19\text{-}3)$$

式中 $\rho(NO_2)$、$\rho(NO)$、$\rho(NO_x)$——样品中 NO_2、NO、NO_x 的质量浓度（以 NO_2 计），$mg\cdot m^{-3}$；

A_1、A_2——串联的第一支和第二支吸收瓶中的吸收液的吸光度；

A_0——空白样品的吸光度；

b、a——标准曲线的斜率和截距；

V、V_0——采样用吸收液的体积（mL）和换算为标准状况下的采样体积（L）；

k——NO 氧化为 NO_2 的氧化系数（0.68），表征被氧化为 NO_2 且被吸收液吸收生成偶氮染料的 NO 量与通过采样系统的 NO 总量之比；

D——样品吸收液稀释倍数；

f——Saltzman 实验系数（0.88），当空气中 NO_2 质量浓度高于 $0.72mg\cdot m^{-3}$ 时为 0.77。

七、注意事项

① 配制吸收液时，应避免在空气中长时间暴露，以免吸收空气中的氮氧化物。光照能使吸收液显色，因此在采样、运送及存放过程中，都应采取避光措施。

② 在采样过程中，如吸收液体积显著缩小，要用水补充到原来的体积（应预先做好标记）。

③ 氧化管应于相对湿度为30%～70%时使用；当空气相对湿度大于70%时，应勤换氧化管；小于30%时，在使用前使潮湿空气通过氧化管，平衡1h后再使用。

八、思考题

① 盐酸萘乙二胺分光光度法测定大气中 NO_x 时主要干扰因素有哪些？如何消除这些干扰？

② 是否可以分别测定大气中 NO 和 NO_2 的浓度？

③ 根据《环境空气质量标准》（GB 3095—2012）中 NO_x 标准值的基本规定，对监测点所在区域的大气中 NO_x 的污染水平进行简要分析和评价。

④ 分析影响测定准确度的因素，以及如何减少样品采集、运输和测定过程中引进的误差。

实验 20　环境空气中二氧化硫的测定

二氧化硫（SO_2）是最常见的硫氧化物，为无色气体，有强烈刺激性气味，易被湿润的黏膜表面吸收生成亚硫酸、硫酸，对眼及呼吸道黏膜有强烈的刺激作用。SO_2 是大气主要污染物之一，溶于水中会形成亚硫酸（酸雨的主要成分），若进一步氧化便会生成硫酸。

大气中 SO_2 测定的常用方法有甲醛吸收-副玫瑰苯胺分光光度法、紫外荧光法、差分吸收光谱分析法等。紫外荧光法和差分吸收光谱分析法一般用于连续自动监测。本实验采用甲醛吸收-副玫瑰苯胺分光光度法测定环境空气中的 SO_2。

一、实验目的

① 掌握甲醛吸收-副玫瑰苯胺分光光度法测定 SO_2 的原理、方法和操作过程；

② 学习和掌握使用空气采样器和溶液吸收法采集空气中 SO_2 的方法和操作。

二、实验原理

空气中的 SO_2 被甲醛缓冲溶液吸收后，生成稳定的羟基甲基磺酸加成化合物，此加成化合物与氢氧化钠反应分解释放出 SO_2，SO_2 再与盐酸副玫瑰苯胺作用，生成紫红色的络合物，其颜色深浅与 SO_2 含量成正比。显色后的溶液，吸光度在 0.03～1.0 的范围内服从朗伯-比尔定律。根据其颜色深浅，在 577nm 处用分光光度法测量吸光度。

本方法的主要干扰物为氮氧化物、臭氧、锰、铁、铬等。加入氨基磺酸钠，可消除氮氧化物的干扰；采样后放置一段时间，可使臭氧自行分解；加入磷酸及乙二胺四乙酸二钠盐，可以消除或减少某些重金属离子的干扰。

三、课时安排

① 理论课时安排：2 学时，学习甲醛吸收-副玫瑰苯胺分光光度法测定空气中二氧化硫的基本原理，学习空气采样器的操作方法及使用注意事项；

② 实验课时安排：3 学时，其中试剂配制等前期准备 1 学时，样品采集 1 学时，标准曲线绘制、样品测定等 1 学时。

四、实验材料

（一）实验药品

如无特殊说明，本实验用水均为蒸馏水。

反-1,2-环己二胺四乙酸（CDTA）、氢氧化钠（NaOH）、甲醛溶液（HCHO，质量分数为 36%～38%）、邻苯二甲酸氢钾（$KHC_8H_4O_4$）、氨基磺酸（H_2NSO_3H）、碘（I_2）、碘化钾（KI）、可溶性淀粉、碘酸钾（KIO_3，优级纯，经 110℃ 干燥 2h）、浓盐酸（HCl）、硫代硫酸钠（$Na_2S_2O_3 \cdot 5H_2O$）、无水碳酸钠（Na_2CO_3）、乙二胺四乙酸二钠盐（Na_2EDTA）、亚硫酸钠（Na_2SO_3）、盐酸副玫瑰苯胺（$C_{19}H_{17}N_3 \cdot HCl$）、浓磷酸（$H_3PO_4$，质量分数 85%）、冰乙酸（$CH_3COOH$）。

（二）器皿

① 10mL 具塞比色管 16 支；

② 100mL 烧杯 4 个，200mL 烧杯 2 个，500mL 烧杯 1 个，1000mL 烧杯 2 个；

③ 500mL 棕色细口瓶 1 个，1000mL 棕色细口瓶 2 个；

④ 10、100、250、1000mL 量筒各 1 个；

⑤ 100mL 容量瓶 4 个，500、1000mL 容量瓶各 2 个；

⑥ 250mL 碘量瓶 9 个；

⑦ 内装 10mL 吸收液的多孔玻板吸收瓶 2 个；

⑧ 1、2、5、20、50mL 移液管各 1 支；

⑨ 150mL 试剂瓶 1 个。

（三）试剂

① 氢氧化钠溶液（1.50mol·L^{-1}）：称取 6.0g NaOH，溶于 100mL 水中。

② 环己二胺四乙酸二钠（Na_2CDTA）溶液（0.050mol·L^{-1}）：称取 1.82g 反-1，2-环己二胺四乙酸，加入 6.5mL 氢氧化钠溶液（1.50mol·L^{-1}），溶解后用水稀释至 100mL，摇匀。

③ 甲醛缓冲吸收贮备液（20.0g·L^{-1}）：量取 5.5mL 甲醛溶液（36%～38%）、20.0mL Na_2CDTA 溶液（0.050mol·L^{-1}）。称取 2.04g 邻苯二甲酸氢钾，溶解于少量水中。将以上三种溶液混合，用水稀释至 100mL，摇匀。此贮备液在冰箱中可保存 10 个月。

④ 甲醛缓冲吸收液（0.2g·L^{-1}）：用水将甲醛缓冲吸收贮备液稀释 100 倍，临用时现配。

⑤ 氨基磺酸钠（NaH_2NSO_3）溶液（6.0g·L^{-1}）：称取 0.60g 氨基磺酸，置于 100mL 烧杯中，加入 4.00mL 氢氧化钠溶液（1.50mol·L^{-1}），搅拌至完全溶解后稀释至 100mL，摇匀。此溶液密封可保存 10d。

⑥ 碘贮备液［$c(1/2I_2)$=0.10mol·L^{-1}］：称取 12.7g 碘于烧杯中，加入 40g 碘化钾和 25mL 水，搅拌至完全溶解，用水稀释至 1000mL，摇匀，储存于棕色细口瓶中。

⑦ 碘使用液［$c(1/2I_2)$=0.05mol·L^{-1}］：量取碘贮备液 250mL，用水稀释至 500mL，摇匀，储存于棕色细口瓶中。

⑧ 淀粉指示剂（5.0g·L^{-1}）：称取 0.5g 可溶性淀粉于 200mL 烧杯中，用少量水调成糊状，慢慢倒入 100mL 沸水，继续煮沸至溶液澄清，冷却后贮存于试剂瓶中。临用时现配。

⑨ 碘酸钾标准溶液［$c(1/6KIO_3)$=0.1000mol·L^{-1}］：准确称取 3.5667g 碘酸钾（KIO_3）溶解于适量水中，移入 1000mL 容量瓶中，用水稀释至标线，摇匀。

⑩ 盐酸溶液（1∶9）：量取 100mL 浓盐酸，加到 900mL 水中，摇匀。

⑪ 硫代硫酸钠贮备液（0.10mol·L^{-1}）：称取 25.0g 硫代硫酸钠，溶解于 1000mL 新煮沸并已冷却的水中，加入 0.20g 无水碳酸钠，储存于棕色细口瓶中，放置一周后备用。如溶液呈现浑浊，必须过滤后再使用。

标定方法：吸取三份 20.00mL 碘酸钾标准溶液［$c(1/6KIO_3)$=0.1000mol·L^{-1}］分别置于 250mL 碘量瓶中，加入 70mL 新煮沸并已冷却的水，加入 1g 碘化钾，摇匀至完全溶解后，加入 10mL 盐酸溶液（1∶9），立即盖好瓶塞，摇匀。于暗处放置 5min 后，用硫代硫酸钠贮备液滴定至溶液呈浅黄色，加入 2mL 淀粉指示剂，继续滴定至蓝色刚好褪去即为终点。硫代硫酸钠贮备液的浓度按下式计算：

$$c_1=\frac{0.1000\times 20.00}{V_1} \tag{20-1}$$

式中　c_1——硫代硫酸钠贮备液的浓度，mol·L^{-1}；

V_1——滴定所消耗硫代硫酸钠贮备液的体积，mL。

⑫ 硫代硫酸钠标准溶液（约 $0.0100mol \cdot L^{-1}$）：取 50.00mL 硫代硫酸钠贮备液置于 500mL 容量瓶中，用新煮沸并已冷却的水稀释至标线，摇匀。

⑬ 乙二胺四乙酸二钠盐（Na_2EDTA）溶液（$0.5g \cdot L^{-1}$）：称取 0.25g Na_2EDTA，溶解于 500mL 新煮沸并已冷却的水中。临用时现配。

⑭ 二氧化硫标准贮备溶液：称取 0.200g 亚硫酸钠溶于 200mL Na_2EDTA 溶液中，缓慢摇晃（以防充氧）使其溶解，得到亚硫酸钠标准溶液。放置 2～3h 后用碘量法标定准确浓度。此溶液相当于每毫升含 320～400μg 二氧化硫。临用时将此溶液稀释为每毫升含 1.00μg 二氧化硫的标准使用液。此溶液在冰箱中保存，可稳定 1 个月。

标定方法：

取 6 个 250mL 碘量瓶（A_1、A_2、A_3、B_1、B_2、B_3），在 A_1、A_2、A_3 内各加入 25mL Na_2EDTA 溶液，在 B_1、B_2、B_3 内加入 25mL 亚硫酸钠标准溶液，分别加入 50.00mL 碘溶液和 1.00mL 冰乙酸，盖好瓶盖，摇匀。

立即吸取 2.00mL 亚硫酸钠标准溶液加到一个装有 40～50mL 甲醛缓冲吸收液的 100mL 容量瓶中，并用甲醛缓冲吸收液稀释至标线，摇匀。此溶液即为二氧化硫标准贮备溶液，在 4～5℃下冷藏，可稳定 6 个月。

A_1、A_2、A_3、B_1、B_2、B_3 6 个碘量瓶于暗处放置 5min 后，用硫代硫酸钠标准溶液滴定至浅黄色，加 5mL 淀粉指示剂，继续滴定至蓝色刚刚消失。平行滴定所用硫代硫酸钠标准溶液的体积之差应不大于 0.05mL。

二氧化硫标准贮备溶液的质量浓度由式（20-2）计算：

$$\rho(SO_2)=\frac{(V_0-V_2)\times c_2\times 32.02\times 10^3}{25.00}\times\frac{2.00}{100} \tag{20-2}$$

式中 $\rho(SO_2)$——二氧化硫标准贮备溶液的质量浓度，$\mu g \cdot mL^{-1}$；

c_2——硫代硫酸钠标准溶液的浓度，$mol \cdot L^{-1}$；

V_0——空白滴定所消耗硫代硫酸钠标准溶液的体积，mL；

V_2——样品滴定所消耗硫代硫酸钠标准溶液的体积，mL。

⑮ 二氧化硫标准溶液（$1.00\mu g \cdot mL^{-1}$）：用甲醛缓冲吸收液将二氧化硫标准贮备溶液稀释为每毫升含 1.00μg 二氧化硫的标准溶液。此溶液用于绘制标准曲线，在冰箱中保存，可稳定 1 个月。

⑯ 盐酸副玫瑰苯胺（PRA）贮备液（$2.0g \cdot L^{-1}$）：称取 0.20g 经提纯的盐酸副玫瑰苯胺，溶解于 100mL 盐酸溶液（1∶9）中。

⑰ 盐酸副玫瑰苯胺（PRA）使用液（$0.5g \cdot L^{-1}$）：吸取 25.00mL PRA 贮备液（$2.0g \cdot L^{-1}$）于 100mL 容量瓶中，加入 30mL 质量分数为 85%的浓磷酸和 12mL 浓盐酸，用水稀释至标线，摇匀。放置过夜后使用，避光密封保存。

（四）实验装置

① 空气采样器：流量范围为 $0.1\sim1.0L \cdot min^{-1}$。

② 分光光度计：可见光波长为 380～780nm，配有 10mm 比色皿。

③ 恒温水浴器：0～40℃的酒精温度计，控制精度为±1℃。

④ 电子天平：量程 0～200g，精度 0.0001g。

五、实验步骤和方法

（一）采样

① 用内装 10mL 甲醛缓冲吸收液的多孔玻板吸收瓶，以 $0.5L \cdot min^{-1}$ 流量采集空气 10～30L，吸收液温度保持在 23～29℃。

② 现场空白：将装有吸收液的采样管带到采样现场，除了不采气之外，其他环境条件与样品相同。

（二）标准曲线的绘制

取 14 支 10mL 具塞比色管，分为 A、B 两组，每组 7 支比色管。A 组按表 20-1 配制二氧化硫标准系列。

表 20-1　二氧化硫标准系列

编号	0	1	2	3	4	5	6
二氧化硫标准使用溶液/mL	0	0.50	1.00	2.00	5.00	8.00	10.00
甲醛缓冲溶液/mL	10.00	9.50	9.00	8.00	5.00	2.00	0
二氧化硫含量/μg	0	0.50	1.00	2.00	5.00	8.00	10.00

在表 20-1 各管中加入 0.5mL 氨基磺酸钠溶液（$6.0g \cdot L^{-1}$）和 0.5mL 氢氧化钠溶液（$1.50mol \cdot L^{-1}$），摇匀。

在 B 组各管中分别加入 1.00mL PRA 使用液（$0.5g \cdot L^{-1}$）。再逐管迅速将 A 组各管溶液全部倒入对应编号的 B 组各管中，立即盖好管塞，摇匀后放入恒温水浴器中显色。

显色温度与室温之差不应超过 3℃。根据季节和环境条件按表 20-2 选择合适的显色温度与显色时间。

表 20-2　显色温度与显色时间

显色温度/℃	10	15	20	25	30
显色时间/min	40	25	20	15	5
稳定时间/min	35	25	20	15	10
试剂空白吸光度 A_0	0.030	0.035	0.040	0.050	0.060

用 10mm 比色皿，在波长 577nm 处，以蒸馏水为参比，测定吸光度。以吸光度（扣除试剂空白吸光度）为纵坐标，二氧化硫的含量为横坐标，绘制标准曲线。

（三）样品的测定

① 样品中若有浑浊物，应离心分离除去；样品放置 20min，以使臭氧分解。

② 将多孔玻板吸收瓶中的样品溶液全部移入 10mL 具塞比色管中，用少量甲醛缓冲吸收液洗涤吸收管，并入比色管中，并用甲醛缓冲吸收液定容至 10mL 标线。加入 0.50mL 氨基磺酸钠溶液（$6.0g \cdot L^{-1}$），摇匀。放置 10min 以除去样品中氮氧化物的干扰，其余步骤同标准曲线的绘制。

六、实验结果整理和数据处理要求

空气样品中 SO_2 的质量浓度按下式计算：

$$\rho(SO_2)=\frac{B_s(A-A_0-a)}{V_n}\times\frac{V_t}{V_a} \tag{20-3}$$

式中 $\rho(SO_2)$——样品中 SO_2 的浓度，$mg\cdot m^{-3}$；

A——样品溶液的吸光度；

A_0——试剂空白溶液的吸光度；

a——标准曲线的截距（一般要求小于 0.005）；

B_s——计算因子（标准曲线斜率的倒数），μg；

V_n——换算成标准状况（101.325kPa，273K）下的采样体积，L；

V_t——样品溶液的总体积，mL；

V_a——测定时所取试样的体积，mL。

七、注意事项

① 温度对显色影响较大。显色温度低，显色慢，稳定时间长；显色温度高，显色快，稳定时间短。显色温度和显色时间的选择及操作时间的掌握是实验成败的关键。操作人员必须了解显色温度、显色时间和稳定时间的关系，严格控制反应条件。测定样品时的温度与绘制标准曲线时的温度之差不应超过 2℃。当在 25～30℃显色时，不要超过颜色的稳定时间，以免测定结果偏低。

② 用过的比色皿及比色管应及时用盐酸-乙醇清洗液浸洗，否则红色难以洗净。具塞比色管用盐酸溶液（1∶1）洗涤，比色皿用盐酸溶液（1∶4）加 1/3 体积乙醇的混合液洗涤。

③ 每批样品至少测定两个现场空白。即将装有吸收液的采样管带到采样现场，除不采气之外，其他环境条件与样品相同。在样品采集、运输及存放过程中应避免日光直接照射。如果样品不能当天分析，需在冰箱内于 4～5℃冷藏保存，存放时间不得超过 7d。

④ 当空气中二氧化硫浓度高于测定上限时，可以适当减少采样体积或者减少试样体积。如果样品溶液的吸光度超过标准曲线的上限，可用试剂空白溶液稀释，在数分钟内再次测定吸光度，但稀释倍数不要大于 6。

八、思考题

① 为什么要标定配制的二氧化硫溶液？

② 实验过程中为什么要严格控制显色温度、显色时间？

③ 用甲醛吸收-副玫瑰苯胺分光光度法测定大气中的 SO_2，采样时吸收液的温度应保持在多少？请说明原因。

④ 根据《环境空气质量标准》（GB 3095—2012）中对 SO_2 标准值的基本规定，对监测点所在区域大气中 SO_2 的污染水平进行简要分析和评价。

实验 21 环境空气中氨的测定

氨是一种无色、极易溶于水且具有强烈刺激气味的气体。氨的用途广泛，是一种制冷剂，也是制造硝酸、化肥和炸药的重要原料。氨对地球上的生物相当重要，是肥料的重要成分。因此，氨是世界上产量最多的无机化合物之一，80%的氨被用于制作化肥。同时，氨还是一种碱性物质，具有腐蚀性。

空气中的氨是公共场所和室内空气质量的卫生检测项目。常用测定方法有次氯酸钠-水杨酸分光光度法（HJ 534—2009）和纳氏试剂分光光度法（HJ 533—2009）。本实验采用纳氏试剂分光光度法测定环境空气中的氨。

一、实验目的

① 掌握纳氏试剂分光光度法测定空气中氨的原理和方法；

② 学习和掌握空气中氨样品的采集方法和技术；

③ 熟悉空气采样器和分光光度计的使用方法。

二、实验原理

空气中的氨被稀硫酸溶液吸收生成铵离子，铵离子与纳氏试剂反应生成黄棕色络合物，此络合物的吸光度与空气中氨的含量成正比。在 420nm 波长处测量吸光度，根据吸光度可计算空气中氨的含量。

本方法检出限（以吸收液体积计）为 $0.05\mu g \cdot mL^{-1}$。当吸收液体积为 50mL，空气样品体积为 10L 时，氨的检出限为 $0.25mg \cdot m^{-3}$，测定下限为 $1.0mg \cdot m^{-3}$，测定上限为 $20mg \cdot m^{-3}$。当吸收液体积为 10mL，空气样品体积为 45L 时，氨的检出限为 $0.01mg \cdot m^{-3}$，测定下限为 $0.04mg \cdot m^{-3}$，测定上限为 $0.88mg \cdot m^{-3}$。

三、课时安排

① 理论课时安排：2 学时，学习纳氏试剂分光光度法测定空气中氨的基本原理，学习空气采样器和分光光度计的使用方法和注意事项；

② 实验课时安排：3 学时，其中试剂配制等前期准备 1 学时，样品采集 1 学时，标准曲线绘制、样品测定等 1 学时。

四、实验材料

（一）实验药品

浓硫酸（H_2SO_4，$1.84g \cdot mL^{-1}$）、浓盐酸（HCl，$1.19g \cdot mL^{-1}$）、氢氧化钠（NaOH）、氯化汞（$HgCl_2$）、碘化钾（KI）、酒石酸钾钠（$KNaC_4H_4O_6 \cdot 4H_2O$）、氯化铵（NH_4Cl，优级纯，100～105℃干燥 2h）。

（二）器皿

① 10mL 多孔玻板吸收瓶 2 个；

② 10mL 具塞比色管 8 支；

③ 干燥管 1 个，内装变色硅胶或玻璃棉；

④ 聚四氟乙烯管（或玻璃管）1 个，内径 6～7mm；

⑤ 10、100mL 量筒各 1 个；

⑥ 100mL 烧杯 5 个，1000mL 烧杯 1 个；

⑦ 100、1000mL 容量瓶各 1 个，250mL 容量瓶 2 个；

⑧ 1、5mL 移液管各 1 支；

⑨ 100mL 棕色瓶 1 个。

（三）试剂

实验用水均为无氨水。

① 硫酸贮备液 [$c(1/2H_2SO_4)=0.1mol \cdot L^{-1}$]：量取 2.8mL 浓硫酸加入水中，搅拌冷却后用水稀释至 1000mL，配得 $0.1mol \cdot L^{-1}$ 的硫酸贮备液。

② 硫酸吸收液 [$c(1/2H_2SO_4)=0.01mol \cdot L^{-1}$]：临用时将硫酸贮备液用水稀释 10 倍制得。

③ 纳氏试剂：称取 12g 氢氧化钠（NaOH）溶于 60mL 水中，冷却。称取 1.7g 氯化汞（$HgCl_2$）溶解在 30mL 水中。称取 3.5g 碘化钾（KI）溶于 10mL 水中，边搅拌边将氯化汞溶液慢慢加入碘化钾溶液中，直至形成的红色沉淀不再溶解为止。在搅拌过程中，将冷却至室温的氢氧化钠溶液缓慢地加入氯化汞和碘化钾的混合液中，再加入剩余的氯化汞溶液，混匀后于暗处静置 24h。倾出上清液，储存于棕色瓶中，用橡胶塞塞紧，2～5℃可保存 1 个月。

特别提醒：氯化汞（$HgCl_2$）、碘化汞（HgI_2）和所配制的纳氏试剂均为剧毒物质，实验时应避免与皮肤和口腔接触。

④ 酒石酸钾钠溶液（$500g \cdot L^{-1}$）：称取 50g 酒石酸钾钠（$KNaC_4H_4O_6 \cdot 4H_2O$）溶于 100mL 水中，加热煮沸以驱除氨，冷却后定容至 100mL。

⑤ 盐酸溶液（$0.1mol \cdot L^{-1}$）：取 8.5mL 浓盐酸，加入一定量的水中，定容至 1000mL。

⑥ 氨标准贮备液（$1000\mu g \cdot mL^{-1}$）：称取 0.7855g 氯化铵溶解于水中，移入 250mL 容量瓶中，用水稀释至标线，摇匀。

⑦ 氨标准使用溶液（$20\mu g \cdot mL^{-1}$）：吸取 5.00mL 氨标准贮备液于 250mL 容量瓶中，用水稀释至刻度，摇匀。临用前配制。

（四）实验装置

① 分光光度计：配 10mm 的比色皿；

② 空气采样器：流量范围为 $0.1 \sim 1.0L \cdot min^{-1}$；

③ 酒精灯；

④ 烘箱；

⑤ 电子天平：量程 0～200g，精度 0.0001g。

五、实验步骤和方法

（一）采样

① 采样瓶准备：应选择气密性好、阻力和吸收效率合格的吸收瓶清洗干净并备用。在采样前装入 10mL 吸收液，并密封避光保存。

② 样品采集：用空气采样器采集空气样品。采样时应全程带空白采样管。用 10mL 吸收瓶，以 $0.5 \sim 1.0L \cdot min^{-1}$ 的流量采集，采气至少 45min。

③ 样品保存：采样后应尽快分析，以防止吸收空气中的氨。若不能立即分析，2～5℃可保存 7d。

（二）标准曲线的绘制

取 7 支 10mL 具塞比色管，按表 21-1 配制氨标准系列。

表 21-1　氨标准系列

编号	0	1	2	3	4	5	6
氨标准使用液/mL	0.00	0.10	0.30	0.50	1.00	1.50	2.00
无氨水/mL	10.00	9.90	9.70	9.50	9.00	8.50	8.00
氨含量/μg	0.00	2.00	6.00	10.00	20.00	30.00	40.00

按表21-1配制好标准系列后，在各管中分别加入0.50mL酒石酸钾钠溶液（500g·L^{-1}），摇匀。再加入0.50mL纳氏试剂，摇匀。放置10min后，在波长420nm下，用10mm比色皿，以无氨水作参比，测定吸光度。以氨含量为横坐标，扣除试剂空白的吸光度为纵坐标，绘制标准曲线。同时计算标准曲线的斜率和截距，以斜率倒数作为样品测定的计算因子B_s。

（三）样品测定

取一定量样品溶液（吸取量视样品浓度而定）于10mL比色管中，用吸收液稀释至10mL，然后按标准曲线步骤测定其吸光度。在样品测定的同时，按照样品测定步骤测定空白吸收液和现场采样全程空白样品的吸光度。

六、实验结果整理和数据处理要求

空气样品中氨的含量按下式计算：

$$\rho(NH_3)=\frac{B_s(A-A_0-a)}{V_n}\times\frac{V_t}{V_a} \tag{21-1}$$

式中　$\rho(NH_3)$——空气样品中氨的浓度，mg·m^{-3}；

A——样品溶液的吸光度；

A_0——试剂空白溶液的吸光度；

a——标准曲线的截距；

B_s——计算因子（标准曲线斜率的倒数），μg；

V_n——换算成标准状况（101.325kPa，273K）下的采样体积，L；

V_t——样品溶液的总体积，mL；

V_a——测定时所取试样的体积，mL。

七、注意事项

① 本实验用水必须为无氨水，实验前应进行无氨水的检查。以水代替样品按照样品的测定步骤测定空白吸光度，空白吸光度值应不超过0.030，否则应检查水和试剂的纯度。

② 采样全程空白用于检查样品采集、运输、储存过程中样品是否被污染。如果采样全程空白明显高于同批配制的吸收液空白，则同批次采集的样品作废，需重新采样。

③ 为避免吸收瓶中的吸收液被污染，运输和储存过程中勿将吸收瓶倾斜或倒置，并应及时更换吸收瓶的密封接头。

④ 采样前，应正确连接采样吸收瓶和空气采样器，采样泵的进气口端通过干燥管（或缓冲管）与采样管的出气口相连，如果接反会导致酸性吸收液倒吸，污染和损坏仪器。若出现倒吸的情况，应及时将流量计拆下来，用酒精清洗、干燥，并重新安装，经流量校准合格后方可继续使用。

八、思考题

① 简述空气中氨的危害。
② 空气中氨的测定过程中可能存在哪些干扰？如何消除这些干扰？
③ 根据空气中氨的测定结果，结合相关标准，对空气中氨的污染状况和来源进行分析。

实验 22　环境空气中臭氧的测定

臭氧（O_3）是一种淡蓝色的气体，是较强的氧化剂，有特殊气味。生活环境中，当臭氧浓度达到 0.02mg・m^{-3} 时，就可以嗅到。大气环境中的 O_3 主要由氮氧化物和碳氢化合物的光氧化生成，是光化学烟雾的重要组成部分。O_3 的测定方法有靛蓝二磺酸钾分光光度法、紫外光度法、硼酸碘化钾分光光度法等。

一、实验目的

① 了解大气中 O_3 的生成机制与危害；
② 了解大气中 O_3 的监测方法；
③ 掌握臭氧分析仪的使用方法。

二、实验原理

紫外光度法的原理为：样品空气以恒定的流量通过除湿器和颗粒物过滤器进入仪器的气路系统，然后被分成两路，一路为样品空气，一路通过选择性臭氧洗涤器成为零空气。样品空气和零空气在电磁阀的控制下交替进入样品吸收池（或分别进入吸收池和参比池）。由于臭氧对 254nm 波长的紫外光有特征吸收，由光检测器分别测出气体流过之后的透光强度 I 和 I_0，I/I_0 为透光率。仪器的微处理系统根据朗伯-比尔定律将测得的透光率转化为 O_3 浓度：

$$\frac{I}{I_0}=e^{-a\rho l} \tag{22-1}$$

式中　I/I_0——样品的透光率；
a——臭氧对 254nm 波长光的吸收系数，$1.44\times10^{-5}m^2\cdot\mu g^{-1}$；
ρ——臭氧浓度，$\mu g\cdot m^{-3}$；
l——光路长度，m。

三、课时安排

① 理论课时安排：2 学时，学习紫外光度法的基本原理，紫外分光光度计的基本结构、测定原理及使用注意事项；

② 实验课时安排：2 学时，其中试剂配制等前期准备 1 学时，标准曲线绘制、样品测定等 1 学时。

四、实验材料

① 紫外臭氧分析仪：仪器组成包括紫外吸收池、紫外光源灯、紫外检测器、带旁路阀

的涤气器、流量控制器、空气流量计、温度指示器、压力指示器等。单光路紫外臭氧分析仪见图 22-1。

② 粒子过滤器：过滤器由滤膜及支架组成，其材质应选用聚四氟乙烯等不与 O_3 反应的惰性材料。滤膜孔径不大于 0.2μm，新滤膜需要在工作环境中适应 5～15min 后再进行测定。

③ 臭氧发生器。

④ 零空气：零空气与产生臭氧所用的气源一致。

⑤ 采样管线：采用不与 O_3 发生化学反应的惰性材料，如玻璃、聚四氟乙烯等。

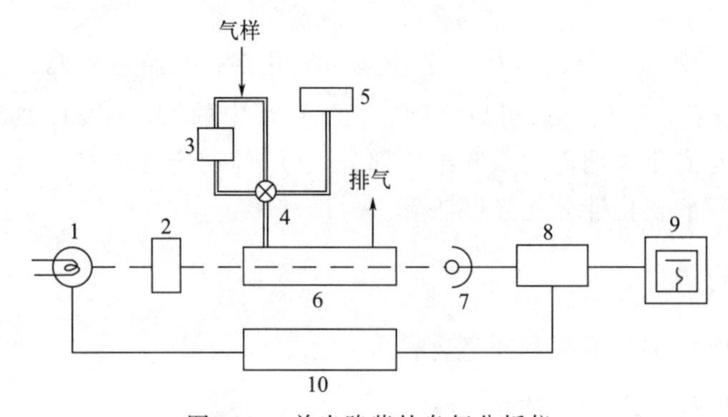

图 22-1 单光路紫外臭氧分析仪

1—紫外光源；2—滤光器；3—除 O_3 器；4—电磁阀；5—校准 O_3 发生器；6—气室；7—光电倍增管；8—放大器；9—记录仪；10—稳压电源

五、实验步骤和方法

（一） AQMS-200 动态校准仪

该仪器每半个月校准一次。

① 打开仪器交流电源和空气压缩机：打开仪器交流电源，检查供电系统是否为（100～240)V/(45～55) Hz 交流电，等待 1min。稳定之后，开启空气压缩机（图 22-2)，关闭空气压缩机出口阀门，插上电源。当空气压缩机的储气罐内压力达到 0.7MPa 时会自动停止工作，低于 0.5MPa 时开始工作。调节过滤调压阀，打开空气压缩机出口阀门（调至“1”），调节出口阀门压力调节阀，将空气压缩机出口压力调节至 0.5MPa。

图 22-2 空气压缩机

② 打开 AQMS-100 零气发生器（图 22-3）：打开发生器电源开关，调节零气发生器中压力调节阀使压力表读数为 0.2MPa，等待 30min 后便可输出纯净干燥的零空气。

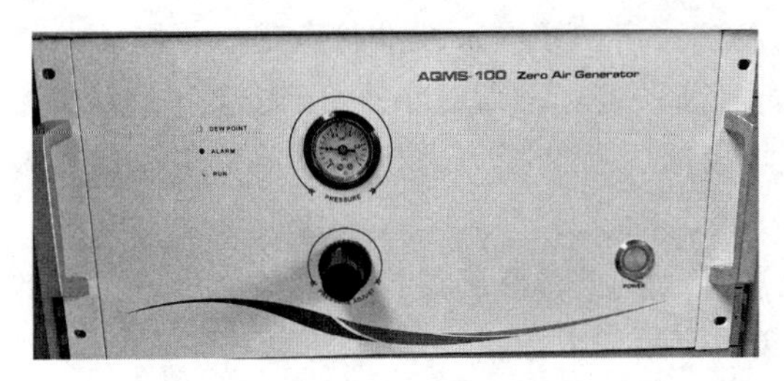

图 22-3 AQMS-100 零气发生器

③ 打开 AQMS-200 动态校准仪（图 22-4）：点击“模式控制”，生成零空气，使其达到校准仪和分析仪需要的总流量 4L。

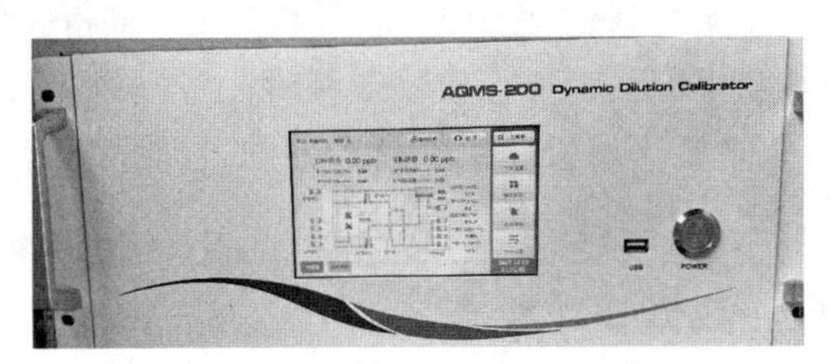

图 22-4 AQMS-200 动态校准仪

④ 打开 AQMS-300 臭氧分析仪（图 22-5）：在仪器校准界面，点击“零点校准”，稳定 15min，确认校准。

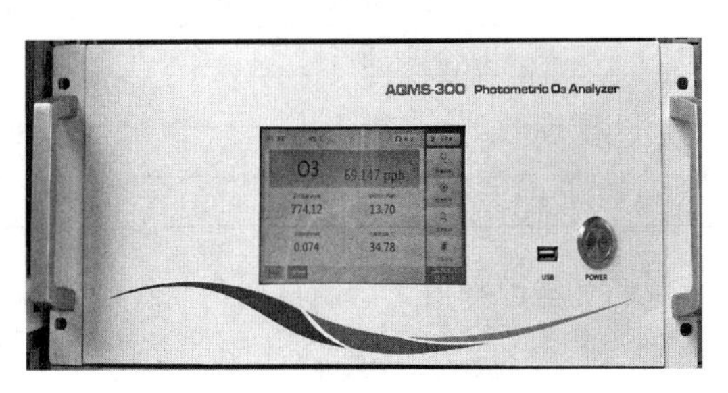

图 22-5 AQMS-300 臭氧分析仪

⑤ 生成臭氧：在动态校准仪界面点击“手动生成臭氧”，空气流量为 4L，选择“BENCH”模式，将臭氧浓度调节至 400ppb[1]，点击“启动”。

⑥ 量程校准：在动态校准仪显示的实际臭氧浓度接近 400ppb 且稳定时，在臭氧分析仪界面点击“仪器量程校准”，稳定 10min，确认校准后退出界面。

（二）样品采集与分析

仪器经校准后，取下臭氧分析仪背后的接口装置，仪器应安装在无磁场干扰、无腐蚀性气体、无强烈或持续震动的场合，且仪器周围无障碍物，房间有一定的排风条件。仪器放置的工作面应坚固、稳定可靠。环境温度在 5～40℃，相对湿度为 0～95%。在仪器校准界面对零点、量程、压力、流量和暗电流进行校准。

① 零点校准：等到光度计校准倒计时为 0 时，对标准偏差进行判断，若标准偏差小于

[1] 1ppb＝1nL/L。

1，按下“确认校准”进行校准，确认校准成功后，校准状态显示为校准成功。

② 量程校准：在仪器校准界面切换到量程校准子菜单进入量程校准界面。该界面显示光度计校准状态为“未校准”。启动校准，校准状态变为“校准中”，等到光度计校准倒计时为0时，对标准偏差进行判断，若标准偏差小于2，按下“确认校准”进行校准确认。

③ 压力校准：在仪器校准界面选择压力校准子菜单进入压力校准界面，在确认校准时输入实际压力完成压力校准。

④ 流量校准：在仪器校准界面选择流量校准子菜单进入流量校准界面，和压力校准类似，在确认校准时输入实际流量完成流量校准。

⑤ 暗电流校准：在仪器校准界面选择暗电流校准子菜单进入暗电流校准界面。该界面显示光度计校准状态为“校准中”，等到光度计校准倒计时为0时，按下“确认校准”键进行校准确认。

校准完成后，将空气过滤器通过长约5cm、内径为6.35mm的塑料管，连接于进样(sample)口处，用普通电脑电源线即可连接。连接时注意进样口处的白色小圆接头；交流电源和打开空气压缩机可以选择不连接；空气过滤器的过滤膜片堵塞严重时，要及时更换。预热1h后，连接气路管线进行现场测定。

六、实验结果整理和数据处理要求

标准曲线记录表见表22-1。

表22-1 标准曲线记录表

序号	臭氧浓度	响应值
1		
2		
3		
4		

在表22-2中记录每小时的臭氧浓度值，绘制日变化曲线，分析变化原因。

表22-2 采样记录表

序号	采样时间	臭氧浓度
1		
2		
3		
4		

七、注意事项

① 由于臭氧具有不稳定性，要求连接管线尽可能地短。

② 由于臭氧没有标准物质，只能利用臭氧发生器设置不同浓度进行重复测试。要求相对标准偏差小于1.0%，精密度不高于5%。

八、思考题

① 什么是零空气？为什么需要零空气？

② 影响臭氧检测结果准确度的因素有哪些？

③ 解释臭氧日变化规律。

实验 23　环境空气中甲醛的测定

甲醛是一种易溶于水的具有强烈刺激性气味的气体，沸点为－24℃，密度为 1.067kg・m^{-3}，比空气略重。甲醛气体可经呼吸道吸收，对人体的危害主要表现为对皮肤黏膜的刺激作用、致敏作用和致突变作用。在世界卫生组织国际癌症研究机构（IARC）公布的致癌物清单中，甲醛被列为一类致癌物。

室内甲醛的主要来源有建筑材料、室内装饰材料和生活用品。空气中甲醛浓度大于 0.08mg・m^{-3} 即可引起人体各种不适反应，浓度高时有致死危险。因此，在涉及甲醛的生产过程中都对甲醛浓度有一定的限制。《室内空气质量标准》（GB/T 18883—2022）中规定室内 1h 甲醛浓度均值不能超过 0.08mg・m^{-3}。

甲醛的检测方法很多，其中最主要的分光光度法有乙酰丙酮法、酚试剂法、AHMT 法等。各种检测方法所偏重的应用领域不同，可根据情况进行选择。酚试剂分光光度法是室内空气中甲醛测定的仲裁方法。

一、实验目的

① 通过本实验进一步了解室内甲醛的污染来源及危害，掌握酚试剂分光光度法测定甲醛的原理、要点。

② 掌握小流量空气采样器的结构、原理及使用注意事项。

③ 学会利用皂膜流量计校正仪器流量，并熟练采集空气中的甲醛。

④ 了解通过甲醛测定进行室内空气质量评估的意义，通过本次实验评价室内空气质量。

二、实验原理

酚试剂分光光度法即 MBTH 法，原理是空气中的甲醛与酚试剂（3-甲基-2-苯并噻唑酮腙盐酸盐）反应生成嗪，嗪在酸性溶液中被高铁离子氧化成蓝绿色化合物。该物质在 630nm 波长处有最大吸收，共轭体系大，摩尔吸光系数大。反应原理如图 23-1 所示。

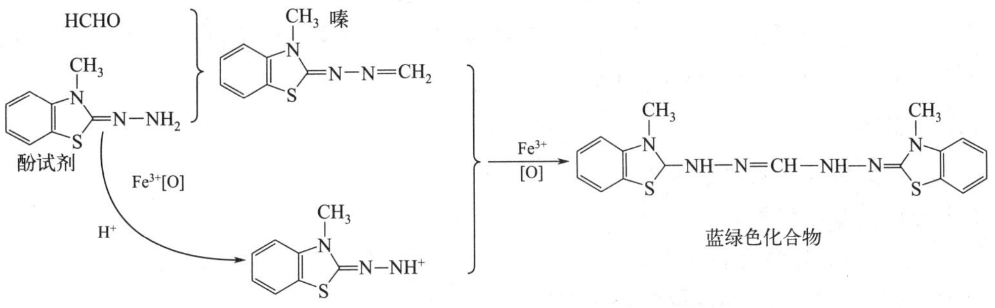

图 23-1　酚试剂分光光度法反应原理图

空气采样器主机由带流量调节阀的流量计、气体稳流器、气泵、计时装置构成。空气从与吸收液接触的细管端吸入吸收管，形成小气泡通过吸收液，从与外壁连接的细管排出，进入气体干燥器干燥后，进入采样器主机（图 23-2）。

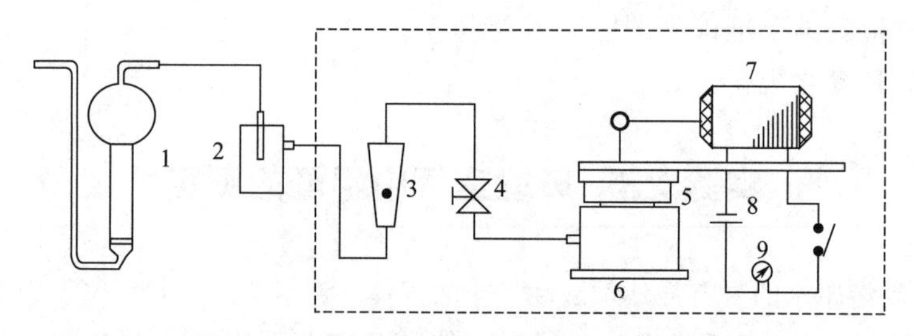

图 23-2 空气采样器结构原理图

1—吸收瓶；2—滤水井；3—流量计；4—流量调节阀；5—抽气泵；

6—稳流器；7—电动机；8—电源；9—定时器

根据《民用建筑工程室内环境污染控制标准》（GB 50325—2020）规定，采样点数根据采样面积设置。面积小于 $50m^2$ 的空间，布设 1 个采样点；在 50～$100m^2$（不含）之间，布设 2 个点；100～$500m^2$（不含）之间，应至少布设 3 个点；500～$1000m^2$（不含）之间，应至少布设 5 个点；大于 $1000m^2$，每增加 $1000m^2$ 增设 1 个采样点，增加面积不足 $1000m^2$ 时按增加 $1000m^2$ 计算。单点采样在房间的中心位置，多点采样按照对角线或梅花式均匀布点。采样点避开通风口及热源，与墙壁距离大于 0.5m，与门窗距离应大于 1.5m，采样点高度应在 0.5～1.5m 之间，且两点间相距约 5m。

三、课时安排

① 理论课时安排：2 学时，学习酚试剂分光光度法的基本原理，紫外-可见分光光度计的基本结构、测定原理及使用注意事项；

② 实验课时安排：2 学时，其中试剂配制等前期准备 1 学时，标准曲线绘制、样品测定等 1 学时。

四、实验材料

（一）实验药品

注：除另有说明外，药品均为分析纯级别，实验用水均为蒸馏水。

酚试剂（$C_8H_{10}ClN_3S$）、硫酸铁铵［$NH_4Fe(SO_4)_2 \cdot 12H_2O$］、碘化钾（KI）、碘（$I_2$）、氢氧化钠（NaOH）、浓硫酸（$H_2SO_4$）、浓盐酸（HCl）、碘酸钾（$KIO_3$，优级纯）、水杨酸（$C_7H_6O_3$）、氯化锌（$ZnCl_2$）、硫代硫酸钠（$Na_2S_2O_3 \cdot 5H_2O$）、可溶性淀粉、无水碳酸钠（$Na_2CO_3$）、甲醛（$CH_2O$）。

（二）器皿

① 10mL 大型气泡吸收管若干；

② 25mL 具塞比色管若干；

③ 200、1000mL 烧杯各 1 个；

④ 10、50、100、500mL 量筒各 1 个；

⑤ 1、5、10、20、25mL 移液管各 1 支；

⑥ 100mL 容量瓶 2 个，1000mL 容量瓶 7 个；

⑦ 100mL 具塞量筒 1 个；

⑧ 250mL 碘量瓶 2 个；

⑨ 1、5mL 移液枪各 1 支；

⑩ 1000mL 棕色瓶 2 个；

⑪ 1000mL 聚乙烯瓶 1 个；

⑫ 1000mL 细口玻璃瓶 1 个。

（三）试剂

① 吸收液原液：称取 0.10g 酚试剂，加水溶解，倾于 100mL 具塞量筒中，加水到刻度线，混匀。冰箱中保存，可稳定 3d。

② 吸收液：量取吸收液原液 5mL，加 95mL 水混匀。临用前现配。

③ 硫酸铁铵溶液（$10g \cdot L^{-1}$）：称取 1.0g 硫酸铁铵用盐酸（$0.1mol \cdot L^{-1}$）溶解，并稀释至 100mL。

④ 碘溶液 [$c(1/2I_2)=0.1000mol \cdot L^{-1}$]：称取 30g 碘化钾，溶于 25mL 水中，加入 12.7g 碘。待碘完全溶解后，用水定容至 1000mL。移入棕色瓶中，暗处贮存。

⑤ 氢氧化钠溶液（$1mol \cdot L^{-1}$）：称取氢氧化钠 40g 于 1000mL 烧杯中，加 300mL 蒸馏水（边加边用玻璃棒搅拌）溶解，并稀释至 1000mL，待溶液冷却后，转入聚乙烯瓶中保存。

⑥ 硫酸溶液（$0.5mol \cdot L^{-1}$）：在 200mL 烧杯中加入 50mL 蒸馏水，用量筒量取 28mL 浓硫酸沿烧杯壁缓慢倒入烧杯中，并不断搅拌至混合均匀，待溶液冷却后用水稀释至 1000mL，混匀，转入 1000mL 细口玻璃瓶中待用。

⑦ 碘酸钾标准溶液（$0.1000mol \cdot L^{-1}$）：准确称取 3.5667g 经 105℃烘干 2h 的碘酸钾，溶于水，移入 1000mL 容量瓶中，再用水定容至标线，摇匀。

⑧ 盐酸溶液（$0.1mol \cdot L^{-1}$）：量取 8.2mL 浓盐酸加水稀释至 1000mL。

⑨ 淀粉溶液（$10g \cdot L^{-1}$）：称取 1g 可溶性淀粉，用少量水调成糊状后，再加入 100mL 沸水，并煮沸 2～3min 至溶液透明。冷却后，加入 0.1g 水杨酸或 0.4g 氯化锌保存。

⑩ 硫代硫酸钠标准溶液：称取 25g 硫代硫酸钠，溶于 1000mL 新煮沸并已放冷的水中，此溶液浓度约为 $0.1mol \cdot L^{-1}$。加入 0.2g 无水碳酸钠，贮存于棕色瓶内，放置一周后，再标定其准确浓度。

硫代硫酸钠标准溶液的标定：精确移取 25.00mL 碘酸钾标准溶液（$0.1000mol \cdot L^{-1}$）于 250mL 碘量瓶中，加入 75mL 新煮沸后冷却的水，加 3g 碘化钾及 10mL 盐酸溶液（$0.1mol \cdot L^{-1}$），摇匀后放入暗处静置 3min。用硫代硫酸钠标准溶液滴定析出的碘至淡黄色，加入 1mL 新配制的淀粉溶液（$10g \cdot L^{-1}$）后呈蓝色。继续滴定至蓝色刚刚褪去即为终点。记录所用硫代硫酸钠标准溶液体积 V(mL)，其准确浓度用下式计算：

硫代硫酸钠标准溶液浓度（N）$=(0.1000 \times 25.00 \times 6)/V$

平行滴定两次，所用硫代硫酸钠标准溶液体积相差不能超过 0.05mL，否则应重新做平行测定。

⑪ 甲醛标准贮备溶液：取 2.8mL 含量为 36%～38%的甲醛溶液于 1000mL 容量瓶中，加水稀释至标线。1mL 此溶液约相当于 1mg 甲醛，其准确浓度用下述碘量法标定。

甲醛标准贮备溶液的标定：精确移取 20.00mL 待标定的甲醛标准贮备溶液，置于 250mL 碘量瓶中。加入 20.00mL 碘溶液（$0.1000mol \cdot L^{-1}$）和 15mL 氢氧化钠溶液（$1mol \cdot L^{-1}$），放置 15min。加入 20mL 硫酸溶液（$0.5mol \cdot L^{-1}$），再放置 15min。用标定后的硫代硫酸钠标准溶液滴定，至溶液呈现淡黄色时，加入 1mL 新配制的淀粉溶液（$10g \cdot L^{-1}$），此时溶液呈蓝色，继续滴定至蓝色刚刚褪去为止。记录所用硫代硫酸钠标准溶液体积 V_2（mL）。同时用水进行试剂空白滴定，操作步骤同上，记录空白滴定所用硫代硫酸钠

标准溶液的体积 V_1 （mL）。

甲醛标准贮备溶液的浓度用下述公式计算：

$$甲醛标准贮备溶液浓度(mg \cdot mL^{-1}) = (V_1 - V_2) \times c \times 15/20.00 \quad (23\text{-}1)$$

式中 V_1——试剂空白消耗标定后的硫代硫酸钠标准溶液的体积，mL；

V_2——甲醛标准贮备溶液消耗标定后的硫代硫酸钠标准溶液的体积，mL；

c——硫代硫酸钠标准溶液的准确浓度，$mol \cdot L^{-1}$；

15——甲醛$\left(\frac{1}{2}HCHO\right)$的摩尔质量，$g \cdot mol^{-1}$；

20.00——所取甲醛标准贮备溶液的体积，mL。

两次平行滴定，误差应小于 0.05mL，否则应重新标定。

⑫ 甲醛标准溶液（0.5$\mu g \cdot mL^{-1}$）：临用时，先将甲醛标准贮备溶液用水稀释至 10$\mu g \cdot mL^{-1}$，立即移取此溶液 5.00mL 于 100mL 容量瓶中，加入 5mL 吸收液原液，用水稀释定容至标线，摇匀。放置 30min 后，用于配制标准曲线溶液，此标准溶液可稳定 24h。

（四）实验装置及材料

① 电子天平：量程 0～200g，精度 0.0001g；

② 小流量空气采样器：0～1.0$L \cdot min^{-1}$；

③ 分光光度计：带 10mm 比色皿；

④ 酒精灯；

⑤ 烘箱。

五、实验步骤和方法

（一）管路连接

将装有 10mL 去离子水的大型气泡吸收管置于仪器的采样位，如图 23-3 所示。区分两路连接管路，连接时注意与干燥剂管连接的一端接气泡管支管；气泡管支管通过软管连接皂膜流量计。根据采样器说明书，设置采样器采样流量为 0.5$L \cdot min^{-1}$，开启采样器，通过皂膜流量计求算实际采样流量。流量校正后，需保证流量调节旋钮固定，防止流量变动。

图 23-3　空气采样器及管路连接

（二）采样

根据标准要求，采集气体的室内空间要求密闭门窗，空气净化和新风系统至少停止运行 12h，根据室内面积大小设定采样点数量与位置。每个采样点配备 3 个大型气泡吸收管，均装入 10.0mL 吸收液：一个作为空白放置在采样器旁，两个作为平行样安装于仪器采样位。将电源线接入仪器，再利用三脚架将采样器固定在离地约 1.5m 高处，打开电源，设置采样时间为 20min，开始采样并记录采样点的气温和气压。采样结束时，关闭采样泵，样品转移至 25mL 比色管中，用吸收液定容至 10.00mL 待测。

（三）流量再校正

采样结束后，将采样器、大型气泡吸收管以及皂膜流量计按照与实验前流量校正相同的方法连接，重新校正流量，用于确认实验前后流量一致。

（四）标准曲线溶液配制

用移液枪吸取 0、0.40、0.80、1.60、2.40、3.20、4.00mL 甲醛标准溶液（$0.5\mu g \cdot mL^{-1}$）于 25mL 比色管中，再依次加入吸收液，定容至 10mL。

（五）显色及分光测定

采样完毕后，向样品溶液和标准曲线溶液中分别加入 0.8mL 硫酸铁铵溶液（$10g \cdot L^{-1}$），混匀后静置 15min，在 630nm 波长下，以水为参比，测定溶液吸光度并记录。

（六）甲醛浓度计算

室内环境空气中甲醛浓度为参比状态（大气温度为 298.15K，大气压力为 101.325kPa）下的校正浓度：

$$\rho(\mathrm{HCHO})=\frac{m}{V_{\mathrm{r}}} \tag{23-2}$$

$$V_{\mathrm{r}}=V\times\frac{T_{\mathrm{r}}}{T}\times\frac{P}{P_{\mathrm{r}}} \tag{23-3}$$

式中 $\rho(\mathrm{HCHO})$——参比状态下甲醛的校正浓度，$\mu g \cdot L^{-1}$；

m——标准曲线计算的大型气泡吸收管中甲醛的含量，μg；

V_{r}——参比状态下的采样体积，L；

V——实际采样体积，L；

T_{r}——参比状态下的热力学温度，K；

T——采样时采样点的热力学温度，K；

P_{r}——参比状态下的大气压力，kPa；

P——采样时采样点的大气压力，kPa。

六、实验结果整理和数据处理要求

计算参比状态下的甲醛浓度，并与《室内空气质量标准》（GB/T 18883—2022）的限定值进行比较，评估室内空气质量。

标准曲线测定数据填入表 23-1，采样及分析数据填入表 23-2。

表 23-1 标准曲线测定

编号	1	2	3	4	5	6	7
标准溶液体积/mL	0	0.40	0.80	1.60	2.40	3.20	4.00
吸收液体积/mL	10.00	9.60	9.20	8.40	7.60	6.80	6.00
甲醛含量/μg	0	0.2	0.4	0.8	1.2	1.6	2.0
吸光度 A							

表 23-2 采样及分析记录

样品编号	位置	开始时间	结束时间	采集体积/L	采样点温度/K	采样点气压/kPa	吸光度	参比状态甲醛浓度/($\mu g \cdot L^{-1}$)
1								
2								
3								

七、注意事项

① SO_2 的存在会使测量结果偏低，可将气体先通过硫酸锰滤纸过滤器予以排除。

② 绘制标准曲线时与样品测定时温差不得超过 2℃。

③ 标定甲醛时，在摇晃下逐滴加入 $300g \cdot L^{-1}$ 氢氧化钠溶液，至颜色明显减退。再摇晃片刻，待褪成淡黄色，放置后应褪至无色。若碱加入过多，则盐酸用量不足以使溶液酸化。

八、思考题

① 分析不同装修时间房间内甲醛浓度存在差异的原因，并探讨可能的甲醛来源。

② 依据监测结果，评估室内空气质量。

实验 24 环境空气中 TSP、$PM_{2.5}$ 和 PM_{10} 的测定

一般而言，大气中的悬浮颗粒物有总悬浮颗粒物（TSP）、可吸入颗粒物或飘尘（PM_{10}）、细颗粒物（$PM_{2.5}$）。颗粒物粒径不同，滞留在人体呼吸道的部位不同，其携带的有毒污染物的浓度也不同。因此，了解大气颗粒物的粒径分布是制定环境大气颗粒物浓度控制措施的关键，也是评估空气质量及其对人体健康影响的先决条件。

一、实验目的

① 了解空气中悬浮颗粒物的来源、危害及主要测定方法；

② 了解大气颗粒物分级采样器的原理、结构及操作使用方法。

二、实验原理

不同粒径的大气颗粒物是根据其空气动力学直径，采用惯性撞击器收集得到的（图 24-1）。从喷嘴来的载有颗粒的气流直接喷向撞击板，气流发生改向。若颗粒的密度相同，由于颗粒大小（粒径）存在差异，运动时的惯性也存在差异。当气流改向时，较大的颗粒由于惯性大，能越过气流流线的轨迹冲撞在撞击板上；而粒径较小的颗粒由于惯性小，仍能随气流运动进入第二级撞击器。第二级撞击器具有较第一级更小的喷嘴直径，进而增加了气流的速度，也就增加了颗粒的惯性。因此，一部分粒径较小的颗粒又在第二级被捕集下来，如此一级一级地分离下来，那些太小而不能在最后一级被捕集的颗粒则由撞击器末端的过滤膜捕集。

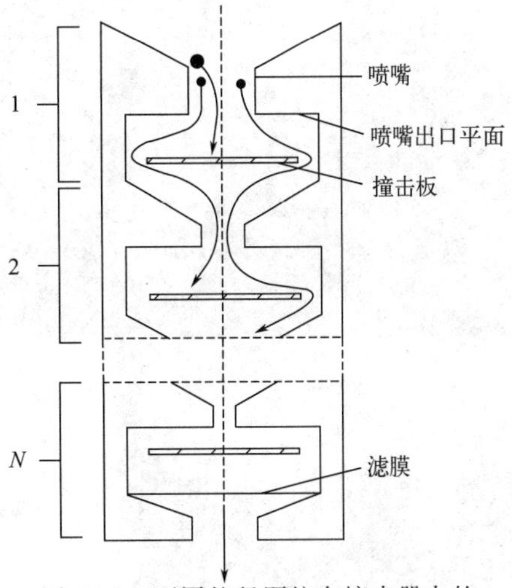

撞击器根据需要可设计成 4 级、8 级、12 级等。撞击器喷嘴的形状可为圆形或方形。喷嘴可为单一喷嘴或多喷嘴。本实验采用的是武汉市天虹仪表公司生产的 TSP-PM_{10}-$PM_{2.5}$ 撞击器，自上而下可分别采集 10～100μm、2.5～10μm 和≤2.5μm 的颗粒，采样泵流量控制在 100L·min^{-1}。$PM_{2.5}$（≤2.5μm）颗粒收集在最末端直径为 90mm 的滤膜上，以过滤方式截留颗粒，其他粒径的颗粒收集在 75mm 直径的滤膜上，以惯性碰撞方式截留。通过采样前后滤膜质量差及采样体积，可计算相应粒径段颗粒物的质量浓度。

图 24-1 不同粒径颗粒在撞击器中的运行轨迹示意图

三、课时安排

① 理论课时安排：2 学时，学习采样器的基本原理、基本构造及使用注意事项；

② 实验课时安排：2 学时，其中采样准备 1 学时，滤膜保存与称量 1 学时。

四、实验材料

① 中流量采样器：流量 100L·min^{-1}，1 台。

② 流量校准装置：量程 70～160L·min^{-1}，1 台。

③ 分级采样切割头：PM_{10} 切割粒径 $D_{50}=(10\pm0.5)\mu m$，捕集效率的几何标准差 $\sigma_g=(1.5\pm0.1)\mu m$；$PM_{2.5}$ 切割粒径 $D_{50}=(2.5\pm0.2)\mu m$，捕集效率的几何标准差 $\sigma_g=(1.2\pm0.1)\mu m$。

④ 滤膜：玻璃纤维滤膜、石英滤膜等无机滤膜或聚氯乙烯、聚丙烯、混合纤维素酯等有机滤膜，要求滤膜对 0.3μm 标准粒子的截留效率不低于 99%。空白滤膜进行恒重称重，编号后放入滤膜保存盒，置于干燥器中备用。

⑤ 电子天平：量程 0～200g，精度 0.01mg。

⑥ 恒温恒湿箱：箱内温度在 15～30℃范围内可调，控温精度±1℃；箱内相对湿度控制在 50%±5%。

⑦ 干燥器：内置变色硅胶。

⑧ 钝头镊子，防静电。

五、实验步骤和方法

（一）样品采集

选择合适的采样点，要求三面开阔，周围没有高大建筑或树木遮挡。采样头距离地面高度不低于 1.5m（人的呼吸高度）。采样不宜在风速大于 8m·s^{-1} 条件下进行。大气颗粒物采样点八方位图见图 24-2。

将采样头拧开，撞击板与滤膜托对应放置，用清洁干布擦去采样头内及滤膜托的灰尘。用镊子将已编号并称量过的滤膜毛面朝上，放在滤膜托或撞击板上，然后放滤膜夹或筛孔

图 24-2 大气颗粒物采样点八方位图

板，对正，拧紧，使不漏气。切割头放回对应位置，上下层螺口拧紧，保证不同粒级切割头密封吻合不漏气。按照采样器使用操作说明，设置好采样时间（一般为 24h），即可启动采样器。

采样结束后，打开采样头，用镊子轻轻取下滤膜，放回原滤膜保存盒中，尘面朝上。取滤膜时，如发现滤膜破损或滤膜上尘的边缘轮廓不清晰或滤膜歪斜等，表明采样漏气，则本次采样作废，需重新采样。

（二）滤膜运输与保存

滤膜避光运输至实验室，放在恒温恒湿箱中，温湿度与空白滤膜平衡条件相同，平衡 24h。在上述平衡条件下进行称重，记录尘膜质量，称重精确到 0.1mg。完成 1 次称重后，同一滤膜在恒温恒湿箱内再平衡 1h 后称重。对应中流量采集的 $PM_{2.5}$ 或 PM_{10} 颗粒物样品的滤膜，两次质量之差应小于 0.04mg。以两次称量结果的平均值作为滤膜称重值。同一滤膜两次称重之差超出以上范围则该滤膜作废。

采样后滤膜样品如不能立即恒重称重，应在 4℃条件下冷藏保存。

六、实验结果整理和数据处理要求

（一）现场采样记录

大气颗粒物现场采样数据记录于表 24-1。

表 24-1 大气颗粒物现场采样记录表

滤膜编号	样品编号	地点	采样器编号	开始时间	结束时间	累积采集时间/h	采样期间温度/℃	采样期间气压/Pa	记录人
1									
2									
3									

（二）滤膜称重及浓度记录

根据2018年8月14日印发的《环境空气质量标准》（GB 3095—2012）修改单，颗粒物及组分浓度为监测时大气温度和压力下的浓度。颗粒物质量浓度（$mg \cdot m^{-3}$）＝尘重/累积采样体积。大气颗粒物滤膜称重及浓度记录于表24-2。

表 24-2 大气颗粒物滤膜称重及浓度记录表

滤膜编号	采气流量/($L \cdot min^{-1}$)	采样期间温度/℃	采样期间气压/Pa	累积采集时间/h	累积采样体积/m^3	空白滤膜质量/g	尘膜质量/g	尘重/g	颗粒物浓度/($mg \cdot m^{-3}$)	记录人
1										
2										
3										

七、注意事项

① 采样前后尽量使用同一天平进行称重，称重前检查天平的水准仪气泡是否居中，天平去皮是否稳定，天平校正合格后方可使用。

② 不能用手直接接触滤膜，建议采用钝头镊子，避免戳破滤膜。

③ 滤膜尽量置于托盘的中间，取放时避免镊子与托盘直接接触，以免损坏托盘。

④ 滤膜称重时的质量控制：取干净滤膜若干张，按照相同平衡条件非连续称重10次，计算的质量均值为滤膜的原始质量。以该滤膜为标准滤膜，每次称空白滤膜或尘膜的同时，称量两张标准滤膜。若标准滤膜称出的质量在原始质量±0.5mg范围内，则认为该批滤膜称量合格，数据可用。

⑤ 尽量使用无刷电机采样器，避免碳刷本身磨损对采样结果的干扰。

八、思考题

① 采样器使用过程中为什么必须以恒速抽取定量空气？

② 滤膜称量时如有静电干扰，如何去除？

③ 根据监测结果，分析 $PM_{10\sim100}$、$PM_{2.5\sim10}$ 和 $PM_{2.5}$ 之间的关联性特征。

④ 根据气象条件对大气 $PM_{2.5}$ 浓度的影响，对当地的环境空气质量进行评估。

实验 25 环境空气中氟化物的测定

空气中气态的氟大部分存在形式是氟化氢（HF），少量以氟化硅（SiF_4）的形式存在，还可能以氟化碳（CF_4）的形式存在。含氟粉尘主要来源于冰晶石（Na_3AlF_6）、萤石（CaF_2）、氟化铝（AlF_3）、氟化钠（NaF）以及各种氟磷灰石［$3Ca_3(PO_4)_2 \cdot Ca(Cl, F)_2$］等。电解铝、用硫酸处理萤石以及制造氟化物和应用氢氟酸时均会产生氟化物污染空气。

氟及其化合物的气体和粉尘属于高毒类，主要由呼吸道吸入。空气中的氟化物浓度超过一定量时，会危及人群、牲畜以及农作物。氟化氢和氢氟酸的大面积灼伤可引起氟骨病。400～430mg·m^{-3} 氟化氢可引起急性中毒致死，人在 100mg·m^{-3} 下能耐受 1min。长期吸入含低浓度的氟及其化合物的气体和粉尘，能够影响组织和器官的正常生理功能。

大气中氟化物的浓度范围可低至 10^{-9}（体积分数），也可高至 10^{-6}（体积分数）。常用的氟化物测定方法有离子色谱法和离子选择性电极法。

一、实验目的

① 了解大气中氟化物的种类；
② 理解氟化物测定方法的原理；
③ 掌握滤膜采样离子色谱法的操作。

二、实验原理

氟是最活泼的非金属元素，在自然界分布较广泛，多以氟化物（金属氟化物、氟化氢、四氟化硅）等形式存在。空气中的氟化物浓度超过一定量时，会对人群、牲畜及农作物等产生不良影响。空气中的氟化物主要来源于金属冶炼等行业，土壤中的氟化物也会随着飘尘等进入空气中。环境中的氟化物可以采用滤膜采集，然后用离子色谱法测定。

空气中的氟化物与滤膜上的磷酸氢二钾反应后被固定：

$$K_2HPO_4 + HF = KH_2PO_4 + KF$$

滤膜用盐酸溶液浸渍后，氟化钾（KF）中的氟以氟离子（F^-）形式存在。如需要分别测定气态氟、尘态氟，第一层采样膜可采用经柠檬酸溶液浸渍的 0.8μm 微孔滤膜先阻留尘态氟，第二、三层用磷酸氢二钾溶液浸渍过的玻璃纤维滤膜采集无机气态氟。样品膜用盐酸溶液浸溶后，测定酸溶性氟化物；用水浸溶后，测定水溶性氟化物。空气中的总氟含量应包括水溶性氟、酸溶性氟和不溶于 0.25mol·L^{-1} 盐酸溶液的氟化物。若需要测定总氟，可用水蒸气热解法处理样品。测定体系中存在 200mg·L^{-1} 以下的三价铁离子不影响测定，微量三价铝离子干扰氟化物的测定，可经蒸馏分离后再测定。

离子色谱法测定阴离子是利用离子交换原理进行分离，由抑制柱抑制淋洗液，扣除背景电导，然后利用电导检测器进行测定。根据混合标准溶液中各阴离子出峰的保留时间定性，根据峰高或峰面积定量，由此分析样品中的 F^-。

三、课时安排

① 理论课时安排：2 学时，学习滤膜采样离子色谱法的基本原理，离子色谱仪的基本结构、测定原理及使用注意事项；

② 实验课时安排：2 学时，其中试剂配制等前期准备 1 学时，标准曲线绘制、样品测定等 1 学时。

四、实验材料

(一)实验药品

注：除另有说明外，药品均为分析纯级别，实验用水均为蒸馏水。

磷酸氢二钾（K_2HPO_4）、柠檬酸（$C_6H_8O_7$）、盐酸（HCl，优级纯）、碳酸钠（Na_2CO_3，优级纯，105℃烘干2h）、碳酸氢钠（$NaHCO_3$，优级纯，105℃烘干2h）、氟化钠（NaF，优级纯，105℃烘干2h）。

(二)器皿

① 1000mL容量瓶4个，2000mL容量瓶1个；

② 1000mL聚乙烯塑料瓶2个，2000mL聚乙烯塑料瓶1个；

③ 50mL塑料杯若干；

④ 1、2、5、10mL玻璃刻度移液管各1支；

⑤ 150、500mL烧杯各1个；

⑥ 胶头滴管若干；

⑦ 25mL量筒1个。

(三)试剂

① 磷酸氢二钾浸渍液：称取76.0g磷酸氢二钾，溶解于水，稀释至1000mL。

② 磷酸氢二钾浸渍滤膜：将玻璃纤维滤膜按滤膜夹尺寸剪成直径9.0cm的圆片，放入磷酸氢二钾浸渍液中浸湿后沥干（每次用少量浸渍液，浸渍4～5张滤膜后，更换新的浸渍液），摊在一大张定性滤纸（不含氟）上，于50～60℃烘干，装入塑料盒（袋）中，密封好放入干燥器中备用。

③ 柠檬酸浸渍滤膜：将直径9.0cm的混合纤维素酯微孔滤膜用200g·L^{-1}柠檬酸溶液（称取200g柠檬酸粉末，用蒸馏水溶解，稀释至1000mL）浸湿后沥干，摊在一大张定性滤纸（不含氟）上，于50～60℃烘干，装入塑料盒中，密封好放入干燥器中备用。

④ 盐酸溶液（0.25mol·L^{-1}）：用量筒量取约20mL的浓盐酸，稀释至1000mL。

⑤ 淋洗贮备液［Na_2CO_3（0.18mol·L^{-1}），$NaHCO_3$（0.17mol·L^{-1}）］：称取19.078g碳酸钠和14.282g碳酸氢钠，溶解于水，移入1000mL容量瓶中，定容，过滤，贮存于聚乙烯塑料瓶中，于冰箱内保存。

⑥ 淋洗使用液：吸取淋洗贮备液20.00mL于2000mL容量瓶中，用水稀释至标线，摇匀贮存在聚乙烯塑料瓶中。此溶液碳酸钠浓度为0.0018mol·L^{-1}，碳酸氢钠浓度为0.0017mol·L^{-1}。

⑦ 再生液：根据仪器要求配制。

⑧ 氟化钠标准贮备液（1.000mg·mL^{-1}）：称取2.2100g氟化钠溶解于水，移入1000mL容量瓶中，加入10.00mL淋洗贮备液，用水稀释至标线，摇匀。贮于聚乙烯塑料瓶中，于冰箱内保存。

(四)实验装置及材料

① 电子天平：量程0～200g，精度0.0001g；

② 干燥箱：加热温度120℃±5℃，温控精度1℃；

③ 离子色谱仪；

④ 大气颗粒物采样器：流量范围满足 60～100L·min^{-1}；

⑤ 干燥器；

⑥ 玻璃纤维滤膜、混合纤维素酯微孔滤膜、定性滤纸，若干；

⑦ 镊子；

⑧ 超声波清洗器。

五、实验步骤和方法

（一）样品采集

(1) 采集气态氟、尘态氟混合样品

在滤膜夹中装入两张磷酸氢二钾浸渍滤膜，滤膜毛面朝上，中间隔 2～3mm，以 100L·min^{-1} 流量（气流线速约为 33cm·s^{-1}）采气 60～100min。采样后，用镊子将样品膜取下，对折放入塑料盒或塑料袋中，密封。

(2) 分别采集气态氟、尘态氟样品

在滤膜夹暴露于空气的一面装一张柠檬酸浸渍滤膜，下面再装两张磷酸氢二钾浸渍滤膜，各滤膜之间应间隔 2～3mm。以 100L·min^{-1} 流量采气 60～100min。采样后，不同浸渍滤膜应分开放置，密封。

（二）标准曲线绘制

① 用标准贮备液配制五个浓度水平的混合标准溶液测定峰高或峰面积。

② 以峰高（或峰面积）为纵坐标，以离子浓度（mg·L^{-1}）为横坐标，用最小二乘法计算标准曲线的回归方程或绘制标准曲线。

（三）样品制作

无论是气态氟、尘态氟混合样品，还是分别采集的样品，滤膜都应分张单独测定。将滤膜样品剪成 5mm×5mm 的小块，放入 50mL 塑料杯中，加入 10.00mL 盐酸溶液 (0.25mol·L^{-1})、10mL 水，在超声波清洗器中提取 5min 后，通过微孔滤膜过滤，除去其中的尘埃颗粒物和微生物体。进样前将样品与淋洗贮备液按体积比 99∶1 混合（有的分离柱则不需要这一步骤）。根据峰高（或峰面积）得到样品浓度。以纯水代替水样作为空白对照，重复上述处理。

色谱条件：离子色谱淋洗液流量 1.5mL·min^{-1}，进样量 25μL，ED50A 电化学检测器，电流 90mA，柱箱温度 30℃。

（四）计算公式

按下式计算大气中氟离子的浓度。

$$\text{氟离子浓度}(\text{mg}\cdot\text{m}^{-3})=(h-h_0-a)/b\times0.02/V \tag{25-1}$$

式中 h——样品的峰高（或峰面积 A）；

h_0——空白峰高（或峰面积 A_0）测定值；

b——回归方程的斜率；

a——回归方程的截距；

V——采样体积，m^3。

六、实验结果整理和数据处理要求

（一）标准系列数据记录

标准系列数据记录于表25-1。

表25-1 标准系列记录

管号	0	1	2	3	4	5
氟离子浓度/($g \cdot m^{-3}$)						
峰高(或峰面积)						

（二）绘制标准曲线

以峰高（或峰面积）为纵坐标，以氟离子浓度（$mg \cdot L^{-1}$）为横坐标，绘制标准曲线。

（三）样品数据记录及结果整理

样品系列数据记录于表25-2。

表25-2 样品系列记录表

管号	1	2	3	4	5	…
峰高(或峰面积)						

七、注意事项

① 离子色谱法所用去离子水的电导率应小于$0.5\mu S \cdot cm^{-1}$，并用微孔滤膜过滤。

② 采用离子色谱分析时，样品中需加入一定量的淋洗贮备液，使其浓度与淋洗液相同，以消除负峰干扰。

③ 因为分离柱、环境温度对分离度及保留时间均有影响，操作者可根据具体情况和经验对淋洗贮备液（碳酸钠-碳酸氢钠溶液）的浓度比进行适当的调整。

④ 注意整个系统不要进气泡，否则会影响分离效果。

⑤ 在与绘制标准曲线相同的色谱条件下测定样品的保留时间和峰高（或峰面积）。

⑥ 淋洗液、再生液改变时或分析20个样品后，要对标准曲线进行校准。

⑦ 假如氟离子的保留时间超出预期值的±10%，必须用新的标样重新测定。如果其测定结果仍超出±10%，则需要重新绘制标准曲线。

八、思考题

① 如何考察本实验的精密度和准确度？

② 除了离子色谱法外，还有哪些测定空气中氟化物的方法？与离子色谱法相比有什么优缺点？

实验26 环境空气中苯系物的测定

芳烃类化合物也可称为苯系化合物，来源主要有化工、炼油、炼焦等产生的工业废气和废弃物，由于种类很多，一般主要测定苯、甲苯、乙苯、二甲苯等化合物。苯、甲苯、乙苯、二甲苯都是无色、有芳香气味、有挥发性、易燃的液体，微溶于水，易溶于乙醚、乙醇、氯仿和二硫化碳等有机溶剂，在空气中是以蒸气状态存在的。对于多个苯系化合物，目前广泛采用气相色谱法进行测定，特点是可以同时测定、灵敏度高。

一、实验目的

① 了解大气中芳烃类污染物的来源；

② 掌握具体的芳烃类污染物的监测方法；

③ 掌握气相色谱法的分离和测定原理。

二、实验原理

用活性炭吸附采样管富集空气中苯、甲苯、乙苯、二甲苯等苯系物，然后加二硫化碳解吸，经内填充涂覆2.5%邻苯二甲酸二壬酯（DNP）和2.5%有机皂土（Bentone）色谱柱分离，用氢火焰离子化检测器测定，以保留时间定性，峰高（或峰面积）外标法定量。

当采样体积为10L时，苯、甲苯、乙苯、邻二甲苯、间二甲苯、对二甲苯、异丙苯和苯乙烯的方法检出限均为$1.5\times10^{-3}mg\cdot m^{-3}$，测定下限均为$6.0\times10^{-3}mg\cdot m^{-3}$。

三、课时安排

① 理论课时安排：2学时，学习活性炭吸附/二硫化碳解吸的基本原理，气相色谱仪的基本结构、测定原理及使用注意事项；

② 实验课时安排：2学时，其中试剂配制等前期准备1学时，标准曲线绘制、样品测定等1学时。

四、实验材料

（一）实验药品

注：除另有说明外，药品均为分析纯级别，实验用水均为蒸馏水。

苯（C_6H_6，色谱纯）、甲苯（C_7H_8，色谱纯）、乙苯（C_8H_{10}，色谱纯）、邻二甲苯（C_8H_{10}，色谱纯）、对二甲苯（C_8H_{10}，色谱纯）、间二甲苯（C_8H_{10}，色谱纯）、无水硫酸钠（Na_2SO_4）、硫酸、甲醛、活性炭、二硫化碳（CS_2）、碳酸钠（Na_2CO_3）。

（二）器皿

① 容量瓶：5、100mL各8个；

② 无分度吸管：1、2、5、10、15、20mL各1支；

③ 微量注射器：10μL 2支；

④ 量筒：25、100、250mL各1个。

（三）试剂

① 二硫化碳：使用前进行提纯。方法是向250mL二硫化碳中加入20mL硫酸、1mL甲醛，充分振荡、静置、分层，然后重复多次至二硫化碳无色为止，再用$200g\cdot L^{-1}$的碳酸钠溶液洗至中性，用无水硫酸钠干燥，蒸馏后使用。

② 苯系物标准溶液：用二硫化碳直接配制色谱纯的苯系物标准溶液。

（四）实验装置及材料

① 气相色谱仪：氢火焰离子化检测器。色谱柱：长 2m，内径 3mm 的不锈钢柱，柱内填充涂覆 2.5% DNP 及 2.5% Bentone 的 Chromosorb W-HP DMCS（二甲基二氯硅烷处理的红色硅藻土载体，80～100 目）；或者采用毛细管色谱柱（30m×0.32mm、30m×0.25mm，固定液膜厚为 0.25～1.5μm，如 DB-1、DB-5、SE-54）。

② 空气采样器：0～1L·min^{-1}。

③ 活性炭吸附采样管：取长 10cm、内径 6mm 的玻璃管，洗净烘干，每个玻璃管内装 20～50 目颗粒活性炭 0.5g（活性炭应预先在马弗炉内经 350℃灼烧 3h，放冷后备用），分 A、B 两段，中间用玻璃棉隔开，如图 26-1 所示。

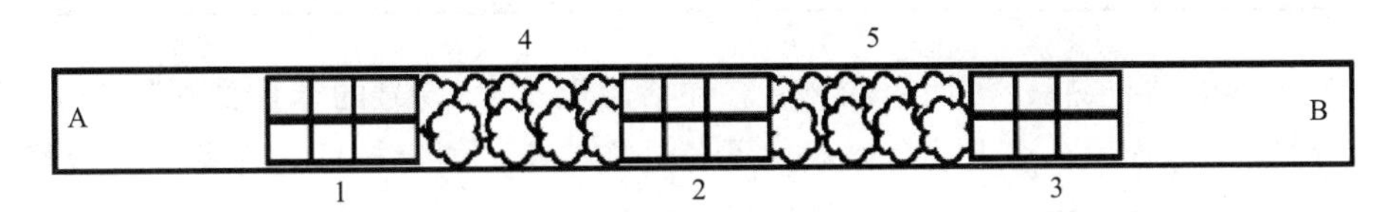

图 26-1　活性炭吸附采样管

1,2,3—玻璃棉；4,5—颗粒活性炭

五、实验步骤和方法

（一）大气样品的采集

用乳胶管连接采样管 B 端与空气采样器的进气口。A 端垂直向上，处于采样位置。以 0.5L·min^{-1} 流量采样 100～400min。采样后，用乳胶管将采样管两端套封，样品放置不能超过 10 天。

（二）标准曲线的绘制

(1) 苯系物标准贮备液的配制

分别吸取苯、甲苯、乙苯、邻二甲苯、对二甲苯、间二甲苯各 10.0μL 于装有 90mL 纯化过的二硫化碳的 100mL 容量瓶中，用二硫化碳稀释至标线。再取上述标液 10.00mL 于装有 80mL 纯化过的二硫化碳的 100mL 容量瓶中，并稀释至标线。此贮备液每毫升含苯 8.8μg、乙苯 8.7μg、甲苯 8.7μg、对二甲苯 8.6μg、间二甲苯 8.7μg、邻二甲苯 8.8μg。在 4℃可保存一个月。苯浓度的计算公式如下：

$$\rho_{苯}(\mu g \cdot mL^{-1}) = \frac{10}{10^5} \times \frac{10}{100} \times 0.88 \times 10^6 = 8.8$$

式中　0.88——苯的密度，g·mL^{-1}。

(2) 色谱条件

柱温：64℃；气化室温度：150℃；检测室温度：150℃。

载气：氮气，流量 50mL·min^{-1}；燃气：氢气，流量 46mL·min^{-1}；助燃气：空气，流量 320mL·min^{-1}。

(3) 标准曲线的绘制方法

分别取苯系物标准贮备液 0、5.00、10.00、15.00、20.00、25.00mL 于 100mL 容量瓶中，用纯化过的二硫化碳稀释至 100mL，摇匀。具体浓度如表 26-1 所示。

表 26-1 苯系物各品种不同浓度的配制表

项目	编号					
	0	1	2	3	4	5
苯、邻二甲苯标准贮备液体积/mL	0	5.00	10.00	15.00	20.00	25.00
稀释至100mL后的浓度/($\mu g \cdot mL^{-1}$)	0	0.44	0.88	1.32	1.76	2.20
甲苯、乙苯、间二甲苯标准贮备液体积/mL	0	5.00	10.00	15.00	20.00	25.00
稀释至100mL后的浓度/($\mu g \cdot mL^{-1}$)	0	0.44	0.87	1.31	1.74	2.18
对二甲苯标准贮备液体积/mL	0	5.00	10.00	15.00	20.00	25.00
稀释至100mL后的浓度/($\mu g \cdot mL^{-1}$)	0	0.43	0.86	1.29	1.72	2.15

另取6个5mL容量瓶，各加入0.25g颗粒活性炭及0～5号的苯系物标液2.00mL，振荡2min，静置20min后，在上述色谱条件下各进样5μL。测定标样的保留时间及峰高（或峰面积），以峰高（或峰面积）及含量绘制标准曲线。

（三）样品测定

将采样管A段和B段活性炭分别移入两个5mL容量瓶中，加入纯化过的二硫化碳2.00mL，振荡2min。放置20min后，吸取5.0μL解吸液注入色谱仪，记录保留时间和峰高（或峰面积），以保留时间定性，峰高（或峰面积）定量。

（四）计算公式

按下式计算苯系物各成分浓度：

$$\rho_i = \frac{W_1 + W_2}{V_n} \tag{26-1}$$

式中 ρ_i——苯系物各成分的浓度，$mg \cdot m^{-3}$；

W_1——A段活性炭解吸液中苯系物的含量，μg；

W_2——B段活性炭解吸液中苯系物的含量，μg；

V_n——标准状况下的采样体积，L。

六、实验结果整理和数据处理要求

实验记录表见表26-2。

表 26-2 实验记录表

样品序号	保留时间/min	峰高（峰面积）
0		
1		
2		
3		
待测样品		

七、注意事项

采集样品时，空气湿度应小于90%。当空气中水蒸气太多或水雾太大时，活性炭层中的水汽会在管中凝结，影响活性炭管的穿透体积及采样效率。

八、思考题

① 为什么实验中要注意取样量和进样量的准确性？内标法如何定量？
② 在测定芳烃类化合物时，是否还有其他采样方法？各有哪些优缺点？

实验27 环境空气中生物气溶胶的测定

生物气溶胶是指含有生物性粒子的气溶胶，包括细菌、病毒以及致敏花粉、霉菌孢子、蕨类孢子和寄生虫卵等，除具有一般气溶胶的特性以外，还具有传染性、致敏性等。环境中生物气溶胶的成活率取决于许多生物和非生物因素，包括气候条件、紫外线强度、温度和湿度以及尘埃或云层中的环境条件等。在海洋环境中发现的生物气溶胶主要由细菌组成，而在陆地环境中发现的生物气溶胶则富含细菌、真菌和花粉。特定细菌及其营养来源的优势会随时间和位置而变化。

环境空气中生物气溶胶的采样方法种类繁多，常用的有自然沉降类、撞击类和冲击类。本实验采用安德森（Andersen）采样法。该方法可广泛用于卫生防疫、生物洁净、制药、发酵工业等环境中生物气溶胶的监测以及有关研究教学单位进行空气微生物的采样研究，为评价空气环境微生物污染危害及制定防治措施提供依据。

一、实验目的

① 了解生物气溶胶的来源及测定不同场所空气质量的意义；
② 掌握安德森采样法测定气载微生物的基本原理和方法；
③ 熟练使用安德森六级采样器，掌握微生物培养等的操作。

二、实验原理

安德森采样法属于撞击法这一大类。撞击法是空气中生物气溶胶颗粒获得足够的动能后依靠惯性脱离气流撞击于固体平板上的一种采样方法。这类采样器能用于空气微生物的定量测定。安德森采样器是一种六级筛板式空气微生物采样器，通过模拟人体呼吸道的结构及空气动力学特征进行采样。安德森采样器由6个带有400个微细圆形孔的金属撞击圆盘组成，每个圆盘的圆孔孔径由上到下递减，而气流速度则由上到下递增，盘下放置装有培养基的平板，使空气中的生物气溶胶颗粒按大小逐级撞击在6层培养基平板上。其中各级捕获的微粒直径为：第1级>7.0μm，第2级4.7～7.0μm，第3级3.3～4.7μm，第4级2.1～3.3μm，第5级1.1～2.1μm，第6级0.65～1.1μm。经过6次反复撞击，空气中的绝大部分粒子都被采集下来。

三、课时安排

① 理论课时安排：2学时，学习安德森采样法的基本原理，安德森采样器的基本结构、

测定原理、使用注意事项以及整体采样流程；

② 实验课时安排：2学时，其中制备琼脂平板等前期准备1学时，不同环境场所空气样本采集、培养等1学时。

四、实验材料

（一）实验药品

营养琼脂粉，内含蛋白胨10g、氯化钠5g、牛肉膏粉3g、琼脂15g。

（二）器皿

① 灭菌培养皿60个；

② 1000mL锥形瓶6个；

③ 1000mL量筒1个；

④ 药匙2个；

⑤ 称量纸若干。

（三）实验装置及材料

① 电子天平：量程0～200g，精度0.01mg；

② 高压灭菌锅；

③ 恒温培养箱；

④ 水浴加热装置；

⑤ 超净操作台。

五、实验步骤和方法

（一）琼脂平板的制备

将待使用的培养皿放置到超净操作台中紫外灭菌备用。称取营养琼脂粉26.4g，加入含有800mL超纯水的1000mL锥形瓶中，121℃高压灭菌15min。灭菌完毕后将热的琼脂溶液倒入每个培养皿中，每个培养皿中的琼脂溶液体积在15～20mL之内即可，静置待用。

（二）实际环境空气中生物气溶胶的采集

(1) 采样器的流量校正

a. 安德森六级微生物采样器流量是28.3L·min^{-1}，采样前校正好流量；

b. 必须保证圆盘上孔眼通畅，然后按说明书指示的顺序将每层撞击器装配好，一只手从上部按住撞击器，另一只手将其挂在三个弹簧挂钩上，固定完毕；

c. 用橡胶管连接撞击器出口和主机进气口，取下撞击器进气口的上盖，以便空气可以正常进入；

d. 按下主机上的“电源开关”，调节“流量调节”旋钮，使流量计的流量稳定在28.3L·min^{-1}。

(2) 撞击器的清洗与消毒

a. 用含中性洗涤剂的温水清洗撞击器（用超声波清洗更好）可除去喷孔的堵塞物；

b. 若喷孔发生阻塞，用高压气流或配备的细针清除堵塞物；

c. 六级撞击器使用70％酒精擦拭消毒。

(3) 现场采集

a. 将三脚架支开并锁紧，把三脚架顶部调至水平，连接撞击器底部与三脚架顶端螺纹，将主机放在桌上或地上，用橡胶管将主机进气口与撞击器出气口连接好。

b. 按顺序放入营养琼脂板，一只手打开营养琼脂板盖子，另一只手迅速盖上撞击盘，然后按住撞击器上部，挂上三个弹簧挂钩。

c. 打开撞击器进气口上盖，待采样人员距离采样点 2m 以上时即可启动采样，也可以参照仪器说明书，采用仪器自带定时器设定采样时间。

d. 采样时间长短视环境空气的污染程度而定，过长时间的气流冲击会导致采样介质脱水而影响微生物生长，因此一般不超过 30min。

e. 为了保证菌落计数的准确性，每个培养皿的菌落在 250 个以下为宜，因此一般室外环境空气采 20min，室内环境空气采 5～10min 即可。

f. 采样完毕后，取出采样培养皿扣上盖子，注意顺序和编号，切勿弄错。

（三）采集平板的培养

将采集空气样本的营养琼脂板置于恒温培养箱中进行培养，一般培养时间为 16～24h。培养后观察并记录平板中的微生物形貌、数量等基本信息。

（四）计算公式

$$N_i = \frac{n}{QT \times 10^{-3}} \tag{27-1}$$

式中 N_i——第 i 层的微生物菌落数，CFU[1] · m^{-3}；

n——平板上观察到的菌落数，个；

Q——采样器的恒定流量，28.3L · min^{-1}；

T——采样时间，min。

六、实验结果整理和数据处理要求

（一）培养平板上不同微生物的形貌观测

不同微生物的形貌观测记录于表 27-1。

表 27-1 不同微生物的形貌观测

微生物种类	形貌
细菌	
真菌	
病毒	
其他	

（二）空气样本中菌落数记录及结果整理

空气样本中菌落数记录于表 27-2。

[1] CFU：菌落形成单位。

表 27-2 空气样本中菌落数

微生物类别	采样器级数					
	1	2	3	4	5	6
菌 1						
菌 2						
菌 3						
菌 4						
其他菌						

七、注意事项

① 每次配制培养基时，要注意药品生产日期是否在保质期内，查看开瓶日期及瓶口密封性，保证药品未变质，并且未吸潮。配制培养基时，称量要准确。

② 使用超净台制备营养琼脂平板时，提前打开紫外灯照射 30min，其间打开风机通风，用消毒剂对超净台的内表面进行消毒擦拭。操作过程中尽量避免胳膊污染操作台环境。

③ 在培养过程中，要随时监控培养箱温度，保证微生物在适宜的温度下培养。要按照《公共场所卫生检验方法　第 3 部分：空气微生物》（GB/T 18204.3—2013）的要求及时观察结果，若出现异常，要及时分析原因并进行反馈。

八、思考题

① 影响营养琼脂平板计数的因素有哪些？如何减少干扰？

② 一旦遇到营养琼脂平板上的微生物无法识别的情况，可采用什么方法？举例说明。

③ 不同场所采集的空气样本存在差异，主要原因是什么？

实验 28　环境空气中臭气浓度的测定

恶臭是异味物质通过空气介质，作用于人的嗅觉器官而产生的一种感知（嗅觉）污染。大部分恶臭气体是多种低浓度恶臭因子的混合气体，包含数十种甚至上百种成分，构成恶臭气体的各组成因子的嗅觉阈值浓度大多数是 $1\mu g \cdot L^{-1}$，单独嗅各成分几乎都无强烈臭味，但混合后却能散发出恶臭。

近年来臭气问题在环境问题中显得尤为突出，污水处理厂、畜禽养殖场、垃圾填埋场及石化厂等均会产生并排放大量臭气，使得人体感官产生不适，影响日常生活，甚至会影响到人体健康。如果长期处于恶臭环境中，可能会引起血液疾病或癌症等。

环境空气中臭气浓度的测定方法主要有三点比较式臭袋法、仪器测定法等。本实验采用三点比较式臭袋法测定臭气浓度，利用人的嗅觉评价综合气味能直观地反映恶臭对于人嗅觉感官的影响。

一、实验目的

① 了解臭气的特点及测定臭气浓度的意义；

② 掌握三点比较式臭袋法测定臭气浓度的基本原理和方法；

③ 熟练掌握三点比较式臭袋法的操作。

二、实验原理

实验采用嗅觉测定法获取臭气浓度，即依赖人的嗅觉感官来量化臭气气味，直观地了解气味对人的影响。三点比较式臭袋法测定恶臭气体浓度的方法是先将三只无臭袋中的两只充入无臭空气，另一只则按一定稀释比例充入无臭空气和被测恶臭气体样品供嗅辨员嗅辨，当嗅辨员正确识别有臭气袋后，再逐级进行稀释、嗅辨，直至稀释样品的臭气浓度低于嗅辨员的嗅觉阈值时停止实验。每个样品由若干名嗅辨员同时测定，最后根据嗅辨员的个人阈值和嗅辨小组成员的平均阈值求得臭气浓度。

三、课时安排

① 理论课时安排：2 学时，学习嗅辨法的基本原理；

② 实验课时安排：2 学时，其中前期准备 1 学时，嗅辨实验操作等 1 学时。

四、实验材料

（一）实验药品

注：以下药品除另有说明外，均为分析纯级别。

五种标准臭液：β-苯乙醇（$C_8H_{10}O$）、异戊酸（$C_5H_{10}O_2$）、甲基环戊酮（$C_6H_{10}O$）、γ-十一烷酸内酯（$C_{11}H_{20}O_2$）、β-甲基吲哚（C_9H_9N）。

正丁醇（C_4H_9OH）标准气体、活性炭、分子筛、液体石蜡（用作溶剂）。

（二）器皿

① 注射器：0.1、1、5、10、50、100mL；

② 聚酯无臭袋：3、6L；

③ 称量瓶：5 个；

④ 移液管：1、10mL；

⑤ 棕色瓶：5 个；

⑥ 棕色容量瓶：1000mL 5 个；

⑦ 安瓿瓶：若干。

（三）实验装置及材料

① 无臭空气净化装置见图 28-1。

② 采样瓶与真空处理装置见图 28-2。

③ 真空瓶和配气衬袋见图 28-3。

④ 电子天平：量程 0～200g，精度 0.0001g。

⑤ 空气压缩机。

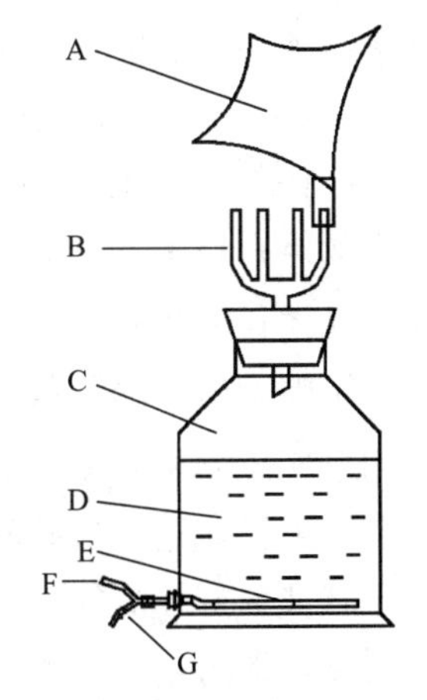

图 28-1 无臭空气净化装置

A—3L 无臭袋；B—供气分气器；C—玻璃瓶；D—活性炭；E—气体分散管；F—进气口；G—供气量控制调节旋钮

五、实验步骤和方法

（一）臭液配制

① 标准臭液贮备液。用恒重（连续 2 次烘干冷却称量的质量差小于 0.4mg）的称量瓶分别称取 0.632g（精确至

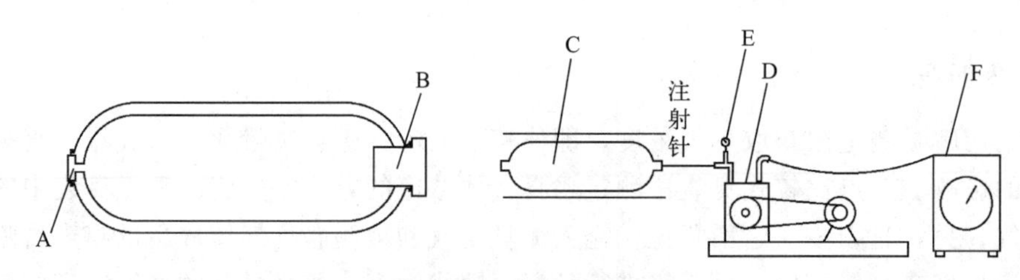

图 28-2　采样瓶与真空处理装置

A—进气口硅橡胶塞；B—充填衬袋口硅橡胶塞；C—采样瓶；D—真空泵；E—真空表；F—流量计

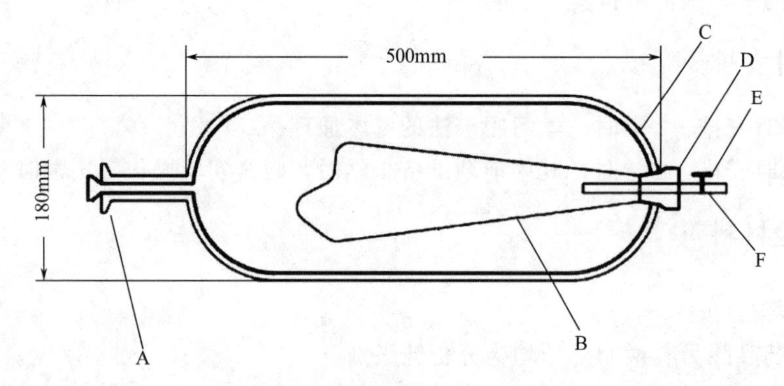

图 28-3　真空瓶和配气衬袋示意图

A—进气口硅胶塞；B—配气衬袋；C—真空瓶；D—配气衬袋硅胶塞；E—两通阀；F—玻璃通气管

0.1mg）甲基环戊酮、0.200g（精确至 0.1mg）β-苯乙醇、0.632g（精确至 0.1mg）γ-十一烷酸内酯、0.200g（精确至 0.1mg）β-甲基吲哚、0.200g（精确至 0.1mg）异戊酸，再向以上称量瓶中加入液体石蜡，继续称量至 20.000g（精确至 0.1mg）。用玻璃棒搅拌，使臭液纯品于液体石蜡中充分溶解，混匀，配制成为质量浓度分别为 $10^{-1.5}$ 的甲基环戊酮、$10^{-2.0}$ 的 β-苯乙醇、$10^{-1.5}$ 的 γ-十一烷酸内酯、$10^{-2.0}$ 的 β-甲基吲哚、$10^{-2.0}$ 的异戊酸标准臭液贮备液。将各贮备液转移至棕色瓶中，密封，4℃下冷藏，可保存 6 个月。

② 标准臭液使用液。分别移取 1.00mL 标准甲基环戊酮贮备液、10.00mL β-苯乙醇、1.00mL γ-十一烷酸内酯、1.00mL β-甲基吲哚和 1.00mL 异戊酸于 5 个 1000mL 棕色容量瓶中，以液体石蜡定容。混匀后分装于安瓿瓶，即配制成所需浓度的标准臭液使用液，4℃下冷藏，可保存 2 年。

（二）嗅辨气袋的制备

使用空气压缩机和无臭空气净化装置制备无臭空气嗅辨气袋。采用注射器抽取法，用注射器于真空采样瓶进气口硅胶塞处或采气管处抽取定量样品气，或直接从采样袋中抽取定量样品气，将抽取好样品气的注射器迅速插入充有无臭空气的嗅辨气袋中，将样品气体注入，拔出注射器，摇匀，即完成嗅辨气袋的制备。

（三）稀释倍数的确定

分析环境空气和无组织排放监控点空气样品的嗅辨小组由 6 名嗅辨员组成，分析固定污染源废气样品的嗅辨小组由不少于 4 名嗅辨员组成。嗅辨员当天不能携带和使用有气味的香料及化妆品，不能食用有刺激性气味的食物，患感冒或嗅觉器官不适的嗅辨员不能参加当天的测定。样品稀释倍数参考表28-1。

表28-1 样品稀释倍数参考表

在3L无臭袋中注入样品的量/mL	100	30	10	3	1	0.3	0.03	0.01	…
稀释倍数	30	100	300	1000	3000	10^4	10^5	3×10^5	…

配气人员将臭气样品按稀释梯度配制成一组嗅辨气袋，进行嗅辨尝试，从中选择一个既能明显嗅出气味又不具有强烈刺激性的嗅辨气袋，以此嗅辨气袋的稀释倍数作为实验的初始稀释倍数。

（四）环境空气和无组织排放监控点空气的嗅辨

将18只3L嗅辨气袋分成6组，每组的3只气袋上分别标明A、B、C，其中一只按初始稀释倍数将样品气体定量注入充有无臭空气的嗅辨气袋中，其余两只仅充满无臭空气，然后将6组嗅辨气袋发给6名嗅辨员嗅辨，每个稀释倍数实验重复3次。嗅辨员进行嗅辨后，嗅辨结果按嗅辨气袋号（A、B、C）＋自信度（猜测或肯定）给出。答案正确＋肯定时，记为正确；答案正确＋猜测时，记为不明确；答案错误时，记为错误。将6名嗅辨员3次实验共18个嗅辨结果代入式(28-1) 计算M。

$$M=\frac{1.00\times a+0.33\times b+0\times c}{n} \tag{28-1}$$

式中 M——小组平均正确率；

a——答案为正确的人次；

b——答案为不明确的人次；

c——答案为错误的人次；

n——解答总数，18。

实验终止判定：当M大于0.58时，继续下一级稀释倍数实验，重复上述实验步骤，直至M小于或等于0.58时，实验结束。进行两次及以上稀释时，得到两个M（M_1、M_2），其中M_2为小于或等于0.58时稀释倍数的小组平均正确率，M_1为M_2稀释倍数的上一级稀释倍数的小组平均正确率。

当初始稀释倍数为10的样品的M小于或等于0.58时，实验自动结束，样品臭气浓度以“＜10”或“＝10”表示。

（五）固定污染源废气的嗅辨

将12只3L嗅辨气袋分成4组，每组的3只气袋上分别标明A、B、C，按初始稀释倍数将样品气体定量注入充有无臭空气的一只嗅辨气袋中，每组其余两只仅充满无臭空气，然后将4组嗅辨气袋发给4名嗅辨员嗅辨，嗅辨结果按嗅辨气袋号（A、B、C）给出。每个样品嗅辨实验重复两次。

臭气样品嗅辨实验结束后，对两次嗅辨实验得到的两组嗅辨员的个人嗅觉阈值数据进行95%置信区间的t检验。如t检验结果表明两次嗅辨阈值无显著差异，则嗅辨实验结束；如t检验结果表明两次嗅辨阈值存在显著差异，则再对该样品进行一次补充实验。选用通过t检验的两组阈值数据进行臭气浓度的计算。

实验终止判定：在每次嗅辨实验过程中，4 名嗅辨员同步进行嗅辨，当 4 名嗅辨员均出现过嗅辨结果错误时，本次嗅辨实验结束。

（六）结果计算

(1) 环境空气和无组织排放监控点空气的臭气结果计算

根据测试求得的 M_1 和 M_2 按照式(28-2) 和式(28-3) 计算环境空气和无组织排放监控点空气样品的臭气浓度。

$$Y=t_1\times 10^{\alpha\beta} \tag{28-2}$$

$$\alpha=\frac{M_1-0.58}{M_1-M_2};\beta=\lg\frac{t_2}{t_1} \tag{28-3}$$

式中 Y——臭气浓度；

α——幂参数；

β——幂参数；

t_1——小组平均正确率为 M_1 时的稀释倍数；

t_2——小组平均正确率为 M_2 时的稀释倍数。

(2) 固定污染源废气的臭气结果计算

① 将嗅辨员每次的嗅辨结果汇总至答案登记表，每人每次所得的正确答案以“0”表示，不正确答案以“×”表示。

② 个人嗅阈值计算公式如下：

$$X_1=\frac{\lg a_1+\lg a_2}{2} \tag{28-4}$$

式中 X_1——个人嗅觉阈值；

a_1——个人正解最大稀释倍数；

a_2——个人误解稀释倍数。

③ t 检验公式如下：

$$t=\frac{|\overline{X_1}-\overline{X_2}|}{\sqrt{\dfrac{S_{X_1}^2+S_{X_2}^2-2\gamma S_{X_1}S_{X_2}}{n-1}}} \tag{28-5}$$

式中 t——检验统计量；

X_1——第一次嗅辨的小组嗅觉阈值均值；

X_2——第二次嗅辨的小组嗅觉阈值均值；

$S_{X_1}^2$——第一次嗅辨的小组嗅觉阈值方差；

$S_{X_2}^2$——第二次嗅辨的小组嗅觉阈值方差；

γ——嗅辨小组两次嗅辨结果的相关系数；

n——一次嗅辨个人嗅觉阈值结果个数。

④ 平均嗅觉阈值计算公式如下：

$$\overline{X}=\frac{\sum_{i=1}^{n}X_i}{n} \tag{28-6}$$

式中 $\overline{X}$——平均嗅觉阈值；

X_i——个人嗅觉阈值；

n——小组两次个人嗅辨嗅觉阈值结果个数。

⑤ 样品臭气浓度计算公式如下：

$$Y=10^{\overline{X}} \tag{28-7}$$

式中 Y——样品臭气浓度；

$\overline{X}$——小组算术平均嗅觉阈值。

六、实验结果整理和数据处理要求

臭气测定结果登记表见表28-2和表28-3。

表28-2 环境空气和无组织排放监控点空气测定结果登记表

稀释倍数/倍		30	100	300	1000	3000	10000	30000	个人嗅阈值	平均阈值	臭气浓度
对数值		1.48	2.00	2.48	3.03	3.48	4.00	4.48			
嗅辨员	A										
	B										
	C										
	D										
	E										
	F										

表28-3 固定污染源废气测定结果登记表

稀释倍数/倍			30	100	300	1000	3000	10000	30000	个人嗅阈值	平均阈值	臭气浓度
对数值			1.48	2.00	2.48	3.03	3.48	4.00	4.48			
嗅辨员	A	结果										
		t										
	B	结果										
		t										
	C	结果										
		t										
	D	结果										
		t										

七、注意事项

① 实验中使用的标准恶臭气体样品应妥善保管，严防泄漏造成恶臭污染。经嗅辨后的样品袋不得在嗅辨室内排气。

② 通过培训使嗅辨员了解典型恶臭物质的气味特性，提高对各种臭气的嗅辨能力。

③ 与供气口连接的气袋充气管内径要稍大于气体净化器供气管的外径。

④ 可采用无油空气泵向空气净化器供气，严禁使用含油或其他散发气味的供气设备。

八、思考题

① 还有哪些其他的嗅辨法？它们各自有什么优缺点？
② 为什么与供气口连接的气袋充气管内径要稍大于气体净化器供气管外径？
③ 除了注射器抽取法外，是否还有其他稀释方法？介绍其原理。

实验 29　环境空气中恶臭物质的测定

恶臭是重要环境公害已为当今世界所公认。在国内外首批确定的 8 种重点监控的恶臭物质中，有机硫类化合物占 3 种：甲硫醇、甲硫醚和二甲基二硫醚。对有机硫类恶臭物质进行采样和分析可以有效贯彻执行国家法规，防止恶臭危害。

环境空气中臭气浓度的测定方法主要有三点比较式臭袋法、仪器测定法等。色质联用法是仪器测定法的一种，包括气相色谱-质谱联用（GC-MS）、液相色谱-质谱联用（LC-MS）等。本实验采用热解吸-气相色谱质谱联用法测定环境空气中的有机硫化物。

一、实验目的

① 了解臭气的特点及测定臭气浓度的意义；
② 掌握热解吸-气相色谱质谱联用法测定臭气浓度的基本原理和方法；
③ 熟练使用热解吸仪、气相色谱-质谱仪。

二、实验原理

热解吸即被吸附于界面（固体吸附剂）的物质在一定温度和载气流量下，离开界面（固体吸附剂）重新进入气相的过程，也称热脱附，是一种无溶剂、干净、通用、高灵敏度的样品前处理技术。热解吸-气相色谱质谱联用技术是将固体、液体、气体样品或吸附有待测物的吸附管置于热解吸装置中，当装置升温时，挥发性、半挥发性组分从吸附剂中释放出来，通过惰性载气将待测物带入 GC-MS 进行分析的一种技术。

待测组分经气相色谱分离为单一组分，按其保留时间的不同，与载气同时流出色谱柱，进入质谱仪被离子源离子化，样品组分转变为离子，经分析检测，记录为质谱图。由 GC-MS 得到的总离子色谱图或质量色谱图中，色谱峰面积与相应组分的含量成正比。通过利用归一化法、外标法、内标法等不同方法对色谱图进行定量分析来确定未知组分的量。

三、课时安排

① 理论课时安排：2 学时，学习热解吸-气相色谱质谱联用法的基本原理，热解吸仪、气相色谱-质谱仪的基本结构、测定原理及使用注意事项；

② 实验课时安排：2 学时，其中模拟气体配制等前期准备 1 学时，标准曲线绘制、样品测定等 1 学时。

四、实验材料

（一）实验药品

注：以下药品除另有说明外，均为分析纯级别。

甲硫醇（CH_4S）、乙硫醇（C_2H_6S）、甲硫醚（C_2H_6S）、乙硫醚（$C_4H_{10}S$）、二甲基二硫醚（$C_2H_6S_2$）、氮气（N_2，99.999%）。

（二）实验仪器

① 气相色谱-质谱仪；

② 热解吸仪；

③ 色谱柱：DB-624 或等效的色谱柱；

④ 采样泵；

⑤ 吸附管：多孔聚合物吸附剂（Tenax TA）、硫分子筛吸附剂（Sulficarb）二合一填料，具有惰性涂层。

五、实验步骤和方法

（一）仪器工作条件

（1）热解吸仪

热解吸仪吹扫温度 300℃，冷阱温度－30℃，二次解吸温度 300℃，传输线温度 200℃，吹扫时间 5min，解吸时间 3min，进样时间 1min，烘烤温度 300℃。

（2）色谱条件

升温程序：35℃保温 6min，以 10℃·min^{-1} 上升至 120℃。柱流量：1.0mL·min^{-1}。分流模式：不分流。

（3）质谱条件

电离方式：电子电离源（EI），离子源温度 230℃，接口温度 200℃，定性分析采用全扫描模式，质荷比（m/z）扫描范围为 35～150。选择离子扫描模式对样品进行定量分析，外标法定量。5 种有机硫化物的分子式、分子量、定量离子质荷比和辅助定性离子质荷比见表 29-1。

表 29-1　5 种有机硫化物的分子式、分子量、定量离子质荷比和辅助定性离子质荷比

化合物	分子式	分子量	定量离子质荷比	辅助定性离子质荷比
甲硫醇	CH_4S	48	45	47，48
乙硫醇	C_2H_6S	62	62	47，45
甲硫醚	C_2H_6S	62	62	47，45
乙硫醚	$C_4H_{10}S$	90	90	47
二甲基二硫醚	$C_2H_6S_2$	94	94	79

（二）实验方法

① 模拟气体的配制：用注射器分别抽取不同体积的有机硫化物标准气，加入 10L 的采样袋中，以氮气为稀释气，配制成含有机硫化物的混合气样。其中，甲硫醇、乙硫醇、甲硫醚、乙硫醚、二甲基二硫醚 5 种有机硫化物的质量浓度分别为 2.14、2.77、2.77、4.02、4.20mg·m^{-3}。

② 标准曲线：采用 5 种有机硫化物标准气，以氮气作为稀释气，按表 29-2 分别配制混合标准气样，以 400mL·min^{-1} 的流量吸附到吸附管中，进行检测。

表 29-2 5种混合标准气样中有机硫化物的质量浓度 单位：$mg \cdot m^{-3}$

化合物	气样 1	气样 2	气样 3	气样 4	气样 5
甲硫醇	5.35×10^{-3}	1.07×10^{-2}	2.14×10^{-2}	4.28×10^{-2}	8.56×10^{-2}
乙硫醇	6.93×10^{-3}	1.39×10^{-2}	2.77×10^{-2}	5.54×10^{-2}	0.111
甲硫醚	6.93×10^{-3}	1.39×10^{-2}	2.77×10^{-2}	5.54×10^{-2}	0.111
乙硫醚	1.01×10^{-2}	2.01×10^{-2}	4.02×10^{-2}	8.04×10^{-2}	0.161
二甲基二硫醚	1.05×10^{-2}	2.10×10^{-2}	4.02×10^{-2}	8.40×10^{-2}	0.168

③ 实际样品分析：采用吸附管对某环境空气中的有机硫化物进行富集。然后将吸附管置于热脱附仪中，经气相色谱仪分离后，用质谱仪进行检测。以全扫描方式进行测定，以样品中目标物的相对保留时间、辅助定性离子和定量离子间的丰度比与标准色谱图中的目标物作对比来定性，外标法定量。

六、实验结果整理和数据处理要求

（一） GC-MS总离子流图

展示5种有机硫化物标准气体的GC-MS总离子流图。

（二）标准曲线

5种有机硫化物的标准曲线相关数据记录于表29-3。

表 29-3 5种有机硫化物的标准曲线

化合物	保留时间/min	线性范围/($mg \cdot m^{-3}$)	标准曲线方程	相关系数
甲硫醇				
乙硫醇				
甲硫醚				
乙硫醚				
二甲基二硫醚				

（三）实际样品分析

实际样品测定结果记录于表29-4。

表 29-4 实际样品测定结果 单位：$mg \cdot m^{-3}$

化合物	采样地点		
	A	B	C
甲硫醇			
乙硫醇			
甲硫醚			
乙硫醚			
二甲基二硫醚			

七、注意事项

① 所有样品均应在 17～25℃条件下避光保存，进行臭气浓度分析的样品应在采样后 24h 内测定；

② 在进行二次热解吸仪分析前，要注意检查热解吸仪的各个连接端口是否连接完整。

八、思考题

① 请简述该实验的基本原理。

② 该实验有哪些影响因素可以优化？

第四章
土壤分析监测

实验 30　土壤中挥发性有机物的测定

土壤中的挥发性有机物（VOCs）种类众多，包括甲苯、氯仿、二氯甲烷、苯乙烯等，主要来自工业废水和生活污水的排放、石油或化工溶剂的泄漏等。为加强土壤污染防治，防止残留 VOCs 进一步危害人类健康，逐步改善土壤环境质量，需对土壤中 VOCs 进行定性定量检测分析。本实验以土壤中常见挥发性有机物甲苯为例，参考《土壤和沉积物　挥发性有机物的测定　顶空/气相色谱法》（HJ 741—2015）对目标污染物进行检测。

一、实验目的

① 了解顶空进样的概念和原理；

② 熟悉顶空-气相色谱联用的使用方法；

③ 掌握土壤中挥发性有机物的常规测定基本操作。

二、实验原理

顶空进样技术基于挥发性有机物沸点较低的特点，通过加热样品瓶中的样品，实现污染物在气/液（固）两相间的合理分配，并将顶空气体部分或全部带入气相色谱仪中进行分析。气相色谱测定原理主要是多组分混合样品进入色谱柱后，因为固定相对每个组分的吸附力不一样，吸附力弱的组分较易被解吸下来，最先离开色谱柱进入检测器，而吸附力最强的组分较难被解吸下来，所以最后离开色谱柱，如此，各组分得以在色谱柱中相互分离，按顺序进入检测器中被检测、记录下来，最终以保留时间定性，外标法定量。

三、课时安排

① 理论课时安排：2 学时，重点掌握土壤中挥发性有机物的测定方法和基本实验操作，难点是顶空-气相的测定原理等内容。

② 实验课时安排：2 学时，独立完成实验，包括采样、样品预处理、顶空进样、标准曲线绘制和气相测试及计算等过程。

四、实验材料

（一）实验药品

色谱纯甲醇（CH_3OH）、优级纯氯化钠（NaCl）、优级纯磷酸（H_3PO_4）、分析纯石英砂（SiO_2）、超纯水（H_2O，18.2MΩ·cm）。

（二）器皿

① 5、10、25、100、500μL 微量注射器各 1 支；

② 1000mL 容量瓶 1 个；

③ 10mL 移液管 2 支；

④ 1000mL 密实瓶 1 个；

⑤ 22mL 顶空瓶 8 个；

⑥ 玻璃板若干；

⑦ 具盖容器 1 个；

⑧ 样品勺。

（三）试剂

① 标准贮备液（5000mg·L^{-1}）：甲苯，市售有证标准溶液；

② 标准使用液（50mg·L^{-1}）：移取 10.00mL 标准贮备液至 1000mL 容量瓶中，用甲醇稀释至标线，摇匀置于密实瓶中，于 4℃下避光保存；

③ 饱和氯化钠溶液：量取 500mL 超纯水，滴加几滴磷酸溶液（H_3PO_4，85%，ρ＝1.69g·mL^{-1}）调节 pH≈2，加入 180g 氯化钠，溶解并混匀，于 4℃下保存。

（四）实验装置

① 气相色谱仪：具有毛细管分流/不分流进样口，可程序升温，具火焰离子化检测器（FID），配有石英毛细管色谱柱（HP-VOC），载气［高纯氮气（≥99.999%）］，燃气［高纯氢气（≥99.999%）］，助燃气［合成空气（≥99.9%）］；

② 自动顶空进样器：可匹配顶空瓶（22mL）、密封垫（聚四氟乙烯/硅氧烷材料）、瓶盖（螺旋盖或一次性使用的压盖）；

③ 电子天平：量程 0～200g，精度 0.0001g；

④ 便携式冷藏箱：容积 20L，温度 4℃以下；

⑤ 马弗炉：（室温＋10℃）～1000℃，控温精度 1℃；

⑥ 往复式振荡器：振荡频率 150 次·min^{-1}，可固定顶空瓶；

⑦ 电热鼓风干燥箱：（室温＋10℃）～180℃，控温精度 1℃；

⑧ 干燥器：装有无水变色硅胶。

五、实验步骤和方法

（一）土壤样品的采集和保存

向 22mL 顶空瓶中加入 10.00mL 饱和氯化钠溶液，称重（精确至 0.01g）后，带到现场。以《土壤环境监测技术规范》（HJ/T 166—2004）标准所述方法进行采样点选择，使用清洁的金属铲采集约 2g 的土壤样品于顶空瓶中，立即密封，置于冷藏箱内，带回实验室。

（二）试样的制备

在实验室中取出装有样品的顶空瓶，待恢复至室温后，称重，精确至 0.01g。在振荡器上以 150 次·min^{-1} 的频率振荡 10min，待测。

（三）空白试样的制备

运输空白样：采样前在实验室将 10.00mL 饱和氯化钠溶液和 2g（精确至 0.01g）石英砂放入顶空瓶中密封，将其带到采样现场。采样时不开封，之后随样品运回实验室。在振荡器上以 150 次·min^{-1} 的频率振荡 10min，待测。用于检查样品运输过程中是否受到污染。

测试空白样：称取 2g（精确至 0.01g）石英砂代替样品，置于顶空瓶内，加入 10.00mL 饱和氯化钠溶液，立即密封，在振荡器上以 150 次·min^{-1} 的频率振荡 10min，待测。

（四）土壤干物质含量的测定

取适量新鲜土壤样品平铺在干净、不吸收水分的玻璃板上，充分混匀，待测。

具盖容器和盖子于（105±5）℃下烘干 1h，稍冷，盖好盖子。然后置于干燥器中至少冷却 45min，测定带盖容器的质量 m_r，精确至 0.01g。用样品勺将 30～40g 新鲜土壤试样转移至已称重的具盖容器中，盖上容器盖，测定总质量 m_1，精确至 0.01g。取下容器盖，将容器和新鲜土壤试样一并放入烘箱中，在（105±5）℃下烘干至恒重，同时烘干容器盖。盖上容器盖，置于干燥器中至少冷却 45min，取出后立即测定带盖容器和烘干土壤的总质量 m_2，精确至 0.01g。带盖容器及新鲜土壤试样的总质量 m_1 除去带盖容器的质量 m_r，即样品的湿重 m_3，精确至 0.01g。

（五）标准曲线绘制

顶空自动进样器调试条件：加热平衡温度 85℃；加热平衡时间 50min；取样针温度 100℃；传输线（经过惰性处理的内径 0.32mm 的石英毛细管柱）温度 110℃；压力化平衡时间 1min；进样时间 0.2min；拔针时间 0.4min。

气相色谱仪调试条件如下。升温程序：40℃保持 5min 后，以 8℃·min^{-1} 升温速率升至 100℃，保持 5min 后再以 6℃·min^{-1} 升温速率升至 200℃，保持 10min。进样口温度：220℃。检测器温度：240℃。载气：氮气。载气流量：1mL·min^{-1}。氢气流量：45mL·min^{-1}。空气流量：450mL·min^{-1}。进样方式：分流进样。分流比：10∶1。

向 5 个顶空瓶中依次加入 2.00g 石英砂、10.00mL 饱和氯化钠溶液和一定量的甲苯标准使用液，立即密封，配制目标化合物含量分别为 0.10、0.20、0.50、1.00、2.00μg 的不同浓度的标准系列样品。将配制好的标准系列样品在振荡器上以 150 次·min^{-1} 的频率振荡 10min，按照上述仪器参考条件依次进样分析，以峰面积或峰高为纵坐标，质量（μg）为横坐标，绘制标准曲线。

（六）测定

将制备好的试样置于自动顶空进样器上，按照仪器参考条件进行测定。如果有挥发性有机物检出，应用色谱柱辅助定性予以确认。

（七）空白试验

将制备好的空白试样置于自动顶空进样器上，按照仪器参考条件进行测定。

六、实验结果整理和数据处理要求

（一）实验结果记录

根据实验结果将数据填入表 30-1。

表 30-1　实验记录表

序号	m_r/g	m_0/μg	m_1/g	m_2/g	m_3/g	W_{dm}/%	W/(mg·kg^{-1})	测试温度/℃	保留时间/min
1									
2									
3									
4									
5									

（二）实验数据处理

（1）定性分析

配制挥发性有机物浓度为 0.200mg·L^{-1} 的标准溶液，使用毛细色谱柱进行分离，按照自动顶空进样器和气相色谱仪的参考条件进行测定，以保留时间定性。挥发性有机物的标准色谱图见《土壤和沉积物　挥发性有机物的测定　顶空/气相色谱法》（HJ 741—2015）。

（2）土壤样品结果计算

① 土壤样品中的干物质含量 W_{dm} 按照如下公式进行计算。

$$W_{dm}=\frac{m_2-m_r}{m_1-m_r}\times 100\% \tag{30-1}$$

式中　W_{dm}——土壤样品中的干物质含量；

m_r——带盖容器的质量，g；

m_1——带盖容器及新鲜土壤试样的总质量，g；

m_2——带盖容器及烘干土壤的总质量，g。

测定结果精确至 0.1%。

② 挥发性有机物的含量（mg·kg^{-1}）按照如下公式进行计算。

$$\omega=\frac{m_0}{m_3 W_{dm}} \tag{30-2}$$

式中　ω——样品中挥发性有机物的含量，mg·kg^{-1}；

m_0——标准曲线计算出的目标物的含量，μg；

m_3——样品量（湿重），g；

W_{dm}——样品的干物质含量。

测定结果小数位数与方法检出限一致，最多保留三位有效数字。

七、注意事项

① 实验中所使用的玻璃容器需先用自来水清洗干净，再用去离子水清洗，然后置于电热鼓风干燥箱中烘干（需要注意容量瓶不能用干燥箱烘干）；

② 称量过程中要精确到小数点后第三位，配制溶液过程中如果滴加溶液过量，需要重新配制；

③ 实验中所使用的有机试剂和标准溶液为易挥发的有毒化合物，操作过程应在通风橱中进行，应按规定要求穿戴防护器具，避免有毒化合物接触皮肤和衣服。

八、思考题

① 自动顶空进样器的使用注意事项有哪些？

② 采集含 VOCs 的样品有哪些注意事项？

③ FID 检测器的测试特点及测试范围是什么？

实验 31　土壤中半挥发性有机物的测定

半挥发性有机物（SVOCs）有多环芳烃、多氯联苯、氯苯类、硝基苯类、硝基甲苯类、苯胺类、氯代烃类、酚类等，可长期存在于土壤中，并且通过生物富集的方式进入人体，从而危害人体健康。半挥发性有机物包含多种致癌物质，因此建立一种准确高效的半挥发性有机物测定方法具有重要意义。本实验以酚类中的苯酚为例，通过索氏提取后，经过样品制备、提取、净化、浓缩，采用气相色谱法测定土壤中的苯酚。该方法操作简单，成本较低，可以对土壤中半挥发性有机物进行定性和定量。

一、实验目的

① 了解利用气相色谱法测定土壤中半挥发性有机物的原理；

② 熟悉气相色谱仪的基本使用方法；

③ 掌握测定土壤中半挥发性有机物的操作流程并计算其含量。

二、实验原理

土壤中半挥发性有机物采用索氏提取法进行提取，根据样品基体干扰情况选择合适的净化方法（凝胶渗透色谱或柱净化）对提取液进行净化、浓缩、定容，经气相色谱分离、检测。根据保留时间定性，外标法定量。

三、课时安排

① 理论课时安排：2 学时，重点学习土壤中半挥发性有机物的测定原理、测定方法以及实验操作，难点在于气相色谱仪的原理等内容。

② 实验课时安排：2 学时，测定土壤中半挥发性有机物，包括采样、样品预处理、气相色谱仪操作、标准曲线绘制及计算等过程。

四、实验材料

（一）实验药品

如无特殊说明，本实验用水均为蒸馏水。

二氯甲烷（CH_2Cl_2）、乙酸乙酯（$C_4H_8O_2$）、盐酸（HCl）、甲醇（CH_4O）、正己烷（C_6H_{14}）、氢氧化钠（NaOH）、无水硫酸钠（Na_2SO_4）、石英砂（20～50 目）、硅藻土（100～400 目）。

（二）器皿

① 6 个 5mL 容量瓶，2 个 100mL 容量瓶，1 个 500mL 容量瓶。

② 50μL 移液枪 1 支，250μL 移液枪 1 支，1mL 移液枪 1 支。

③ 玛瑙研钵。

④ 1 支 10mL 移液管。

⑤ 5 个 100mL 磨口玻璃瓶。

⑥ 索氏提取套筒：玻璃纤维或天然纤维材质套筒。使用前，将玻璃纤维套筒置于马弗炉中 400℃烘烤 4h，天然纤维套筒应用与样品提取相同的溶剂净化。

⑦ 1 个 25mL 量筒，1 个 100mL 量筒，1 个 250mL 量筒。

⑧ 若干 100mL 具塞磨口棕色玻璃瓶。

⑨ 若干分液漏斗。

（三）试剂

① 二氯甲烷-乙酸乙酯混合溶剂（4∶1）：分别量取 80mL 二氯甲烷和 20mL 乙酸乙酯放入磨口玻璃瓶中，摇匀备用；

② 二氯甲烷-正己烷混合溶剂（2∶1）：分别量取 60mL 二氯甲烷和 30mL 正己烷放入磨口玻璃瓶中，摇匀备用；

③ 氢氧化钠溶液（$5mol \cdot L^{-1}$）：称取 20g 氢氧化钠，用水溶解冷却后定容至 100mL；

④ 盐酸溶液（$3mol \cdot L^{-1}$）：量取 125mL 盐酸，用水定容至 500mL；

⑤ 苯酚标准贮备液（$1000mg \cdot L^{-1}$）：市售有证标准溶液；

⑥ 苯酚标准使用液（$100mg \cdot L^{-1}$）：移取 10.00mL 苯酚标准贮备液于 100mL 容量瓶中，用二氯甲烷-乙酸乙酯混合溶剂稀释至标准，摇匀，于 4℃冰箱避光保存，密闭可保存 1 个月；

⑦ 优级纯无水硫酸钠（Na_2SO_4）：置于马弗炉中 400℃烘烤 4h，冷却后装入磨口玻璃瓶中密封，于干燥器中保存；

⑧ 硅藻土（100～400 目）：置于马弗炉中 400℃烘烤 4h，冷却后装入磨口玻璃瓶中密封，于干燥器中保存；

⑨ 石英砂（20～50 目）：置于马弗炉中 400℃烘烤 4h，冷却后装入磨口玻璃瓶中密封，于干燥器中保存。

（四）实验装置

① 气相色谱仪：带火焰离子化检测器；

② 色谱柱：石英毛细管柱，长 30m，内径 0.25mm，膜厚 0.25μm，100%甲基聚硅氧烷毛细管柱或其他等效的毛细管柱；

③ 提取装置：索氏提取套筒或加压溶剂萃取仪等性能相当的设备；

④ 浓缩装置：旋转蒸发仪、氮吹仪等；

⑤ 分液漏斗；

⑥ 干燥器；

⑦ 电子天平：量程 0～200g，精度 0.0001g；

⑧ 马弗炉。

五、实验步骤和方法

（一）样品的采集与保存

土壤样品按照《土壤环境监测技术规范》（HJ/T 166—2004）的相关要求采集和保存。样品应于洁净的具塞磨口棕色玻璃瓶中保存。运输过程中应密封、避光、4℃以下冷藏。运至实验室后，若不能及时分析，应于 4℃以下冷藏、避光、密封保存，时间不超过 10 天。

（二）试样的制备

（1）样品准备

去除样品中的异物（石子、叶片等），称取约 10g（精确到 0.01g）样品双份，土壤样品一份按照《土壤　干物质和水分的测定　重量法》（HJ 613—2011）测定干物质含量，另一份加入适量无水硫酸钠，研磨均化成流沙状。如使用加压流体萃取，则用硅藻土脱水。沉积物样品一份按照《海洋监测规范　第5部分：沉积物分析》（GB 17378.5—2007）测定含水率，另一份参照土壤样品脱水。

（2）提取

提取方法可选择索氏提取或其他等效萃取方法。

索氏提取：将制备好的土壤或沉积物样品全部转入索氏提取套筒，加入100mL二氯甲烷-正己烷混合溶剂，提取16～18h，回流速度控制在每小时10次。冷却后收集所有提取液净化后备用。

（3）净化

将得到的提取液转入分液漏斗中，加入2倍提取液体积的水，用NaOH溶液（$5mol \cdot L^{-1}$）调节至pH＞12，充分振荡、静置，弃去下层有机相，保留水相。（若有机相颜色较深，可将净化次数适当增加2～3次。）

（4）浓缩

将净化后得到的水相用盐酸溶液（$3mol \cdot L^{-1}$）调节至pH＜2，加入50mL二氯甲烷-乙酸乙酯混合溶剂，充分振荡、静置，弃去水相。有机相经过装有适量无水硫酸钠的漏斗除水，用二氯甲烷-乙酸乙酯混合溶剂充分淋洗硫酸钠，合并全部有机相，浓缩定容至1.00mL，待测。

（三）空白试样的制备

用石英砂代替实际样品，按照试样制备步骤制备空白试样。

（四）分析步骤

（1）气相色谱参考条件

进样口温度：260℃；进样方式：分流或不分流；进样体积：1.0μL；柱箱升温程序：80℃保持1.0min，然后以$10℃ \cdot min^{-1}$的升温速率升至250℃并保持4.0min；FID检测器温度：280℃；色谱柱内载气流量：$1.0mL \cdot min^{-1}$；尾吹气：氮气，$30mL \cdot min^{-1}$；氢气流量：$35mL \cdot min^{-1}$；空气流量：$300mL \cdot min^{-1}$。

（2）标准曲线的绘制

精确移取苯酚标准使用液5.00、25.00、100.00、250.00、500.00μL于5mL容量瓶中，用二氯甲烷-乙酸乙酯混合溶剂稀释至标线，配制标准系列。目标化合物浓度分别为1.00、5.00、20.00、50.00、$100.00mg \cdot L^{-1}$。在仪器推荐条件下进行测定，以各组分的质量浓度为横坐标，该组分色谱峰面积（或峰高）为纵坐标绘制标准曲线。

（3）试样的测定

将制备好的试样按照气相色谱条件进行测定。

（4）空白试验

按照试样测定的仪器分析条件测定空白试样。

六、实验结果整理和数据处理要求

① 目标化合物用外标法定量，土壤中酚类化合物的含量（$mg \cdot kg^{-1}$）按式（31-1）进行计算。

$$\omega_i=\frac{\rho_i V}{mW_{dm}} \tag{31-1}$$

式中　ω_i——样品中的目标化合物含量，$mg \cdot kg^{-1}$；

ρ_i——由标准曲线计算所得目标化合物的质量浓度，$mg \cdot L^{-1}$；

V——试样的定容体积，mL；

m——土壤试样质量（湿重），g；

W_{dm}——样品试样干物质含量。

② 当测定结果小于 $1.00mg \cdot kg^{-1}$ 时，保留的小数位数与方法检出限一致；当测定结果大于或等于 $1.00mg \cdot kg^{-1}$ 时，结果最多保留三位有效数字。

七、注意事项

① 对于土壤样品采集过程中产生的剩余土壤，应当尽可能将其回填到采样的位置处。清洗设备产生的废水，应当使用固定的容器进行收集，不得随意排放，以免对环境造成污染。

② 实验中所用有机溶剂和标准物质为有毒有害物质，标准溶液配制及样品前处理过程应在通风橱中进行；操作时应按规定佩戴防护器具，避免有机溶剂和标准物质直接接触皮肤和衣物。

③ 空白试样中检测出来的目标化合物浓度应小于方法检出限。

八、思考题

① 对样品进行提取时是否有其他等效提取方式？请查阅资料说出一种提取方法，并简述其原理。

② 土壤和沉积物的区别是什么？

③ 土壤中半挥发性有机物测定实验还有哪些注意事项？至少说出一个。

实验 32　土壤中有机质的测定

土壤有机质是指以各种形态存在于土壤中的所有含碳的有机物，包括土壤中的各种动植物残体、微生物及其合成的各种有机物。土壤有机质是土壤固相部分的重要组成成分，能促进植物的生长发育，改善土壤的物理性质，促进土壤生物的活动，促进土壤中营养元素的分解，提高土壤的保肥性和缓冲性。土壤有机质含量是衡量土壤肥力高低的重要指标之一。因此，土壤中有机质含量的测定是了解土壤理化性质所必需的。

目前测定土壤中有机质含量的方法有很多，从原理上分为化学氧化法和灼烧法两种。实验室具体的测定方法有重铬酸钾容量法、比色法和烧失量法。本实验采用烧失量法（loss of ignition，LOI），其是通过高温灼烧使土壤中的有机质氧化分解，根据灼烧后失去的质量来计算土壤中有机质含量的一种方法。因烧失量的大小与有机质含量密切相关，且该法测定过程简便、经济、有效，测定结果可信度高，所以得到了广泛的应用。本方法也可用于固体废物中有机质含量的分析。

一、实验目的

① 掌握烧失量法测定土壤有机质的基本原理和方法；

② 掌握土壤样品的制备和预处理的方法；
③ 熟练使用马弗炉。

二、实验原理

烧失量是指经过105～110℃烘干失去外在水分的原料在一定的高温条件下灼烧足够长的时间后，失去的质量占原始样品质量的比例。实验中土壤中的有机质质量可视为烘干试样在（600±20)℃下灼烧的失重量。采用马弗炉对土壤进行灼烧至恒重，所失去质量与干试样质量之比为土壤中的有机质含量。

三、课时安排

① 理论课时安排：1学时，学习烧失量法的基本原理、马弗炉的使用方法及注意事项；
② 实验课时安排：3学时，其中土壤样品的制备和预处理1学时，样品灼烧和数据处理等2学时。

四、实验材料

① 电子天平：量程0～200g，精度0.0001g；
② 马弗炉：温度可控制在（600±20)℃；
③ 烘箱：温度可控制在（105±5)℃；
④ 干燥器：内装干燥剂；
⑤ 瓷坩埚：30mL，具盖，2个；
⑥ 坩埚钳：1个；
⑦ 尼龙筛：孔径2mm，1个；
⑧ 土壤样品保存需要的广口磨口瓶：1000～2000mL，1个。

五、实验步骤和方法

（1）土壤样品的制备和预处理

将采集的土壤样品风干，拣出塑料、石块等杂物，压碎、混匀，用四分法取样过孔径2mm的尼龙筛，装入磨口瓶中常温保存待测。

实验采用三组平行样测定，称取约10g（精确到0.01g）土壤于已知质量 m_0 的瓷坩埚[预先在（600±5)℃马弗炉灼烧至恒重]中，半盖坩埚盖，放入（105±5)℃烘箱中烘干1h。取出后在干燥器中冷却至室温，称重。然后在相同的温度下进行检查性烘干，每次烘干30min，冷却后称重，直至恒重（前后两次质量相差不超过0.5mg)。烘干后瓷坩埚和土壤的质量为 m_1。

（2）土壤样品的灼烧

将烘干至恒重的样品放入马弗炉中，将瓷坩埚盖好，设置升温速率为10℃·min^{-1}，灼烧温度为600℃，时间为3h。完成后取出，先在空气中冷却5min左右，再移入干燥器中冷却至室温，称重。重复上述步骤进行检查性灼烧，每次30min，直至恒重。灼烧后瓷坩埚和土壤的质量为 m_2。

（3）计算方法

烧失量的计算公式为：

$$LOI=\frac{m_1-m_2}{m_1-m_0}\times100\% \tag{32-1}$$

式中 LOI——土壤烧失质量分数；

m_0——灼烧后瓷坩埚的质量，g；

m_1——烘干后瓷坩埚和土壤的质量，g；

m_2——灼烧后瓷坩埚和土壤的质量，g。

六、实验结果整理和数据处理要求

称重质量和实验数据记录于表32-1。

表 32-1 测定数据

序号	1	2	3
m_0			
m_1			
m_2			
m_1-m_0			
m_1-m_2			
LOI/%			
LOI平均值/%			

注：结果保留至小数点后的第二位。

七、注意事项

① 瓷坩埚中的土壤应至少填充至坩埚高度的3/4。

② 在烘干和灼烧过程中需要将瓷坩埚盖住或半盖住，以减少样品损失。

八、思考题

① 在烧失量法测定土壤有机质含量的过程中，烧失的成分除了有机质还有哪些？该方法更适用于什么样的土壤？

② 灼烧温度过高或过低会对实验结果产生什么影响？

实验33 土壤中硝酸盐氮的测定

我国是世界上施用氮肥较多的国家，这些氮肥在土壤中积累并淋失，有可能导致环境中氨氮含量过高，进而有可能发生环境污染。化肥主要导致三方面的环境污染：一是经过土壤中微生物的作用使氮元素进入大气，例如温室气体N_2O的释放；二是残留在土壤中的氮元素被雨水冲刷后汇入水体，加剧了水体的富营养化；三是过剩的氮元素导致土壤对其他元素的吸收性能下降，破坏了土壤的内在平衡。另外由于历史原因和管理漏洞，使用工业废水对农田进行灌溉导致农作物受到更严重的氮素污染。因此，对土壤中硝酸盐氮、亚硝酸盐氮及氨氮进行监测，掌握其污染状况非常重要。

本实验方法参考国家标准《土壤 氨氮、亚硝酸盐氮、硝酸盐氮的测定 氯化钾溶液提取-分光光度法》（HJ 634—2012）。

一、实验目的

① 掌握土壤中硝酸盐氮的提取方法、测定原理及方法；

② 了解土壤中氨氮、亚硝酸盐氮的测定方法。

二、实验原理

采用氯化钾溶液提取土壤中的氮元素，提取液经过离心分离，取上清液进行分析。利用溶解的有机物在220nm和275nm波长处均有吸收，而硝酸根离子在275nm波长处没有吸收的特性，测定土壤提取液在275nm处的吸光度，乘以校正因数（f）以消除有机物吸收220nm波长所造成的干扰。

校正因数（f）：土壤提取液中的有机物在220nm波长处的吸光度和在275nm波长处的吸光度的比值。

三、课时安排

① 理论课时安排：1学时，学习土壤中各种形态氮元素的分析方法、氯化钾溶液提取-分光光度法的分析原理；

② 实验课时安排：3学时，其中试剂配制等前期准备1学时，标准曲线绘制、样品测定等2学时。

四、实验材料

（一）实验药品

注：以下药品除另有说明外，均为分析纯级别。

氯化钾（KCl），硝酸钾（KNO_3）。

（二）器皿

① 石英比色皿：1cm，2个。

② 量筒：100、500mL各1个。

③ 容量瓶：100mL，8个；1000mL，2个。

④ 烧杯：500mL，2个。

⑤ 螺口聚乙烯瓶：500mL，4个。

⑥ 聚乙烯瓶：50mL，4个。

⑦ 聚乙烯离心管：100mL，4个。

⑧ 移液管：1、5、10mL各1支。

⑨ 广口磨口瓶：1000～2000mL，2个。

（三）试剂

注：如无特殊说明，实验用水均为超纯水或蒸馏水。

① 氯化钾浸提液（$1mol \cdot L^{-1}$）：准确称取74.55g氯化钾置于500mL烧杯中，加入300mL水溶解，转入1000mL容量瓶中定容，摇匀，常温存放。

② 硝态氮标准贮备液（NO_3^--N，$1000mg \cdot L^{-1}$）：精确称取7.2182g经（110±5)℃烘

干 2h 的硝酸钾置于 500mL 烧杯中，加入约 200mL 水溶解，转入 1000mL 容量瓶中定容，摇匀，于 0～4℃冰箱内保存。

③ 硝态氮标准中间液（NO_3^--N，100mg · L^{-1}）：用移液管吸取硝态氮标准贮备液 10.00mL 于 100mL 容量瓶中，加水定容，摇匀。临用前配制。

（四）实验装置及材料

① 恒温往复式振荡机：（室温+5℃）～60℃，30～300r · min^{-1}；

② 低速离心机：最高转速不低于 4000r · min^{-1}；

③ 电子天平：量程 0～200g，精度 0.0001g；

④ 鼓风干燥箱：控温范围为（室温+10℃）～250℃，温度波动度±1℃；

⑤ 分光光度计：双光束，波长范围 190～1100nm，分辨率 0.1nm；

⑥ 尼龙筛：孔径 2mm，1 个；

⑦ 钢筛：孔径 2mm，1 个。

五、实验步骤和方法

（一）土壤样品的预处理

用四分法取样，过孔径 2mm 的尼龙筛，装入磨口瓶中常温保存待测。

土壤样品采集后在低温（4℃左右）下送至实验室。如果样品能够在 3 天之内分析，则样品应保存在 4℃下，否则应在－20℃下保存。当进行样品分析时，先恢复到室温，然后拣出塑料、石块等杂物，压碎、充分混合均匀后，过孔径 2mm 的钢筛，装入磨口瓶中常温保存待测。

（二）土壤提取液的制备

称取 40g（精确到 0.01g）新鲜土壤样品于 500mL 螺口聚乙烯瓶中，用量筒加入 200mL 氯化钾浸提液，旋紧瓶盖，置于恒温往复式振荡机中，在（25±5)℃条件下以（220±20）r · min^{-1} 的频率振荡 1h。转移 60mL 悬浊液于 100mL 聚乙烯离心管中，在 3000r · min^{-1} 的转速下离心 10min。将 50mL 上清液转移至 50mL 聚乙烯瓶中，待测。

（三）空白溶液的制备

加 200mL 氯化钾浸提液于 500mL 螺口聚乙烯瓶中，按照土壤提取液制备步骤进行制备，每批样品应制备 2 个以上空白溶液。

（四）标准曲线的绘制

① 分别用移液管吸取 0、0.50、1.00、2.00、3.00、4.00mL 硝态氮标准中间液于 6 个 100mL 容量瓶中，用氯化钾浸提液定容，摇匀后得到浓度分别为 0.00、0.50、1.00、2.00、3.00、4.00mg · L^{-1} 的硝态氮标准工作液。

② 用分光光度计比色：用比色皿于 220nm 和 275nm 波长处，以氯化钾浸提液为参比溶液，在分光光度计上逐个测定硝态氮标准工作液的吸光度，计算出校正吸光度。校正吸光度计算方法如下：

$$A = A_{220} - 2.23A_{275} \tag{33-1}$$

式中 A——校正吸光度；

A_{220}——220nm 波长处的吸光度；

A_{275}——275nm 波长处的吸光度；

2.23——f 值，经验性校正因数。

③ 以校正吸光度作为纵坐标，对应的硝态氮浓度为横坐标，绘制标准曲线。

（五）土壤提取液的测定

用比色皿在 220nm 和 275nm 波长处，以氯化钾浸提液为参比溶液，在分光光度计上测定土壤提取液的吸光度。测定顺序为先测空白溶液，再测样品试液。计算出校正吸光度，从标准曲线上查出土壤提取液中的硝态氮含量。

（六）计算方法

土壤硝态氮含量以质量分数 M_N 计，单位为 $mg \cdot kg^{-1}$，计算公式为：

$$M_N=(\rho_N-\rho_o)\times R \tag{33-2}$$

式中 ρ_N——从标准曲线上查得土壤提取液的硝态氮浓度，$mg \cdot L^{-1}$；

ρ_o——从标准曲线上查得空白溶液的硝态氮浓度，$mg \cdot L^{-1}$；

R——试样体积（包括提取液体积与土壤中水分的体积）与烘干土质量的比例系数，$mL \cdot g^{-1}$。

R 的计算公式如下：

$$R=R_1+R_2 \tag{33-3}$$

$$R_1=\frac{V}{m}\times\left(1+\frac{\omega_w}{100}\right) \tag{33-4}$$

$$R_2=\frac{\omega_w}{d_w\times 100} \tag{33-5}$$

式中 R_1——提取液体积与烘干土质量的比例系数，$mL \cdot g^{-1}$；

R_2——土壤水分体积与烘干土质量的比例系数，$mL \cdot g^{-1}$；

V——提取液体积，mL；

m——称取的新鲜土壤样品质量，g；

ω_w——以烘干土计的土壤水分的质量分数，%；

d_w——实验室所处温度下水的密度，取 $1.00g \cdot mL^{-1}$。

当土壤硝态氮含量的测定结果小于 $1mg \cdot kg^{-1}$ 时，保留两位有效数字；当测定结果大于或等于 $1mg \cdot kg^{-1}$ 时，保留三位有效数字。

六、实验结果整理和数据处理要求

测定数据记录于表 33-1。

表 33-1 测定数据

序号	1	2	3	4	5	6	参比溶液	样品 1	样品 2
A_{220}									
A_{275}									
校正 A									

续表

序号	1	2	3	4	5	6	参比溶液	样品 1	样品 2
硝态氮浓度 ρ /(mg·L^{-1})									
土壤硝态氮含量 M_N /(mg·kg^{-1})									

注：结果保留至小数点后的第二位。

七、注意事项

（1）有机物和颜色的消除

当土壤提取液与空白溶液相比有明显色差时（提取液多呈现黄色调），说明土壤提取液中的有机物含量较高，应再次称取 40g 该土壤样品（精确到 0.01g）于 500mL 螺口聚乙烯瓶中，依次加入 2.00g 活性炭和 200mL 氯化钾浸提液，重新制备提取液。

（2）亚硝酸根离子的消除

当提取液中的亚硝酸盐氮浓度高于 0.1mg·L^{-1} 时，向 50mL 提取液中加入 1mL 氨基磺酸溶液，摇匀后静置 2min，以消除提取液中的亚硝酸根离子。

（3）氢氧根、碳酸根和碳酸氢根离子的消除

当土壤 pH 值高于 7.5 时，向 50mL 提取液中加入 1mL 盐酸溶液（1mol·L^{-1}），摇动 5min 后静置 2h 再测定。

八、思考题

① 简述土壤中各种氮元素的生物化学过程。

② 简述 pH 对土壤中硝酸盐氮测定的影响。

实验 34 湿地土壤中磷的形态分布测定

磷是土壤生物生长所必需的重要营养元素之一，主要来源于岩石矿物、磷肥、工业废水、生活污水等。湿地土壤中磷的形态分布特征决定了湿地营养物质的迁移、转化和循环，对湿地生态功能的发挥具有非常关键的作用。土壤中磷与土壤基质的结合形态以及不同结合态磷的分布特征，还决定了磷在土壤-水界面的交换能力，并影响水体富营养化程度。土壤中磷的提取分析方法有很多种，目前应用最多也最成熟的是化学连续提取法。化学连续提取法的基本原理是采用不同类型的选择性提取剂连续地对土壤样品进行提取，根据各级提取剂提取的磷的量间接反映出湿地土壤中磷的释放潜力。

一、实验目的

① 了解湿地土壤中磷的形态分布特点；

② 掌握湿地土壤中磷的形态分析原理和方法。

二、实验原理

土壤中磷以无机磷和有机磷两大类形式存在。其中，无机磷的存在形式还可以进一步分

为交换态磷、铝结合态磷、铁结合态磷、闭蓄态磷、自生磷和碎屑磷，形态的划分使提取结果更具有清晰的环境地球化学意义。其中，交换态磷即弱吸附态磷，是各形态磷中最不稳定、最容易释放的。铝结合态磷是指与铝的氧化物或氢氧化物等结合的磷。铁结合态磷通常以磷酸铁的形式存在，其吸收和释放易受环境氧化还原电位的影响。闭蓄态磷是指三氧化二铁胶膜所包裹的磷酸铁和磷酸铝，只有在强酸环境或强还原条件下才可能溶解。自生磷和碎屑磷主要是指与自生磷灰石、碳酸钙或生物成因的含磷矿物有关的存在形态。有机磷是指生物残体等有机物中含有的磷，容易被微生物分解成无机磷。

该方法的分级步骤依次为：氯化镁提取交换态磷，氟化铵提取铝结合态磷，氢氧化钠-碳酸钠提取铁结合态磷，柠檬酸钠-碳酸氢钠-连二亚硫酸钠提取闭蓄态磷，醋酸钠-醋酸提取自生磷，盐酸提取碎屑磷及灼烧后提取有机磷。如果某一形态磷的含量低，可采用检出限较低的孔雀绿-磷钼杂多酸分光光度法测定，其余形态磷均采用钼锑抗分光光度法测定。

钼锑抗分光光度法测定磷的原理为：在酸性条件下，正磷酸盐与钼酸铵、酒石酸锑氧钾反应，生成磷钼杂多酸。磷钼杂多酸被还原剂抗坏血酸还原，生成蓝色络合物，称为磷钼蓝，在700nm 波长处测量吸光度。在一定浓度范围内，磷的含量与吸光度符合朗伯-比尔定律。

孔雀绿-磷钼杂多酸分光光度法测定磷的原理为：在酸性条件下，利用碱性染料孔雀绿与磷钼杂多酸生成绿色离子缔合物，并以聚乙烯醇稳定显色液，直接以水相于620nm 波长处测量吸光度。在一定浓度范围内，磷的含量与吸光度符合朗伯-比尔定律。

三、课时安排

① 理论课时安排：0.5 学时，学习本实验的背景知识、实验原理、测定方法、药品和所需仪器的位置、实验注意事项等。

② 实验课时安排：3.5 学时，由于完成所有形态磷的提取所需时间较长，建议只测交换态磷。此外，试剂配制等前期准备还需 4 学时。

四、实验材料

（一）实验药品

除非另有说明，分析时均使用符合国家标准的分析纯化学试剂。

浓硫酸（H_2SO_4，$\rho=1.84g \cdot mL^{-1}$）、盐酸（HCl，$\rho=1.19g \cdot mL^{-1}$）、氯化镁（$MgCl_2 \cdot 6H_2O$）、氟化铵（NH_4F）、柠檬酸钠（$C_6H_5Na_3O_7$）、碳酸氢钠（$NaHCO_3$）、连二亚硫酸钠（$Na_2S_2O_4$）、氢氧化钠（NaOH）、碳酸钠（Na_2CO_3）、醋酸钠（CH_3COONa）、醋酸（CH_3COOH，体积分数为 36%）、钼酸铵［$(NH_4)_6Mo_7O_{24} \cdot 4H_2O$］、酒石酸锑氧钾［$K(SbO)C_4H_4O_6 \cdot 1/2H_2O$］、抗坏血酸（$C_6H_8O_6$）、孔雀绿（氯化物）、聚乙烯醇（PVA，工业级，平均聚合度 500 左右）、磷酸二氢钾（KH_2PO_4，优级纯；使用前于 105℃烘干 2h，干燥箱内备用）。

（二）器皿

① 100mL 烧杯 4 个，500mL 烧杯 2 个，1000mL 烧杯 10 个；

② 250mL 容量瓶 1 个，1000mL 容量瓶 1 个；

③ 1、2、5、10、25、50mL 玻璃刻度移液管各 1 支；

④ 50mL 具塞比色管 17 支；

⑤ 100mL 棕色瓶 1 个，500mL 棕色瓶 1 个；

⑥ 100mL 细口瓶 3 个，250mL 细口瓶 1 个，300mL 细口瓶 1 个，1000mL 细口瓶 8 个；

⑦ 100mL 量筒 1 个；

⑧ 孔径 2mm 和 80 目尼龙筛各 1 个；

⑨ 90mm 玻璃研钵 1 个；

⑩ 瓷坩埚若干；

⑪ 0.45μm 微孔滤膜若干；

⑫ 250mL 螺口锥形瓶 1 个。

（三）试剂

除非另有说明，实验用水为新制备的去离子水或蒸馏水。

① 氯化镁溶液（$1mol \cdot L^{-1}$，pH＝8）：称取氯化镁（$MgCl_2 \cdot 6H_2O$）203g 放入 1000mL 烧杯中，加入适量蒸馏水使其溶解，用蒸馏水进一步稀释至 1000mL，摇匀，转移至细口瓶保存。

② 氟化铵溶液（$0.5mol \cdot L^{-1}$，pH＝8.2）：称取氟化铵 18.5g 放入 1000mL 烧杯中，加入适量蒸馏水使其溶解，用蒸馏水进一步稀释至 1000mL，转移至细口瓶保存。

③ 柠檬酸钠-碳酸氢钠-连二亚硫酸钠混合溶液（pH＝7.6）：称取 77.4g 柠檬酸钠、84g 碳酸氢钠和 0.675g 连二亚硫酸钠放入 1000mL 烧杯中，加入适量蒸馏水使其溶解，用蒸馏水进一步稀释至 1000mL，转移至细口瓶保存。

④ 醋酸钠-醋酸溶液（$1mol \cdot L^{-1}$，pH＝4）：称取醋酸钠 14.76g，量取 158.7mL 醋酸（36%）放入 1000mL 烧杯中，加入适量蒸馏水使其溶解，用蒸馏水进一步稀释至 1000mL，转移至细口瓶保存。

⑤ 氢氧化钠（$0.1mol \cdot L^{-1}$）-碳酸钠（$0.5mol \cdot L^{-1}$）混合溶液：称取 4g 氢氧化钠和 53g 碳酸钠放入 1000mL 烧杯中，加入适量蒸馏水使其溶解，用蒸馏水进一步稀释至 1000mL，转移至细口瓶保存。

⑥ 盐酸溶液（$1mol \cdot L^{-1}$）：量取 83.3mL 盐酸全部移入 1000mL 烧杯中，逐渐加入蒸馏水稀释至 1000mL，转移至细口瓶保存。

⑦ 硫酸（1∶1）：往 1000mL 烧杯中加入 150mL 蒸馏水，再量取 150mL 浓硫酸缓慢倒入烧杯中，并不断搅拌，冷却后，将其转移至细口瓶中保存。

⑧ 磷酸盐贮备液：准确称取 0.2197g 磷酸二氢钾溶于水，定量转移至 1000mL 容量瓶中，加 5mL 硫酸（1∶1），用水稀释至标线，此溶液每毫升含 50.00μg 磷。

⑨ 磷酸盐标准使用液：移取 10.00mL 磷酸盐贮备液于 250mL 容量瓶中，用水稀释至标线，摇匀。此溶液每毫升含 2.00μg 磷。临用时现配。

⑩ 钼酸铵溶液：称取 176.5g 钼酸铵于 1000mL 烧杯中，加入适量水溶解，然后稀释至 1000mL，混匀。

⑪ 酒石酸锑氧钾溶液：称取 3.5g 酒石酸锑氧钾于 100mL 烧杯中，加入适量水溶解，并稀释至 100mL，混匀。

⑫ 抗坏血酸溶液（$100g \cdot L^{-1}$）：称取 10g 抗坏血酸于 100mL 烧杯中，加入适量水溶解，并稀释至 100mL，混匀。该溶液贮存在棕色瓶中，在约 4℃条件下可稳定几周。如颜色变黄，则弃去重配。

⑬ 孔雀绿溶液：称取 1.12g 孔雀绿（氯化物）于 100mL 烧杯中，加入适量水溶解，并

稀释至100mL，混匀。

⑭ 聚乙烯醇溶液：称取1g聚乙烯醇于100mL烧杯中，加入适量热水溶解，并稀释至100mL，混匀，用滤纸过滤后使用。

⑮ 钼锑抗法显色剂：在300mL硫酸（1∶1）中依次加入74mL钼酸铵溶液和10mL酒石酸锑氧钾溶液，混匀，并稀释至500mL。储存在棕色玻璃瓶中。在4℃左右的冰箱内可至少稳定两个月。

⑯ 孔雀绿-磷钼杂多酸法显色剂：在40mL钼酸铵溶液中依次加入30mL浓硫酸和36mL孔雀绿溶液，混匀，静置30min后，经0.45μm微孔滤膜过滤，4℃冰箱中存放。临用时现配。

（四）实验装置

① 分光光度计：配备10mm比色皿；

② 恒温往复振荡器：频率可控制在150～250r·min^{-1}；

③ 电子天平：量程0～200g，精度为0.0001g；

④ 离心机；

⑤ 抽滤装置；

⑥ 马弗炉。

五、实验步骤和方法

（一）土样的制备

将采集的样品全部倒在玻璃板上，铺成薄层，经常翻动，在阴凉处使其自然风干。风干后的样品，用玻璃研钵碾碎后，过2mm筛除去沙石和动植物残体。

将上述样品反复按四分法缩分，最后留下足够分析的样品，再进一步用玻璃研钵磨细，全部过80目筛。过筛的样品充分摇匀，装瓶备用。

（二）土壤中磷的分级提取

土壤中磷形态的连续提取按下面方法依次进行。

交换态磷：准确称取0.3000g土壤于250mL螺口锥形瓶中，加入30mL氯化镁溶液（1mol·L^{-1}，pH=8）中，振荡（250r·min^{-1}）提取2h后，4000r·min^{-1}离心20min获取提取液。用30mL去离子水漂洗一遍，合并提取液和漂洗液。提取液抽滤通过0.45μm滤膜，用钼锑抗分光光度法或孔雀绿-磷钼杂多酸分光光度法测定提取液中磷浓度。

铝结合态磷：交换态磷提取后的残渣加入30mL氟化铵溶液（0.5mol·L^{-1}，pH=8.2），振荡提取1h，4000r·min^{-1}离心20min获取提取液。用30mL去离子水再漂洗一遍，合并提取液和漂洗液。提取液抽滤通过0.45μm滤膜，用钼锑抗分光光度法或孔雀绿-磷钼杂多酸分光光度法测定提取液中磷浓度。

铁结合态磷：铝结合态磷提取后的残渣加入30mL氢氧化钠-碳酸钠混合溶液振荡提取4h，4000r·min^{-1}离心20min获取提取液。用30mL去离子水漂洗一遍，合并提取液和漂洗液。提取液抽滤通过0.45μm滤膜，用钼锑抗分光光度法或孔雀绿-磷钼杂多酸分光光度法测定提取液中磷浓度。

闭蓄态磷：铁结合态磷提取后的残渣加入24mL柠檬酸钠-碳酸氢钠-连二亚硫酸钠混合溶液（pH=7.6），搅拌15min后再加入6mL氢氧化钠溶液（0.5mol·L^{-1}），振荡提取

8h，4000r·min^{-1} 离心 20min 获取提取液。以 30mL 去离子水漂洗一遍，合并提取液和漂洗液。提取液抽滤通过 0.45μm 滤膜，用钼锑抗分光光度法或孔雀绿-磷钼杂多酸分光光度法测定提取液中磷浓度。

自生磷：闭蓄态磷提取后的残渣加入 30mL 醋酸钠-醋酸缓冲液（1mol·L^{-1}，pH=4）振荡提取 6h，4000r·min^{-1} 离心 20min 获取提取液。再用 30mL 氯化镁溶液（1mol·L^{-1}）提取一次。然后以 30mL 去离子水漂洗一次，合并提取液和漂洗液。提取液抽滤通过 0.45μm 滤膜，用钼锑抗分光光度法或孔雀绿-磷钼杂多酸分光光度法测定提取液中磷浓度。

碎屑磷：自生磷提取后的残渣加入 30mL 盐酸溶液（1mol·L^{-1}）振荡提取 16h，4000r·min^{-1} 离心 20min 获取提取液。再以 30mL 去离子水漂洗一遍，合并提取液和漂洗液。提取液抽滤通过 0.45μm 滤膜，用钼锑抗分光光度法或孔雀绿-磷钼杂多酸分光光度法测定提取液中磷浓度。

有机磷：碎屑磷提取后的残渣转移到瓷坩埚中，烘干，再于马弗炉中 550℃灼烧 2h。冷却后用 30mL 盐酸溶液（1mol·L^{-1}）振荡提取 16h。提取液通过 0.45μm 滤膜后，用钼锑抗分光光度法或孔雀绿-磷钼杂多酸分光光度法测定提取液中磷浓度。

（三）磷浓度的分析

（1）钼锑抗分光光度法

① 标准曲线的绘制。取 6 支 50mL 具塞比色管，分别加入磷酸盐标准使用液 0、1.00、3.00、5.00、10.00、15.00mL，加水至 50mL，再向比色管中加入 1mL 抗坏血酸溶液（100g·L^{-1}），混匀。30s 后加 2mL 钼锑抗法显色剂，充分混匀，放置 15min。用 1cm 比色皿，于 700nm 波长处，以去离子水为参比，测量吸光度。

② 样品测定。量取 20.0mL 水样（使磷含量不超过 30μg，含磷量较高时适当减少水样体积）加入 50mL 比色管中，用水稀释至标线。余下按绘制标准曲线的步骤进行显色和测量。减去空白试验的吸光度，并从标准曲线上查出含磷量。

③ 空白试验。以蒸馏水代替水样，按相同步骤进行全程序空白测定。

（2）孔雀绿-磷钼杂多酸分光光度法

① 标准曲线的绘制。取 7 支 50mL 具塞比色管，分别加入磷酸盐标准使用液 0、0.50、1.00、2.00、3.00、4.00、5.00mL，加水至 50mL。用移液管加入 5.00mL 显色剂，再加入 1.00mL 聚乙烯醇溶液，混匀。放置 10min，用 2cm 比色皿，在 620nm 波长处以去离子水为参比，测量吸光度。

② 样品测定。取适量水样（使磷含量不超过 10μg，含磷量较高时适当减少水样体积）加入 50mL 比色管中，用水稀释至标线。余下按绘制标准曲线的步骤进行显色和测量。减去空白试验的吸光度，并从标准曲线上查出含磷量。

③ 空白试验。以蒸馏水代替水样，按相同步骤进行全程序空白测定。

（四）计算公式

（1）提取液中磷的浓度

$$\text{磷酸盐浓度}(\text{P},\text{mg}\cdot\text{L}^{-1})=m/V \quad (34\text{-}1)$$

式中 m——由标准曲线查得的含磷量，μg；

V——样品测定时所取水样体积，mL。

（2）土壤中各形态磷的含量

$$土壤中某一种形态磷的含量(P,mg \cdot kg^{-1})=\rho V/0.3 \quad (34\text{-}2)$$

式中 ρ——提取液中磷的浓度，$mg \cdot L^{-1}$；

V——提取液体积，mL；

0.3——土壤样品的质量，g。

六、实验结果整理和数据处理要求

（一）标准系列数据记录

标准系列记录如表 34-1 所示。根据数据绘制标准曲线。

表 34-1 标准系列记录

管号	0	1	2	3	4	5
标液体积/mL	0.00	1.00	2.00	3.00	4.00	5.00
磷酸盐质量(以 P 计)/μg						
吸光度 A						

（二）样品数据记录及结果整理

样品记录如表 34-2 所示。

表 34-2 样品记录

管号	1	2	3	4	5	…
吸光度 A						
校正吸光度 A'						
磷酸盐质量(以 P 计)/μg						
样品测定时所取水样体积/mL						
提取液中磷的浓度/($mg \cdot L^{-1}$)						
提取液体积/mL						
土壤中某形态磷的含量(以 P 计)/($mg \cdot kg^{-1}$)						

七、注意事项

① 所有的采样仪器和设备、分析仪器和设备经处理后都应不含磷。实验中使用的玻璃器皿可用盐酸溶液（1∶5）浸泡 2h，或用不含磷的洗涤剂清洗。

② 比色皿用后应以稀硝酸或铬酸洗液浸泡片刻，以除去吸附的钼蓝有色物质。

八、思考题

① 根据实验结果分析土壤中磷形态分布特征。

② 土壤中磷的形态包括哪几种？

③ 土壤中磷形态分级的环境地球化学意义是什么？

实验 35 土壤中阳离子交换容量的测定

土壤是环境污染物迁移、转换的重要场所，因为土壤胶粒带负电荷能与金属离子作用从而使土壤具有吸附性。土壤中有机质与无机质的交换基，在土壤中结合形成了复杂的有机无机胶质复合体，所能吸附的阳离子总量包括交换性盐基（K^+、Na^+、Ca^{2+}、Mg^{2+}）和水解性酸，两者的总和即为阳离子交换量（CEC，单位一般为 $cmol \cdot kg^{-1}$）。EDTA-乙酸铵盐交换法不仅适用于中性、酸性土壤，而且适用于石灰性土壤阳离子交换量的测定。阳离子交换量的大小常被用于评价土壤保肥、供肥和缓冲能力，也是土壤改良及污染治理等的重要参考依据，被广泛用于地质勘探、土壤改良和环境监测等领域。

一、实验目的

① 掌握 EDTA-乙酸铵盐交换法测定土壤中阳离子交换量的原理；
② 熟悉定氮仪与消化管的基本构造与使用方法；
③ 掌握 EDTA-乙酸铵盐交换法的操作流程，并能准确测定土壤中的阳离子交换量。

二、实验原理

用适宜浓度的 EDTA（乙二胺四乙酸）与乙酸铵的混合液作为交换提取剂，在适宜的 pH 条件下，与土壤吸收性复合体的 Ca^{2+}、Mg^{2+}、Al^{3+} 等交换，在瞬间形成离解度很小而稳定性大的络合物，且不会破坏土壤胶体。由于 NH_4^+ 的存在，交换性 H^+、K^+、Na^+ 也能交换完全，形成铵质土。通过使用 95%乙醇洗去过剩铵盐，以蒸馏法蒸馏，用标准酸溶液滴定氨量，即可计算出土壤中的阳离子交换量。

三、课时安排

① 理论课时安排：2 学时，学习土壤中阳离子交换量的测定意义和测定方法，以及 EDTA-乙酸铵盐交换法的测定原理。

② 实验课时安排：2 学时，分组实验，对土壤进行预处理，完成阳离子交换量的测定实验。

四、实验材料

（一）实验药品

如无特殊说明，本实验用水均为蒸馏水。

乙酸铵（CH_3COONH_4）、乙二胺四乙酸（$C_{10}H_{16}N_2O_8$）、浓氨水（$NH_3 \cdot H_2O$）、稀乙酸（CH_3COOH，$1mol \cdot L^{-1}$）、浓盐酸（HCl）、稀氢氧化钠（NaOH，$1mol \cdot L^{-1}$）、乙醇（体积分数为 95%）、硼酸（H_3BO_3）、氧化镁（MgO）、无水碳酸钠（Na_2CO_3）、氯化铵（NH_4Cl）、酸性铬蓝 K（$C_{16}H_9N_2Na_3O_{12}S_3$）、萘酚绿 B（$C_{30}H_{15}FeN_3Na_3O_{15}S_3$）、氯化钠（NaCl）、溴甲酚绿（$C_{21}H_{14}Br_4O_5S$）、氢氧化钾（KOH）、甲基红（$C_{15}H_{15}N_3O_2$）、碘化钾（KI）、氯化汞（$HgCl_2$）。

（二）实验器皿

① 100mL 容量瓶 1 个，1000mL 容量瓶 3 个；
② 玻璃瓶 1 个；
③ 100、500、1000mL 烧杯各 1 个；
④ 玛瑙研钵 1 个；

⑤ 棕色瓶 2 个；

⑥ 100mL 离心管 1 个；

⑦ 25、100、500mL 量筒各 1 个；

⑧ 玻璃棒 1 根；

⑨ 药匙 1 根；

⑩ 5mL 玻璃刻度移液管 1 支；

⑪ 1000mL 聚乙烯瓶 1 个；

⑫ 100mL 锥形瓶 1 个；

⑬ 2mm 孔径筛。

（三）试剂

① EDTA（0.005mol·L^{-1}）与乙酸铵（1mol·L^{-1}）混合液：称取 77.09g 乙酸铵及 1.461g 乙二胺四乙酸，将乙二胺四乙酸放入 1000mL 烧杯中，加水，用稀氢氧化钠（1mol·L^{-1}）调节 pH 值至 8，此时乙二胺四乙酸完全溶解。加水溶解后稀释至 900mL 左右，以氨水（1∶1）和稀乙酸（1mol·L^{-1}）调节 pH 值至 7.0（用于酸性和中性土壤的提取）或 8.5（用于石灰性土壤的提取），转移至 1000mL 容量瓶中，用蒸馏水稀释至标线，摇匀。

② 乙醇（体积分数为 95%，须无铵离子）。

③ 硼酸溶液（20g·L^{-1}）：称取 20.00g 硼酸，溶于近 1000mL 水中。用 1mol·L^{-1} 稀盐酸或 1mol·L^{-1} 稀氢氧化钠调节 pH 值至 4.5，转移至 1000mL 容量瓶中，用蒸馏水稀释至标线，摇匀。

④ 氧化镁：将氧化镁在马弗炉中经 600℃灼烧 0.5h，冷却后贮存于密闭的玻璃瓶中。

⑤ 盐酸标准溶液（0.05mol·L^{-1}）：吸取浓盐酸 4.17mL 稀释至 1000mL，充分摇匀后用无水碳酸钠进行标定，根据《化学试剂　标准滴定溶液的制备》（GB/T 601—2016）标准中的方法进行标定。

⑥ 缓冲溶液（pH＝10）：称取 33.75g 氯化铵溶于无 CO_2 水中，加新开瓶的浓氨水（ρ＝0.90g·mL^{-1}）285mL，用水稀释至 500mL。

⑦ 钙镁混合指示剂：称取 0.5g 酸性铬蓝 K 与 1.0g 萘酚绿 B，加 100g 氯化钠，在玛瑙研钵中充分研磨混匀，贮于棕色瓶中备用。

⑧ 甲基红-溴甲酚绿混合指示剂：称取 0.5g 溴甲酚绿和 0.1g 甲基红于玛瑙研钵中，加入少量乙醇（95%），研磨至指示剂全部溶解后，加乙醇（95%）至 100mL。

⑨ 纳氏试剂：称取 10.0g 碘化钾溶于 5mL 水中，另称取 3.5g 氯化汞溶于 20mL 水中（加热溶解），将氯化汞溶液慢慢地倒入碘化钾溶液中，边加边搅拌，直至出现微红色的少量沉淀为止。然后加 70mL 氢氧化钾溶液（300g·L^{-1}），并搅拌均匀，再滴加氯化汞溶液至出现红色沉淀为止。搅匀，静置过夜，倾出清液贮于棕色瓶中，放置暗处保存。

⑩ 氢氧化钾溶液（300g·L^{-1}）：称取 300g 氢氧化钾置入 1000mL 烧杯中，加 500mL 水溶解（边加边用玻璃棒搅拌）冷却后，稀释至 1000mL，混匀后转入聚乙烯瓶中保存备用。

（四）实验装置及材料

① 电动离心机：转速 3000～5000r·min^{-1}；

② 离心管：100mL，若干；

③ 定氮仪；

④ 消化管（与定氮仪配套）；

⑤ 电子天平：量程 0～200g，精度 0.0001g；

⑥ 粗天平；

⑦ 马弗炉。

五、实验步骤和方法

① 称取通过 2mm 孔径筛的风干试样 2g（精确至 0.01g），放入 100mL 离心管中，加入少量 EDTA-乙酸铵混合液，用橡胶头玻璃棒搅拌样品至均匀泥浆状，再加 EDTA-乙酸铵混合液使总体积达 80mL 左右，搅拌 1～2min，然后用 EDTA-乙酸铵混合液洗净橡胶头玻璃棒。

② 将离心管成对地放在粗天平两盘上，加入 EDTA-乙酸铵混合液使之平衡，再对称地放入离心机中，以 $3000r \cdot min^{-1}$ 转速离心 3～5min，弃去离心管中清液。如需要测定酸性、中性土壤交换性盐基组成，则将离心后的清液收集于 100mL 容量瓶中，用混合液提取剂定容至刻度，作为交换性钾、钠、钙、镁的待测液。

③ 向载有样品的离心管中加入少量乙醇（95%），用橡胶头玻璃棒充分搅拌，使土样成均匀泥浆状，再加乙醇（95%）约 60mL，用橡胶头玻璃棒充分搅匀，将离心管成对地放于粗天平两盘上，加乙醇使之平衡，再对称地放入离心机中以 $3000r \cdot min^{-1}$ 转速离心 3～5min，弃去乙醇清液。如此反复 3～4 次，洗至无铵离子为止（以纳氏试剂检查）。

④ 向管内加入少量水，用橡胶头玻璃棒将铵离子饱和土搅拌成糊状，并无损洗入消化管中，洗入体积控制在 60mL 左右。在蒸馏前向消化管内加入 1g 氧化镁，立即将消化管置于定氮仪上（蒸馏前先按仪器使用说明书检查定氮仪，并空蒸 0.5h 洗净管道）。

⑤ 向盛有 25mL 硼酸溶液（$20g \cdot L^{-1}$）的锥形瓶内加入 2 滴甲基红-溴甲酚绿指示剂，将锥形瓶置于冷凝器的承接管下，管口插入硼酸溶液中，开始蒸馏。蒸馏约 8min 后，将锥形瓶取下，用少量蒸馏水冲洗承接管的末端，洗液收入锥形瓶内，以盐酸标准溶液滴定至溶液呈微红色，同时做空白试验（具体操作按定氮仪使用说明书规定）。

六、实验结果整理和数据处理要求

（一）实验结果记录

根据实验结果将数据填入表 35-1。

表 35-1　实验记录表

样品编号	取样量 m/g	空白消耗体积 V_0/mL	标准溶液消耗体积 V/mL	CEC/($cmol \cdot kg^{-1}$)
1				
2				
3				
4				
5				
6				
7				
8				

（二）实验数据处理

土壤中阳离子交换量（CEC，$cmol \cdot kg^{-1}$）按以下公式进行计算：

$$CEC=\frac{c(V-V_0)\times 1000}{m\times 10} \tag{35-1}$$

式中 c——盐酸标准溶液浓度，$mol \cdot L^{-1}$；

V——滴定样品待测液所耗盐酸标准溶液量，mL；

V_0——空白滴定所耗盐酸标准溶液量，mL；

m——风干试样质量，g；

10——将 mmol 换算成 cmol 的系数；

1000——将 g 换算成 kg 的系数。

七、注意事项

① 含盐分和碱化度高的土壤，因 Na^+ 较多，易与 EDTA 形成稳定常数极小的 EDTA 二钠盐，一次提取交换不完全，所以需要提取 2～3 次方可；

② 蒸馏时使用氧化镁而不用氢氧化钠，因为后者碱性强，能水解土壤中部分有机氮为铵态氮，致使结果偏高；

③ 检查钙离子的方法：取澄清液约 20mL 于锥形瓶中，加 pH＝10 的缓冲液 3.5mL，摇匀，再加数滴钙镁指示剂混合，呈蓝色表示无钙离子，呈紫红色表示有钙离子存在；

④ 乙醇（95%）必须预先做铵离子检验，须无铵离子；

⑤ 平行测定结果用算术平均值表示，保留至小数点后一位。

八、思考题

① 土壤样品预处理的目的是什么？预处理的方法有哪些？

② 试分析 EDTA-乙酸铵盐交换法测定土壤中阳离子交换量的误差来源可能有哪些。

③ 简述测量土壤中阳离子交换量的主要原理及注意事项。

实验 36 土壤中铬、镉、锰、铜、镍的测定

土壤中重金属含量的检测是评价土壤污染程度的重要指标。一般来说，土壤中的重金属超标主要是因为工业污染以及农作物施肥不当造成的重金属残留。这些重金属元素很难通过生物降解的自然作用消除，并且会通过食物链富集于人体，危害人体健康。铬、镉、锰、铜、镍这些重金属元素与人体健康和生态环境密切相关，也是生态地球化学中重要的调查对象。因此，测定土壤中这些重金属元素的含量具有重要意义。

土壤中重金属元素的检测方法主要有电感耦合等离子体发射光谱法、原子吸收分光光度法、原子荧光分光光度法等。在上述方法中，电感耦合等离子体发射光谱法因具有检出限低、准确度高、可多元素同时测定等优势应用广泛。本实验选取电感耦合等离子体发射光谱法对土壤中铬、镉、锰、铜、镍五种金属元素进行检测。

一、实验目的

① 了解土壤的前处理过程和重金属元素的测定原理；

② 学会电感耦合等离子体发射光谱仪的使用。

二、实验原理

被测土壤样品经消化消解后，所有形态的重金属（包括铬、镉、锰、铜、镍等）都转化为离子形态，将消解后的溶液稀释后转移至电感耦合等离子体发射光谱仪进行分析。

电感耦合等离子体发射光谱分析过程主要分为三步，即激发、分光和检测。利用等离子体激发光源使试样蒸发气化，离解或分解为原子状态，原子可能进一步电离成离子状态，原子及离子在光源中从激发态跃迁回基态时激发发光，利用光谱仪将光源发射的光分解为按波长排列的光谱。利用光电器件检测光谱，按测定得到的光谱波长对试样进行定性分析，按发射光强度进行定量分析，即可得到土壤中各重金属元素含量。

三、课时安排

① 理论课时安排：2 学时，学习电感耦合等离子体发射光谱法的基本原理，光谱仪的基本结构、样品进样条件、测定流程和使用注意事项；

② 实验课时安排：2 学时，其中土壤样品的前期处理 1 学时，标准曲线绘制、样品测定等 1 学时。

四、实验材料

（一）实验药品

注：以下无机试剂和药品均为优级纯级别。如无特殊说明，实验用水均为蒸馏水或超纯水。

高氯酸（$HClO_4$，$\rho=1.68g \cdot mL^{-1}$）、氢氟酸（HF，$\rho=1.26g \cdot mL^{-1}$）、硝酸（HNO_3，$\rho=1.42g \cdot mL^{-1}$）、盐酸（HCl，$\rho=1.19g \cdot mL^{-1}$）。

标准物质：铜（Cu）、镍（Ni）、铬（Cr）、锰（Mn）、镉（Cd）标准贮备液（$1000mg \cdot L^{-1}$）。

（二）器皿

① 50mL 聚四氟乙烯烧杯 1 个；

② 10、1000mL 烧杯各 1 个；

③ 1000mL 聚乙烯瓶 1 个；

④ 50、100mL 容量瓶各 1 个；

⑤ 500mL 容量瓶 5 个；

⑥ 10、100、500mL 量筒各 1 个；

⑦ 0.5、1、2、5、10mL 移液管各 1 支；

⑧ 玻璃棒 1 根。

（三）试剂

① 硝酸溶液（$1.0mol \cdot L^{-1}$）：量取 66.7mL 浓硝酸，边搅拌边缓慢加入盛有 800mL 蒸馏水的烧杯中，然后用蒸馏水稀释至 1000mL，搅拌均匀后转入 1000mL 聚乙烯瓶

备用。

② 王水（盐酸∶硝酸=3∶1）：在通风橱内量取6mL浓盐酸于10mL烧杯中，另量取2mL浓硝酸，将浓硝酸缓慢倒入6mL浓盐酸中，边加入边搅拌，待搅拌均匀后立刻使用。(王水为强腐蚀性试剂，配制时需小心!)

（四）实验装置及材料

① 电感耦合等离子体发射光谱仪；

② 电子控温加热板；

③ 恒温干燥箱；

④ 电子天平：量程0～200g，精度0.0001g；

⑤ 100目筛网。

五、实验步骤和方法

（一）样品的消解

将采集的土壤样品用恒温干燥箱105℃干燥2h，冷却。干燥后的土壤样品按照四分法取样，磨碎后过100目筛。准确称取土壤样品0.2000g于50mL聚四氟乙烯烧杯中，加几滴蒸馏水润湿土壤。加5mL盐酸于烧杯中，将烧杯放在电子控温加热板上180℃加热至体积约为2.5mL。加7.5mL硝酸继续加热至液体呈黏稠状。加5mL氢氟酸蒸至白烟稀少。加2mL高氯酸蒸至高氯酸烟冒尽。趁热加5mL王水，加热至溶液体积剩余2～3mL。用蒸馏水冲洗杯壁，微热5～10min至溶液清亮，取下冷却。将溶液转入50mL容量瓶，用超纯水稀释至标线，摇匀，澄清，备上机测定。

设置A、B两组实验样品，同时做空白样品处理，备上机测定。

（二）标准溶液的配制

分别准确移取Cu、Ni、Cr、Mn、Cd标准贮备液（$1000mg \cdot L^{-1}$）10.00mL于100mL容量瓶中，用硝酸溶液（$1.0mol \cdot L^{-1}$）定容，得溶液浓度为$100mg \cdot L^{-1}$的混合标准中间液。准确移取0.50、3.00、5.00、10.00、30.00mL混合标准中间液（$100mg \cdot L^{-1}$）于500mL容量瓶中，用硝酸溶液（$1.0mol \cdot L^{-1}$）定容，得到0.10、0.60、1.00、2.00、$6.00mg \cdot L^{-1}$系列混合标准溶液，此标准系列溶液可用于一般土壤样品的测定。

（三）样品测定

① 设置仪器工作条件：高频发生器功率1.2kW；提升延时15s；雾化器流量$0.65L \cdot min^{-1}$；辅助器流量$1.0L \cdot min^{-1}$；等离子体流量$15L \cdot min^{-1}$；观察高度7mm；进液泵速，慢泵$10r \cdot min^{-1}$，快泵$80r \cdot min^{-1}$；稳定时间10s；读数时间5s。

② 将仪器预热0.5h，依次测定各浓度混合标准溶液、空白样品、土壤待测样品A和B。土壤待测样品的强度响应值应在标准曲线线性范围内，超过线性范围则应用硝酸溶液（$1.0mol \cdot L^{-1}$）稀释后再进行分析，记录结果数据。

（四）结果计算

按下式计算试样中检测目标物的含量（$mg \cdot kg^{-1}$）：

$$X=\frac{(\rho-\rho_0)\times V\times f}{m} \tag{36-1}$$

式中　X——试样中检测目标物的含量，$mg \cdot kg^{-1}$；

ρ——由标准曲线计算得到的上机试样溶液中目标物浓度，$mg \cdot L^{-1}$；

ρ_0——由标准曲线计算得到的空白试样溶液中目标物浓度，$mg \cdot L^{-1}$；

V——消解后试样的定容体积，mL；

f——试样的稀释倍数；

m——试样的称取质量，g。

六、实验结果整理和数据处理要求

（一）标准系列数据记录

标准系列记录如表 36-1 所示。

表 36-1　标准系列混合标准溶液 ICP-AES 强度响应值

标样浓度/($mg \cdot L^{-1}$)	铬(Cr)	镉(Cd)	锰(Mn)	铜(Cu)	镍(Ni)
0.10					
0.60					
1.00					
2.00					
6.00					

分别绘制 0.10、0.60、1.00、2.00、6.00$mg \cdot L^{-1}$ 浓度五种元素的标准曲线。

（二）土壤样品数据结果记录

土壤样品数据记录如表 36-2 所示。

表 36-2　土壤样品数据记录

重金属种类	铬(Cr)	镉(Cd)	锰(Mn)	铜(Cu)	镍(Ni)
空白样品响应值					
空白样品含量/($mg \cdot kg^{-1}$)					
土壤样品 A 响应值					
土壤样品 A 含量/($mg \cdot kg^{-1}$)					
土壤样品 B 响应值					
土壤样品 B 含量/($mg \cdot kg^{-1}$)					

七、注意事项

① 在土壤样品消解赶酸阶段，一定要将氢氟酸赶尽，以免上机时腐蚀雾化器、炬管等器件（有条件的话，更换成耐氢氟酸的雾化器、炬管）。

② 土壤样品采用硝酸、高氯酸、氢氟酸等进行消解，最后得到的液体样品应该是没有固形物，清澈、透明的液体，聚四氟乙烯烧杯内壁无残渣或深色残留物，并在上机前保持澄

澈，避免污染堵塞进样系统。

八、思考题

① 土壤中铬、镉、锰、铜、镍的含量是否对土壤构成污染？试分析原因。
② 比较电感耦合等离子体发射光谱法和原子吸收光谱法测定土壤中重金属元素的优劣。

实验 37　土壤中汞的测定

汞及其化合物属于剧毒物质，以多种形式存在于环境介质中。汞进入土壤后，不仅会对土壤生态结构和功能稳定性造成影响，还会对植物生长产生不利影响，甚至会通过食物链对人体健康产生危害。因此，对土壤中总汞的测定是环境监测的重要内容。

测定土壤中总汞含量的传统方法中，前处理过程需要手工湿法消解，即将土壤中的汞溶于溶液中再进行测定，存在消解时间长、试剂干扰、结果重现性差等缺点。目前一般采用催化热解-冷原子吸收分光光度法直接测定土壤中总汞。该法固体样品可直接进样，省去手工消解过程，避免试剂污染风险，具有准确度更高、操作更方便快捷等特点，适用于测定固体样品中的汞，被广泛用于地质、食品和环境等监测领域。

一、实验目的

① 了解催化热解-冷原子吸收分光光度法测定汞的原理；
② 熟悉测汞仪的基本结构和使用方法；
③ 掌握催化热解-冷原子吸收分光光度法测汞的操作流程，计算土壤中汞含量。

二、实验原理

样品进入燃烧催化炉后，经干燥、热分解及催化反应，各形态汞被还原成单质汞。单质汞进入齐化管生成金汞齐，齐化管快速升温将金汞齐中的汞以蒸气形式释放出来。汞蒸气被载气带入冷原子吸收分光光度计，汞蒸气对 253.7nm 的紫外光具有特征吸收，在一定浓度范围内，吸收强度与汞浓度成正比，工作流程如图 37-1 所示。

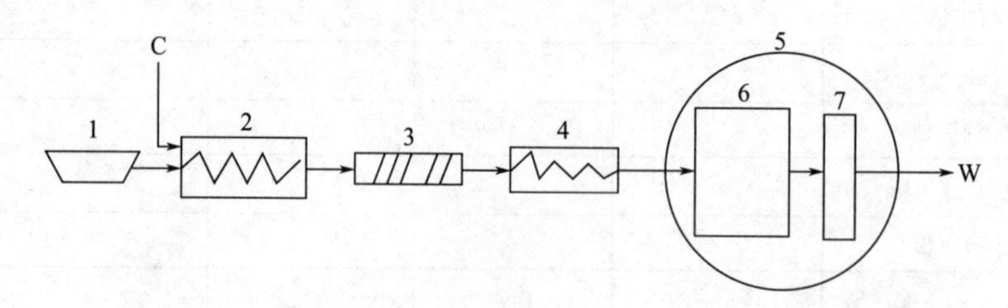

图 37-1　工作流程图

1—样品舟；2—燃烧催化炉；3—齐化管；4—解吸炉；5—冷原子吸收分光光度计；
6—低浓度吸收池；7—高浓度吸收池；C—载气；W—废气

三、课时安排

① 理论课时安排：1 学时，学习土壤中汞的测定方法、测定原理；
② 实验课时安排：2 学时，制备样品、配制溶液、测定土壤中汞含量。

四、实验材料

（一）实验药品

如无特殊说明，本实验药品均为优级纯，实验用水为蒸馏水或超纯水。

发烟硝酸（HNO_3）、重铬酸钾（$K_2Cr_2O_7$）、氯化汞（$HgCl_2$）。

（二）器皿

① 200、1000mL 烧杯各 1 个；

② 50、100、1000mL 量筒各 1 个；

③ 50mL 玻璃试管 1 支；

④ 100、1000mL 容量瓶各 1 个；

⑤ 1、2、5、10、50mL 玻璃刻度移液管各 1 支；

⑥ 200mL 具塞磨口玻璃瓶 1 个；

⑦ 10～1000μL 移液枪 1 把；

⑧ 10mL 具塞比色管 16 支；

⑨ 100 目（孔径 0.149mm）尼龙筛 1 个；

⑩ 玻璃棒 1 根。

（三）试剂和材料

① 硝酸（71%，1.42g·mL^{-1}）：往烧杯中加入 29mL 超纯水，用量筒量取 71mL 发烟硝酸缓慢倒入烧杯中，倒入过程中不断搅拌，搅拌均匀后备用；

② 氯化汞（$HgCl_2$）：临用时放干燥器中充分干燥；

③ 固定液：往烧杯中加入 950mL 蒸馏水并称取 0.5g 重铬酸钾溶于其中，再用移液管移取 50.00mL 硝酸（1.42g·mL^{-1}）缓慢加入烧杯中，并不断搅拌，冷却后备用；

④ 汞标准贮备液（100mg·L^{-1}）：准确称取 0.1354g 氯化汞，用固定液溶解后，转移至 1000mL 容量瓶，再用固定液稀释至标线，摇匀；

⑤ 汞标准使用液（10.0mg·L^{-1}）：移取汞标准贮备液 10.00mL，置于 100mL 容量瓶中，用固定液稀释至标线，混匀，临用现配；

⑥ 载气：高纯氧气（O_2），纯度≥99.999%；

⑦ 石英砂：75～150μm（200～100 目），置于马弗炉中 850℃灼烧 2h，冷却后装入具塞磨口玻璃瓶中密闭保存。

（四）实验装置

① 测汞仪：配备样品舟（镍舟或瓷舟）、燃烧催化炉、齐化管、解吸炉及冷原子吸收分光光度计；

② 电子天平：量程 0～200g，精度 0.0001g；

③ 马弗炉：（室温+10℃）～1000℃，控温精度 1℃；

④ 干燥器；

⑤ 研钵。

五、实验步骤和方法

（一）样品制备

将采集的土壤样品保存在玻璃瓶中运回实验室，在实验室中进行风干、破碎、研磨并过

0.149mm 孔径筛，测定土壤样品的干物质含量，保存备用。土壤样品保存、制备和干物质含量测定按照《土壤环境监测技术规范》（HJ/T 166—2004）和《土壤　干物质和水分的测定　重量法》（HJ 613—2011）标准的相关要求进行。

（二）标准系列溶液配制

① 低浓度标准系列溶液：分别移取 0、50.00、100.00、200.00、300.00、400.00、500.00μL 汞标准使用液，用固定液稀释至 10mL，配制成当进样量为 100μL 时汞含量分别为 0、5.0、10.0、20.0、30.0、40.0、50.0ng 的标准系列溶液；

② 高浓度标准系列溶液：分别移取 0、0.50、1.00、2.00、3.00、4.00、6.00mL 汞标准使用液，用固定液稀释至 10mL，配制成当进样量为 100μL 时汞含量分别为 0、50.0、100.0、200.0、300.0、400.0、600.0ng 的标准系列溶液。

（三）标准曲线建立

分别移取 100μL 低浓度或高浓度标准系列溶液，置于样品舟中，按照仪器条件依次进行标准系列溶液的测定，记录吸光度。以各标准系列溶液的汞含量为横坐标，以其对应的吸光度值为纵坐标，分别建立低浓度或高浓度标准曲线。

（四）样品测定

① 准确称取 0.1g 样品于样品舟中，按照与标准曲线建立相同的仪器条件进行样品测定；

② 用石英砂代替样品按照样品测定的步骤进行空白试验。

六、实验结果整理和数据处理要求

（一）实验结果记录

汞标准曲线测定值记录于表 37-1。土壤样品测定值记录于表 37-2。

表 37-1　汞标准曲线测定值

编号	低浓度			高浓度		
	汞含量/ng	响应值	回归曲线	汞含量/ng	响应值	回归曲线
1	0			0		
2	5.0			50.0		
3	10.0			100.0		
4	20.0			200.0		
5	30.0			300.0		
6	40.0			400.0		
7	50.0			600.0		

表 37-2　土壤样品测定值

名称	干物质含量 W_{dm}/%	取样量 m/g	由标准曲线所得汞含量 m_1/ng	测定值 $w/(\mu g \cdot kg^{-1})$
样品				
空白				

（二）实验结果计算

土壤中总汞的含量 w（Hg，μg·kg^{-1}）按以下公式进行计算：

$$w=\frac{m_1}{mW_{dm}} \tag{37-1}$$

式中 w——样品中总汞的含量，μg·kg^{-1}；

m_1——由标准曲线所得样品中的总汞含量，ng；

m——称取样品的质量，g；

W_{dm}——样品干物质含量。

七、注意事项

① 根据实际样品浓度可选择建立不同浓度的标准曲线。

② 取样量可根据样品浓度适当调整，推荐取样量为0.1～0.5g。当取样量为0.1g时，该方法检出限为0.2μg·kg^{-1}，测定范围为0.8×10^3～6.0×10^3μg·kg^{-1}。

③ 当测定结果小于10.0μg·kg^{-1}时，结果保留至小数点后一位；当测定结果大于等于10.0μg·kg^{-1}时，结果保留三位有效数字。

八、思考题

① 土壤样品预处理的目的是什么？如何根据监测项目的性质选择预处理方法？

② 试分析催化热解-冷原子吸收分光光度法测定土壤中汞的误差来源可能有哪些。

③ 催化热解-冷原子吸收分光光度法测定土壤中汞含量的主要步骤及注意事项有哪些？

实验38 土壤中砷的测定

砷（As）是一种严重危害人体健康的有毒致癌物质，已被世界卫生组织列入第Ⅰ类致癌物质。2014年，环境保护部和国土资源部发布的《全国土壤污染状况调查公报》显示砷是土壤中主要超标污染物之一。砷测定方法的研究对于砷污染的识别及治理具有重要意义。本实验采用二乙氨基二硫代甲酸银分光光度法测定土壤中砷的含量，该方法具有灵敏度高、选择性好、准确度高、适用范围广、分析成本低和操作简便等特点。

一、实验目的

① 了解测定有毒元素砷在环境监测中的意义；

② 学习使用分光光度计分析土壤中的元素砷；

③ 掌握分光光度法测定元素砷的原理和操作。

二、实验原理

通过化学氧化分解试样中以各种形式存在的砷，使之转化为可溶态砷离子进入溶液。锌与酸作用，产生新生态氢。在碘化钾和氯化亚锡的作用下，五价砷还原为三价砷，三价砷被新生态氢还原成气态砷化氢（胂）。用含二乙氨基二硫代甲酸银-三乙醇胺的三氯甲烷溶液吸收砷化氢，生成红色胶体银，在波长510nm处测定吸收液的吸光度。

三、课时安排

① 理论课时安排：2学时，学习测定土壤中砷的意义和方法，掌握分光光度计的测定原理。

② 实验课时安排：2学时，分组实验，包括样品预处理、配制溶液、校准仪器、使用分光光度计测定砷元素等实验操作。

四、实验材料

（一）实验药品

除非另有说明，分析中均使用符合国家标准或专业标准的分析纯试剂和蒸馏水或同等纯度的水。

硫酸（H_2SO_4，$\rho=1.84g\cdot mL^{-1}$）、硝酸（HNO_3，$\rho=1.42g\cdot mL^{-1}$）、高氯酸（$HClO_4$，$\rho=1.68g\cdot mL^{-1}$）、盐酸（HCl，$\rho=1.19g\cdot mL^{-1}$）、碘化钾（KI）、氯化亚锡（$SnCl_2\cdot 2H_2O$）、金属锡（Sn）、硫酸铜（$CuSO_4\cdot 5HO$）、乙酸铅［$Pb(CH_3COO)_2\cdot 5H_2O$］、无砷锌粒（10～20目）、二乙氨基二硫代甲酸银（$C_5H_{10}NS_2Ag$）、三乙醇胺［$(HOCH_2CH_2)_3N$］、三氯甲烷（$CHCl_3$）、氢氧化钠（NaOH）、三氧化二砷（As_2O_3）、脱脂棉。

（二）器皿

① 150mL锥形瓶1个；

② 100mL量筒1个；

③ 100mL烧杯7个，500、1000mL烧杯各1个；

④ 100mL容量瓶3个，1000mL容量瓶1个；

⑤ 100mL棕色玻璃瓶1个；

⑥ 1000mL聚乙烯瓶1个；

⑦ 1、2、5、10、20、25mL移液管各1支；

⑧ 2mm孔径和100目的尼龙筛各1个；

⑨ 玛瑙研钵1个。

（三）试剂

① 硫酸溶液（1∶1）：用量筒量取100mL蒸馏水于500mL烧杯中，再用量筒量取100mL浓硫酸，将其沿杯壁缓慢倒入烧杯中，并用玻璃棒不断搅拌均匀，冷却至室温后保存备用。

② 碘化钾（KI）溶液：称取15g碘化钾溶于蒸馏水中并稀释至100mL。

③ 氯化亚锡溶液：称取40g氯化亚锡（$SnCl_2\cdot 2H_2O$）置于烧杯中，加入40mL盐酸，微微加热。待完全溶解后，冷却，再用蒸馏水稀释至100mL，混匀，加数粒金属锡保存。

④ 硫酸铜溶液：称取15g硫酸铜（$CuSO_4\cdot 5H_2O$）溶于蒸馏水中并稀释至100mL，混匀。

⑤ 乙酸铅溶液：称取8g乙酸铅［$Pb(CH_3COO)_2\cdot 5H_2O$］溶于蒸馏水中并稀释至100mL，混匀。

⑥ 乙酸铅棉花：称取10g脱脂棉浸于100mL乙酸铅溶液中，浸透后取出风干。

⑦ 吸收液：称取0.25g二乙氨基二硫代甲酸银用少量三氯甲烷溶成糊状，加入2mL三

乙醇胺，再用三氯甲烷稀释到 100mL，用力振荡使其尽量溶解。暗处静置 24h 后，倾出上清液或用定性滤纸过滤，贮于棕色玻璃瓶中，放置于 2～5℃冰箱中。

⑧ 氢氧化钠溶液（$2mol \cdot L^{-1}$）：称取 80g 氢氧化钠置于烧杯中，加 100mL 水溶解（边加边用玻璃棒搅拌），冷却后稀释至 1000mL，混匀后转入聚乙烯瓶中保存备用。

⑨ 砷标准贮备溶液（$1.00mg \cdot mL^{-1}$）：称取放置在硅胶干燥器中充分干燥过的三氧化二砷（As_2O_3）0.1320g，溶于 2mL 氢氧化钠溶液（$2mol \cdot L^{-1}$）后加入 10mL 硫酸溶液（1∶1），转移到 100mL 容量瓶中，用蒸馏水稀释至标线，摇匀。

⑩ 砷标准中间溶液（$100mg \cdot L^{-1}$）：移取 10.00mL 砷标准贮备溶液于 100mL 容量瓶中，用蒸馏水稀释至标线，摇匀。

⑪ 砷标准使用溶液（$1.00mg \cdot L^{-1}$）：移取 1.00mL 砷标准中间溶液于 100mL 容量瓶中，用蒸馏水稀释至标线，摇匀。

（四）实验装置

① 分光光度计：10mm 比色皿。

② 砷化氢发生装置，此仪器由下述部件组成。

砷化氢发生瓶：容量为 150mL、带有磨口玻璃接头的锥形瓶 8 个。

导气管：一端带有磨口接头并有一球形泡（内装乙酸铅棉花），一端被拉成毛细管，管口直径不大于 1mm。

吸收管：内径为 8mm 的试管，带有 5.0mL 刻度。

③ 电控加热板。

④ 硅胶干燥器。

⑤ 电子天平：量程 0～200g，精度 0.0001g。

⑥ 烘箱。

五、实验步骤和方法

（一）样品

将采集的土壤样品（一般不少于 500g）混匀后用四分法缩分至约 100g。缩分后的土样经风干（自然风干或冷冻干燥）后，除去土样中石子和动植物残体等异物，用木棒（或玛瑙棒）研压，通过 2mm 尼龙筛（除去 2mm 以上的砂砾），混匀。用玛瑙研钵将通过 2mm 尼龙筛的土样研磨至全部通过 100 目（孔径 0.149mm）尼龙筛，混匀后备用。

（二）分析步骤

（1）试液的制备

称取土壤样品 0.5～2g（精确至 0.0002g）于 150mL 锥形瓶中，加 7mL 硫酸溶液（1∶1）、10mL 硝酸、2mL 高氯酸。置电热板上加热分解，破坏有机物（若试液颜色变深，应及时补加硝酸），蒸至冒白色高氯酸浓烟。取下放冷，用水冲洗瓶壁，再加热至冒浓白烟，以驱尽硝酸。取下锥形瓶，瓶底仅剩下少量白色残渣（若有黑色颗粒物，应补加硝酸继续分解），加蒸馏水至约 50mL。

（2）测定

① 于盛有试液的砷化氢发生瓶中加 4mL 碘化钾溶液，摇匀，再加 2mL 氯化亚锡溶液，混匀，放置 15min。

② 取 5.00mL 吸收液至吸收管中，插入导气管。

③ 加 1mL 硫酸铜溶液和 4g 无砷锌粒于砷化氢发生瓶中，并立即将导气管与砷化氢发生瓶连接，保证反应器密闭。

④ 在室温下，维持反应 1h，使砷化氢完全释出。加三氯甲烷将吸收液体积补充至 5.0mL。

⑤ 用 10mm 比色皿，以吸收液为参比，在 510nm 波长下测量吸收液的吸光度，减去空白试验所测得的吸光度，从标准曲线上查出试样中的含砷量。

(3) 空白试样

每分析一批试样，按步骤（1）制备至少两份空白试样（除不加土壤样品外，其余相同），并按步骤（2）进行测定。

(4) 标准曲线

分别移取 0.00、1.00、2.50、5.00、10.00、15.00、20.00、25.00mL 砷标准使用溶液于 8 个砷化氢发生瓶中，并用蒸馏水稀释至 50mL。加入 7mL 硫酸溶液（1∶1），按（2）所述步骤进行测定。

以测得的吸光度为纵坐标，对应的砷质量（μg）为横坐标，绘制标准曲线。

六、实验结果整理和数据处理要求

（一）实验结果记录

根据实验结果将数据填入表 38-1。

表 38-1 实验记录表

序号	砷标准使用液用量/mL	吸光度 A	空白吸光度 A_0	校正吸光度 $A-A_0$	试样中砷的质量 m/μg
1					
2					
3					
4					
5					
6					
7					
8					

（二）数据处理

土壤中总砷的含量 w(mg·kg^{-1}) 按以下公式进行计算：

$$w=\frac{m}{W(1-f)} \tag{38-1}$$

式中 w——样品中总砷的含量，mg·kg^{-1}；

W——称取土样的质量，g；

f——土壤水分含量；

m——测得试样中砷的质量，μg。

$$f=\frac{W_1-W_2}{W_1} \tag{38-2}$$

式中　W_1——烘干前土样质量，g；

W_2——烘干后土样质量，g。

七、注意事项

① 吸收液柱高保持 3～10cm；

② 三氧化二砷有剧毒，谨慎使用；

③ 砷化氢有剧毒，整个反应在通风橱内进行，在完全释放砷化氢后，红色生成物在 2.5h 内是稳定的，应在此期间内进行分光光度测定；

④ 称取的通过 100 目筛的风干土样 5～10g（精确至 0.01g）置于铝盒或称量瓶中，在 105℃烘箱中烘 4～5h，烘干至恒重；

⑤ 土壤砷消解液最低检出限为 0.002mg・L^{-1}；

⑥ 锌粒的粒度对砷化氢的发生有强烈影响，要求粒度均一；

⑦ 有机质含量低的土壤，土样消解时可不必加硝酸；

⑧ 注意在实验进行一段时间后，要提高砷化氢发生瓶的高度。

八、思考题

① 土壤样品预处理的目的是什么？

② 消解后溶液呈黄色或棕色说明了什么？

第五章
生物分析监测

实验 39　环境空气中细菌菌落总数的测定

空气是人类赖以生存的环境因素，也是大气微生物借以传播扩散的重要媒介。空气中存在细菌、真菌、病毒等多种微生物，这些微生物是空气污染物的重要组成部分。空气微生物主要来自地面及设施、人和动物的呼吸道与皮肤和毛发等，它们附着在空气气溶胶中的细小颗粒物表面，可长时间停留在空气中。某些微生物还可以随着空气中的细小颗粒穿过人体肺部存留在肺的深处，给身体健康带来严重危害；也可以随着空气中的细小颗粒物被输送到较深部位，引起许多传染性疾病和上呼吸道疾病。因此，空气微生物含量的多少可以反映所在区域的空气质量，是空气环境污染的一个重要参数。评价空气的清洁程度，需要测定空气中的微生物数量和空气污染微生物。目前测量空气中微生物数量的方法主要有撞击法、过滤法、自然沉降法等。本实验中选用较为简便、常用的自然沉降法检测空气中细菌的数量。实验方法参考《公共场所卫生检验方法　第 3 部分：空气微生物》(GB/T 18204.3—2013)、《环境微生物实验》等。

一、实验目的

① 了解自然沉降法检测空气中细菌的原理和方法。

② 初步了解实验室空气中细菌的大致浓度。

二、实验原理

自然沉降法是德国细菌学家罗伯特·科赫（Robert Koch）在 1881 年提出的，其原理如下：空气中个体微小的微生物受重力作用落到适合它们生长繁殖的固体培养基的表面，在适宜温度下培养一段时间，每个分散的菌体或孢子就会形成一个个肉眼可见的细胞群体即菌落，之后就可以进行菌落观察和计数。自然沉降法是一种既经典又非常简单、方便的空气微生物检测方法。由于悬浮在空气中的颗粒物的沉降并不仅仅受重力的作用，还会受到气流的运动、阻力、浮力、人类活动等其他外力因素的影响，因此所收集的颗粒物实际上只是空气中受重力作用较强而沉降下来的一部分较大的微生物粒子。该法可用于空气微生物的初步调查，特别适用于检测物体表面被空气中沉降微生物污染的情况，如医药食品厂房、医院手术室和烧伤病房等特定环境中的微生物数量测定。

三、课时安排

① 理论课时安排：2 学时，学习空气微生物的来源及采样方法、微生物的培养及数量

测定方法；

② 实验课时安排：4学时，其中培养基配制及耗材准备等前期工作2学时，样品采集与培养1学时，观察计数与结果计算1学时。

四、实验材料

（一）实验药品

如无特殊说明，本实验用水均为蒸馏水。

营养琼脂培养基。

（二）器皿

① 灭菌培养皿15个；

② 500mL锥形瓶1个；

③ 酒精灯1盏；

④ 无菌吸管若干。

（三）培养基

营养琼脂培养基：称取6.6g营养琼脂培养基置于500mL锥形瓶内，充分加热溶解后加塞置于高压蒸汽灭菌器内121℃灭菌20min，倒入培养皿约1/2高度制成平板（重复5个培养皿），编号，冷却，备用。

（四）实验装置及材料

① 高压蒸汽灭菌器：工作压力0.22MPa；

② 超净工作台；

③ 恒温培养箱：0～70℃；

④ 电子天平：量程0～200g，精度为0.0001g；

⑤ 加热装置；

⑥ 适宜尺寸的棉塞或硅胶塞1个；

⑦ 记号笔；

⑧ 标签纸。

五、实验步骤和方法

（一）采样点的布设

选择有代表性的采样点，室内采样。一般为五点梅花式采样，分别在室内的四角和中央共设置5个点位，四角的布点部位距墙壁1m左右，在各采样点放置3个（平行样）制备好的培养基。如果房间较大，如车间、厂房等，可根据情况适当增设采样点，采样点通常距地面0.8～1.5m，而且气流扰动极小。室外采样可根据地势高低、房舍远近而设立采样点。

（二）样品采集

将平板培养基布设在采样点后，在计时的同时打开培养皿盖，在空气中暴露30min，立即盖上培养皿盖。暴露时间的长短取决于空气的清洁程度：如果空气污染较重，为使计数方便、准确，可适当缩短暴露时间；如果空气较洁净，如洁净室，可适当延长暴露时间。

（三）培养和观察计数

将采集样品的平板倒置于恒温培养箱内37℃培养24h，观察细菌菌落特征，计数。

（四）结果计算

目前比较公认的是根据苏联土壤微生物学者奥梅梁斯基的公式计算空气中微生物的浓度。他认为100cm^{2}的培养基，在空气中暴露5min，经37℃培养24h后所生长的菌落数，相当于约10L空气所含的菌数，计算公式为：

$$C=N\div\left(\frac{At}{100\times5}\times10\right)\times1000=\frac{50000N}{At} \tag{39-1}$$

式中　C——微生物浓度，CFU[1]·m^{-3}；

A——捕获面积，cm^2；

t——暴露时间，min；

N——培养皿上的菌落数，CFU。

空气中微生物的沉降量不仅与空气中微生物的含量存在正相关关系，还与微生物粒子的粒径、密度、形状、环境等因素密切相关，而该公式没有考虑这些因素。研究表明，奥梅梁斯基公式只有在空气微生物粒径均一（为2.5μm）的静态场合才能成立。因而，要比较准确地计算空气中微生物的数量，就要针对不同的环境条件进行数值校正。

六、实验结果整理和数据处理要求

（一）实验结果记录

将各培养皿中沉降菌落数记录在表39-1内，并根据奥梅梁斯基公式计算空气中微生物的大概浓度。

表39-1　空气微生物测定结果记录表

采样点	菌落数			平均菌落数	微生物浓度/(CFU·m^{-3})
	培养皿1	培养皿2	培养皿3		
1					
2					
3					
4					
5					

（二）判断空气污染等级

根据空气微生物评价标准判断所检测环境的空气污染等级。

七、注意事项

① 培养基放置于采样点后，需尽量避免附近的人员走动，减少空气流动对实验结果产生的影响。

[1] CFU：菌落形成单位。

② 菌落计数时要专心和细心，遵循计数原则。

八、思考题

① 请分析不同采样地点细菌浓度存在差异的主要原因。
② 试述自然沉降法检测空气中微生物浓度的优缺点及适用范围。
③ 根据测定结果，对检测环境的空气进行卫生评价。

实验 40　水中细菌菌落总数的测定

虽然地球表面 70%以上被水所覆盖，但淡水仅占全球总水量的 2.53%，主要包括固体冰川、地下水和地表水（河流、湖泊、池塘、沼泽等）。由于不同的淡水水体都有其独特的环境特征，环境的异质性造成水体中微生物群落组成和结构的不同。环境污染会导致城市和地区的淡水资源受到污染，造成水质恶化、水资源短缺等问题。因此，保护并合理开发利用有限的淡水资源，已成为人类的共识。本实验方法参考《生活饮用水标准检验方法　第 12 部分：微生物指标》（GB/T 5750.12—2023）、《环境微生物实验教程》等。

一、实验目的

① 了解生活饮用水或水源水中菌落总数测定的意义。
② 了解样品水质微生物污染情况。

二、实验原理

测定水样是否符合饮用水标准，通常主要包括两个细菌学指标：每毫升水中的细菌总数和每升水中的总大肠菌群数。水中的细菌总数可以用来说明水体卫生状况和被有机物污染的程度。细菌总数是指 1mL 水样加入普通营养琼脂培养基中，37℃下培养 24h 后生长出的菌落数。我国规定 1mL 生活饮用水中细菌总数不能超过 100 个。本实验采用平板菌落计数法测定水中细菌总数。

三、课时安排

① 理论课时安排：1 学时，学习生活饮用水和水源水的区别及其各自内部微生物群落数量的差异、不同水体中的采样方法、平板菌落的计算方法。

② 实验课时安排：4 学时，其中培养基配制及耗材准备等前期工作 2 学时，样品采集与培养 1 学时，观察计数与结果计算 1 学时。

四、实验材料

（一）实验药品

如无特殊说明，本实验用水均为灭菌蒸馏水。
营养琼脂培养基。

（二）器皿

① 灭菌培养皿 15 个；

② 500mL 锥形瓶 2 个；

③ 酒精灯 1 盏；

④ 1mL 灭菌吸管若干，10mL 灭菌移液管若干；

⑤ 25mL 灭菌试管 5 支；

⑥ 50mL 灭菌带盖螺口瓶 1 个。

（三）培养基

营养琼脂培养基：称取 6.6g 营养琼脂培养基置于 500mL 锥形瓶内，充分加热溶解后加塞，置于高压蒸汽灭菌器内 121℃灭菌 20min，冷却后放入冰箱内，备用。

（四）实验装置

① 高压蒸汽灭菌器：工作压力 0.22MPa；

② 超净工作台；

③ 恒温培养箱：0～70℃；

④ 电子天平：量程 0～200g，精度为 0.0001g；

⑤ 加热装置；

⑥ 适宜尺寸的棉塞或硅胶塞 1 个；

⑦ 标签纸；

⑧ 记号笔。

五、实验步骤和方法

（一）水样采集

① 自来水采集：首先将水龙头灼烧或用 75%酒精进行灭菌处理，然后打开水龙头放水 3～5min，以排出水管中积存的死水和滞留的杂质，然后用无菌锥形瓶取适量水样，采集的样品应立即处理分析。

② 湖水、河水或池水采集：将灭菌的带盖螺口瓶的瓶口向下浸入池水、河水或湖水中至距水面 10～15cm 的深层，然后翻转过来，盛满水后，将瓶盖盖好，再从水中取出。水样须立即进行检测，否则须放入冰箱冷藏保存。

（二）细菌总数测定

（1）自来水细菌总数测定步骤

① 接种：取 3 个培养皿，分别通过无菌操作用吸管吸取 1mL 水样，注入空的培养皿中。在加热装置上将已制备好的培养基充分加热熔化，待培养基冷却到 45℃左右时倒入已加水样至 1/2 高度的培养皿制成平板。将培养皿在桌面上轻轻旋摇，使水样与培养基混匀。另取一无菌培养皿，按同样方法倒平板，不接种，作为空白对照。

② 培养：培养基凝固成平板后置于恒温培养箱 37℃培养 24h。

③ 观察、计数：三个平板的菌落数平均值即为 1mL 水样的细菌总数。

（2）湖水、河水或池水细菌总数测定步骤

① 编号：取 3 支试管，分别编为 1 号、2 号、3 号。

② 水样稀释：向 3 支试管内分别加入 9mL 灭菌水，取 1mL 水样加入 1 号试管内，摇匀；再自 1 号试管内取 1mL 水加入 2 号管，摇匀；再自 2 号管取 1mL 水样加入 3 号管，摇

匀。如此进行梯度稀释，得到 10^{-1}、10^{-2}、10^{-3} 三个连续稀释度。稀释倍数根据水样污浊程度而定，培养后平板的菌落数在 30～300 个的稀释度最为合适。若三个稀释度的菌落均多到无法计数或少到无法计数，则需继续稀释或减小稀释倍数甚至不稀释。一般中等污染水样，取 10^{-1}、10^{-2}、10^{-3} 三个连续稀释度，污染严重的取 10^{-2}、10^{-3}、10^{-4} 三个连续稀释度。

③ 接种：在最后三个稀释度的试管中，用无菌吸管各取 1mL 稀释样品，加入空的灭菌培养皿中，每个稀释度重复 3 次实验，在加热装置上将已制备好的培养基充分加热熔化，待培养基冷却到 45℃左右时倒入已加水样至 1/2 高度的培养皿制成平板。将培养皿在桌面上轻轻旋摇，使水样与培养基混匀。另取一无菌培养皿，按同样方法倒平板，不接种，作为空白对照。

④ 培养：平板凝固后倒置于 37℃恒温培养箱中培养 24h。

（三）观察、菌落计数

（1）平板菌落数的选择

应选择菌落数为每皿 30～300 个的稀释倍数计数。先计算相同稀释度的平均菌落数。若其中一个平板有较大片状菌苔生长，则不应采用，而应以无片状菌苔生长的平板作为该稀释度的平均菌落数。若片状菌落的大小约为平板的一半，而另一半菌落分布又很均匀，则可把均匀分布的半个平板上的菌落数的 2 倍作为全平板的菌落数，然后计算该稀释度的平均菌落数。

（2）稀释度的选择

① 当只有一个稀释度的平均菌落数符合每皿 30～300 个时，该平均菌落数乘其稀释倍数即为该水样的细菌总数（表 40-1 例次 1）。

② 若有两个稀释度的平均菌落数均在每皿 30～300 个，则由稀释度低的平均菌落数与稀释度高的平均菌落数的比值来决定。比值若小于 2，应取两者的平均数（表 40-1 例次 2）；若大于等于 2，则取其中稀释度低的菌落数（表 40-1 例次 3）。

③ 若所有稀释度的平均菌落数均大于每皿 300 个，则应按稀释度最高的平均菌落数乘以稀释倍数作为该水样的细菌总数（表 40-1 例次 4）。

④ 若所有稀释度的平均菌落数均小于每皿 30 个，则应按稀释度最低的平均菌落数乘以稀释倍数作为该水样的细菌总数（表 40-1 例次 5）。

⑤ 若所有稀释度的平均菌落数均不在每皿 30～300 个的范围内，则以最接近每皿 300 或 30 个的平均菌落数乘以稀释倍数作为该水样的细菌总数（表 40-1 例次 6）。

表 40-1 稀释度选择及菌落总数结果

例次	不同稀释度的平均菌落数/个			两个稀释度菌落数之比	菌落总数/(CFU·mL^{-1})	菌落数的报告方式/(CFU·mL^{-1})
	10^{-1}	10^{-2}	10^{-3}			
1						
2						
3						
4						
5						
6						

（四）菌落数的报告

菌落数在100以内时按实有数据报告。菌落数大于100时，则采用两位有效数字，两位有效数字后面的位数四舍五入。为了简化，也可以用科学计数法来表示水样的细菌总数。菌落数为“无法计数”时，应注明水样的稀释倍数。

六、实验结果整理和数据处理要求

根据平板菌落数，计算地表水或饮用水中的细菌浓度。

七、注意事项

① 整个实验操作需要在超净工作台进行，并注意无菌操作，防止污染。

② 对水样进行稀释时，移液管或移液器枪头不可混用，不同水样必须使用不同的移液管或移液器枪头。

八、思考题

① 根据自来水中细菌总数的实验结果，讨论所取自来水是否符合生活饮用水的标准。

② 你所测定的地表水中微生物污染情况如何？根据我国的水质标准，该地表水属于哪一类水？

实验41　水中总大肠菌群和大肠埃希氏菌的测定

Ⅰ总大肠菌群的测定

许多致病细菌常常存在于水中，人们饮用这些水后会引发疾病，例如痢疾、伤寒、霍乱等，因此测定饮用水中的病原菌十分重要。饮用水中病原菌的检测，国际上一般都采用总大肠菌群作为指示菌，每升水中的总大肠菌群数称为总大肠菌群指数。我国《生活饮用水卫生标准》（GB 5749—2022）规定：总大肠菌群及大肠埃希氏菌［MPN·$(100mL)^{-1}$或CFU·$(100mL)^{-1}$］都不得检出，且当水样检出总大肠菌群时，应进一步检验大肠埃希氏菌，水样未检出总大肠菌群，则不必检验大肠埃希氏菌。

水质微生物学的检验，特别是肠道细菌的检验，对于保证饮水安全和控制传染病有着重要意义，同时也是评价水质状况的重要指标。因此，测定水样是否符合饮用水微生物方面的卫生标准，除了细菌总数的测定还有总大肠菌群的测定。本实验方法参考《生活饮用水标准检验方法　第12部分：微生物指标》（GB/T 5750.12—2023）、《环境微生物实验》、《环境工程微生物学实验》等。

一、实验目的

① 掌握总大肠菌群的测定方法及原理。

② 了解总大肠菌群检测的意义。

二、实验原理

测定总大肠菌群常用的传统方法有多管发酵法和滤膜法。多管发酵法沿用已久，被称为水的标准分析法，原理是通过初发酵和复发酵两个步骤，验证水样中是否存在大肠菌群并测定其数目，广泛适用于各种样品的检测。而滤膜法能测定大体积的水样，但仅适用于杂质较少的样品，目前很多水厂检测时常采用此法。这两种方法都存在检测周期长、操作过程烦琐等缺点。现行国标中推荐的酶底物法，是一种便捷、快速的大肠菌群检测方法，可以较好地弥补传统方法的不足，对水质状况做出快速评价。

多管发酵法和滤膜法所使用的培养基含有乳糖，乳糖对大肠菌群起选择作用，很多细菌不能发酵乳糖，而大肠菌群能发酵乳糖产酸产气。在多管发酵法中，为便于观察细菌的产酸情况，在培养基中加入溴甲酚紫作为pH指示剂。细菌发酵乳糖产酸后，培养基即由原来的紫色变为黄色。溴甲酚紫还有抑制其他细菌如芽孢杆菌生长的作用。为了便于观察细菌的产气情况，在发酵管内加入一杜氏管，发酵产气后，杜氏管内有气泡出现。为了进一步验证大肠菌群的存在，一般使用伊红美蓝琼脂培养基（EMB），该培养基含有乳糖和伊红、美蓝两种染料（指示剂），大肠菌群发酵乳糖造成酸性环境时，两种染料即结合成深紫色复合物，使大肠菌群产生典型的菌落特征。滤膜法采用品红亚硫酸钠培养基，含有乳糖及碱性品红染料（指示剂），碱性品红可被培养基中的亚硫酸钠还原从而褪色，使培养基呈淡粉红色。大肠菌群发酵乳糖后产生的酸和乙醛与品红反应，形成深红色复合物，使大肠菌群产生典型的菌落特征。另外，亚硫酸钠还可抑制其他杂菌的生长。

我国《生活饮用水卫生标准》（GB 5749—2022）规定：每100mL生活饮用水中不应检出总大肠菌群，如果采用地下水作为生活饮用水水源时，每100mL水中总大肠菌群数不得超过3个。

三、课时安排

① 理论课时安排：1学时，学习大肠菌群的概念及大肠菌群检测在水体卫生方面的意义。

② 实验课时安排：建议安排6～8学时，其中培养基配制及耗材准备等前期工作2学时。采用多管发酵法进行实验时，整个实验过程分为初发酵（2学时）、平板培养（2学时）、复发酵（2学时）三部分；采用滤膜法进行实验时，实验过程分为培养与初检（2学时）、复检及观察计算（2学时）两部分。

四、实验材料

（一）实验药品

溴甲酚紫、碳酸钠（Na_2CO_3）、伊红、美蓝、革兰氏染色试剂、蛋白胨、牛肉膏、乳糖、氯化钠（NaCl）、磷酸氢二钾（K_2HPO_4）、无水乙醇、琼脂。

以上试剂均为分析纯。如无特殊说明，本实验用水均为无菌蒸馏水。

（二）器皿

① 灭菌培养皿20个；

② 500mL锥形瓶1个，150mL锥形瓶若干；

③ 酒精灯1盏；

④ 1、2、5、10mL灭菌移液管若干；

⑤ 25mL灭菌试管若干；

⑥ 100、250、500、1000mL灭菌烧杯各1个；

⑦ 100mL灭菌容量瓶1个；

⑧ 100、500mL 灭菌量筒各 1 个；

⑨ 灭菌溶剂过滤器 1 台；

⑩ 6mm×30mm 灭菌杜氏管 25 支；

⑪ 50mL 灭菌带盖螺口瓶 1 个。

（三）试剂

① 溴甲酚紫乙醇溶液（16g·L^{-1}）：称取 1.6g 溴甲酚紫溶于少量无水乙醇中，移至 100mL 容量瓶中，用无水乙醇定容至标线，混匀。

② 碳酸钠溶液（1mol·L^{-1}）：称取 10.6g 碳酸钠溶于 100mL 蒸馏水中，混匀。

③ 伊红水溶液（20g·L^{-1}）：称取 2.0g 伊红溶于 100mL 无菌蒸馏水中，混匀，使用前过滤除菌。

④ 美蓝水溶液（5g·L^{-1}）：称取 0.5g 美蓝溶于 100mL 无菌蒸馏水中，混匀，使用前过滤除菌。

⑤ 乳糖蛋白胨培养基：称取 5.0g 蛋白胨、1.5g 牛肉膏、2.5g 乳糖、2.5g NaCl 溶于 500mL 蒸馏水中，用碳酸钠调 pH 为 7.2～7.4，再加入 0.5mL 溴甲酚紫乙醇溶液（16g·L^{-1}），充分混匀，分装于装有杜氏管的试管中，每管 10mL，115℃高压灭菌 20min，备用。

⑥ 3 倍浓度乳糖蛋白胨培养基：按上述乳糖蛋白胨培养基配方的 3 倍浓度配制成溶液后分装，每个 150mL 锥形瓶分装 50mL，每个试管分装 5mL，管内均有一倒置杜氏管，灭菌条件同上。

⑦ 伊红美蓝琼脂培养基（EMB）：称取 5g 蛋白胨、1g K_2HPO_4 溶解于装有 500mL 蒸馏水的锥形瓶中，调 pH 至 7.2（碳酸钠溶液），再加入 5g 乳糖和 7.5～10g 琼脂，充分加热至溶液沸腾，加塞，115℃高压灭菌 20min。冷却至 50～55℃，分别加入无菌的 10mL 伊红水溶液（20g·L^{-1}）和 6.5mL 美蓝水溶液（5g·L^{-1}），充分混匀后立即制成平板，备用。

（四）实验装置及材料

① 高压蒸汽灭菌器：工作压力 0.22MPa；

② 超净工作台；

③ 恒温培养箱：0～70℃；

④ 电子天平：量程 0～200g，精度为 0.0001g；

⑤ 电炉；

⑥ 水浴锅；

⑦ 真空抽滤设备；

⑧ 微孔滤膜（0.45μm）；

⑨ 标签纸；

⑩ pH 试纸；

⑪ 记号笔；

⑫ 适宜尺寸的棉塞或硅胶塞。

五、实验步骤和方法

（一）多管发酵法（MPN 法）

1. 样品采集

按照实验 40 的方法进行地表水或饮用水样品的采集。

2. 初发酵

（1）接种

按表 41-1 接种水样，进行初发酵。

表 41-1 初发酵水样接种程序

序号	接种量/mL	接种培养液	接种管数
1	10	3 倍浓度乳糖蛋白胨培养液(5mL)	5
2	1	普通浓度乳糖蛋白胨培养液(10mL)	5
3	0.1	普通浓度乳糖蛋白胨培养液(10mL)	5

注意：

① 若样品水质较好，如已经处理过的出厂自来水，可接种 5 份 10mL 的水样，即通过无菌操作在 5 支装有 5mL 3 倍浓度的乳糖蛋白胨培养液的试管中各接种 10mL 水样。

② 若样品水质较差，污染严重，应对样品进行 10 倍系列浓度梯度稀释，可接种 1、0.1、0.01mL 甚至 0.001mL，稀释方法同实验 40 中湖水、河水或池水的稀释方法（均须无菌操作）。每个稀释度的水样接种到 5 管装有 10mL 普通浓度乳糖蛋白胨培养基的试管中，每个水样各接种 15 管。接种 1mL 以下水样时，必须在 10 倍递增稀释后，取 1mL 接种，每递增稀释一次，换用 1 支 1mL 灭菌移液管。

（2）培养与观察

将以上发酵管置于 37℃培养箱培养 24h，观察培养情况。

① 若杜氏管中有气泡形成，并且培养基浑浊，颜色改变（紫色变为黄色），则为阳性结果。由于除大肠菌群以外，可能存在其他类型的细菌在培养过程中也会出现产酸产气的阳性结果，所以需对阳性结果继续进行平板培养试验，以确定是否为大肠菌群。

② 若培养液颜色未改变，或仅表现为紫色变淡，杜氏管中也无气泡形成，则为阴性结果。

③ 若培养液仅产酸不产气，可能是因为菌量较少，需继续培养至 48h，48h 后仍不产气的则为阴性结果。

3. 平板培养试验

（1）准备培养基

取三个灭过菌的培养皿，向其中加入配制好的伊红美蓝琼脂培养基（或品红亚硫酸钠培养基），加入量以平铺整个培养皿为止。整个过程必须在酒精灯火焰的外围进行以保证无菌环境。待伊红美蓝琼脂培养基（或品红亚硫酸钠培养基）冷却凝固后备用。冷却过程中不能移动培养皿以保证凝固后的培养皿表面光滑平整。

（2）接种

从产酸产气或只产酸的阳性初发酵管中取菌液划线接种或点种于伊红美蓝琼脂平板上（整个过程也必须在酒精灯火焰的外围进行），放置于 37℃恒温培养箱内培养 24h，培养时应将培养皿倒置，以防止水分挥发和大水滴滴落。

为了确保获得分离的是单菌落，须注意以下事项：划线间距至少相隔 0.5cm；接种环尖端要稍弯；先轻击试管并使之倾斜，以免接种环挑取到任何膜状物或浮渣；划线时要用接种环的弯曲部分接触琼脂培养基平面，以免刮伤或戳破培养基。

（3）结果观察

对符合下列特征的菌落进行涂片、革兰氏染色和镜检。

在伊红美蓝琼脂培养基上可能出现三种菌落：

① 深紫黑色、有金属光泽的菌落——典型的大肠杆菌菌落；

② 紫黑色、不带或略带金属光泽的菌落——主要是大肠杆菌菌落，也可能是肠杆菌科中其他属的细菌；

③ 淡紫红色、中心紫色的菌落——可能是肠杆菌科中其他属的细菌，因产酸较弱，出现上述菌落特征。

在品红亚硫酸钠培养基上会出现：

① 紫红色、具有金属光泽的菌落——典型的大肠杆菌菌落；

② 深红色、不带或略带金属光泽的菌落——主要是大肠杆菌菌落，也可能是肠杆菌科中其他属的细菌；

③ 淡红色、中心颜色较深的菌落——可能是大肠杆菌菌落，也可能是其他肠道细菌菌落，如沙门菌。

4. 复发酵试验

（1）准备培养基

取 3 支试管，在每支试管中加入 10mL 普通浓度乳糖蛋白胨培养液，加入杜氏管，塞好、扎紧，放入高压蒸汽灭菌器中灭菌。

（2）复发酵

将经革兰氏染色呈阴性的无芽孢杆菌重新接种于普通浓度乳糖蛋白胨培养液中，每管可接种分离自同一初发酵管的最典型的菌落 1～3 个，盖好盖子。整个过程必须在酒精灯火焰外围的无菌环境中进行。置于 37℃培养箱培养 24～48h，结果若产酸又产气，即为大肠菌群阳性。

5. 结果计算

根据复发酵试验的阳性管数，查大肠杆菌 MPN 检索表（表 41-2 和表 41-3），计算水样中总大肠菌群数。

（二）滤膜法

1. 微孔滤膜和滤器灭菌

微孔滤膜灭菌：将微孔滤膜放入烧杯中，加入蒸馏水，置于沸水浴中煮沸灭菌（间歇灭菌）3 次，每次 15min。前两次煮沸后需更换蒸馏水洗涤 2～3 次，除去残留溶剂。

滤器灭菌：将滤器置于高压灭菌器中，121℃高压灭菌 20min。

2. 样品采集

按照实验 40 的方法进行地表水或饮用水样品的采集。

3. 过滤水样

用无菌镊子将灭过菌的微孔滤膜移至灭菌滤器中，加入待测水样 100mL 到滤杯中，启动真空抽滤设备进行抽滤，使水中的细菌截留在微孔滤膜上。水样抽滤完毕，加入等量的无菌水继续抽滤，以冲洗滤杯壁。

4. 培养与初检

抽滤完毕，拆开微孔滤膜过滤系统，用无菌镊子取出过滤膜，将细菌截留面朝上紧贴在伊红美蓝琼脂培养基上，微孔滤膜与培养基之间不能有气泡。倒置培养皿，置于恒温培养箱中 37℃培养 22～24h。

挑取符合如下特征的菌落进行涂片、革兰氏染色、镜检。

① 深紫黑色、具有金属光泽的菌落；

② 紫黑色、不带或略带金属光泽的菌落；

③ 淡紫红色、中心颜色较深的菌落；

④ 紫红色的菌落。

5. 复检

取 3 支试管，在每支试管中加入 10mL 普通浓度乳糖蛋白胨培养基，加入杜氏管，塞好、扎紧，放入高压蒸汽灭菌器中灭菌。

将具备上述特征、革兰氏染色呈阴性的无芽孢杆菌接种到乳糖蛋白胨培养液或乳糖蛋白胨半固体培养基上。每管可接种分离自同一初发酵管的最典型的菌落 1～3 个，盖好盖子。整个过程必须在酒精灯火焰外围的无菌环境中进行。置于 37℃培养箱培养 24～48h，结果若产酸又产气，即为大肠菌群阳性。根据滤膜上生长的大肠菌群菌落数和过滤的水样体积，即可计算出每 100mL 水样中的大肠菌群数，得出实验结果。计算公式如下：

$$\text{每 100mL 水样中总大肠菌群数(CFU)} = \frac{\text{培养皿上数出的总大肠菌群菌落数} \times 100}{\text{过滤的水样体积}} \tag{41-1}$$

六、实验结果整理和数据处理要求

多管发酵法参考大肠菌群检验表（MPN 法），将不同接种量各试管的阳性情况记录在表 41-4 内，依据阳性管数查大肠杆菌 MPN 检索表（表 41-2～表 41-3）。

表 41-2 大肠菌群 MPN 法的最大可能数（15 管法）

出现阳性份数			每 100mL 水样中最大可能数	出现阳性份数			每 100mL 水样中最大可能数
10mL	1mL	0.1mL		10mL	1mL	0.1mL	
0	0	0	<2	0	2	3	9
0	0	1	2	0	2	4	11
0	0	2	4	0	2	5	13
0	0	3	5	0	3	0	6
0	0	4	7	0	3	1	7
0	0	5	9	0	3	2	9
0	1	0	2	0	3	3	11
0	1	1	4	0	3	4	13
0	1	2	6	0	3	5	15
0	1	3	7	0	4	0	8
0	1	4	9	0	4	1	9
0	1	5	11	0	4	2	11
0	2	0	4	0	4	3	13
0	2	1	6	0	4	4	15
0	2	2	7	0	4	5	17

续表

出现阳性份数			每100mL水样中最大可能数	出现阳性份数			每100mL水样中最大可能数
10mL	1mL	0.1mL		10mL	1mL	0.1mL	
0	5	0	9	1	5	0	13
0	5	1	11	1	5	1	15
0	5	2	13	1	5	2	17
0	5	3	15	1	5	3	19
0	5	4	17	1	5	4	22
0	5	5	19	1	5	5	24
1	0	0	2	2	0	0	5
1	0	1	4	2	0	1	7
1	0	2	6	2	0	2	9
1	0	3	8	2	0	3	12
1	0	4	10	2	0	4	14
1	0	5	12	2	0	5	16
1	1	0	4	2	1	0	7
1	1	1	6	2	1	1	9
1	1	2	8	2	1	2	12
1	1	3	10	2	1	3	14
1	1	4	12	2	1	4	17
1	1	5	14	2	1	5	19
1	2	0	6	2	2	0	9
1	2	1	8	2	2	1	12
1	2	2	10	2	2	2	14
1	2	3	12	2	2	3	17
1	2	4	15	2	2	4	19
1	2	5	17	2	2	5	22
1	3	0	8	2	3	0	12
1	3	1	10	2	3	1	14
1	3	2	12	2	3	2	17
1	3	3	15	2	3	3	20
1	3	4	17	2	3	4	22
1	3	5	19	2	3	5	25
1	4	0	11	2	4	0	15
1	4	1	13	2	4	1	17
1	4	2	15	2	4	2	20
1	4	3	17	2	4	3	23
1	4	4	19	2	4	4	15
1	4	5	22	2	4	5	28

续表

出现阳性份数			每100mL水样中最大可能数	出现阳性份数			每100mL水样中最大可能数
10mL	1mL	0.1mL		10mL	1mL	0.1mL	
2	5	0	17	3	5	0	25
2	5	1	20	3	5	1	29
2	5	2	23	3	5	2	32
2	5	3	26	3	5	3	37
2	5	4	29	3	5	4	41
2	5	5	32	3	5	5	45
3	0	0	8	4	0	0	13
3	0	1	11	4	0	1	17
3	0	2	13	4	0	2	21
3	0	3	16	4	0	3	25
3	0	4	20	4	0	4	30
3	0	5	23	4	0	5	36
3	1	0	8	4	1	0	17
3	1	1	11	4	1	1	21
3	1	2	13	4	1	2	26
3	1	3	16	4	1	3	31
3	1	4	20	4	1	4	36
3	1	5	23	4	1	5	42
3	2	0	14	4	2	0	22
3	2	1	17	4	2	1	26
3	2	2	20	4	2	2	32
3	2	3	24	4	2	3	38
3	2	4	27	4	2	4	44
3	2	5	31	4	2	5	50
3	3	0	17	4	3	0	27
3	3	1	21	4	3	1	33
3	3	2	24	4	3	2	39
3	3	3	28	4	3	3	45
3	3	4	32	4	3	4	52
3	3	5	36	4	3	5	59
3	4	0	21	4	4	0	34
3	4	1	24	4	4	1	40
3	4	2	28	4	4	2	47
3	4	3	32	4	4	3	54
3	4	4	36	4	4	4	62
3	4	5	40	4	4	5	69

续表

出现阳性份数			每100mL水样中最大可能数	出现阳性份数			每100mL水样中最大可能数
10mL	1mL	0.1mL		10mL	1mL	0.1mL	
4	5	0	41	5	2	3	120
4	5	1	48	5	2	4	150
4	5	2	56	5	2	5	180
4	5	3	64	5	3	0	79
4	5	4	72	5	3	1	110
4	5	5	81	5	3	2	140
5	0	0	23	5	3	3	180
5	0	1	31	5	3	4	210
5	0	2	43	5	3	5	250
5	0	3	58	5	4	0	130
5	0	4	76	5	4	1	170
5	0	5	95	5	4	2	220
5	1	0	33	5	4	3	280
5	1	1	46	5	4	4	350
5	1	2	63	5	4	5	430
5	1	3	84	5	5	0	240
5	1	4	110	5	5	1	350
5	1	5	130	5	5	2	540
5	2	0	49	5	5	3	920
5	2	1	70	5	5	4	1600
5	2	2	94	5	5	5	>1600

注：水样总量55.5mL（5管10mL，5管1mL，5管0.1mL）。

表41-3 大肠菌群MPN法检验表（5管法） 单位：个·L^{-1}

5个10mL管中阳性管数	MPN	5个10mL管中阳性管数	MPN
0	<2.2	3	9.2
1	2.2	4	16.0
2	5.1	5	>16.0

注：用5份10mL水样时，各种阳性和阴性结果组合时的MPN。

表41-4 样品中总大肠菌群测定结果记录表

样品号	稀释倍数	接种量/mL	阳性管数	MPN值	原水样总大肠菌群数/(CFU·mL^{-1})
1		10			
		1			
		0.1			
2		10			
		1			
		0.1			

滤膜法根据公式计算总大肠菌群数。

七、注意事项

① 水体取样、滤膜过滤系统组装及大肠菌群的数量检测，均须实施规范的无菌操作。
② 对于污染严重的水样，稀释倍数应适当增大，以获得理想的结果。

八、思考题

① 所测定的水样中总大肠菌群污染情况如何？是否符合生活饮用水卫生标准？
② 分析检测水样中总大肠菌群的意义。
③ 分析多管发酵法及滤膜法检测样品中总大肠菌群的优缺点。

Ⅱ 大肠埃希氏菌的测定

一、实验目的

了解大肠埃希氏菌检测的意义及检测方法、原理。

二、实验原理

大肠埃希氏菌的检测方法类似总大肠菌群，有多管发酵法、滤膜法和酶底物法。本实验以多管发酵法为例介绍地表水或饮用水中大肠埃希氏菌的检测方法。由于大肠埃希氏菌能特异性产生β-葡萄糖醛酸酶，分解4-甲基伞形酮-β-D-葡萄糖醛酸苷（MUG），释放出荧光产物4-甲基伞形酮，使培养液在波长366nm紫外光下产生蓝色荧光，因而可以在培养液中加入MUG，从而快速判断样品中是否含有大肠埃希氏菌。

三、课时安排

① 理论课时安排：1学时，学习大肠埃希氏菌的概念及测定大肠埃希氏菌在水体卫生方面的意义。

② 实验课时安排：4学时，其中初发酵实验2学时，EC-MUG培养和紫外灯检测2学时。

四、实验材料

（一）实验药品

溴甲酚紫、EC培养基（大肠埃希氏菌选择性培养基）、4-甲基伞形酮-β-D-葡萄糖醛酸苷（MUG）、碳酸钠（Na_2CO_3）、蛋白胨、牛肉膏、乳糖、氯化钠（NaCl）、无水乙醇、琼脂。

以上试剂均为分析纯。如无特殊说明，本实验用水均为无菌蒸馏水。

（二）器皿

① 灭菌培养皿20个；
② 500mL锥形瓶1个；

③ 酒精灯 1 盏；

④ 1、2、5mL 灭菌移液管各 2 支；

⑤ 10、25、100mL 灭菌试管各 5 支；

⑥ 100、250、500、1000mL 灭菌烧杯各 1 个；

⑦ 100mL 灭菌容量瓶 1 个；

⑧ 100mL 灭菌量筒 1 个；

⑨ 灭菌溶剂过滤器 1 台；

⑩ 6mm×30mm 灭菌杜氏管 20 支；

⑪ 50mL 灭菌带盖螺口瓶 3 个。

（三）试剂

① 溴甲酚紫乙醇溶液（16g·L^{-1}）：配制方法同“Ⅰ总大肠菌群的测定”中“（三）试剂①”。

② 碳酸钠溶液（1mol·L^{-1}）：配制方法同“Ⅰ总大肠菌群的测定”中“（三）试剂②”。

③ 乳糖蛋白胨培养基：配制方法同“Ⅰ总大肠菌群的测定”中“（三）试剂⑤”。

④ 3 倍浓度乳糖蛋白胨培养基：配制方法同“Ⅰ总大肠菌群的测定”中“（三）试剂⑥”。

⑤ EC-MUG 培养基：每 1000mL EC 培养基中加入 4-甲基伞形酮-β-D-葡萄糖醛酸苷（MUG）0.05g，在 366nm 紫外光下检测培养基，如果无自发荧光，分装于试管中，每管 10mL，121℃高压灭菌 20min。

（四）实验装置及材料

① 高压蒸汽灭菌器：工作压力 0.22MPa；

② 超净工作台；

③ 恒温培养箱：0～70℃；

④ 电子天平：量程 0～200g，精度为 0.0001g；

⑤ 电炉；

⑥ 水浴锅；

⑦ 紫外灯：波长 366nm；

⑧ 标签纸；

⑨ pH 试纸；

⑩ 记号笔；

⑪ 适宜尺寸的棉塞或硅胶塞。

五、实验步骤和方法

按照总大肠菌群初发酵的程序接种乳糖蛋白胨培养液，再从初发酵阳性管中取菌液接种至 EC-MUG 试管中，置于（44.5±5）℃培养箱培养（24±2）h。将试管在暗处用波长 366nm 的紫外光照射，如果有蓝色荧光产生，则证明有大肠埃希氏菌生长。根据大肠埃希氏菌阳性管数，查大肠杆菌 MPN 检索表，得到大肠埃希氏菌的 MPN 值。

六、实验结果整理和数据处理要求

将大肠埃希氏菌各试管阳性情况记录在表 41-5 内，依据阳性管数查大肠杆菌 MPN 检索表（表 41-2 和表 41-3），计算水样中大肠埃希氏菌数。

表 41-5　样品中大肠埃希氏菌测定结果记录表

样品号	稀释倍数	接种量/mL	阳性管数	MPN 值	原水样大肠埃希氏菌数/($CFU \cdot mL^{-1}$)
1		10			
		1			
		0.1			
2		10			
		1			
		0.1			

七、思考题

① 所测定的水样中大肠埃希氏菌污染情况如何？是否符合生活饮用水卫生标准？

② 分析检测大肠埃希氏菌的意义。

实验 42　水中叶绿素 a 含量的测定

叶绿素是植物光合作用的重要色素，常见的有叶绿素 a、b、c、d 四种类型，其中叶绿素 a 是能将光合作用的光能传递给化学反应系统的唯一色素，叶绿素 b、c、d 吸收的光能均是通过叶绿素 a 传递给化学反应系统的。通过测定水中的叶绿素 a，可掌握水体的初级生产力，了解河流、湖泊和海洋中浮游植物的现存量。实验表明，当叶绿素 a 质量浓度升至 $10mg \cdot m^{-3}$ 以上并有迅速增加的趋势时，就可以预测水体即将发生富营养化。因此，可将叶绿素 a 含量作为评价水体富营养化程度并预测其发展趋势的指标之一。

叶绿素 a 的测定方法有高效液相色谱法、分光光度法和荧光光谱法。高效液相色谱法精确度高，但操作步骤烦琐。目前最常用的是分光光度法和荧光光谱法。本实验选择分光光度法测定水体中的叶绿素 a 含量。

一、实验目的

① 了解叶绿素 a 测定的原理；

② 通过实验掌握水体中叶绿素 a 的测定方法；

③ 熟练掌握抽滤装置和分光光度计的使用。

二、实验原理

分光光度法测定叶绿素 a 含量的原理是：将一定量的水样用玻璃纤维滤膜过滤，富集叶绿素。叶绿素会留在滤膜上，可用丙酮溶液提取。将提取液离心分离后，测定其吸光度。在一定浓度范围内，叶绿素 a 的吸光度与浓度符合朗伯-比尔定律，吸光度与其浓度成正比。因此，可通过测定样品在丙酮提取液中经紫外线照射时产生的吸光度测定叶绿素 a 的含量。

三、课时安排

① 理论课时安排：2 学时，学习紫外-可见分光光度法的基本原理、紫外-可见分光光度计的基本结构和使用注意事项、抽滤装置的使用方法；

② 实验课时安排：2 学时，其中试剂配制、水样采集等前期准备 1 学时，样品测定等 1 学时。

四、实验材料

（一）实验药品

注：以下药品均为分析纯级别。如无特殊说明，本实验用水均为去离子水。

碳酸镁（$MgCO_3$）、丙酮（CH_3COCH_3）。

（二）器皿

① 0.7μm 玻璃纤维滤膜若干；

② 普通滤纸若干；

③ 150mL 烧杯 1 个，500mL 烧杯 2 个；

④ 10、100、500mL 量筒各 1 个；

⑤ 10mL 离心管 3 支；

⑥ 10mm 比色皿 1 个；

⑦ 100mL 聚乙烯瓶 2 个；

⑧ 2000mL 深色聚乙烯瓶 1 个。

（三）试剂

① 碳酸镁悬浮液（10.0g·L^{-1}）：称取 1.0g 碳酸镁于 150mL 烧杯中，加入 100mL 去离子水，充分搅拌制得碳酸镁悬浮液，转入 100mL 聚乙烯瓶中备用。每次使用时充分摇匀。

② 丙酮溶液（9∶1）：量取 90mL 丙酮于 150mL 烧杯中，加入 10mL 去离子水，充分搅拌均匀，转入 100mL 聚乙烯瓶中备用。

（四）实验装置及材料

① 分光光度计；

② 抽滤装置；

③ 离心机；

④ 天平：量程 0～200g，精度 0.0001g；

⑤ 低温冰箱；

⑥ 玻璃研钵。

五、实验步骤和方法

（一）水样采集

实验当天选取一生活池塘确定水样采集点位置，将 2000mL 深色聚乙烯瓶放到水中采集

1500mL 水样（瓶口距水面 30～40cm，水样量视浮游植物的多少而定，一般采集 500～2000mL），立即加 1mL 碳酸镁悬浮液（10.0g · L^{-1}）。水样采集后采样瓶应放置在阴凉处并避免阳光直射。若水样的进一步处理需要较长时间（12h 以上），采集的水样应置于 4℃冰箱中保存。

（二）水样测定

① 抽滤浓缩：量取 500mL 采集水样（A、B 组平行样），通过装好玻璃纤维滤膜（0.7μm）的抽滤装置进行过滤，抽滤时负压应不大于 50kPa。待过滤器内无水分后，继续抽吸几分钟，抽吸完毕后取出玻璃纤维滤膜。对折玻璃纤维滤膜（含有浮游植物的面朝里），用普通滤纸吸压以尽可能除去滤膜上的水分（设置去离子水空白对照）。

② 研磨：将载有浓缩样品的玻璃纤维滤膜放入玻璃研钵研磨提取。加 3～4mL 丙酮溶液，研磨至糊状。补加 3～4mL 丙酮溶液，继续研磨，保证充分研磨 5min 以上。将完全破碎后的细胞提取液转移至玻璃刻度离心管中，用丙酮溶液冲洗研钵及研磨杵，一并转入离心管中，定容至 10mL。

注：叶绿素对光及酸性物质敏感，实验室光线应尽量微弱，能进行分析操作即可。所有器皿不能用酸浸泡或洗涤。

③ 浸泡提取：将离心管中的研磨提取液充分振荡混匀后，用铝箔包好离心管，4℃避光浸泡提取 2h 以上，不超过 24h。在浸泡过程中要颠倒摇匀 2～3 次。

④ 离心：将提取后的离心管放入离心机中，转速为 3000～4000r · min^{-1}，离心 10min。然后用针式滤器过滤上清液得到叶绿素 a 的丙酮提取液待测（试样）。

⑤ 测定：用去离子水按照相同步骤进行空白试样的制备。取 10mm 比色皿，以丙酮溶液作为参比溶液调节分光光度计零点，调零后测定定容后的提取液，读取波长为 750、664、647、630nm 处的吸光度。

（三）结果计算

试样中叶绿素 a 的质量浓度 c_a 按照式(42-1) 计算：

$$c_a=11.85(A_{664}-A_{750})-1.54(A_{647}-A_{750})-0.08(A_{630}-A_{750}) \quad (42\text{-}1)$$

式中 c_a——试样中叶绿素 a 的质量浓度，mg · L^{-1}；

A_{664}——试样在 664nm 波长下的吸光度值；

A_{647}——试样在 647nm 波长下的吸光度值；

A_{630}——试样在 630nm 波长下的吸光度值；

A_{750}——试样在 750nm 波长下的吸光度值。

样品中叶绿素 a 的质量浓度 c 按照式(42-2) 计算：

$$c=c_aV_1/V \quad (42\text{-}2)$$

式中 c——样品中叶绿素 a 的质量浓度，μg · L^{-1}；

c_a——试样中叶绿素 a 的质量浓度，mg · L^{-1}；

V_1——试样的定容体积，mL；

V——取样体积，L。

六、实验结果整理和数据处理要求

叶绿素 a 的吸光度及浓度记录于表 42-1。吸光度数据保留两位小数。

表 42-1　叶绿素 a 数据结果记录

组别	提取液的定容体积/mL	750nm吸光度	664nm吸光度	647nm吸光度	630nm吸光度	试样中叶绿素 a 浓度 c_a/(mg·L^{-1})
A 组	10					
B 组	10					
空白组	10					

七、注意事项

① 使用的玻璃器皿和比色皿均应清洁、干燥、无酸，不要用酸浸泡或洗涤。

② 因为叶绿素提取液对光敏感，故提取等操作要尽量在微弱的光照下进行。

③ 750nm 处的吸光度用于检查丙酮溶液浊度。当使用 10mm 比色皿，750nm 处的吸光度在 0.005 以上时，应将丙酮溶液再一次充分地离心分离，然后测定其吸光度。

八、思考题

① 查阅资料，根据所得叶绿素 a 含量判断所测生活池塘中水体的富营养化程度，并说明依据。

② 试说明本实验选取丙酮溶液（9∶1）而不选取纯丙酮作为提取液的原因。

③ 试说明碳酸镁悬浊液（10.0g·L^{-1}）在本实验中的作用。

实验 43　土壤中酶活性的测定

在土壤生物组分中，土壤微生物和土壤酶在土壤物质和能量的转化过程中起着至关重要的作用。土壤酶作为土壤中的重要组成部分，是土壤中产生专一生物化学反应的生物催化剂，对土壤环境质量的变化反应迅速，常被用来作为指示土壤环境质量的生物学指标。其中对于污染物比较敏感的酶类主要有脱氢酶、过氧化氢酶和脲酶等。

Ⅰ 土壤脱氢酶活性的测定

一、实验目的

掌握土壤脱氢酶活性的测定原理及方法。

二、实验原理

土壤中的微生物对有机物的降解，实质上是在微生物酶的催化作用下发生的一系列生物氧化还原反应。参加生物氧化的重要酶有氧化酶（oxidase）、脱氢酶（dehydrogenase）等，其中脱氢酶尤为重要。脱氢酶能氧化有机物使氢原子活化并传递给特定的受氢体，实现有机物（如石油烃）的氧化和转化。单位时间内脱氢酶活化氢的能力表现为酶活性，脱氢酶活化的氢原子被人为受氢体接受，就可以通过直接测定人为受氢体浓度的变化间接测定脱氢酶的活性，进而表征生物降解过程中微生物的活性。因此，脱氢酶的活性可以反映处理体系内活性微生物量以及微生物对有机物的氧化降解能力，以评价降解性能。

用于测定脱氢酶活性的方法有很多，其中应用较多的是 2,3,5-氯化三苯基四氮唑（2,3,5-triphenyltetrazolium chloride，TTC）比色法。利用 TTC 作为人为受氢体，其还原反应可用下式表示。

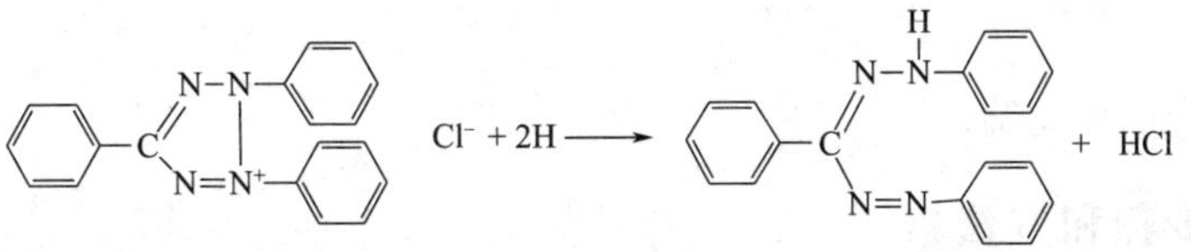

无色的 TTC 接受氢后变成红色的三苯基甲臜（1,3,5-triphenyl formazan，TPF），根据红色的深浅，测出相应的吸光度 *A*，从而计算 TPF 的生成量，求出脱氢酶的活性。通常吸光度 *A* 越大（红色越深），脱氢酶活性越高。

三、课时安排

① 理论课时安排：2 学时，学习分光光度法的基本原理，分光光度计的基本结构、测定原理及使用注意事项；

② 实验课时安排：2 学时，其中试剂配制等前期准备 1 学时，TTC 标准曲线绘制、样品测定等 1 学时。

四、实验材料

（一）实验药品

所用试剂均为分析纯。如无特殊说明，本实验用水均为蒸馏水。

2,3,5-氯化三苯基四氮唑（TTC）、葡萄糖、三羟甲基氨基甲烷（Tris）、连二亚硫酸钠（$Na_2S_2O_4$）、亚硫酸钠（Na_2SO_3）、甲醛（HCHO）、丙酮（CH_3COCH_3）、盐酸（HCl，$1mol \cdot L^{-1}$）、无氧水。

（二）器皿

① 100mL 容量瓶 2 个，1000mL 容量瓶 1 个；

② 50mL 比色管 8 支；

③ 50mL 具塞锥形瓶 4 个；

④ 2、5mL 移液管各 3 支，10mL 移液管 2 支；

⑤ 100、1000mL 烧杯各 1 个；

⑥ 100mL 棕色瓶 1 个；

⑦ 25、1000mL 量筒各 1 个。

（三）试剂

① TTC 溶液（$4mg \cdot mL^{-1}$）：称取 400mg 2,3,5-氯化三苯基四氮唑（TTC）和 2g 葡萄糖溶于少量蒸馏水中，再定容至 100mL，混匀，贮存于棕色瓶中，一周更换一次。

② Tris-HCl 缓冲液（pH＝8.4）：称取 6.037g 三羟甲基氨基甲烷（Tris），加入约 800mL 去离子水中，充分搅拌溶解，然后加入 20mL 盐酸（$1mol \cdot L^{-1}$），定容至 1000mL，混匀。

③ 无氧水：称取 0.36g 亚硫酸钠（Na_2SO_3），用蒸馏水定容至 100mL，混匀。

（四）实验装置及材料

① 紫外-可见分光光度计；

② 电子天平：量程 0～200g，精度为 0.0001g；

③ 水浴锅；

④ 离心机；

⑤ 2mm 孔径的尼龙筛。

五、实验步骤和方法

（一） TTC 标准曲线的绘制

① 取 8 支 50mL 的比色管，按表 43-1 配制系列浓度的 TTC 标准溶液。

表 43-1　TTC 标准曲线绘制

序号	0	1	2	3	4	5	6	7
Tris-HCl 缓冲液/mL	7.5	7.5	7.5	7.5	7.5	7.5	7.5	7.5
无氧水/mL	2.5	2.5	2.5	2.5	2.5	2.5	2.5	2.5
TTC 溶液/mL	0	0.1	0.2	0.3	0.4	0.5	0.6	0.7
蒸馏水/mL	40	39.9	39.8	39.7	39.6	39.5	39.4	39.3
配成的 TTC 标准溶液浓度/($\mu g \cdot mL^{-1}$)	0	8	16	24	32	40	48	56

② 向每支比色管中各加入少许（十几粒）连二亚硫酸钠（$Na_2S_2O_4$），混匀，使 TTC 全部还原成红色的 TPF。

③ 向各管滴加 5mL 甲醛终止反应，摇匀后加入 5mL 丙酮，振荡摇匀以提取 TPF，稳定数分钟（或 37℃水浴 10min）。

④ 取上清液在 485nm 波长下测定吸光度 A。

以吸光度 A 为纵坐标，以 TTC 浓度为横坐标，绘制出 TTC 标准曲线。

（二）土壤脱氢酶活性的测定

① 取 3 个 50mL 具塞锥形瓶，分别称取 5g 土样（过 2mm 筛），加入锥形瓶中，再分别加入 TTC 溶液（$4mg \cdot mL^{-1}$）5mL 和 Tris-HCl 缓冲液（pH=8.4）7mL。另取一个 50mL 具塞锥形瓶加入同样的土样 5g，加 Tris-HCl 缓冲液（pH=8.4）7mL、蒸馏水 5mL，作为对照。

② 将以上 4 个具塞锥形瓶避光，37℃水浴锅中保温培养 12～24h。

③ 培养结束后，加入 5mL 甲醛终止反应，再分别加入 5mL 丙酮振荡并在 37℃保温 10min，转入离心管。

④ $4000r \cdot min^{-1}$ 离心 5min，取上清液在 485nm 波长下测定吸光度（A），并根据样品显色液与样品空白的吸光度之差，在标准曲线上查出相应的 TTC 浓度。

六、实验结果整理和数据处理要求

脱氢酶活性的计算公式如下：

$$\text{脱氢酶活性}(\mu g \cdot mL^{-1} \cdot h) = abc \qquad (43\text{-}1)$$

式中　a——由标准曲线得出的 TTC 浓度，$\mu g \cdot mL^{-1}$；

b——培养时间校正值=实际反应时间/60min，h；

c——比色时的稀释倍数（当 $A>0.8$ 时，要适当稀释，使 A 在 0.8 以下）。

七、注意事项

① 所有操作应当尽量在避光条件下进行。脱氢酶最适反应条件为：温度 30～37℃，pH 值 7.4～8.5。因此要控制好水浴锅的温度和缓冲液的 pH 值。

② 加还原剂连二亚硫酸钠时，要尽量保证各管的加入量相等，防止因加入不同量的还原剂造成差异。

八、思考题

影响脱氢酶活性的因素有哪些？

Ⅱ过氧化氢酶活性测定（高锰酸钾滴定法）

一、实验目的

掌握土壤过氧化氢酶活性的测定原理及方法。

二、实验原理

过氧化氢广泛存在于生物体和土壤中，是由生物呼吸过程和有机物的生物化学氧化反应产生的，对生物和土壤具有毒害作用。与此同时，在生物体和土壤中存在过氧化氢酶，能促进过氧化氢分解为水和氧（$H_2O_2 \longrightarrow H_2O+O_2\uparrow$），从而降低了过氧化氢的毒害作用。土壤中过氧化氢酶的测定便是根据土壤（含有过氧化氢酶）和过氧化氢作用析出的氧气体积或过氧化氢的消耗量，测定过氧化氢的分解速度，以此代表过氧化氢酶的活性。测定过氧化氢酶的方法比较多：气量法，根据析出的氧气体积来计算过氧化氢酶的活性；比色法，根据过氧化氢与硫酸铜产生黄色或橙黄色络合物的量来表征过氧化氢酶的活性；滴定法，用高锰酸钾溶液滴定过氧化氢分解反应剩余过氧化氢的量来表征过氧化氢酶的活性。本实验采用高锰酸钾滴定法。

三、课时安排

① 理论课时安排：1 学时，学习过氧化氢酶活性的测定原理及注意事项；

② 实验课时安排：2 学时，其中试剂配制等前期准备 1 学时，样品测定等 1 学时。

四、实验材料

（一）实验药品

浓硫酸（H_2SO_4）、高锰酸钾（$KMnO_4$）、草酸（$H_2C_2O_4\cdot 2H_2O$）、过氧化氢（H_2O_2，30%）。

以上药品如无特殊说明均为分析纯。如无特殊说明，本实验用水均为蒸馏水。

（二）器皿

① 100mL 具塞锥形瓶 4 个；

② 5、10、25mL 玻璃刻度移液管各 1 支；
③ 50、250mL 烧杯各 1 个；
④ 250、500mL 容量瓶各 2 个；
⑤ 50、100mL 量筒各 1 个；
⑥ 玻璃漏斗 1 个；
⑦ 25mL 酸式滴定管 1 支。

（三）试剂

① 硫酸溶液（1.5mol·L^{-1}）：用量筒量取 40.7mL 的浓硫酸，缓慢加入盛有 100mL 蒸馏水的烧杯中，并不断搅拌，冷却后将其转入 500mL 容量瓶中，加入蒸馏水定容至标线，摇匀备用。

② 高锰酸钾溶液（0.02mol·L^{-1}）：准确称取高锰酸钾 1.58g，加入盛有 100mL 蒸馏水的烧杯中，充分溶解后将其转入 500mL 容量瓶中，用蒸馏水定容至标线，避光保存，使用前用 0.1000mol·L^{-1} 草酸溶液标定。

③ 草酸溶液（0.1000mol·L^{-1}）：精确称取 3.1515g 草酸于 50mL 烧杯中，用少量蒸馏水溶解后，定容至 250mL。

④ H_2O_2 溶液（3%）：用量筒取 25mL H_2O_2 溶液（30%），定容至 250mL，置于冰箱贮存。

（四）实验装置及材料

① 电子天平：量程 0～200g，精度为 0.0001g；
② 往复式振荡器；
③ 定性滤纸。

五、实验步骤和方法

$KMnO_4$ 标定：取 10mL 草酸溶液（0.1000mol·L^{-1}）用 0.02mol·L^{-1} 高锰酸钾溶液滴定，近终点时加热至 65℃，继续滴定至溶液呈粉红色保持 30s，根据所消耗 $KMnO_4$ 溶液体积计算出 $KMnO_4$ 溶液的校正浓度。

称取 2.00g 土壤样品于 100mL 具塞锥形瓶中（空白对照不加土样），加入 40mL 蒸馏水和 5mL 3%的 H_2O_2 溶液，同时设置不加土样的样品为空白对照。放置于振荡器上振荡 20min，加入 5mL 1.5mol·L^{-1} 硫酸溶液以稳定未分解的过氧化氢，立即过滤到锥形瓶中，滤干后，吸取 25mL 滤液，用 0.02mol·L^{-1} 高锰酸钾溶液滴定至淡粉红色，准确记录高锰酸钾溶液的消耗量。

六、实验结果整理和数据处理要求

土壤过氧化氢酶活性的计算公式如下：

$$E=\frac{(A-B)\times T}{W} \tag{43-2}$$

式中 E——每克土样在 20min 内消耗 0.02mol·L^{-1} $KMnO_4$ 溶液的体积所表示的酶活性，mL·g^{-1}；

A——滴定空白所消耗的 $KMnO_4$ 溶液体积，mL；

B——滴定土样所消耗的 $KMnO_4$ 溶液体积，mL；

T——高锰酸钾溶液滴定度的校正值，等于 $KMnO_4$ 溶液校正浓度/原始浓度；

W——土样质量，g。

Ⅲ 土壤脲酶的测定方法（苯酚钠-次氯酸钠比色法）

一、实验目的

掌握土壤脲酶活性的测定原理及方法。

二、实验原理

土壤脲酶在土壤有机物碳氮键的水解作用中起重要作用，其活性强弱可直接反映土壤生化反应的方向及强度。土壤脲酶是一种专性酰胺酶，仅能水解尿素，水解的最终产物是氨、二氧化碳和水。土壤脲酶活性与土壤的微生物数量、有机物含量、全氮和速效氮含量呈正相关，可以表征土壤氮素的供应状况。脲酶活性增强能有效促进土壤中的有机氮转化为有效的无机氮。

土壤中脲酶活性可通过测定以尿素为基质经酶促反应后生成的氨量来求得，也可以通过测定未水解的尿素量来求得。本实验以尿素为基质，根据酶促产物氨与苯酚钠-次氯酸钠作用生成的蓝色的靛酚来分析脲酶活性。

三、课时安排

① 理论课时安排：1 学时，学习脲酶测定原理及注意事项；

② 实验课时安排：2 学时，其中试剂配制等前期准备 1 学时，标准曲线制作、样品测定等 1 学时。

四、实验材料

（一）实验药品

尿素、柠檬酸、氢氧化钠（NaOH）、氢氧化钾（KOH）、苯酚、甲苯、无水乙醇、甲醇、丙酮、硫酸铵［$(NH_4)_2SO_4$］、次氯酸钠溶液（有效氯 4%）。以上药品均为分析纯。如无特殊说明，本实验用水均为蒸馏水。

（二）器皿

① 50mL 具塞锥形瓶 1 个；

② 1、2、5、10、20mL 玻璃刻度移液管各 1 支；

③ 50mL 容量瓶 1 个，100mL 容量瓶 5 个，1000mL 容量瓶 2 个；

④ 100mL 烧杯 3 个，500mL 烧杯 1 个；

⑤ 50mL 具塞比色管 9 支；

⑥ 比色皿（光程 20mm）2 个；

⑦ 100mL 聚乙烯试剂瓶 1 个；

⑧ 25mL 量筒 1 个。

（三）试剂

① 尿素（$100g \cdot L^{-1}$）：称取 10g 尿素，用水溶解稀释至 100mL，混匀。

② 柠檬酸盐缓冲液（pH=6.7）：称取 184g 柠檬酸溶于适量蒸馏水中。称取 147.5g 氢氧化钾（KOH）于 500mL 烧杯中，缓缓注入蒸馏水，并不断用玻璃棒搅拌使氢氧化钾固体溶解，待其自然冷却后将两溶液合并。用氢氧化钠（$1mol \cdot L^{-1}$）将 pH 值调至 6.7，用蒸馏水定容至 1000mL，混匀。

③ 苯酚钠溶液（$1.35mol \cdot L^{-1}$）：称取 62.5g 苯酚溶于少量无水乙醇中，分别加入 2mL 甲醇和 18.5mL 丙酮，用无水乙醇定容至 100mL（A 液），混匀，存于冰箱中。称取 27g 氢氧化钠于 100mL 烧杯中，加入适量蒸馏水使其充分溶解，自然冷却后转移至 100mL 容量瓶中，用蒸馏水定容至标线（B 液），混匀后转移至聚乙烯试剂瓶中。将 A、B 溶液保存在冰箱中备用。使用前将 A 液、B 液各取 20mL 充分混匀，用蒸馏水定容至 100mL，混匀。

④ 次氯酸钠溶液（有效氯 0.9%）：量取 22.5mL 次氯酸钠溶液（有效氯 4%）至 100mL 容量瓶中，用蒸馏水定容至标线，混匀，保存在冰箱中备用。

⑤ 氮标准溶液：准确称取 0.4717g 硫酸铵［已于（105±5）℃干燥 0.5h 以上，在干燥器中冷却至室温］，溶于少量蒸馏水，转移至 1000mL 容量瓶中，用蒸馏水稀释至标线，摇匀备用。此溶液每毫升含 0.1mg 氮（以 N 计）。

⑥ 氮工作液：移取 10.00mL 氮标准溶液至 100mL 容量瓶中，用蒸馏水定容至标线，制成氮工作液（$0.01mg \cdot mL^{-1}$）。

（四）实验装置及材料

① 电子天平：量程 0～200g，精度为 0.0001g；

② 恒温培养箱；

③ 分光光度计。

五、实验步骤和方法

（1）标准曲线制作

分别移取 0、1.00、3.00、5.00、7.00、9.00、11.00、13.00mL 氮工作液于 50mL 比色管中，然后补加蒸馏水至约 20mL。再加入 4mL 苯酚钠溶液和 3mL 次氯酸钠溶液，边加边摇匀。显色 20min 后定容。1h 内在分光光度计上于 578nm 波长处测定吸光度。然后以氮工作液浓度为横坐标，吸光度为纵坐标，绘制标准曲线。

（2）样品测定

称取 5.00g 土样于 50mL 锥形瓶中，加 1mL 甲苯，振荡均匀。15min 后加 10mL 尿素溶液（$100g \cdot L^{-1}$）和 20mL 柠檬酸盐缓冲液（pH=6.7），摇匀后在 37℃恒温箱培养 24h。培养结束后过滤，取 1.00mL 滤液于 50mL 容量瓶中，再加 4mL 苯酚钠溶液和 3mL 次氯酸钠溶液，边加边摇匀。显色 20min 后定容。1h 内在分光光度计上于 578nm 波长处测定吸光度（靛酚的蓝色在 1h 内保持稳定）。

六、实验结果整理和数据处理要求

以 24h 后 1g 土壤中氮的质量表示土壤脲酶活性（ure）。

$$\text{ure}(\text{mg/g})=\frac{(a_{\text{样品}}-a_{\text{无土}}-a_{\text{无基质}})\times V\times n}{m} \tag{43-3}$$

式中 $a_{样品}$——样品吸光度由标准曲线求得氮的浓度，$mg \cdot L^{-1}$；

$a_{无土}$——无土对照吸光度由标准曲线求得氮的浓度，$mg \cdot L^{-1}$；

$a_{无基质}$——无基质对照吸光度由标准曲线求得氮的浓度，$mg \cdot L^{-1}$；

V——显色液体积，mL；

n——分取倍数（浸出液体积/吸取滤液体积）；

m——土样质量，g。

七、注意事项

① 每个样品都应该做一个无基质对照，以等体积的蒸馏水代替基质，其他操作与样品实验相同，以排除土样中原有的氨对实验结果的影响。

② 整个实验设置一个无土对照，不加土样，其他操作与样品实验相同，以检验试剂纯度和基质自身分解情况。

③ 如果样品吸光度超过标准曲线的最大值，则应该增加分取倍数或减少培养的土样量。

八、思考题

影响土壤脲酶活性的因素有哪些？

第六章
拓展实验

实验 44　高氯废水化学需氧量的测定（氯气校正法）

化学需氧量（chemical oxygen demand，COD）是以化学方法测量的水样中需要被氧化的还原性物质的量，是水体有机污染的一项重要指标，其测定结果的准确性直接影响水体水质评价，因此必须进行监测。

在一些工业废水中，特别是氯碱厂或沿海炼油厂的废水中，一般氯离子含量比较高，属于高氯废水（氯离子含量大于 $1000mg \cdot L^{-1}$），而高浓度的氯离子会影响 COD 的测定，因此，需要在有效消除氯离子干扰的情况下对水体 COD 进行测定，才能保证其结果具有较高的准确度和良好的精密性。目前，较为常用的方法是氯气校正法。本实验方法参照《高氯废水　化学需氧量的测定　氯气校正法》（HJ/T 70—2001）等。

一、实验目的

① 了解 COD 的定义以及测定 COD 的意义；

② 掌握氯气校正法测定水体 COD 的基本原理和方法；

③ 熟练使用回流装置与吹氮除氨装置。

二、实验原理

在水样中加入已知量的重铬酸钾溶液及硫酸汞溶液，在强酸性介质下沸腾回流后，用硫酸亚铁铵滴定水样中未被还原的重铬酸钾，得到表观 COD。将水样中未络合而被氧化的氯离子形成的氯气导出，用氢氧化钠溶液吸收后，用硫代硫酸钠滴定，得到氯气校正值。表观 COD 与氯气校正值之差为水样真实的 COD。本方法适用于氯离子含量小于 $20000mg \cdot L^{-1}$ 的地表水、生活污水及工业废水等高氯水质 COD 的测定，检出限为 $30mg \cdot L^{-1}$。以 $0.250mol \cdot L^{-1}$ 重铬酸钾测定 COD，铵离子浓度（以 N 计）大于 $25mg \cdot L^{-1}$ 时，铵离子对 COD 测定产生正干扰，用加碱氮吹方法消除铵离子的干扰。以 $0.0250mol \cdot L^{-1}$ 重铬酸钾测定 COD 时，铵离子对 COD 测定无干扰。

三、课时安排

① 理论课时安排：2 学时，学习氯气校正法测定水体 COD 的基本原理、测定过程中所用到的回流装置与吹氮除氨装置的使用方法以及实验注意事项；

② 实验课时安排：2 学时，其中试剂配制等前期准备 1 学时，标准曲线绘制、样品测定

等1学时。

四、实验材料

(一)实验药品

注：除另有说明外，药品均为分析纯级别，实验用水均为蒸馏水。

硫酸（H_2SO_4，$\rho=1.84g\cdot mL^{-1}$）、重铬酸钾（$K_2Cr_2O_7$，优级纯）、硫酸银（Ag_2SO_4）、硫酸汞（$HgSO_4$）、氢氧化钠（NaOH）、硫酸亚铁铵（$[(NH_4)_2Fe(SO_4)_2\cdot 6H_2O]$）、邻苯二甲酸氢钾（$KHC_8H_4O_4$）、硫酸亚铁（$FeSO_4\cdot 7H_2O$）、硫代硫酸钠（$Na_2S_2O_3\cdot 5H_2O$）、无水碳酸钠（$Na_2CO_3$）、碘化钾（KI）、氯化钠（NaCl）、可溶性淀粉［$(C_6H_{10}O_5)n$］、硼酸（H_3BO_3）、邻菲罗啉（$C_{12}H_8N_2$）、高纯氮气（纯度≥99.9%）。

(二)器皿

注：以下玻璃器皿除另有说明外，均符合国家A级标准。

① 插管锥形瓶：500mL，2个。

② 球形冷凝回流管：300mm，1个。

③ 玻璃导管：2套。

④ 橡胶连接管：2根。

⑤ 广口锥形瓶：150、250、500mL，各1个。

⑥ 磨口锥形瓶：500mL，1个。

⑦ 酸式滴定管：50mL，1支。

⑧ 烧杯：150mL，10个；500mL，1个；1000mL，4个。

⑨ 容量瓶：250、500mL，各2个；1000mL，4个。

⑩ 棕色容量瓶：500、1000mL，各1个。

⑪ 细口瓶：100、250、1000mL，各2个；150、200、500mL，各1个。

⑫ 棕色细口瓶：100、500mL，各2个；1000mL，1个。

⑬ 聚乙烯瓶：1000mL，3个。

⑭ 碘量瓶：250mL，1个。

⑮ 移液管：10、25、50mL，各1支。

⑯ 量筒：10、25、50、100、250、500mL，各1个。

⑰ 胶头滴管：1支。

⑱ 玻璃棒：1根。

⑲ 防暴沸玻璃珠：3～5粒。

(三)试剂

① 硫酸溶液（1∶9）：在150mL烧杯中加入90mL蒸馏水，量取10mL浓硫酸缓慢倒入烧杯中，并不断搅拌至混合均匀，待溶液冷却至室温后，转入细口瓶中待用。

② 硫酸溶液（1∶5）：在150mL烧杯中加入100mL蒸馏水，量取20mL浓硫酸缓慢倒入烧杯中，并不断搅拌至混合均匀，待溶液冷却至室温后，转入细口瓶中待用。

③ 硫酸溶液［$c(1/2H_2SO_4)\approx 2mol\cdot L^{-1}$］：在500mL烧杯中加入189mL蒸馏水，量取11mL浓硫酸缓慢倒入烧杯中，并不断搅拌至混合均匀，待溶液冷却至室温后，转入细

口瓶中待用。

④ 硫酸汞溶液（300g・L^{-1}）：称取 30g 硫酸汞放入 150mL 烧杯中，量取 100mL 硫酸溶液（1∶9）缓慢倒入烧杯中，并不断搅拌至混合均匀，待溶液冷却后，转入棕色细口瓶中待用。

⑤ 重铬酸钾标准溶液［$c(1/6K_2Cr_2O_7)$ ＝0.2500mol・L^{-1}］：称取 12.2580g 于 120℃干燥 2h 后的重铬酸钾放入 150mL 烧杯中，加 120mL 蒸馏水溶解，移入 1000mL 容量瓶中，用蒸馏水稀释至标线，摇匀备用。

⑥ 重铬酸钾标准溶液［$c(1/6K_2Cr_2O_7)$ ＝0.0250mol・L^{-1}］：移取 50.00mL 重铬酸钾标准溶液［$c(1/6K_2Cr_2O_7)$ ＝0.2500mol・L^{-1}］于 500mL 容量瓶中，用蒸馏水稀释至标线，摇匀备用。

⑦ 氢氧化钠溶液（20g・L^{-1}）：称取氢氧化钠 20g 放入 1000mL 烧杯中，加 300mL 蒸馏水溶解（边加边用玻璃棒搅拌），待溶液冷却至室温后，用蒸馏水进一步稀释至 1000mL，移入聚乙烯瓶密闭保存。

⑧ 硫酸银-硫酸溶液：量取 500mL 硫酸放入 1000mL 烧杯中，称取 5g 硫酸银，缓慢加入烧杯中，小心转入棕色细口瓶中放置 1～2 天，并不时摇动使之溶解，使用前小心摇匀。

⑨ 硫酸亚铁铵标准溶液（约 0.1mol・L^{-1}）：称取 39.2g 硫酸亚铁铵加入 1000mL 烧杯中，加 200mL 蒸馏水溶解，缓慢加入 20mL 硫酸并搅拌，待溶液冷却后，移入 1000mL 容量瓶中，用蒸馏水进一步稀释至标线，摇匀，转入细口瓶中备用。

⑩ 硫酸亚铁铵标准溶液（约 0.01mol・L^{-1}）：移取 50.00mL 硫酸亚铁铵标准溶液（约 0.1mol・L^{-1}）于 500mL 容量瓶中，用蒸馏水稀释至标线，摇匀，转入细口瓶中备用。

⑪ 试亚铁灵指示剂（邻菲罗啉指示剂）：称取 0.7g 硫酸亚铁放入 150mL 烧杯中，加 50mL 蒸馏水溶解，加入 1.5g 邻菲罗啉，搅拌溶解后，再用蒸馏水稀释至 100mL，移入棕色细口瓶中密闭保存。

⑫ 硫代硫酸钠标准滴定液（约 0.05mol・L^{-1}）：称取 12.4g 硫代硫酸钠放入 150mL 烧杯中，加 100mL 新煮沸并已冷却的蒸馏水，再加 1.0g 无水碳酸钠，搅拌溶解后，移入 1000mL 棕色容量瓶中，用蒸馏水定容，若溶液呈现浑浊，必须过滤，转入棕色细口瓶中，在 0～4℃可保存 6 个月。

⑬ 硫代硫酸钠标准滴定液（约 0.01mol・L^{-1}）：移取 100mL 硫代硫酸钠标准滴定液（约 0.05mol・L^{-1}）于 500mL 棕色容量瓶中，用蒸馏水稀释至标线，摇匀，转入棕色细口瓶中备用。

⑭ 淀粉溶液（10g・L^{-1}）：称取 1.0g 可溶性淀粉放入 150mL 锥形瓶中，用少量蒸馏水调成糊状，慢慢倒入 100mL 新煮沸的蒸馏水，然后放置到加热装置上继续煮沸至溶液澄清，冷却后贮存于细口瓶中，现用现配。

⑮ 硼酸溶液（20g・L^{-1}）：称取 20g 硼酸放入 1000mL 烧杯中，加 50mL 蒸馏水溶解，再用蒸馏水稀释至 1000mL，移入细口瓶保存。

⑯ 邻苯二甲酸氢钾标准溶液［高氯水质 COD 标准样品：ρ(COD)＝20mg・L^{-1}、$\rho(Cl^-)$＝10000mg・L^{-1}］：称取 0.4251g 于 120℃干燥 2h 后的邻苯二甲酸氢钾放入 150mL 烧杯中，加 100mL 蒸馏水溶解，移入容量瓶中，用水稀释至 1000mL，摇匀，转入聚乙烯瓶中备用，该标准溶液的理论 COD 值为 500mg・L^{-1}；用移液管取 10.00mL 上述标准溶液

与4.1157g于500～600℃下灼烧40～50min的氯化钠放入150mL烧杯中，加100mL蒸馏水混匀后移入250mL容量瓶中，用蒸馏水进一步稀释至标线，转入细口瓶中备用，该标准溶液的理论COD值为$20mg\cdot L^{-1}$，氯离子浓度为$10000mg\cdot L^{-1}$，也可选用市售有证标准样品配制成高氯水质COD标准样品。

⑰ 邻苯二甲酸氢钾标准溶液［高氯水质COD标准样品：$\rho(COD)=60mg\cdot L^{-1}$、$\rho(Cl^-)=10000mg\cdot L^{-1}$］：称取0.5107g于120℃干燥2h后的邻苯二甲酸氢钾放入150mL烧杯中，加100mL蒸馏水溶解，移入容量瓶中，用水稀释至1000mL，摇匀，转入聚乙烯瓶中备用，该标准溶液的理论COD值为$600mg\cdot L^{-1}$；用移液管取25.00mL上述标准溶液与4.1157g于500～600℃下灼烧40～50min的氯化钠放入150mL烧杯中，加100mL蒸馏水混匀后移入250mL容量瓶中，用蒸馏水进一步稀释至标线，转入细口瓶中备用，该标准溶液的理论COD值为$60mg\cdot L^{-1}$，氯离子浓度为$10000mg\cdot L^{-1}$，也可选用市售有证标准样品配制成高氯水质COD标准样品。

（四）实验装置及材料

① 电子天平：量程0～200g，精度0.0001g。

② 加热装置：电炉或其他等效消解装置。

③ 鼓风干燥箱。

④ 回流吸收装置；包括500mL插管锥形瓶、300mm球形冷凝回流管、吸收导管和500mL广口锥形瓶，连接处密封良好，见图44-1。

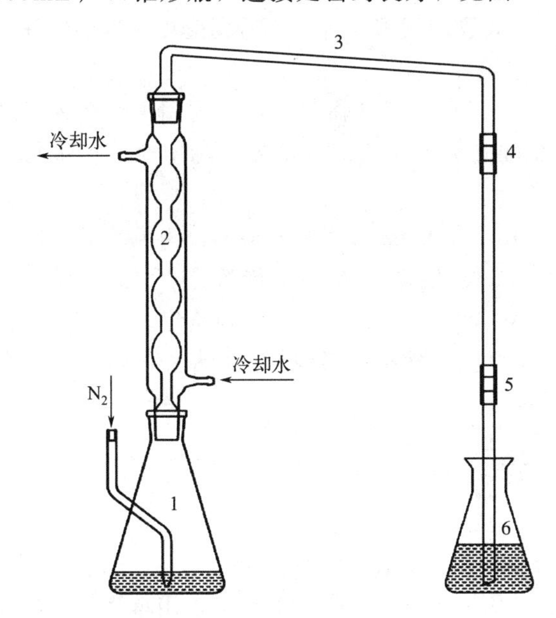

图44-1 回流吸收装置示意图

1—插管锥形瓶；2—球形冷凝管；3—导管；
4—连接管；5—连接管；6—吸收瓶

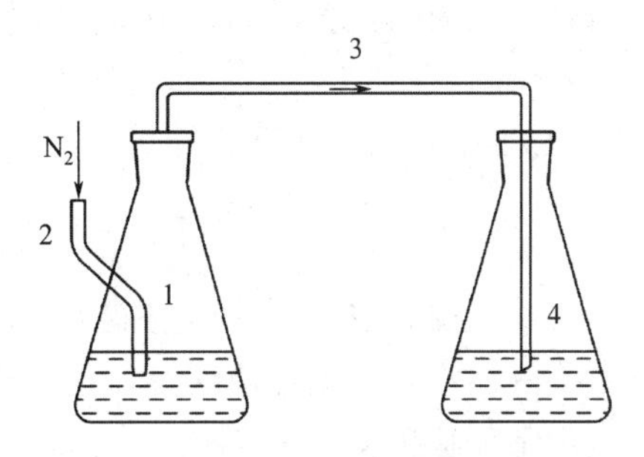

图44-2 吹氮除氨装置示意图

1—插管锥形瓶；2—导管；
3—导管；4—吸收瓶

⑤ 吹氮除氨装置：包括流量范围为$100\sim1000mL\cdot min^{-1}$的转子流量计、500mL插管锥形瓶、吸收导管和500mL磨口锥形瓶，见图44-2。

⑥ 氮气流量计：流量范围为$5\sim40mL\cdot min^{-1}$的转子流量计，流量控制精度为$\pm1mL\cdot min^{-1}$。

⑦ 精密 pH 试纸。

五、实验步骤和方法

注：本节中若无特别说明，pH 值一律采用精密 pH 试纸测定。

（一）水样的采集

水样应用玻璃瓶采集，采集体积不得少于 100mL。采样后应尽快测定，如不能立即分析，应加入硫酸至 pH<2，置于 4℃下保存，但保存时间不超过 5 天。

（二）水样的预处理

对于 COD>50mg·L^{-1} 的水样，应进行铵离子去除处理，具体过程如下。

当水样中铵离子浓度（以 N 计）超过 25mg·L^{-1} 时，量取 50mL 水样于 500mL 插管锥形瓶内，加入氢氧化钠固体，调节水样 pH 至 13～14。向吸收瓶内加入 50mL 硼酸溶液（20g·L^{-1}），按图 44-2 连接好装置，并将导管插入吸收瓶液面以下。以 600mL·min^{-1} 的流量通入氮气，通气时间为 3h。去除铵离子后得到待测的水样。

（三）水样的测定

① 回流装置的气密性检验：选用邻苯二甲酸氢钾标准溶液［高氯水质 COD 标准样品：ρ(COD)＝20mg·L^{-1}、$\rho(Cl^-)$＝10000mg·L^{-1} 或高氯水质 COD 标准样品：ρ(COD)＝60mg·L^{-1}、$\rho(Cl^-)$＝10000mg·L^{-1}］进行样品测定（具体步骤见⑥），测定值在保证值范围内或达到规定的质量控制要求，则认为回流装置的气密性合格，否则应更换玻璃器件以达到气密性要求。

② 硫酸亚铁铵标准溶液（约 0.1mol·L^{-1}）标定：每日临用前，必须用重铬酸钾标准溶液［$c(1/6\ K_2Cr_2O_7)$ ＝0.2500mol·L^{-1}］准确标定此溶液的浓度，标定时应做平行双样，具体标定步骤如下。

移取 10.00mL 重铬酸钾标准溶液［$c(1/6K_2Cr_2O_7)$＝0.2500mol·L^{-1}］置于锥形瓶中，用蒸馏水稀释至约 110mL，缓慢加入 30mL 硫酸，混匀，待冷却后加 3 滴（约 0.15mL）试亚铁灵指示剂，用硫酸亚铁铵标准溶液（约 0.1mol·L^{-1}）滴定，溶液的颜色由黄色经蓝绿色变为红褐色即为终点。记录下硫酸亚铁铵标准溶液的消耗量 V（mL）。硫酸亚铁铵标准溶液浓度按下式计算：

$$c=\frac{2.50}{V} \tag{44-1}$$

式中 c——硫酸亚铁铵标准溶液浓度，mol·L^{-1}；

V——滴定时消耗硫酸亚铁铵标准溶液的体积，mL。

③ 硫酸亚铁铵标准溶液（约 0.01mol·L^{-1}）标定：每日临用前，必须用重铬酸钾标准溶液［$c(1/6K_2Cr_2O_7)$＝0.0250mol·L^{-1}］准确标定此溶液的浓度，标定时应做平行双样，具体标定步骤同硫酸亚铁铵标准溶液（约 0.1mol·L^{-1}）标定。

④ 硫代硫酸钠标准滴定液（约 0.05mol·L^{-1}）标定：每日临用前标定，标定时应做平行双样，具体标定步骤如下。

在 250mL 碘量瓶中，加 1.0g 碘化钾和 50mL 蒸馏水，再加 5.00mL 重铬酸钾标准溶液［$c(1/6K_2Cr_2O_7)$＝0.2500mol·L^{-1}］，振荡至完全溶解后，加 5mL 硫酸溶液（1∶5），立即盖好瓶塞摇匀，置于暗处放置 5min 后，用待标定的硫代硫酸钠标准滴定液滴定至溶液呈淡黄色，加 1mL 淀粉溶液，继续滴定至蓝色刚好消失为终点，记录硫代硫酸钠标准滴定液的用量，同时做空白滴定。硫代硫酸钠标准滴定液浓度按下式计算：

$$c=\frac{0.25\times5.00}{V_1-V_2} \tag{44-2}$$

式中　c——硫代硫酸钠标准滴定液的浓度，$mol \cdot L^{-1}$；

V_1——滴定重铬酸钾标准溶液消耗硫代硫酸钠标准滴定液的体积，mL；

V_2——滴定空白溶液消耗硫代硫酸钠标准滴定液的体积，mL。

⑤ 硫代硫酸钠标准滴定液（约 $0.01mol \cdot L^{-1}$）标定：每日临用前标定，标定时应做平行双样，具体标定步骤同硫代硫酸钠标准滴定液（约 $0.05mol \cdot L^{-1}$）标定。

⑥ 水样测定：取水样 20.00mL 放入 500mL 插管锥形瓶中，按 $\rho(HgSO_4):\rho(Cl^-)=10:1$ 的比例加入硫酸汞溶液（$300g \cdot L^{-1}$）（详见表 44-1），充分摇匀后加入 10.00mL 重铬酸钾标准溶液 [$c(1/6K_2Cr_2O_7)=0.0250mol \cdot L^{-1}$] 和 3～5 粒防暴沸玻璃珠。取 20mL 氢氧化钠溶液（$20g \cdot L^{-1}$）放入吸收瓶内，加水稀释至 200mL，将插管锥形瓶连接到回流装置冷凝管下端，接通冷凝水。从冷凝管顶端缓缓加入硫酸银-硫酸溶液（详见表 44-1）后尽快按图 44-1 连接导管和吸收装置，吸收端插入吸收瓶液面以下。打开氮气控制流量在 5～$10mL \cdot min^{-1}$，加热，自溶液开始沸腾起回流 2h 停止加热。然后加大氮气流量至 30～$40mL \cdot min^{-1}$，注意不要使溶液倒吸，继续通氮气 30～40min。取下吸收瓶，冷却至室温，加入 1.0g 碘化钾，然后加入 7mL 硫酸溶液（1∶5）调节溶液 pH 值至 2～3，于暗处静置 10min，用硫代硫酸钠标准滴定液（约 $0.01mol \cdot L^{-1}$）滴定至淡黄色，加入淀粉溶液继续滴定至蓝色刚好消失为终点，记录硫代硫酸钠标准滴定液的消耗体积 V_3。

插管锥形瓶冷却后，从冷凝管上端缓缓加入一定量水（详见表 44-1）冲洗冷凝管。取下插管锥形瓶，待溶液冷却至室温后，加入 3 滴试亚铁灵指示剂，用硫酸亚铁铵标准溶液（约 $0.01mol \cdot L^{-1}$）滴定至溶液的颜色由黄色经蓝绿色变成红褐色即为终点。记录硫酸亚铁铵标准溶液的消耗体积 V_2。

表 44-1　不同氯离子浓度的试剂用量

氯离子浓度/($mg \cdot L^{-1}$)	硫酸汞溶液加入量/mL	硫酸银-硫酸溶液加入量/mL	回流后加水量/mL
3000	2.0	32	85
5000	3.3	33	89
8000	5.3	35	94
10000	6.7	37	99
12000	8.0	38	101
16000	11.0	41	109
20000	13.3	44	115

⑦ 空白试验：按水样测定步骤以 20.00mL 蒸馏水代替水样进行空白试验，记录下空白滴定时消耗硫酸亚铁铵标准溶液（约 $0.01mol \cdot L^{-1}$）的滴定体积 V_1。空白试验中硫酸银-硫酸溶液和硫酸汞溶液（$300g \cdot L^{-1}$）的用量应与水样测定中的用量保持一致。

（四）计算公式

水样 COD 的计算公式如下：

$$\text{COD}(\text{mg}\cdot\text{L}^{-1})=\text{表观 COD}-\text{氯气校正值} \tag{44-3}$$

$$\text{表观 COD}(\text{mg}\cdot\text{L}^{-1})=\frac{c_1(V_1-V_2)\times 8000}{V_0} \tag{44-4}$$

$$\text{氯气校正值}(\text{mg}\cdot\text{L}^{-1})=\frac{c_2V_3\times 8000}{V_0} \tag{44-5}$$

式中 c_1——硫酸亚铁铵标准溶液的浓度，$\text{mol}\cdot\text{L}^{-1}$；

c_2——硫代硫酸钠标准滴定液的浓度，$\text{mol}\cdot\text{L}^{-1}$；

V_1——空白试验所消耗的硫酸亚铁铵标准溶液的体积，mL；

V_2——试样测定所消耗的硫酸亚铁铵标准溶液的体积，mL；

V_3——试样测定对应的氢氧化钠吸收溶液所消耗的硫代硫酸钠标准滴定液的体积，mL；

V_0——试样的体积，mL；

8000——$1/4O_2$ 的摩尔质量以 $\text{mg}\cdot\text{L}^{-1}$ 为单位的换算值。

六、实验结果整理和数据处理要求

水样数据记录及结果整理如表 44-2 所示。

表 44-2 水样记录

样品编号	1	2	3	4	5	6	…
$c_1/(\text{mol}\cdot\text{L}^{-1})$							
$c_2/(\text{mol}\cdot\text{L}^{-1})$							
V_1/mL							
V_2/mL							
V_3/mL							
V_0/mL							
表观 COD/$(\text{mg}\cdot\text{L}^{-1})$							
氯气校正值/$(\text{mg}\cdot\text{L}^{-1})$							
COD/$(\text{mg}\cdot\text{L}^{-1})$							

注：测定结果一般保留三位有效数字。当 COD 小于 $100\text{mg}\cdot\text{L}^{-1}$ 时，保留至整数位；大于等于 $100\text{mg}\cdot\text{L}^{-1}$ 时，保留三位有效数字。

七、注意事项

① 溶液消解时应保证消解装置均匀加热，使溶液缓慢沸腾，暴沸或未出现沸腾都会导致测定结果有误；

② 氮气流量控制装置需选用气体质量流量控制器（或相当的气体流量控制装置），否则无法保证回流吸收装置的稳定性；

③ 回流吸收装置连接管应选用不与氯气发生反应的惰性材料导管；

④ 消解完成后，应及时调整氮气流量，以防吸收液倒吸，完成吸收后的吸收液应尽快

滴定。

八、思考题

① 水中氯离子含量高为何会对COD的测定有影响？

② 硫酸亚铁铵标准溶液和硫代硫酸钠标准滴定液每日临用前为何要进行标定？

③ 对于COD＞50mg・L^{-1}的水样，为何要进行铵离子去除处理？

实验45 垃圾渗滤液中氨氮的测定

垃圾渗滤液是指垃圾在堆放和填埋过程中由于压实、发酵和降水渗流作用而产生的一种高浓度有机废水。不同于一般的城市污水，垃圾渗滤液具有污染物浓度高、变化范围大、金属含量高、有机物种类多、微生物营养元素比例失调等特点，特别是其中氨氮含量很高，浓度可达到1000mg・L^{-1}以上，而且随着堆放年限的增加，垃圾渗滤液中氨氮浓度会逐渐升高。研究表明，氨氮浓度越高，对微生物活性的抑制作用越强。因此，必须对垃圾渗滤液中的高浓度氨氮进行有效的预处理，氨氮含量是垃圾渗滤液水质监测的一项重要指标。

测定水中氨氮的方法有纳氏试剂分光光度法、水杨酸分光光度法、蒸馏-中和滴定法、电极法、气相分子吸收法和离子色谱法。垃圾渗滤液中的氨氮含量普遍较高，采用仪器分析的相关方法会出现氨氮含量超出测定范围或氯离子过高干扰透光检测而导致分光光度计测试失常等问题，需要大量稀释后进行检测，从而导致误差。因此，采用蒸馏-中和滴定法比较合适。蒸馏-中和滴定法全程以酸碱反应为核心，不会产生二次污染物，同时没有毒副作用，具有测定准确率高、操作简便等特点。本实验方法参考《水质 氨氮的测定 蒸馏-中和滴定法》(HJ 537—2009)。

一、实验目的

① 了解测定垃圾渗滤液中氨氮含量的意义及方法；

② 掌握用蒸馏-中和滴定法测定氨氮含量的原理和方法；

③ 熟练使用氨氮蒸馏装置。

二、实验原理

调节水样的pH值在6.0～7.4的范围内，加入轻质氧化镁使水样呈微碱性，蒸馏释放出的氨用硼酸溶液吸收，以甲基红-亚甲基蓝为指示剂，用盐酸标准溶液滴定馏出液中的氨氮。当试样体积为250mL时，该方法的检出限为0.05mg・L^{-1}（以N计）。

三、课时安排

① 理论课时安排：2学时，学习蒸馏-中和滴定法的基本原理、氨氮蒸馏装置的基本结构及实验注意事项；

② 实验课时安排：2学时，其中试剂配制等前期准备1学时，标准曲线绘制、样品测定等1学时。

四、实验材料

（一）实验药品

注：除另有说明外，药品均为分析纯级别，本实验用水均为无氨水。

无水乙醇（C_2H_5OH）、盐酸（HCl，$\rho=1.19g \cdot mL^{-1}$）、硼酸（H_3BO_3）、硫酸（H_2SO_4，$\rho=1.84g \cdot mL^{-1}$）、氢氧化钠（NaOH）、轻质氧化镁（MgO）、硫酸锌（$ZnSO_4 \cdot 7H_2O$）、硫代硫酸钠（$Na_2S_2O_3$）、无水碳酸钠（Na_2CO_3，基准试剂）、可溶性淀粉、碘化钾（KI）、溴百里酚蓝（$C_{27}H_{28}O_5SBr_2$）、甲基红（$C_{15}H_{15}N_3O_2$）、亚甲基蓝（$C_{16}H_{18}N_3ClS$）、防沫剂（如石蜡碎片或液状石蜡油）。

（二）器皿

注：以下玻璃器皿除另有说明外，均符合国家A级标准。

① 凯氏烧瓶：500mL，1个。

② 定氮球：1个。

③ 直型冷凝管：1个。

④ 广口锥形瓶：250mL，1个；150、500mL，各2个。

⑤ 导管：1根。

⑥ 滴管：1支。

⑦ 酸式滴定管：50mL，1支。

⑧ 具塞磨口玻璃瓶：1000mL，若干。

⑨ 细口瓶：100mL，1个；1000mL，2个。

⑩ 棕色细口瓶：250、1000mL，各1个。

⑪ 聚乙烯瓶：100mL，1个；500mL，2个。

⑫ 容量瓶：250、500、1000mL，各1个。

⑬ 滴瓶：100mL，2个。

⑭ 棕色滴瓶：100mL，3个。

⑮ 烧杯：100mL，1个；150mL，8个；500mL，2个；1000mL，3个。

⑯ 移液管：1、2、25mL，各1支。

⑰ 量筒：10、25、50、100、250、1000mL，各1个。

⑱ 玻璃棒：1根。

⑲ 防暴沸玻璃珠：3～5粒。

（三）试剂

① 无氨水（可选用其中一种方法进行制备）。蒸馏法：每升蒸馏水中加0.1mL硫酸，在全玻璃蒸馏器中重蒸馏，弃去50mL初馏液，接取其余馏出液于具塞磨口的玻璃瓶中，密闭保存。离子交换法：使蒸馏水通过强酸性阳离子交换树脂柱。

② 硫酸溶液 [$c(1/2\ H_2SO_4)=1mol \cdot L^{-1}$]：在150mL烧杯中加入100mL无氨水，量取2.8mL浓硫酸缓慢倒入烧杯中，并不断搅拌至混合均匀，待溶液冷却至室温时，转入细口瓶中待用。

③ 硼酸溶液（$20g \cdot L^{-1}$）：称取20g硼酸放入1000mL烧杯中，加50mL无氨水溶解，再用无氨水稀释至1000mL，混匀后移入细口瓶保存。

④ 氢氧化钠溶液（$1mol \cdot L^{-1}$）：称取 20g 氢氧化钠放入 500mL 烧杯中，加 200mL 无氨水溶解（边加边用玻璃棒搅拌），待溶液冷却至室温时，用无氨水进一步稀释至 500mL，混匀后移入聚乙烯瓶密闭保存。

⑤ 硫酸锌溶液（$100g \cdot L^{-1}$）：称取 10g 硫酸锌放入 150mL 烧杯中，加 20mL 无氨水溶解，并用无氨水进一步稀释至 100mL，混匀后移入聚乙烯瓶密闭保存。

⑥ 硫代硫酸钠溶液（$3.5g \cdot L^{-1}$）：称取 3.5g 硫代硫酸钠放入 1000mL 烧杯中，加 100mL 无氨水溶解，并用无氨水进一步稀释至 1000mL，混匀后移入棕色细口瓶保存。

⑦ 溴百里酚蓝指示剂（$1g \cdot L^{-1}$）：称取 0.1g 溴百里酚蓝放入 150mL 烧杯中，加 50mL 无氨水溶解，再加入 20mL 无水乙醇，用无氨水稀释至 100mL，混匀后转入棕色滴瓶保存。

⑧ 甲基红指示液（$0.5g \cdot L^{-1}$）：称取 50mg 甲基红放入 150mL 烧杯中，加入 100mL 无水乙醇溶解，混匀后转入滴瓶中保存。

⑨ 甲基红-亚甲基蓝混合指示剂：称取 200mg 甲基红放入 150mL 烧杯中，加入 100mL 无水乙醇溶解，混匀后转入滴瓶中保存；称取 100mg 亚甲基蓝放入 150mL 烧杯中，加入 100mL 无水乙醇溶解，混匀后转入棕色滴瓶中保存；分别量取 60mL 甲基红溶液与 30mL 亚甲基蓝溶液在 100mL 烧杯中混合均匀，转入 100mL 棕色滴瓶中备用，此混合指示剂溶液可稳定保存 1 个月。

⑩ 淀粉-碘化钾试纸：称取 1.5g 可溶性淀粉放入 500mL 烧杯中，用少量无氨水调成糊状，慢慢倒入 200mL 新煮沸的无氨水，搅拌混匀后冷却。再加入 0.5g 碘化钾和 0.5g 无水碳酸钠，用无氨水稀释至 250mL，将滤纸条放入溶液中充分浸渍，然后取出晾干，放入棕色细口瓶中密封保存。

⑪ 碳酸钠标准溶液 [$c(1/2Na_2CO_3)=0.0200mol \cdot L^{-1}$]：准确称取 0.5300g 经 180℃ 干燥 2h 的无水碳酸钠放入 150mL 烧杯中，加 100mL 新煮沸并已冷却的无氨水溶解，移入 500mL 容量瓶中，用新煮沸并已冷却的无氨水稀释至标线，摇匀，转入聚乙烯瓶中保存。

⑫ 盐酸标准滴定溶液（$0.02mol \cdot L^{-1}$）：在 1000mL 烧杯中加入 800mL 无氨水，移取 1.70mL 盐酸缓慢倒入烧杯中，并不断搅拌至混合均匀，转入 1000mL 容量瓶中，用无氨水稀释至标线，摇匀，转入细口瓶中备用。

（四）实验装置及材料

① 电子天平：量程 0～200g，精度 0.0001g。

② 全玻璃蒸馏器（或强酸性阳离子交换树脂柱）。

③ 氨氮蒸馏装置：500mL 凯氏烧瓶、定氮球、直型冷凝管、导管和 250mL 广口锥形瓶，连接处密封良好，见图 45-1。

注：直型冷凝管末端可连接一段适当长度的滴管，使出口尖端浸入吸收液液面以下。

④ 加热装置：电炉或其他等效加热装置。

⑤ 鼓风干燥箱。

⑥ 定性滤纸。

⑦ 精密 pH 试纸。

⑧ 分光光度计。

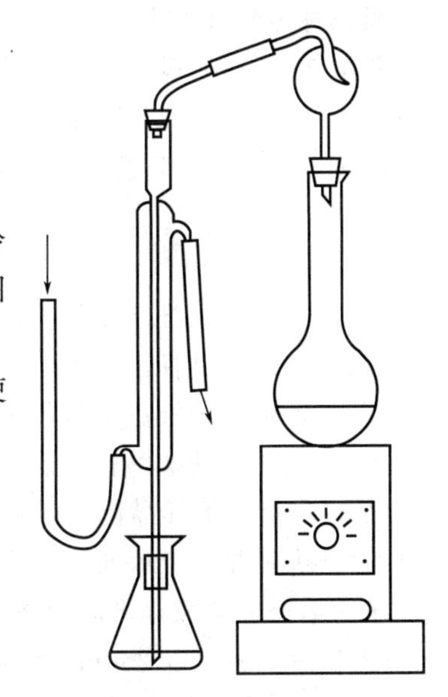

图 45-1　氨氮蒸馏装置示意图

五、实验步骤和方法

注：本节中若无特别说明，pH 值一律采用精密 pH 试纸测定。

（一）垃圾渗滤液样品的采集

渗滤液样品应用玻璃瓶采集。采样后应尽快测定，如不能立即分析时，应加入硫酸至 pH<2，2～5℃下可保存 7 天。

（二）垃圾渗滤液样品的预处理

① 余氯去除：若渗滤液样品存在余氯，可加入适量的硫代硫酸钠溶液（$3.5g \cdot L^{-1}$）去除，每 0.5mL 该溶液可去除 0.25mg 余氯，可用淀粉-碘化钾试纸测试余氯是否除尽。

② 絮凝沉淀：对于较为清洁的垃圾渗滤液样品可以进行絮凝沉淀处理，即取 100mL 水样于 150mL 烧杯中，加入 1mL 硫酸锌溶液（$100g \cdot L^{-1}$）和 0.1～0.2mL 氢氧化钠溶液（$1mol \cdot L^{-1}$），调节 pH 至 10.5 左右，混匀，放置使其沉淀。用经无氨水充分洗涤过的中速滤纸过滤，弃去 20mL 初滤液，其余滤液备用。

③ 预蒸馏：对于污染较为严重，有悬浮物或色度干扰的垃圾渗滤液样品需要先进行蒸馏预处理，即量取 50mL 硼酸溶液（$20g \cdot L^{-1}$）于 250mL 广口锥形瓶中作为吸收液。取 250mL 垃圾渗滤液样品（如氨氮含量较高，可取适量并加水至 250mL，使氨氮含量不超过 2.5mg），移入凯氏烧瓶中，加 2 滴溴百里酚蓝指示剂（$1g \cdot L^{-1}$），用氢氧化钠溶液（$1mol \cdot L^{-1}$）或硫酸溶液［$c(1/2H_2SO_4)=1mol \cdot L^{-1}$］调节 pH 至 6.0（指示剂为黄色）～7.4（指示剂为蓝色）。加入 0.25g 轻质氧化镁（500℃下加热除去碳酸盐）和 3～5 粒玻璃珠，立即连接定氮球和冷凝管，导管下端插入硼酸溶液液面下。加热蒸馏，使馏出液产生速率约为 $10mL \cdot min^{-1}$，至馏出液达 200mL 时停止蒸馏，转入 250mL 容量瓶，定容至标线。

（三）垃圾渗滤液样品的测定

① 盐酸标准滴定溶液（$0.02mol \cdot L^{-1}$）标定：每日临用前标定，标定时应做平行双样，具体标定步骤如下。

移取 25.00mL 碳酸钠标准溶液放入 150mL 锥形瓶中，加 25mL 无氨水，加 1 滴甲基红指示液，然后用盐酸标准滴定溶液滴定至淡红色为止。记录所消耗盐酸标准滴定溶液的体积。用式（45-1）计算盐酸标准滴定溶液的浓度：

$$c=\frac{c_1V_1}{V_2} \qquad (45\text{-}1)$$

式中 c——盐酸标准滴定溶液的浓度，$mol \cdot L^{-1}$；

c_1——碳酸钠标准溶液的浓度，$mol \cdot L^{-1}$；

V_1——碳酸钠标准溶液的体积，mL；

V_2——消耗的盐酸标准滴定溶液的体积，mL。

② 垃圾渗滤液样品测定：将全部馏出液从容量瓶转移到 500mL 锥形瓶中，加入 2 滴甲基红-亚甲基蓝混合指示剂，用盐酸标准滴定溶液滴定，至馏出液由绿色变成淡紫色为终点，并记录所消耗的盐酸标准滴定溶液的体积 V_s。

③ 空白试验：以 250mL 无氨水代替水样，按照与样品测定相同的步骤进行预处理和滴定，并记录滴定过程中所消耗的盐酸标准滴定溶液的体积 V_b。

（四）计算公式

垃圾渗滤液样品中氨氮的浓度用式（45-2）计算。

$$\rho_N=\frac{V_s-V_b}{V}\times c\times 14.01\times 1000 \tag{45-2}$$

式中　ρ_N——垃圾渗滤液样品中的氨氮含量，$mg\cdot L^{-1}$；

V——垃圾渗滤液样品的体积，mL；

V_s——滴定样品所消耗的盐酸标准滴定溶液的体积，mL；

V_b——滴定空白所消耗的盐酸标准滴定溶液的体积，mL；

c——滴定用盐酸标准滴定溶液的浓度，$mol\cdot L^{-1}$；

14.01——氮的摩尔质量，$g\cdot mol^{-1}$；

1000——g 转化为 mg 的换算系数。

六、实验结果整理和数据处理要求

垃圾渗滤液样品数据记录如表 45-1 所示。

表 45-1　垃圾渗滤液样品记录

样品编号	1	2	3	4	5	…
垃圾渗滤液样品体积/mL						
滴定样品所消耗的盐酸标准滴定溶液的体积/mL						
氨氮含量/($mg\cdot L^{-1}$)						

七、注意事项

① 预蒸馏开始前要对蒸馏装置进行清洗，具体步骤为：向凯氏烧瓶中加入 350mL 无氨水，加 3～5 粒玻璃珠，装好仪器，蒸馏到至少收集 100mL 无氨水时，将馏出液及瓶内残留液弃去。

② 在预蒸馏刚开始时氨气蒸出速度较快，加热不能过快，否则会造成样品暴沸、馏出液温度升高、氨吸收不完全等问题，馏出液速率应保持在 $10mL\cdot min^{-1}$ 左右。

③ 防止在蒸馏时产生泡沫，必要时可加防沫剂（如石蜡碎片或液状石蜡油）于凯氏烧瓶中。

④ 标定盐酸标准滴定溶液时，至少平行滴定 3 次，且平行滴定的最大允许偏差不大于 0.05mL。

⑤ 滤纸中常含痕量铵盐，注意在使用时用无氨水进行洗涤。所用玻璃器皿应避免实验室空气中氨的沾污。

八、思考题

① 采集垃圾渗滤液样品后，为何要加入硫酸至 pH<2？

② 配制碳酸钠标准溶液时，为何要使用新煮沸并已冷却的无氨水？

③ 絮凝沉淀完成后，过滤时为何要弃去 20mL 初滤液？

实验 46　空气中 VOCs 的测定

空气质量与人体健康息息相关。近年来，空气质量问题越来越受到关注，尤其是室内环境中的污染物，对人体健康的影响最大。挥发性有机物（volatile organic compounds，VOCs）是室内主要空气污染物之一，其沸点低，在室内环境中主要以气态形式存在。室内VOCs主要包括甲醛（HCHO）、苯（C_6H_6）、甲苯（C_7H_8）、二甲苯（C_8H_{10}）等物质。室内装修材料、油漆、黏合剂、木质家具、地毯、电器等都会释放VOCs，危害人体健康。VOCs主要通过呼吸、皮肤、黏膜等进入人体，对人体呼吸系统、眼睛等产生刺激，其中甲醛、苯和甲苯等VOCs是世界卫生组织明确的致癌物，对人体具有潜在的致癌、致畸作用。我国新版《室内空气质量标准》（GB/T 18883—2022）与旧版相比降低了甲醛、苯的限值，并增加了对室内空气中三氯乙烯、四氯乙烯的限制。

本实验以实验室室内空气为检测对象，采用吸附管采样-热解吸-气相色谱-质谱法测定环境空气中挥发性有机物的含量。

一、实验目的

① 了解空气中VOCs的来源及测定空气中VOCs的意义；

② 掌握吸附管采样-热解吸-气相色谱-质谱法测定环境空气中挥发性有机物的基本原理和方法；

③ 熟练使用吸附管、气相色谱仪、质谱仪等仪器。

二、实验原理

采用固体吸附剂富集环境空气中的挥发性有机物，将吸附管置于热脱附仪中，经气相色谱分离后，用质谱进行检测。通过比较待测目标物标准质谱图和保留时间进行定性，外标法或内标法定量。

三、课时安排

① 理论课时安排：2学时，学习吸附管采样-热解吸-气相色谱-质谱法的基本原理，吸附管、气相色谱仪等仪器的基本结构、测定原理及使用注意事项；

② 实验课时安排：4学时，其中试剂配制等前期准备1学时，标准曲线绘制1学时，采样1学时，样品处理、测定等1学时。

四、实验材料

（一）实验试剂与材料

注：除另有说明外，药品均为分析纯级别，本实验用水均为蒸馏水。

甲醇（CH_3OH）、4-溴氟苯（BFB）、VOCs标准贮备溶液。

吸附剂：Carbopack C（比表面积 $10m^2\cdot g^{-1}$），40/60目；Carbopack B（比表面积 $100m^2\cdot g^{-1}$），40/60目；Carboxen 1000（比表面积 $800m^2\cdot g^{-1}$），45/60目。

吸附管：不锈钢或玻璃材质，内径6mm，内部填装Carbopack C、Carbopack B、Carboxen 1000，长度分别为13、25、13mm。

聚焦管：不锈钢或玻璃材质，内径不大于0.9mm，内部填装吸附剂种类及长度与吸附管相同。

载气：氦气，纯度≥99.999%。

（二）仪器

① 气相色谱仪：具毛细管柱分流/不分流进样口，能对载气进行电子压力控制，可程序升温。

注：气相色谱仪配备柱箱冷却装置，可改善极易挥发目标物的出峰峰型，提高灵敏度。

② 质谱仪：电子轰击（EI）电离源，一秒内能从35amu扫描至270amu，具NIST质谱图库、手动/自动调谐、数据采集、定量分析及谱库检索等功能。

③ 毛细管柱：30m×0.25mm，1.4μm膜厚（6%氰丙基苯、94%二甲基聚硅氧烷固定液）。

④ 热脱附装置：热脱附装置具有二级脱附功能，聚焦管部分能迅速加热（至少40℃·s^{-1}）。热脱附装置与气相色谱相连部分和仪器内气体管路均应使用硅烷化不锈钢管，并能在50～150℃之间均匀加热。

⑤ 老化装置：老化装置的最高温度能达到400℃以上，最大载气流量能达到100mL·min^{-1}，流量可调。

⑥ 采样器：双通道无油采样泵，双通道能独立调节流量并能在10～500mL·min^{-1}内精确保持流量，流量误差在±5%内。

⑦ 校准流量计：能在10～500mL·min^{-1}内精确测定流量，流量精度为2%。本实验采用电子质量流量计。

⑧ 微量注射器：1、5、25、50、100、250、500μL。

⑨ 干燥器（装有活性炭或活性炭硅胶混合物）。

⑩ 10mL容量瓶6个。

五、实验步骤和方法

（一）吸附管的老化与保存

新购买的吸附管或采集高浓度样品后的吸附管需进行老化。

老化温度350℃，老化流量40mL·min^{-1}，老化时间10～15min。吸附管老化后，立即密封两端或放入专用的套管内，外面包裹一层铝箔纸。包裹好的吸附管置于装有活性炭或活性炭硅胶混合物的干燥器内，并将干燥器放在无有机试剂的冰箱中，4℃保存，最多可保存7d。

（二）样品的采集和保存

① 采样流量和采样体积：采样流量为10～200mL·min^{-1}，采样体积为2L。当相对湿度大于90%时，应减小采样体积，但不应小于300mL。

② 气密性检查：把一根吸附管（与采样所用吸附管同规格，此吸附管只用于气密性检查和预设流量）连接到采样泵，打开采样泵，堵住吸附管进气端，若流量计流量归零，则采样装置气路气密性良好，否则应检查气路气密性。

③ 采样：预设采样流量到设定值，将一根新吸附管连接到采样泵上，按吸附管上标明的气流方向进行采样。在采集样品过程中要注意随时检查调整采样流量，保持流量恒定。采

样结束后，记录采样点位、时间、环境温度、大气压、流量和吸附管编号等信息。

样品采集完成后，应迅速取下吸附管，密封吸附管两端或放入专用的套管内，外面包裹一层铝箔纸，运输到实验室进行分析。不能立即分析的样品按（一）中的方法存放，7d内分析。

④ 候补吸附管的采集：在吸附管后串联一根老化好的吸附管。每批样品应至少采集一根候补吸附管，用于监视采样是否穿透。

⑤ 现场空白样品的采集：将吸附管运输到采样现场，打开密封帽或从专用套管中取出后，立即密封吸附管两端或放入专用的套管内，外面包裹一层铝箔纸，与已采集样品的吸附管一同存放并带回实验室分析。每次采集样品，都应至少带一个现场空白样品。

注：温度和风速会对样品采集产生影响。采样时，环境温度应低于40℃；风速大于5.6m·s^{-1}时，采样时吸附管应与风向垂直放置，并在上风向放置掩体。

（三）测定与分析

① 热脱附仪。将采完样的吸附管迅速放入热脱附仪中，按照条件（传输线温度：130℃；吸附管初始温度：35℃；聚焦管初始温度：35℃；吸附管脱附温度：325℃；吸附管脱附时间：3min；聚焦管脱附温度：325℃；聚焦管脱附时间：5min；一级脱附流量：40mL·min^{-1}；聚焦管老化温度：350℃；干吹流量：40mL·min^{-1}；干吹时间：2min）进行热脱附，载气流经吸附管的方向应与采样时气体进入吸附管的方向相反。

② 气相色谱仪。样品中目标物随脱附气进入色谱柱进行测定［进样口温度：200℃；载气：氦气；分流比：5∶1；柱流量（恒流模式）：1.2mL·min^{-1}；升温程序：初始温度30℃，保持3.2min，以11℃·min^{-1}升温到200℃保持3min］。分析完成后，取下吸附管按上文所述方法老化和保存，若样品浓度较低，吸附管可不必老化。

③ 质谱仪。扫描方式：全扫描；扫描范围：35～270amu；离子化能量：70eV；接口温度：280℃。以保留时间和标准质谱图比较进行定性。

④ 定量分析。标准曲线的绘制：用微量注射器分别移取25.00、50.00、125.00、250.00、500.00μL的标准贮备溶液至10mL容量瓶中，用甲醇定容，配制目标物浓度分别为5.00、10.00、25.00、50.00、100.00mg·L^{-1}的标准系列。用微量注射器移取1.00μL标准系列溶液注入热脱附仪中，按照仪器参考条件，依次从低浓度到高浓度进行测定。用最小二乘法计算回归方程，以目标物质量（ng）为横坐标，对应的响应值为纵坐标，绘制标准曲线。标准曲线的相关系数应大于等于0.99。

外标法：当采用最小二乘法绘制标准曲线时，样品中目标物的质量m(ng）通过相应的标准曲线计算。

对空白样品进行相同的处理和分析。

六、实验结果整理和数据处理要求

测定结果报整数且不超过三位有效数字。环境空气VOCs种类及含量记录于表46-1。

表46-1 VOCs含量记录表

管号	甲醛/(μg·m^{-3})	甲苯/(μg·m^{-3})	…
吸附管1			
吸附管2			

续表

管号	甲醛/($\mu g \cdot m^{-3}$)	甲苯/($\mu g \cdot m^{-3}$)	…
吸附管 3			
空白对照			

七、注意事项

① 如所用热脱附仪没有“液体进样制备标准系列”的功能，可用如下方式制备标准系列：把老化好的吸附管连接于气相色谱仪填充柱进样口上，设定进样口温度为 50℃，用微量注射器移取 1.00μL 标准系列溶液注射到气相色谱仪进样口，用 $100mL \cdot min^{-1}$ 的流量通载气 5min，迅速取下吸附管，制备成目标物含量分别为 5.00、10.00、25.00、50.00、100.00ng 的标准系列管。

② 先进行仪器性能检查，用微量注射器移取 1.00μL BFB 溶液，直接注入气相色谱仪进行分析，用四极杆质谱得到的 BFB 关键离子丰度应符合表 46-2 的标准，否则需对质谱仪的参数进行调整或者考虑清洗离子源。

表 46-2　BFB 关键离子丰度标准

质荷比(m/z)	离子丰度标准	质荷比(m/z)	离子丰度标准
50	基峰的 8%～40%	174	大于基峰的 50%
75	基峰的 30%～80%	175	174 峰的 5%～9%
95	基峰，100%的相对丰度	176	174 峰的 93%～101%
96	基峰的 5%～9%	177	176 峰的 5%～9%
173	小于 174 峰的 2%		

③ 采用具有冷聚焦功能的热脱附装置，能够减小极易挥发目标物的损失，提高灵敏度。

④ 在设定气相色谱仪参数时，为消除水分的干扰和避免检测器过载，可根据情况设定分流比。某些热脱附仪具有样品分流功能，可按厂商建议或具体情况进行设定。

⑤ 采集样品前，应抽取 20%的吸附管进行空白检验，当采样数量少于 10 个时，应至少抽取 2 根。空白管中相当于 2L 采样量的目标物浓度应小于检出限，否则应重新老化。每次分析样品前应用一根空白吸附管代替样品吸附管，用于测定系统空白，系统空白小于检出限后才能分析样品。

八、思考题

① 影响测定准确度的因素有哪些？如何减少干扰？

② 对于存在颗粒物的空气，可以采取哪些前处理方法？举例说明。

③ 色谱质谱联用的优点是什么？在其他环境监测领域还有哪些应用？

实验 47　大气 $PM_{2.5}$ 中水溶性离子、碳组成及元素分析

大气 $PM_{2.5}$ 成分复杂，来源广泛，水溶性离子、碳组分和无机元素是最常见的三种成分。水溶性离子包括 Na^+、NH_4^+、K^+、Mg^{2+}、Ca^{2+}、Cl^-、SO_4^{2-}、NO_3^- 等，总离子一

般在 $PM_{2.5}$ 中占到30%～50%，最高可达80%。其中二次离子 NH_4^+、SO_4^{2-}、NO_3^-（合称SNA）在水溶性离子中占比最大，三者浓度之和占总水溶性离子的80%～90%。碳组分主要有有机碳（organic carbon，OC）和元素碳（element carbon，EC）两类，总碳可占 $PM_{2.5}$ 质量浓度的20%～50%。OC、EC并不是一种特定的实体，而是各自代表了一类复杂的成分。其中EC是石墨碳、焦炭、不挥发的含碳物质的混合物，主要存在于一次粒子中，可作为一次污染源的标志物；OC是所有含碳有机物的总称，包括有机酸、芳香族化合物等有毒有害物质，因此常用OC的值与估算系数因子的乘积来表征 $PM_{2.5}$ 中有机物（OM）的浓度水平，OC由一次排放的有机碳（POC）和二次氧化的有机碳（SOC）组成。无机元素中包含种类繁多的地壳元素（如：Al、Si、Ca、Mg等）和微量元素（如：P、V、Cr、Ni、Cu、Zn、As、Se、Cd、Pb、Co、Tl、Ba等），共计70多种，约占 $PM_{2.5}$ 质量浓度的10%，某些元素富集程度较高且难以降解，容易造成持久性污染。

一、实验目的

① 了解大气 $PM_{2.5}$ 中的水溶性离子组成、质量浓度及分布特征；

② 了解大气颗粒物中有机碳、元素碳的特征及来源；

③ 了解大气颗粒物中元素的种类、来源及危害；

④ 掌握大气 $PM_{2.5}$ 中水溶性离子、碳组成及元素的测定方法。

二、实验原理

大气 $PM_{2.5}$ 中的水溶性离子主要采用离子色谱法（IC）分析测定。采集的环境空气颗粒物样品，以去离子水超声提取、阴离子或阳离子色谱柱交换分离后，用抑制型或非抑制型电导检测器检测。根据保留时间定性，峰高或峰面积定量。对保留时间相近的两种阴离子或阳离子，当其浓度相差较大而影响低浓度离子的测定时，可通过稀释、调节流量、改变淋洗液配比等方式消除干扰。具体参照《环境空气　颗粒物中水溶性阴离子（F^-、Cl^-、Br^-、NO_2^-、NO_3^-、PO_4^{3-}、SO_3^{2-}、SO_4^{2-}）的测定　离子色谱法》（HJ 799—2016）和《环境空气　颗粒物中水溶性阳离子（Li^+、Na^+、NH_4^+、K^+、Ca^{2+}、Mg^{2+}）的测定　离子色谱法》（HJ 800—2016）进行。离子色谱测定流程见图47-1。

大气颗粒物中碳组分使用热/光反射法（TOR）分析，所用仪器为热光碳分析仪（DRI2001A），该仪器基于不同温度下有机碳（OC）和元素碳（EC）的氧化差异进行分析，即有机化合物在非氧化性的氦气气氛中从 $PM_{2.5}$ 颗粒中挥发出来，而EC必须在有氧条件下燃烧才能挥发出来。运行流程如下：$PM_{2.5}$ 膜片（打孔0.5cm^2）置于热光炉中，先通入He气流，在无氧的气氛下程序升温，逐步加热颗粒物样品，使样品中有机碳挥发，之后通入 O_2（2%）/He（98%）混合气，在有氧气氛下继续加热升温，使得样品中的EC完全氧化成 CO_2。无氧加热时释放的OC经催化氧化炉转化生成 CO_2，该 CO_2 和有氧加热时段生成的 CO_2 均在还原炉中被还原成 CH_4，再由火焰离子化检测器（flame ionization detector，FID）检测。无氧加热时的焦化效应（或碳化）可使部分OC转变为裂解碳（OPC）。为检测出OPC的生成量，用632.8nm激光全程照射样品，测量加热升温过程中激光的反射光强（或透射光强）的变化，以初始光强作为参照，准确确定OC和EC的分离点（图47-2）。

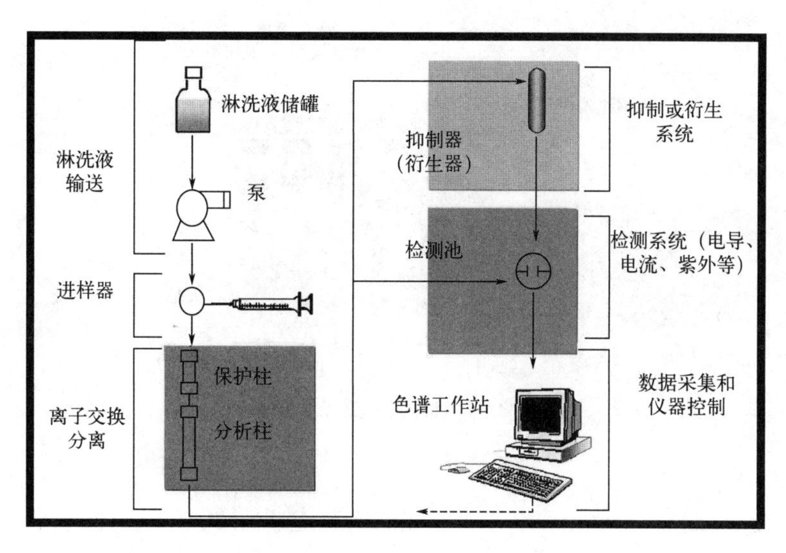

图 47-1 离子色谱仪测定流程图

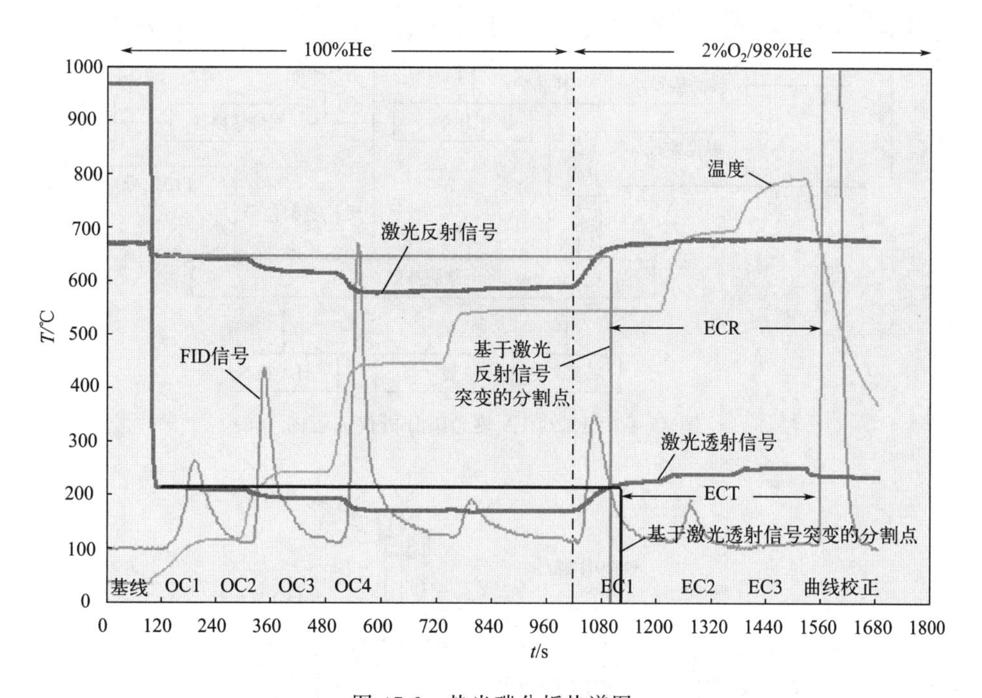

图 47-2 热光碳分析热谱图

OC 分为 OC_1（−25～140℃）、OC_2（140～280℃）、OC_3（280～480℃）、OC_4（480～580℃）和 OPC（裂解碳）。OPC 计算的起始时间为载气由纯 He（100% He）变为 O_2（2%）/He（98%）时，结束时间为激光反射（OPR）或激光透射（OPT）值达到其初始值时。如果激光分割点发生在 O_2 引入前，则 OPC 为负值。EC 分为 EC_1（580℃）、EC_2（580～740℃）和 EC_3（740～840℃）。

仪器外观、运行流程、真空腔隔垫及燃烧炉示意图见图 47-3～图 47-6。

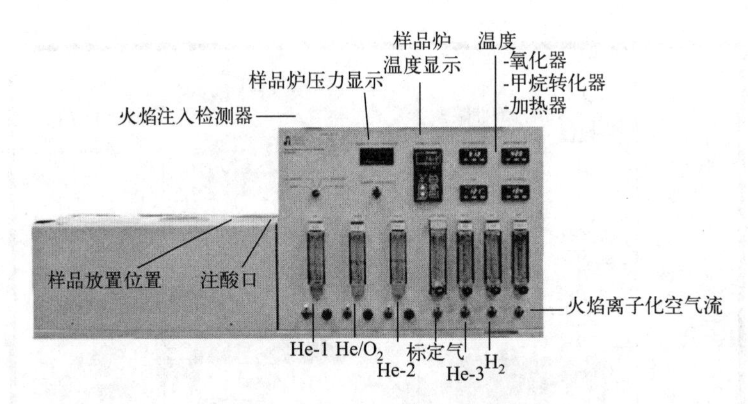

图 47-3 DRI2001A 热光碳分析仪

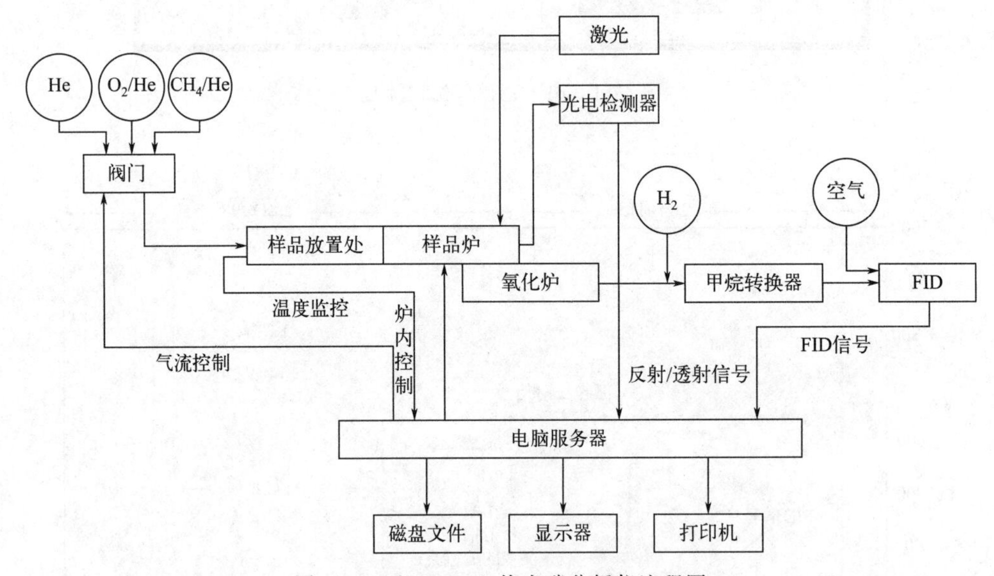

图 47-4 DRI2001A 热光碳分析仪流程图

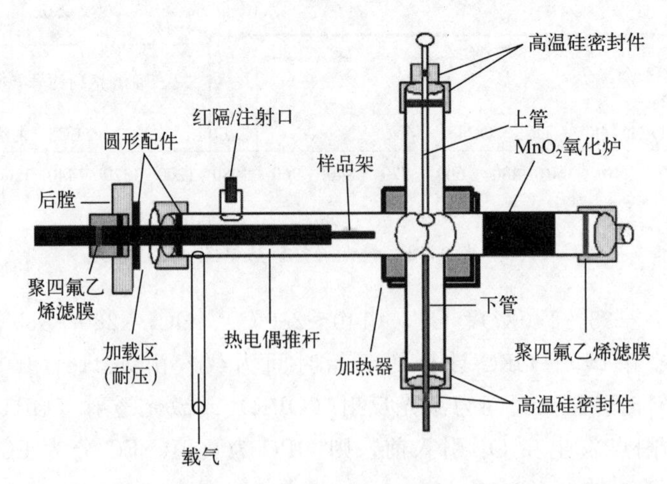

图 47-5 DRI2001A 热光碳分析仪真空腔隔垫封堵示意图

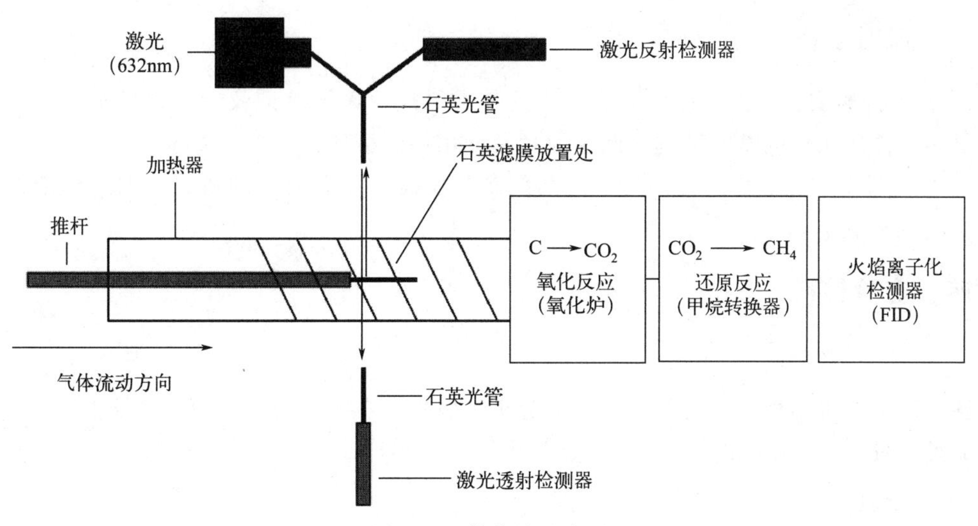

图 47-6　燃烧炉示意图

大气颗粒物中元素分析测定方法有原子吸收光谱法（AAS)、X 射线荧光光谱法、电感耦合等离子体原子发射光谱法（ICP-AES)、电感耦合等离子体质谱法（ICP-MS）等。大气颗粒物中不同金属元素浓度范围相差很大，部分元素的基准浓度或控制浓度非常低，导致传统的分析方法如 ICP-AES 方法无法满足 Pb、Tl、V、U、Be 等元素的控制浓度要求，ICP-MS 方法有效克服了传统技术分析的缺点。其原理是颗粒物样品经酸消解后，采用电感耦合等离子体质谱进行检测，根据元素的质谱图或特征离子进行定性分析，内标或外标法定量。样品由载气带入雾化系统进行雾化后，以气溶胶形式进入等离子体的轴向轨道，在高温惰性气体中被充分蒸发、离解、原子化和电离，转化成带电荷的正离子，经离子采集系统进入质谱仪，质谱仪再根据离子的质荷比进行分离并定性、定量分析。在一定浓度范围内，离子质荷比所对应的信号响应值与其浓度成正比。ICP-MS 具有灵敏度高、检出限低、分析过程快速、取样量少等特点，可同时测定颗粒物中多种元素，测定分析物浓度可低至 $ng \cdot L^{-1}$ 水平，有效地满足了大气颗粒物中部分元素需要低检出限的技术要求。ICP-MS 原理见图 47-7。

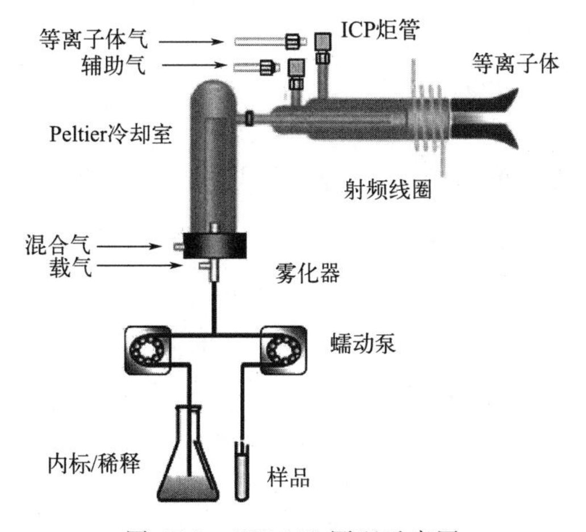

图 47-7　ICP-MS 原理示意图

三、课时安排

① 理论课时安排：2 学时，学习实验的基本原理，离子色谱仪、热光碳分析仪、电感耦合等离子体质谱仪的基本结构、测定原理及使用注意事项；

② 实验课时安排：2 学时，其中试剂配制、仪器调试等前期准备 1 学时，标准曲线绘制、样品测定等 1 学时。

四、实验材料

（一）实验药品

注：除另有说明外，本实验药品均为分析纯级别，本实验用水均为去离子水。

硝酸（HNO_3，$1.42g \cdot mL^{-1}$）、过氧化氢（H_2O_2）。

（二）器皿

① 石英滤膜：Pallflex Tissuquartz 过滤膜，型号 2500QAT-UP，带滤膜盒；

② 水相过滤头：$0.22\mu m$；

③ 离子色谱仪进样管；

④ 微量注射器：25、1000、$2500\mu L$，用于矫正注射、碳酸盐分析和仪器校准；

⑤ 移液枪：1、5mL 各 1 把，枪头若干；

⑥ 离心管：15、50mL 若干；

⑦ 玻璃棒、剪刀、平头镊子等若干；

⑧ 一次性塑料培养皿。

（三）试剂

① HNO_3：65%、2%。

② H_2O_2：30%。

③ 高纯氦气（纯度≥99.999%）。

④ 含 5%甲烷（CH_4）的氦气。

⑤ 含 5%二氧化碳（CO_2）的氦气。

⑥ 含 10%氧气（O_2）的氦气。

⑦ 高纯氢气（纯度≥99.999%）。

⑧ 空气。

⑨ 阴离子混标：F^- 标准值为 $20\mu g \cdot mL^{-1}$，Cl^- 标准值为 $30\mu g \cdot mL^{-1}$，NO_3^- 标准值为 $100\mu g \cdot mL^{-1}$，PO_4^{3-}、SO_4^{2-} 标准值均为 $150\mu g \cdot mL^{-1}$。

⑩ 阳离子混标：Ca^{2+} 标准值为 $1000\mu g \cdot mL^{-1}$，NH_4^+ 标准值为 $400\mu g \cdot mL^{-1}$，Mg^{2+}、K^+、Na^+ 标准值为 $200\mu g \cdot mL^{-1}$，Li^+ 标准值为 $50\mu g \cdot mL^{-1}$。

⑪ 多元素质量控制 ICP-MS 混标：$100mg \cdot L^{-1}$，含 26 种元素（As、Al、Ag、B、Ba、Be、Cd、Ca、Cr、Co、Cu、Fe、K、Mg、Mn、Mo、Ni、Pb、Sb、Se、Si、Na、Ti、Tl、V、Zn）。

（四）实验装置及材料

① 不锈钢打孔器：直径 0.79cm（面积 $0.5cm^2$）；

② 电子天平：量程 0～40g，精度 0.01mg；

③ 微波消解仪；

④ 超声波清洗器；

⑤ Thermo ICS-1100 阴阳离子色谱仪；

⑥ DRI2001A 热光碳分析仪；

⑦ NexION2000 电感耦合等离子体质谱仪；

⑧ 纯水机：电阻达到 18.2MΩ·cm；

⑨ 容量瓶：100mL 20 个；

⑩ 移液管：1、2、5、10mL 各 5 支；

⑪ 胶头滴管：若干。

五、实验步骤和方法

（一）水溶性离子分析

（1）样品前处理

将 1/4 张从中流量采样器获得的滤膜剪成小块并用超纯水（18.2MΩ·cm）超声 30min，用 0.22μm 的水相过滤头过滤浸泡后的样品并定容至 25mL。使用 Thermo ICS-1100 阴阳离子色谱仪分析阴阳离子。将阴离子混标稀释 6 个浓度梯度，以 SO_4^{2-} 为标准，分别为 0.015、0.075、0.15、0.3、1.5、3.0mg·L^{-1}。将阳离子混标稀释 6 个浓度梯度，以 Na^+ 为标准，分别为 0.025、0.05、0.1、0.5、1、2mg·L^{-1}。

（2）Thermo ICS-1100 阴阳离子色谱仪操作流程

① 打开氮气总阀，将分压调至 0.2MPa，再调节离子色谱仪上的减压表指针至 5psi[1]左右。

② 打开 ICS-1100 仪器电源；开启电脑，启动仪器控制器，在电脑上打开 Chromeleon 7 图标进入软件。

③ 打开排气阀，点击“灌注”，排除泵内气泡（时间 4min，流量 3mL·min^{-1}），点击“关泵”，关闭排气阀；开泵，设置流量；开泵后等待压力升至 1000psi 以上且淋洗液流动正常，打开淋洗液发生器 RFC-30。

④ 打开 RFC-30：在 RFC-30 面板上开启在线淋洗液发生器（EGC）开关，设置淋洗液浓度，开启持续再生捕获器（CR-TC）开关。

⑤ 在软件界面打开抑制器。

（3）样品测定

① 创建仪器方法，设置运行时间为 20min，柱流量为 1.00mL·min^{-1}，压力为 200～3000psi，检测池温度 35℃，柱温 30℃。阴离子色谱仪抑制器类型为 AERS _ 4mm，KOH 淋洗液浓度为 20mmol·L^{-1}，电流为 50mA，阴离子柱型号为 Dionex IonPacTM AS19 IC 柱。阳离子色谱仪抑制器类型为 CERS _ 4mm，甲烷磺酸淋洗液浓度为 20mmol·L^{-1}，电流为 59mA，阳离子柱型号为 Dionex IonPacTM CS12A IC 柱。

② 创建处理方法。

---

[1] 1psi＝6.895kPa。

③ 创建序列，AS-DV 自动进样器可放置 50 个进样瓶，进样量为 25μL。

④ 样品测定。

（4）关机

① 关闭抑制器；

② 关闭 CR-TC，关闭 EGC，然后关闭 RFC-30；

③ 关闭泵；

④ 退出软件；

⑤ 关闭仪器电源及电脑电源；

⑥ 关闭氮气总阀。

（二）碳组分分析

（1）样品前处理

不锈钢打孔器：直径 0.79cm，打孔面积 0.5cm^2。打孔器需要保持干净和锋利。使用一段时间后，打孔器的切割口会因磨损变得不够锋利，需要重新打磨。但是，打磨后的打孔器再次使用前，需要进行面积校正。方法为：选定一张直径为 47mm 的石英滤膜，称重得到滤膜初始质量 W_0；用打磨后的打孔器截取 10 张小膜片后，再次称重滤膜质量 W_1；47mm 滤膜面积为 17.3cm^2，则打孔器截取的小膜片面积（cm^2）为 $17.3\times(W_0-W_1)/(10\times W_0)$。

（2）DRI2001A 热光碳分析仪操作流程

将采集 $PM_{2.5}$ 颗粒的石英滤膜置于仪器自带的平板玻璃上，用专用打孔器截取面积为 0.5cm^2 的膜片，单独存放于一次性塑料培养皿中。如样品采集点扬尘污染较为严重，则需将膜片置于酸缸中，去除可能的碳酸盐碳。平板玻璃和打孔器使用前后都需清洗干净。

（3）开机（冷启动）

① 检查 5 个气瓶总压，如＜500psi，则需要订购一瓶新气体备用；如总压＜200psi，则需要更换气瓶。

打开仪器开关，连接电脑控制软件，参考表 47-1，调节气流参数。

表 47-1 气溶胶碳分析参数设置

气体	输出压力 /psi	转子流量计 /($mL \cdot min^{-1}$)	流量 /($mL \cdot min^{-1}$)	备注
He-1	15	4.7	40	精确控制
He-2	15	2.5	10	精确控制，与 O_2/He 相同
O_2/He	15	2.5	10	精确控制，与 He-2 相同
He-3	15	4.9	50	精确控制
H_2	15	3.8	40	FID 点火时为 6$mL \cdot min^{-1}$，点火后调至 3.8$mL \cdot min^{-1}$
空气	25～30	5.1	350	气压应使进样阀回弹平稳
标定气	－5	15～20	3～4	CH_4/He 标气，流量不需精确

② 设定 FID（150℃）和传输线温度（liner heater，105℃）：先升温至 70℃，然后缓慢升温至工作所需温度，待达到工作温度并平稳后，再开始下一步操作。

③ 设定氧化炉（900℃）和甲烷还原炉温度（420℃）：为有效驱除炉体内吸附于催化剂上的水分，并防止催化剂载体在过激升温过程中出现坍塌，以100～150℃为一个温阶，并至少保持30min（氧化炉30min，还原炉60min）。每次的升温值控制在70℃，防止温度过冲（温度过冲可达几十摄氏度）。当温度出现过冲时，调节设置值，使设置值达到实际值。重复升温程序，使温度达到工作所需温度。（开机至温度稳定需10h以上。）

④ 在气路切换时，需进行气体流量的平衡调整，以免FID响应信号波动（按照操作手册具体执行）。

⑤ 调节激光反射光和透射光信号水平（出厂已调好）。

（4）样品测定

① 压力温度检查。检查气瓶压力、前后面板气路开关、炉温参数（氧化炉：900℃；甲烷还原炉：420℃；FID：150℃；传输线：105℃）。

② 样品炉检漏。先关面板右侧样品炉出口阀（sample oven outlet），当炉压（sample oven pressure）＞5psi时，关闭面板前侧样品炉进口阀（sample oven inlet）。两阀关闭后，样品炉压在5s内维持不变，则系统气密性良好。若压力下降过快，则需要顺时针拧舱门处的螺母（严禁使用扳手，否则易损坏石英炉），再次检查气密性，直至达到要求。

③ FID点火。先将面板 H_2 流量调至 $6mL \cdot min^{-1}$，点火成功后，再调至 $3.8mL \cdot min^{-1}$，并检查FID蒸汽，确保火焰正常。

④ 系统空白测试。打开工作站，选择路径，进入分析序列，填写样品编号（ID）等；点击运行（RUN）“烘净系统”，运行系统空白；如果系统空白高于可接受的限定值（如TC=1.0μg C），重新烘烤并再次进行空白检验。

⑤ 系统稳定性检验。运行方法cmd Auto Calib Check来检查仪器状态；提取三峰数据（OC3、EC1、calibration peak area），填入桌面Calib.xls表格中，计算相对标准偏差（RSD＜5%），同时FID信号漂移应＜3mV。

⑥ 测试样品。填写样品ID等信息，点击“Run”，舱门自动开启，用不锈钢镊子将样品膜片放在进样杆托盘上（确保膜片安放妥当）；膜片加载后，点击“OK”，传输杆伸入石英舱，舱门自动关闭。系统默认分析延时为90s，以排出舱内的 CO_2。点击“OK”，开始分析流程。

⑦ 计算。系统生成2个文件（1个图片和1个txt文档，图47-8、图47-9），复制文本数据至Excel表格，计算OC（OC＝OC1＋OC2＋OC3＋OC4＋LRPyMid）、EC（EC＝EC1＋EC2＋EC3－LRPyMid）和TC（TC＝OC＋EC），其中LRPyMid为基于热光反射法校正的光学碳。分析第10个样品后，再重复测试第1个样品（10%的重复测试）。按照膜片面积 $0.5cm^2$、石英滤膜负载颗粒面积与采样时间，计算实际大气 $PM_{2.5}$ 样品中的碳组成（OC、EC、TC），单位为 $\mu g \cdot m^{-3}$（换算成标准状况下的浓度）。

（5）待机

手动关闭He-1、He-2、标定气和空气气路的阀门。关闭空气后，检查FID排气口是否还有水汽，确保FID火焰熄灭（如果未熄灭，短时间关闭 H_2，熄灭FID火焰）。确保实验室通风良好，或用导管将 H_2 排出室外。

在待机状态下，设置氧化炉和还原炉温度为0℃，使其降温。在炉温未达室温前，保持电脑连接，确保气体正常流经氧化炉和还原炉。He/O_2 只流经氧化炉，直接排空；H_2 和He-3流经还原炉。电脑必须保持联机，否则 He/O_2 和 H_2 在420℃的还原炉中混合，生成

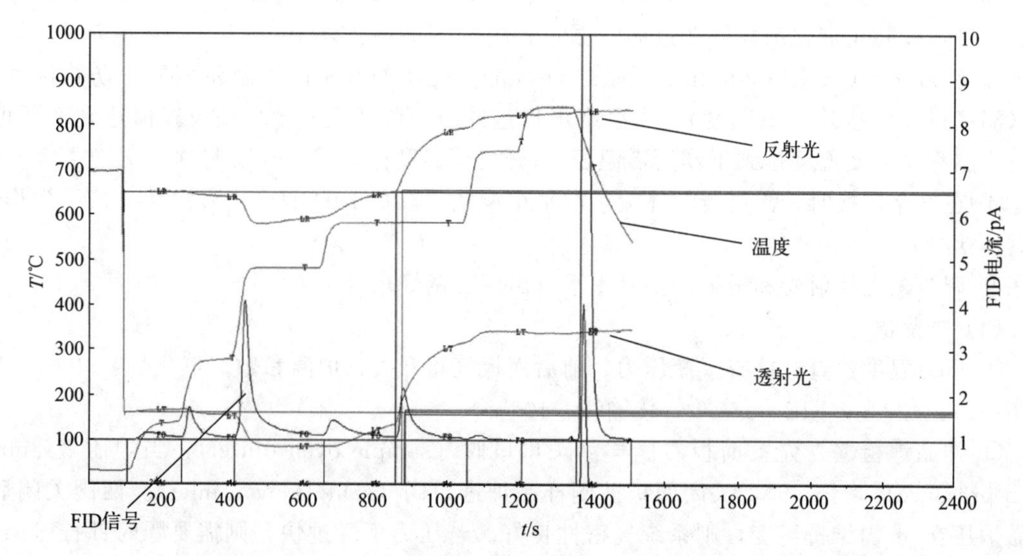

图 47-8 FID 信号、温度、透射光和反射光信号随时间的变化图

大量水汽，对仪器造成损害。当温度降低至室温时，关闭所有气瓶的总阀。当压力降低至 0.5psi 左右时，关闭仪器面板前侧的所有气路开关。

关闭控制软件，关闭电脑。

（三）元素分析

1. 样品前处理

将 1/4 张滤膜用陶瓷剪刀剪碎置于聚四氟乙烯消解管中，加入 4mL 硝酸（65%）和 2mL 过氧化氢（30%），在 120℃下微波消解 4min，升温至 180℃后消解 20min。微波消解完成后，用 0.22μm 的水相过滤头过滤消解液后定容至 20mL。所分析元素有 Mg、Al、K、Ca、V、Cr、Mn、Fe、Ni、Cu、Zn、As、Se、Ag、Cd、Ba、Pb、Be、Na，定量方法为外标法。

2. NexION2000 电感耦合等离子体质谱仪操作流程

(1) 开机

① 打开 Ar 气，确认仪器自带减压阀的压力为 85～100psi。

② 打开仪器排风系统，确认仪器排风风速为 7～9m·s^{-1}。

③ 打开机械泵电源开关。

④ 打开电脑，打开主机电源。电源启动顺序：先打开仪器开关 Instrument Switch，再打开射频发生器开关 RFG。

⑤ 打开仪器软件 Syngistix，等待软件与仪器通信初始化。

⑥ 打开仪器控制界面，抽真空，等待抽真空完成（真空达到 2×10^{-6} Torr[1]）。

⑦ 打开循环水机。不点炬可以不开循环水。

⑧ 点炬前调整好进样系统，卡上蠕动泵管，确认蠕动泵管完好、缠绕方向正确。将进样管头插入装有超纯水的离心管中，确认泵管进样、排液正常，并清洗管路（图 47-10）。

[1] 1Torr=133.322Pa。

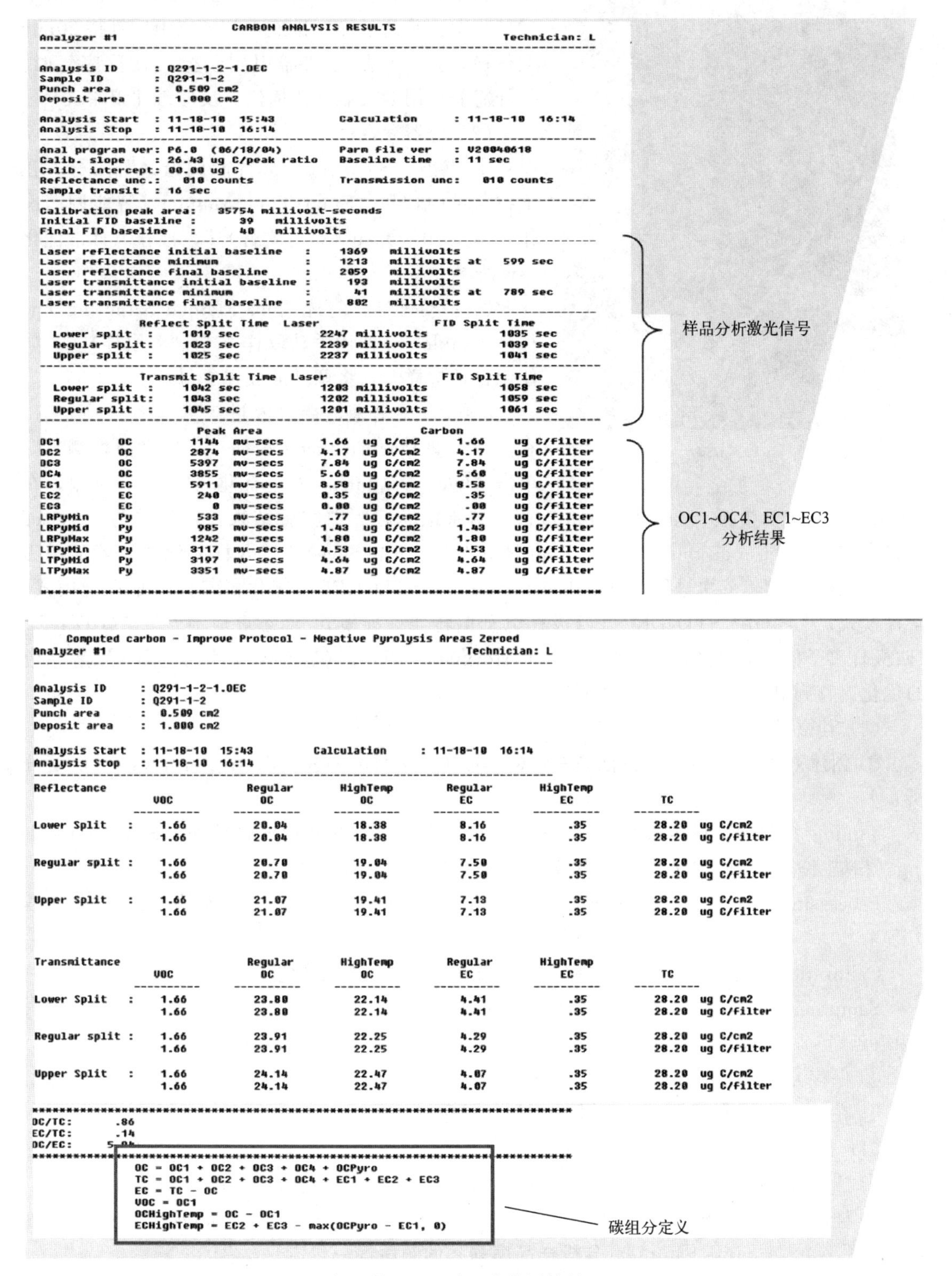

CARBON ANALYSIS RESULTS

Analyzer #1 Technician: L

Analysis ID : Q291-1-2-1.OEC
Sample ID : Q291-1-2
Punch area : 0.509 cm2
Deposit area : 1.000 cm2

Analysis Start : 11-18-10 15:43 Calculation : 11-18-10 16:14
Analysis Stop : 11-18-10 16:14

Anal program ver: P6.0 (06/18/04) Parm file ver : V20040618
Calib. slope : 26.43 ug C/peak ratio Baseline time : 11 sec
Calib. intercept: 00.00 ug C
Reflectance unc.: 010 counts Transmission unc: 010 counts
Sample transit : 16 sec

Calibration peak area: 35754 millivolt-seconds
Initial FID baseline : 39 millivolts
Final FID baseline : 40 millivolts

Laser reflectance initial baseline : 1369 millivolts
Laser reflectance minimum : 1213 millivolts at 599 sec
Laser reflectance final baseline : 2059 millivolts
Laser transmittance initial baseline : 193 millivolts
Laser transmittance minimum : 41 millivolts at 789 sec
Laser transmittance final baseline : 802 millivolts

	Reflect Split Time	Laser	FID Split Time
Lower split :	1019 sec	2247 millivolts	1035 sec
Regular split:	1023 sec	2239 millivolts	1039 sec
Upper split :	1025 sec	2237 millivolts	1041 sec

	Transmit Split Time	Laser	FID Split Time
Lower split :	1042 sec	1203 millivolts	1058 sec
Regular split:	1043 sec	1202 millivolts	1059 sec
Upper split :	1045 sec	1201 millivolts	1061 sec

		Peak Area	Carbon	
OC1	OC	1144 mv-secs	1.66 ug C/cm2	1.66 ug C/filter
OC2	OC	2874 mv-secs	4.17 ug C/cm2	4.17 ug C/filter
OC3	OC	5397 mv-secs	7.84 ug C/cm2	7.84 ug C/filter
OC4	OC	3855 mv-secs	5.60 ug C/cm2	5.60 ug C/filter
EC1	EC	5911 mv-secs	8.58 ug C/cm2	8.58 ug C/filter
EC2	EC	240 mv-secs	0.35 ug C/cm2	.35 ug C/filter
EC3	EC	0 mv-secs	0.00 ug C/cm2	.00 ug C/filter
LRPyMin	Py	533 mv-secs	.77 ug C/cm2	.77 ug C/filter
LRPyMid	Py	985 mv-secs	1.43 ug C/cm2	1.43 ug C/filter
LRPyMax	Py	1242 mv-secs	1.80 ug C/cm2	1.80 ug C/filter
LTPyMin	Py	3117 mv-secs	4.53 ug C/cm2	4.53 ug C/filter
LTPyMid	Py	3197 mv-secs	4.64 ug C/cm2	4.64 ug C/filter
LTPyMax	Py	3351 mv-secs	4.87 ug C/cm2	4.87 ug C/filter

Computed carbon - Improve Protocol - Negative Pyrolysis Areas Zeroed

Analyzer #1 Technician: L

Analysis ID : Q291-1-2-1.OEC
Sample ID : Q291-1-2
Punch area : 0.509 cm2
Deposit area : 1.000 cm2

Analysis Start : 11-18-10 15:43 Calculation : 11-18-10 16:14
Analysis Stop : 11-18-10 16:14

Reflectance	VOC	Regular OC	HighTemp OC	Regular EC	HighTemp EC	TC	
Lower Split :	1.66	20.04	18.38	8.16	.35	28.20	ug C/cm2
	1.66	20.04	18.38	8.16	.35	28.20	ug C/filter
Regular split :	1.66	20.70	19.04	7.50	.35	28.20	ug C/cm2
	1.66	20.70	19.04	7.50	.35	28.20	ug C/filter
Upper Split :	1.66	21.07	19.41	7.13	.35	28.20	ug C/cm2
	1.66	21.07	19.41	7.13	.35	28.20	ug C/filter

Transmittance	VOC	Regular OC	HighTemp OC	Regular EC	HighTemp EC	TC	
Lower Split :	1.66	23.80	22.14	4.41	.35	28.20	ug C/cm2
	1.66	23.80	22.14	4.41	.35	28.20	ug C/filter
Regular split :	1.66	23.91	22.25	4.29	.35	28.20	ug C/cm2
	1.66	23.91	22.25	4.29	.35	28.20	ug C/filter
Upper Split :	1.66	24.14	22.47	4.07	.35	28.20	ug C/cm2
	1.66	24.14	22.47	4.07	.35	28.20	ug C/filter

OC/TC: .86
EC/TC: .14
OC/EC: 5.04

OC = OC1 + OC2 + OC3 + OC4 + OCPyro
TC = OC1 + OC2 + OC3 + OC4 + EC1 + EC2 + EC3
EC = TC - OC
VOC = OC1
OCHighTemp = OC - OC1
ECHighTemp = EC2 + EC3 - max(OCPyro - EC1, 0)

图 47-9 碳组成检测结果

图 47-10　ICP-MS 蠕动泵进样

⑨ 在控制界面点击“Plasma（等离子体）”，点燃等离子炬；将仪器的定量环进样管插入硝酸溶液（2%）中，确认进样、排液正常。点炬后等待 20min 至热稳定。当仪器方法需用到碰撞气或反应气时，打开需要使用的气瓶（碰撞气、反应气建议不关）。

（2）仪器参数优化

① 点击“SmartTune（智能调谐）”图标，在下拉菜单中选择“SmartTune Manual（智能调谐操作）”，“File Open（打开文件）”，打开“日常优化.swz”方法。

② 手动进样，勾选“use Manual Sampling (no auto sampler)［使用手动取样（非自动取样）］”。如使用自动进样器，将调谐液放在 1 号位上。

③ 吸入调谐液，待溶液进入雾化室且稳定后，右击“STD Performance Check（标准性能检测）”，单击“Qick Optimize（快速优化）”。分析结束，在“Review（检查）”或“Results Summary（结果汇总）”中查看结果：若显示为“passed（通过）”，在“Conditions（条件）”窗口下保存（File-Save），转入样品测试；若显示为“failed（失败）”，依次进行“Nebulizer Gas Flow STD/KED（雾化器气体流量标准模式/碰撞模式）”“QID STD/DRC（四极杆电子偏转器标准模式/动态反应池）”“QID KED（四极杆离子偏转器碰撞模式）”“STD Performance Check（标准模式性能检测）”等相应的优化，直到显示“passed（通过）”。

（3）建立分析方法

① 创建方法［Method（方法）→New File（新文件）→Quantitative Analysis（定量分析）］。

Timing（时序）：设定分析元素/内标元素、方法、方法相应气体流量。Sweeps/Reading（扫描/读取）20，Replicats（重复）3，Dwell Time（驻留时间）50ms。

Processing（处理）：默认；Equation（方程）：默认（氨气反应模式，需删除校准方程）。

Calibration（校正）：设置样品单位、标样单位、标线浓度梯度。

Sampling（取样）：Sample Flush（样品冲洗）20［Speed（速度）100］，Read Delay（读取延迟）15，Wash（冲洗）0～5。

② 保存方法，保存目录。

③ 在 Dataset（数据集）中创建数据保存目录。

（4）样品分析

① 测定前使用硝酸溶液（2%）对仪器进行清洗，信号稳定后进行样品分析。

② 样品分析：在 Sample 页面按照 Analyze Blank（分析空白）、Analyze Standard（分析标准系列）、Analyze Sample（分析样品序列）的顺序逐一测定。

③ 数据保存：Reporter →Export All。

3. 关机

① 完成分析后用硝酸溶液（2%）清洗进样系统 2～3min，并用纯水清洗 1min，将进样管从溶液中取出，排空雾化室中的残留溶液；

② 熄灭等离子炬；

③ 松开蠕动泵管；

④ 关闭循环水机电源；

⑤ 点击“Vacuum off”卸真空；

⑥ 待分子涡轮泵停止转动后（3min），依次关闭仪器射频发生器开关、仪器电源开关；

⑦ 关闭机械泵电源；

⑧ 关闭仪器排风系统；

⑨ 10～15min 后，关闭 Ar 气。

六、思考题

① 分析大气 $PM_{2.5}$ 中水溶性离子、碳组分和元素的组成特征，并重构 $PM_{2.5}$ 质量浓度（有机碳转化为有机物，矿物元素转化为地壳尘，其他金属元素转化为相应的氧化物）。

② 根据有毒重金属元素浓度，结合美国环境保护署（US EPA）方法，评估人群呼吸暴露的健康风险。

③ 实验中，有哪些因素会影响测定结果的准确度？

实验 48　土壤肥力的综合测定

土壤肥力是土壤能够提供作物生长所需的各种养分的能力，是反映土壤肥沃性的一个重要指标，是土壤各种基本性质的综合表现，是土壤区别于成土母质和其他自然体的最本质的特征，也是土壤作为自然资源和农业生产资料的物质基础。本实验选取土壤样品的吸湿水、pH、有机质、全氮、水解性氮、速效磷及速效钾等 7 个指标，进行土壤基本性质的测定。

一、实验目的

① 了解土壤肥力的概念及评价土壤肥力的意义；

② 熟练掌握分光光度计、火焰光度计等仪器的使用方法；

③ 掌握吸湿水、pH、有机质、全氮、水解性氮、速效磷及速效钾等 7 个指标的测定原理和测定方法。

二、实验原理

（一）土壤样品中吸湿水的测定

风干土壤样品中的吸湿水在（105±2）℃烘箱中可被烘干且不会导致土壤有机质分解，从而可求出土壤失水质量占烘干后土壤质量的比例。

（二）土壤样品 pH 的测定

以水为浸提剂，水土比（质量比）为 2.5∶1，将指示电极和参比电极（或 pH 复合电极）浸入土壤悬浊液时，构成原电池。在一定的温度下，原电池电动势与悬浊液的 pH 值有关，通过测定电动势即可得到土壤的 pH 值。

（三）土壤样品中有机质的测定

在加热的条件下，用过量重铬酸钾-硫酸（$K_2Cr_2O_7$-H_2SO_4）溶液氧化土壤有机质，$Cr_2O_7^{2-}$ 等被还原成 Cr^{3+}，剩余的重铬酸钾（$K_2Cr_2O_7$）用硫酸亚铁（$FeSO_4$）标准溶液滴定，根据消耗的重铬酸钾体积计算出有机碳量，反应式如下。

重铬酸钾-硫酸溶液与有机质作用：

$$2K_2Cr_2O_7+3C+8H_2SO_4 = 2K_2SO_4+2Cr_2(SO_4)_3+3CO_2\uparrow+8H_2O \quad (48\text{-}1)$$

硫酸亚铁滴定剩余重铬酸钾的反应：

$$K_2Cr_2O_7+6FeSO_4+7H_2SO_4 = K_2SO_4+Cr_2(SO_4)_3+3Fe_2(SO_4)_3+7H_2O \quad (48\text{-}2)$$

（四）土壤样品中全氮的测定

土壤与浓硫酸及还原性催化剂共同加热，使有机氮转化为氨，并与硫酸结合形成硫酸铵；无机的铵态氮转化成硫酸铵；极微量的硝态氮在加热过程中逸出损失；有机质氧化成 CO_2。样品消解后，再用浓碱蒸馏，使硫酸铵转化成氨逸出，并被硼酸所吸收，最后用盐酸标准溶液滴定。主要反应可用下列方程式表示。

$$NH_2CH_2CONHCH_2COOH+H_2SO_4 = 2NH_2CH_2COOH+SO_2\uparrow+[O] \quad (48\text{-}3)$$

$$NH_2CH_2COOH+3H_2SO_4 = NH_3+2CO_2\uparrow+3SO_2\uparrow+4H_2O \quad (48\text{-}4)$$

$$2NH_2CH_2COOH+2K_2Cr_2O_7+9H_2SO_4 = (NH_4)_2SO_4+2K_2SO_4+2Cr_2(SO_4)_3+4CO_2\uparrow+10H_2O \quad (48\text{-}5)$$

$$(NH_4)_2SO_4+2NaOH = Na_2SO_4+2H_2O+2NH_3\uparrow \quad (48\text{-}6)$$

$$NH_3+H_3BO_3 = H_3BO_3\cdot NH_3 \quad (48\text{-}7)$$

$$H_3BO_3\cdot NH_3+HCl = H_3BO_3+NH_4Cl \quad (48\text{-}8)$$

（五）土壤样品中水解性氮的测定

在密封的扩散皿中，用氢氧化钠溶液（1.8mol·L^{-1}）水解土壤样品，在恒温条件下使有效氮碱解转化为氨气并不断地扩散逸出，由硼酸吸收，再用盐酸标准溶液滴定，计算出土壤水解性氮的含量。

（六）土壤样品中速效磷的测定

（1）碳酸氢钠法

石灰性土壤由于存在大量游离碳酸钙，不能用酸溶液提取速效磷，可用碳酸盐的碱性溶液。由于碳酸根的同离子效应，碳酸盐的碱溶液可降低碳酸钙的溶解度，从而降低溶液中钙的浓度，这样有利于磷酸钙盐的提取。同时由于碳酸盐的碱溶液降低了铝和铁离子的活性，有利于磷酸铝和磷酸铁的提取。此外，碳酸氢钠溶液中存在 OH^-、HCO_3^-、CO_3^{2-} 等有利于吸附态磷交换的阴离子。因此，碳酸氢钠不仅适用于石灰性土壤，也适用于中性和酸性土壤中速效磷的提取。

待测液用钼锑抗试剂在常温下进行还原，黄色锑磷钼杂多酸被还原为磷钼蓝进行比色。

（2）NH_4F-HCl 浸提法

酸性土壤中的磷主要以 Fe-P、Al-P 的形态存在，利用氟离子在酸性溶液中络合 Fe^{3+} 和 Al^{3+} 的能力，可使这类土壤中比较活泼的磷酸铁铝盐被陆续活化释放，同时由于 H^+ 的作用，也能溶解出部分活性较强的Ca-P，然后用钼锑抗比色法进行测定。

（七）土壤样品中速效钾的测定（醋酸铵-火焰光度计法）

以中性醋酸铵溶液（1mol·L^{-1}）为浸提剂，NH_4^+ 与土壤胶体表面的 K^+ 进行交换，连同水溶性的 K^+ 一起进入溶液，浸出液中的钾可用火焰光度计法直接测定。

三、课时安排

理论课时安排：4学时，学习土壤中7个肥力指标的测定原理和测定步骤，采用主成分分析法对各个土壤肥力指标进行综合分析。

实验课时安排：4学时，进行分组实验，掌握土壤肥力7个指标测定的实验流程，了解实验原理。

四、实验材料

（一）实验药品

除另有说明，本实验用水均为蒸馏水或去离子水。

碳酸钾（K_2CO_3）、邻苯二甲酸氢钾（$KHC_8H_4O_4$）、磷酸二氢钾（分析纯，KH_2PO_4）、钼酸铵[$(NH_4)_2MoO_4$]、乙醇（95%）、无水磷酸氢二钠（Na_2HPO_4）、氢氧化钠（化学纯，NaOH）、硫酸亚铁（分析纯，$FeSO_4 \cdot 7H_2O$）、去CO_2超纯水、活性炭粉、阿拉伯胶、硼砂（$Na_2B_4O_7 \cdot 10H_2O$）、硼酸（H_3BO_3）、甘油（$C_3H_8O_3$）、甲基橙、甲基红（$C_{15}H_{15}N_3O_2$）、浓硫酸（H_2SO_4）、溴甲酚绿（$C_{21}H_{14}Br_4O_5S$）、浓盐酸（HCl）、重铬酸钾（分析纯，$K_2Cr_2O_7$）、邻菲罗啉（分析纯）、高氯酸（$HClO_4$）、无水乙醇、乙酸铵、硫酸钾（K_2SO_4）、硫酸铜（$CuSO_4 \cdot 5H_2O$）、二氧化钛（TiO_2）、硫代硫酸钠（$Na_2S_2O_3 \cdot 5H_2O$）、无水碳酸钠（Na_2CO_3）、碳酸氢钠（化学纯，$NaHCO_3$）、酒石酸锑钾（$KSbC_4H_4O_7$）、左旋抗坏血酸、二硝基酚、氟化铵（NH_4F）、氯化钾（KCl）、石蜡油或植物油。

（二）器皿

① 玻璃棒5根；

② 100mL称量瓶1个；

③ 100mL瓷盘1个；

④ 25mL无分度吸管1个；

⑤ 100mL棕色滴瓶1个；

⑥ 干燥器1个；

⑦ 角匙2个；

⑧ 25、100、500、1000mL量筒各1个；

⑨ 60mL漏斗2个，平板漏斗1个；

⑩ 滤纸；

⑪ 玛瑙研钵；

⑫ 50mL容量瓶8个，100mL容量瓶6个，250、500mL容量瓶各1个，1000mL容量瓶16个；

⑬ 0.25、1mm孔筛各1个；

⑭ 50mL烧杯7个，100mL烧杯2个，250、500、1000、2000mL烧杯各1个；

⑮ 试管 3 支；
⑯ 500mL 试剂瓶 1 个，2000mL 试剂瓶 1 个；
⑰ 1000mL 聚乙烯瓶 5 个；
⑱ 洗耳球 1 个；
⑲ 1、5、10、50、100mL 移液管各 1 支；
⑳ 100、150mL 锥形瓶各 1 个，250mL 锥形瓶 6 个；
㉑ 扩散皿 1 个；
㉒ 150mL 塑料杯 1 个；
㉓ 蜡光纸若干；
㉔ 1000mL 棕色瓶 1 个。

（三）试剂

① 标准缓冲溶液 1 [$c(KHC_8H_4O_4)=0.05mol \cdot L^{-1}$，pH=4.01]：称取 10.12g 邻苯二甲酸氢钾，溶于水中，于 25℃下在容量瓶中定容至 1000mL，摇匀。

② 标准缓冲溶液 2 [$c(KH_2PO_4)=0.025mol \cdot L^{-1}$，$c(Na_2HPO_4)=0.025mol \cdot L^{-1}$，pH=6.86]：分别称取 3.387g 磷酸二氢钾和 3.533g 无水磷酸氢二钠，溶于水中，于 25℃下在容量瓶中定容至 1000mL，摇匀。

③ 标准缓冲溶液 3 [$c(Na_2B_4O_7)=0.01mol \cdot L^{-1}$，pH=9.18]：称取 3.80g 硼砂，溶于水中，于 25℃下在容量瓶中定容至 1000mL，摇匀。在聚乙烯瓶中密封保存。

④ 重铬酸钾标准溶液（$0.136mol \cdot L^{-1}$）：准确称取 40.0000g 经 130～140℃烘干 4～8h 的重铬酸钾（$K_2Cr_2O_7$）溶于 500mL 蒸馏水中，冷却后稀释至 1000mL，然后缓慢加入浓硫酸（H_2SO_4）1000mL，并不断搅拌。每加入 200mL，应放置 10～20min，溶液冷却后再加入第二份浓硫酸（H_2SO_4）。加酸完毕，待冷后存于试剂瓶中备用。

⑤ 重铬酸钾标准溶液（$0.017mol \cdot L^{-1}$）：准确称取 4.9128g 经 105～110℃烘干 2h 的重铬酸钾（$K_2Cr_2O_7$）溶于 500mL 蒸馏水中，冷却后定容至 1000mL，摇匀。

⑥ 硫酸亚铁标准溶液（$0.2mol \cdot L^{-1}$）：称取 56g 硫酸亚铁（$FeSO_4 \cdot 7H_2O$）溶解于蒸馏水中，加 60mL 硫酸溶液（$3mol \cdot L^{-1}$），然后加水定容至 1000mL，摇匀，此溶液用重铬酸钾标准溶液（$0.017mol \cdot L^{-1}$）标定。

⑦ 邻菲罗啉指示剂：称取 1.485g 邻菲罗啉、0.695g 硫酸亚铁，溶于 100mL 蒸馏水中，贮于棕色滴瓶中（此指示剂以临用时配制为好）。

⑧ 催化剂：称取 200g 硫酸钾、6g 硫酸铜和 6g 二氧化钛于玛瑙研钵中充分混匀，研细，贮于试剂瓶中。

⑨ 还原剂：将硫代硫酸钠研磨后过 0.25mm（60 目）筛，临用现配。

⑩ 氢氧化钠溶液（$400g \cdot L^{-1}$）：称取 400g 氢氧化钠置于烧杯中，加水溶解并不断搅拌，冷却至室温后转入 1000mL 容量瓶定容，贮于聚乙烯试剂瓶中。

⑪ 硼酸溶液（$0.8mol \cdot L^{-1}$）：称取 49.44g 硼酸加入热蒸馏水（60℃）溶解，冷却后稀释至 1000mL，混匀。

⑫ 碳酸钠标准溶液 [$c(1/2Na_2CO_3)=0.05000mol \cdot L^{-1}$]：称取 2.6498g 无水碳酸钠（于 250℃烘干 4h 并置于干燥器中冷却至室温），溶于少量水中，移入 1000mL 容量瓶中，用水稀释至标线，摇匀。贮于聚乙烯瓶中，保存时间不得超过一周。

⑬ 甲基橙指示液（0.5g·L^{-1}）：称取 0.1g 甲基橙溶于水中，稀释至 200mL。

⑭ 盐酸标准贮备溶液［c(HCl)≈0.05mol·L^{-1}］：用移液管移取 4.20mL 浓盐酸，并用水稀释至 1000mL，此溶液浓度约为 0.05mol·L^{-1}。其准确浓度按下述方法标定。

用无分度吸管吸取 25.00mL 碳酸钠标准溶液于 250mL 锥形瓶中，加水稀释至约 100mL，加入 3 滴甲基橙指示液，用盐酸标准贮备溶液滴定至颜色由橘黄色变成橘红色，记录盐酸标准贮备溶液用量。按下式计算其准确浓度。

$$c=\frac{25.00\times 0.0500}{V} \tag{48-9}$$

式中　c——盐酸标准贮备溶液浓度，mol·L^{-1}；

V——盐酸标准贮备溶液用量，mL。

⑮ 盐酸标准溶液［c(HCl)≈0.01mol·L^{-1}］：吸取 50.00mL 盐酸标准贮备溶液于 250mL 容量瓶中，用水稀释至标线，摇匀备用。

⑯ 定氮混合指示剂：将 0.1g 溴甲酚绿和 0.02g 甲基红溶解于 100mL 无水乙醇中。

⑰ 氢氧化钠溶液（1.8mol·L^{-1}）：称取 72g 氢氧化钠于 500mL 烧杯中，加水溶解（边加边用玻璃棒搅拌），冷却到室温后稀释至 1000mL，混匀。

⑱ 氢氧化钠溶液（1.2mol·L^{-1}）：称取 48g 氢氧化钠于 500mL 烧杯中，加水溶解（边加边用玻璃棒搅拌），冷却到室温后稀释至 1000mL，混匀。

⑲ 硼酸溶液：称取 49.44g 硼酸加入热蒸馏水（60℃）溶解，冷却后稀释至 1000mL，每升硼酸溶液中加入定氮混合指示剂 20mL，用稀盐酸（HCl）或稀氢氧化钠（NaOH）调节 pH 至 4.8（定氮混合指示剂显葡萄酒红色）。

⑳ 硫酸标准溶液（约 0.01mol·L^{-1}）：首先配制 0.1mol·L^{-1} 硫酸标准溶液，在 100mL 烧杯中放入约 50mL 蒸馏水，用移液管移取 5.44mL 浓硫酸（18.4mol·L^{-1}），缓慢加入水中，其间不断搅拌。然后转入 1000mL 容量瓶中，用少量蒸馏水洗涤烧杯和玻璃棒 2～3 次，将洗涤液导入容量瓶，加水定容到标线，用碳酸钠溶液标定准确浓度。然后准确移取 100.00mL 上述溶液于 1000mL 容量瓶中，定容，所得溶液即为硫酸标准溶液（约 0.01mol·L^{-1}）。

㉑ 碳酸氢钠浸提液（0.5mol·L^{-1}）：称取碳酸氢钠 42.0g 溶于 800mL 水中，以氢氧化钠（0.5mol·L^{-1}）调节 pH 至 8.5，转入 1000mL 容量瓶中，定容至标线，贮存于试剂瓶中。此溶液贮存于塑料瓶中比在玻璃瓶中容易保存，若贮存超过 1 个月，应检查 pH 值是否改变。

㉒ 无磷活性炭：将活性炭粉用盐酸溶液（1∶1）浸泡过夜，然后用平板漏斗抽气过滤，用水洗净，直至无 HCl 为止。加入过量碳酸氢钠浸提液浸泡过夜，在平板漏斗上抽气过滤，用水洗净 $NaHCO_3$，最后检查至无磷为止，烘干备用。

㉓ 磷标准溶液（5mg·L^{-1}）：准确称取 105℃烘干 4～8h 的磷酸二氢钾 0.2197g 于 50mL 小烧杯中，以少量水溶解，将溶液全部转入 1000mL 容量瓶中，用水定容至标线，充分摇匀。此溶液即为含 50mg·L^{-1} 的磷基准溶液。吸取 50.00mL 此溶液稀释至 500mL，即为 5mg·L^{-1} 的磷标准溶液（此溶液不能长期保存）。比色时按标准曲线系列配制。

㉔ 钼锑抗试剂：称取 0.5g 酒石酸锑钾（$KSbC_4H_4O_7$），溶于 100mL 水中，制成 5g·L^{-1} 的溶液。另称取 20g 钼酸铵溶于 450mL 水中，徐徐加入 208.3mL 浓硫酸，边加边搅动，再加入 100mL 5g·L^{-1} 的酒石酸锑钾溶液钼酸铵溶液中，最后稀释至 1000mL，充分

摇匀，贮于棕色瓶中避光保存，此溶液为钼锑混合液。临用前（当天）称取 1.5g 左旋抗坏血酸于 100mL 钼锑混合液中，混匀。此溶液即钼锑抗试剂。（有效期 24h，如贮于冰箱中，则有效期较长。）

㉕ 二硝基酚指示剂：称取 0.25g 二硝基酚溶于 100mL 蒸馏水中。

㉖ 氟化铵（0.03mol·L^{-1}）-盐酸（0.025mol·L^{-1}）浸提剂：称取 1.11g 氟化铵溶于 800mL 水中，加 25mL 盐酸溶液（1.0mol·L^{-1}），然后稀释至 1000mL，贮于塑料瓶中。

㉗ 中性乙酸铵溶液（1.0mol·L^{-1}）：称取 77.08g 乙酸铵溶于近 1000mL 水中，用稀乙酸或 $NH_3 \cdot H_2O$ 调节至 pH=7.0，用水定容至 1000mL。

㉘ 钾贮备溶液（100mg·L^{-1}）：称取 0.1907g 氯化钾溶于中性乙酸铵溶液（1.0mol·L^{-1}）中，完全溶解后用中性乙酸铵溶液（1.0mol·L^{-1}）定容至 1000mL，摇匀备用。

㉙ 钾标准系列溶液：用时分别吸取钾贮备溶液（100mg·L^{-1}）0、2.00、5.00、10.00、20.00、40.00mL 于 100mL 容量瓶中，用中性乙酸铵溶液（1.0mol·L^{-1}）定容，即得浓度为 0、2.00、5.00、10.00、20.00、40.00mg·L^{-1} 的钾标准系列溶液。

㉚ 特质胶水：称取 40g 粉状阿拉伯胶，溶于 50mL 70～80℃蒸馏水中，冷却后与 20mL 甘油、30mL 饱和 K_2CO_3 水溶液混合即成。为避免产生大量泡沫，配制好后最好放置在盛有浓硫酸的干燥器中以去除氨。

㉛ 饱和重铬酸钾溶液：称取 200g 重铬酸钾溶于 1000mL 热蒸馏水中，混匀备用。

（四）实验装置

① 电子天平：量程 0～200g，精度为 0.0001g。
② 烘箱。
③ pH 计：精度为 0.01 个 pH 单位，具有温度补偿功能。
④ 电极：玻璃电极和饱和甘汞电极，或 pH 复合电极。
⑤ 磁力搅拌器或水平振荡器：具有温控功能。
⑥ 电炉：1000W。
⑦ 油浴锅。
⑧ 铁丝笼。
⑨ 温度计：0～300℃。
⑩ 研磨机。
⑪ 带孔专用消解器或电热板：温度可达 400℃。
⑫ 凯氏氮蒸馏装置。
⑬ 恒温箱。
⑭ 分光光度计。
⑮ 火焰光度计。

五、实验步骤和方法

（一）土壤样品中吸湿水的测定

① 取一洁净经烘干且有标号的称量瓶在电子天平上称重，质量为 m_1。
② 加入风干土样 5～10g（精确到 0.0001g），并精确称出称量瓶与土样的总质量 m_2。
③ 将称量瓶敞口放入烘箱中，保持烘箱内温度在（105±2）℃，烘 6h。

④ 待烘箱内温度冷却到50℃时，将称量瓶从烘箱中取出，并放入干燥器内冷却至室温称重。然后称量瓶敞口继续烘2h，冷却后称其恒重为m_3。前后两次称重之差不大于3mg。

（二）土壤样品pH的测定

（1）校准

至少使用两种pH标准缓冲溶液对pH计进行校准。先用标准缓冲溶液2（pH=6.86），再用标准缓冲溶液1（pH=4.01）或标准缓冲溶液3（pH=9.18）校准。校准步骤如下。

① 将盛有标准缓冲溶液并内置转子的烧杯置于磁力搅拌器上，开启磁力搅拌器。

② 控制标准缓冲溶液的温度在（25±1）℃，用温度计测量标准缓冲溶液的温度，并将pH计的温度补偿旋钮调节到该温度上。如使用具有自动温度补偿功能的pH计，可省略此步骤。

③ 将电极插入标准缓冲溶液中，待读数稳定后，调节仪器示值与标准缓冲溶液的pH值一致。重复步骤①和②，用另一种标准缓冲溶液校准pH计，仪器示值与该标准缓冲溶液的pH值之差应≤0.02个pH单位，否则应重新校准。

（2）测定

控制试样的温度为（25±1）℃，与标准缓冲溶液的温度之差不应超过2℃。将电极插入试样的悬浊液，电极探头浸入悬浊液垂直深度的1/3～2/3处，轻轻摇动试样。待读数稳定后，记录pH值。每个试样测完后，立刻用水冲洗电极，并用滤纸将电极外部水吸干，再测定下一个试样。

（三）土壤样品中有机质的测定

① 在电子天平上准确称取通过0.25mm筛的土壤样品0.1～0.5g（精确到0.0001g），用长条蜡光纸把称取的样品全部倒入干的硬质试管中，加入少量石英砂，用移液管缓缓加入10.00mL重铬酸钾标准溶液（$0.136mol \cdot L^{-1}$）（在加入约3mL时，摇动试管，以使土壤分散），然后在试管口加一小漏斗。

② 预先将液体石蜡油或植物油油浴锅加热至185～190℃，将试管放入铁丝笼中，然后将铁丝笼放入油浴锅中加热，放入后温度应控制在170～180℃。待试管中液体沸腾产生气泡时开始计时，煮沸5min，取出试管，稍冷，擦净试管外部油液。

③ 冷却后，将试管内容物小心仔细地全部洗入250mL锥形瓶中，使瓶内总体积在60～70mL，保持其中硫酸浓度为$1 \sim 1.5mol \cdot L^{-1}$。此时溶液的颜色应为橙黄色或淡黄色。加邻菲罗啉指示剂3～4滴，用硫酸亚铁标准溶液（$0.2mol \cdot L^{-1}$）滴定，溶液由黄色经过绿色、淡绿色突变为棕红色即为终点。

④ 在测定样品的同时必须做两个空白试验，取其平均值。可用石英砂代替样品，其他过程同上。

（四）土壤样品中全氮的测定

（1）消解

① 称取适量试样（0.2000～1.0000g，含氮约1mg），精确到0.1mg，放入凯氏氮消解瓶中，用少量水（约0.5～1mL）润湿，再加入4mL浓硫酸，瓶口上盖小漏斗，转动凯氏氮消解瓶使其混合均匀，浸泡8h以上。

② 使用干燥的长颈漏斗将0.5g还原剂加到凯氏氮消解瓶底部，置于消解器（或电热

板）上加热，待冒烟后停止加热。冷却后，加入 1.1g 催化剂，摇匀，继续在消解器（或电热板）上消煮。消煮时保持微沸状态，使白烟到达瓶颈 1/3 处回旋。消煮液和土样全部变成灰白色稍带绿色表明消解完全。再继续消煮 1h，冷却后，加入 4mL 饱和重铬酸钾溶液，低温微沸 5min（此时不能使硫酸发烟）。在土壤样品消煮过程中，如果不能完全消解，可以冷却后加几滴高氯酸再消煮。

（2）蒸馏

① 连接蒸馏装置，蒸馏前先检查蒸馏装置的气密性，并将管道洗净。

② 把消解液全部转入蒸馏瓶中，并用水洗涤凯氏氮消解瓶 4～5 次，总用量不超过 80mL，连接到凯氏氮（或氨氮）蒸馏装置上。在 250mL 锥形瓶中加入 20mL 硼酸溶液和 3 滴定氮混合指示剂吸收馏出液，导管管尖伸入吸收液液面以下。将蒸馏瓶成 45°斜置，缓缓沿壁加入 20mL 氢氧化钠溶液，使其在瓶底形成碱液层。迅速连接定氮球和冷凝管，摇动蒸馏瓶使溶液充分混匀，开始蒸馏，待馏出液体积约 100mL 时，蒸馏完毕。用少量已调节至 pH＝4.5 的水洗涤冷凝管的末端。

（3）滴定

用盐酸标准溶液滴定蒸馏后的馏出液，溶液颜色由蓝绿色变为红紫色为终点，记录所用盐酸标准溶液体积。

（4）空白试验

凯氏氮消解瓶中不加入试样，按照以上步骤测定，记录所用盐酸标准溶液体积。

（五）土壤样品中水解性氮的测定

① 称取通过 1mm 孔径筛的风干样品 2g（精确到 0.001g）和 1g 硫酸亚铁粉剂，均匀铺在扩散皿外室内，水平地轻轻旋转扩散皿，使样品铺平。（水稻土样品则不必加硫酸亚铁。）

② 用吸管吸取 2mL 硼酸溶液（$20g \cdot L^{-1}$），加入扩散皿内室，并滴加 1 滴定氮混合指示剂。然后在皿的外室边缘涂上特制胶水，盖上毛玻璃，并旋转数次，以便毛玻璃与皿边完全黏合。再慢慢转开毛玻璃的一边，使扩散皿露出一条狭缝，迅速用移液管加入 10.00mL 氢氧化钠溶液（$1.8mol \cdot L^{-1}$）于皿的外室［水稻土样品则加入 10.00mL 氢氧化钠溶液（$1.2mol \cdot L^{-1}$）］，立即用毛玻璃盖严。

③ 水平轻轻旋转扩散皿，使碱溶液与土壤充分混合均匀，用橡皮筋固定，贴上标签，随后放入 40℃恒温箱中。24h 后取出，再以盐酸标准溶液用微量滴定管滴定内室所吸收的氮量，溶液由蓝色滴至微红色为终点，记下盐酸用量 V。同时做空白试验，记录滴定所用盐酸量（V_0）。

（六）土壤样品中速效磷的测定

（1）石灰性或中性土壤

① 称取通过 1mm 孔筛的风干土样 2.5g（精确到 0.01g）于 250mL 锥形瓶中，再加一小角匙无磷活性炭，准确加入 50.00mL 碳酸氢钠溶液（$0.5mol \cdot L^{-1}$），塞紧瓶塞，在振荡机上振荡 30min（振荡机速率为 150～180 次 · min^{-1}）。立即用无磷滤纸过滤，滤液承接于 100mL 锥形瓶中。最初 7～8mL 滤液弃去。

② 吸取滤液 10.00mL［含磷量高时吸取 2.50～5.00mL，同时应补加碳酸氢钠浸提液（$0.5mol \cdot L^{-1}$）至 10mL］于 50mL 容量瓶中，加钼锑抗试剂 5mL 充分摇匀，排出二氧化碳后加水定容至标线，再充分摇匀。

③ 显色 30min 后，在分光光度计上比色（波长 660nm），比色时须同时做空白测定。

④ 磷标准曲线绘制：分别吸取磷标准溶液（$5mg \cdot L^{-1}$）0、1.00、2.00、3.00、4.00、5.00、6.00mL 于 50mL 容量瓶中，磷浓度分别为 0、0.10、0.20、0.30、0.40、0.50、$0.60mg \cdot L^{-1}$。再逐个加入 10mL 碳酸氢钠浸提液（$0.5mol \cdot L^{-1}$）和 5mL 钼锑抗试剂，然后与待测液一样进行比色。绘制标准曲线。

（2）酸性土壤

① 称取通过 1mm 孔筛的风干土样品 5g（精确到 0.01g）于 150mL 塑料杯中，加入 50mL 氟化铵（$0.03mol \cdot L^{-1}$）-盐酸（$0.025mol \cdot L^{-1}$）浸提剂，在 20～30℃条件下振荡 30min，取出后立即用干燥漏斗和无磷滤纸过滤于塑料杯中，同时做试剂空白试验。

② 吸取 10.00～20.00mL 滤液于 50mL 容量瓶中，加入 10mL 硼酸溶液（$0.8mol \cdot L^{-1}$），再加入 2 滴二硝基酚指示剂，用稀盐酸或氢氧化钠溶液调节 pH 至待测液呈微黄，用钼锑抗比色法测定磷，后续步骤与石灰性土壤测定相同。

（七）土壤样品中速效钾的测定

称取风干土样（过 1mm 孔筛）5.00g 于 150mL 锥形瓶中，准确加入 50.00mL 乙酸铵溶液（$1.0mol \cdot L^{-1}$）[土液比（g∶mL）为 1∶10]，用橡胶塞塞紧，在 20～25℃下振荡 30min，用干滤纸过滤。滤液与钾标准系列溶液一起在火焰光度计上进行测定，绘制成曲线。根据待测液的吸光度查出相应浓度，并计算出土壤中速效钾的含量。

六、实验结果整理和数据处理要求

（一）实验结果记录

根据实验结果将数据填入表 48-1～表 48-7。

表 48-1 土壤样品中吸湿水的测定

编号	m_1/g	m_2/g	m_3/g	土壤吸湿水含量/%
1				
2				
3				
4				
5				

表 48-2 土壤样品 pH 的测定

编号	pH 值	样品温度/℃	…
1			
2			
3			
4			
5			

表 48-3　土壤样品中有机质的测定

编号	滴定前读数	滴定后读数	$FeSO_4$ 标准溶液的浓度/(mol·L^{-1})	消耗 $FeSO_4$ 标准溶液的体积/mL	土壤有机质含量/%
1					
2					
3					
4					
5					

表 48-4　土壤样品中全氮的测定

编号	样品消耗标准酸体积/mL	空白消耗标准酸体积/mL	标准酸浓度/(mol·L^{-1})	全氮含量/(mg·kg^{-1})
1				
2				
3				
4				
5				

表 48-5　土壤样品中水解性氮的测定

编号	取样量/g	空白消耗体积/mL	样品消耗体积/mL	水解氮(N)含量/(mg·kg^{-1})
1				
2				
3				
4				
5				

表 48-6　土壤样品中速效磷的测定

编号	吸光度	P浓度/(mg·L^{-1})	速效磷含量/(mg·kg^{-1})
1			
2			
3			
4			
5			

表 48-7 土壤样品中速效钾的测定

编号	吸光度	K 浓度/($mg \cdot L^{-1}$)	速效钾含量/($mg \cdot kg^{-1}$)
1			
2			
3			
4			
5			

（二）实验数据处理

（1）土壤样品中吸湿水的测定

$$土样吸湿水含量=\frac{m_2-m_3}{m_3-m_1} \quad (48\text{-}10)$$

式中 m_1——称量瓶质量，g；

m_2——称量瓶与土样总质量，g；

m_3——烘干后称量瓶与土样恒重，g。

（2）土壤样品 pH 的测定

测定结果保留至小数点后 2 位。当读数小于 2.00 或大于 12.00 时，结果分别表示为 pH<2.00 或 pH>12.00。

（3）土壤样品中有机质的测定

$$土壤有机质含量=\frac{c(V_0-V)\times 0.03\times 1.724\times 1.1}{烘干干重} \quad (48\text{-}11)$$

式中 V_0——滴定空白时所用 $FeSO_4$ 标准溶液体积，mL；

V——滴定土样时所用 $FeSO_4$ 标准溶液体积，mL；

c——$FeSO_4$ 标准溶液的浓度，$mol \cdot L^{-1}$。

（4）土壤样品中全氮的测定

土壤中全氮的含量（$mg \cdot kg^{-1}$）按式(48-12)计算：

$$w_N=\frac{(V_1-V_0)\times c_{HCl}\times 14.0\times 1000}{mw_{dm}} \quad (48\text{-}12)$$

式中 w_N——土壤中全氮的含量，$mg \cdot kg^{-1}$；

V_1——样品消耗盐酸标准溶液的体积，mL；

V_0——空白消耗盐酸标准溶液的体积，mL；

c_{HCl}——盐酸标准溶液的浓度，$mol \cdot L^{-1}$；

14.0——氮的摩尔质量，$g \cdot mol^{-1}$；

w_{dm}——土壤样品的干物质含量；

m——称取土样的质量，g。

（5）土壤样品中水解性氮的测定

$$水解性氮含量(mg \cdot kg^{-1})=\frac{2c(V-V_0)\times 14}{m\times 1000} \quad (48\text{-}13)$$

式中　c——盐酸标准溶液的浓度，mol·L^{-1}；

V——滴定样品时所消耗盐酸标准溶液的体积，mL；

V_0——空白试验所消耗盐酸标准溶液的体积，mL；

m——称取土样的质量，g。

（6）土壤样品中速效磷的测定

$$土壤速效磷(mg \cdot kg^{-1})=\frac{cV}{m\times 分取倍数} \tag{48-14}$$

式中　c——标准曲线上查得的溶液中磷的浓度，mg·L^{-1}；

V——定容体积，mL；

W——称取土样质量，g；

分取倍数——50/10。

（7）土壤样品中速效钾的测定

$$土壤速效钾(mg \cdot kg^{-1})=\frac{cV}{m} \tag{48-15}$$

式中　c——从标准曲线查得溶液中钾的浓度，mg·L^{-1}；

V——加入浸提剂体积，mL；

m——烘干样品重，g。

样品含钾量低于1%时，两次平行测定结果允许误差为0.05%。

七、注意事项

① 实验中所使用的玻璃容器需先用自来水清洗干净，再用去离子水清洗，然后置于电热鼓风干燥箱中烘干（需要注意容量瓶不能用干燥箱烘干）。

② 称量过程中天平要精确到小数点后第四位，配制溶液过程中如果滴加溶液过量，需要重新配制。

③ 测定吸湿水过程中，要控制好烘箱内的温度，使其保持在（105±2）℃，过高过低都将影响测定结果的准确性。

④ 干燥器内所放的干燥剂必须充分干燥方可放入烘干土样，否则干燥剂要重新烘干或更换。

⑤ 用pH计测定pH的过程中，将电极插入试样的悬浊液时，应注意去除电极表面的气泡。

⑥ 温度对土壤pH值的测定具有一定影响，在测定时应按要求控制温度。

⑦ 消化煮沸时，必须严格控制时间和温度。

⑧ 测定有机质含量时，一般滴定消耗的硫酸亚铁量不小于空白用量的1/3，否则氧化不完全，应弃去重做。消煮后溶液以绿色为主，说明重铬酸钾用量不足，应减少样品量重做。

⑨ 在使用蒸馏装置前，要先空蒸5min左右，把蒸汽发生器及蒸馏系统中可能存在的含氮杂质去除干净，并用纳氏试剂检查。

⑩ 全氮测定过程中，样品经浓硫酸消煮后须充分冷却，然后加饱和重铬酸钾溶液，否则反应非常激烈，易使样品溅出。加入重铬酸钾后，如果溶液出现绿色，或消化1～2min后即变绿色，说明重铬酸钾量不足。在这种情况下，可补加1g固体重铬酸钾（$K_2Cr_2O_7$），然后继续消煮。

⑪ 全氮测定过程中，若蒸馏产生倒吸现象，可补加硼酸吸收液继续蒸馏。

⑫ 在蒸馏过程中必须冷凝充分，否则会使吸收液发热，氨受热挥发，从而影响测定结果。

⑬ 蒸馏时凯氏氮消解瓶内温度不要太低，蒸气要充足，否则易出现倒吸现象。另外，在实验结束时要先取下锥形瓶，然后停止加热，或降低锥形瓶使冷凝管下端离开液面。

⑭ 滴定前首先要检查滴定管的下端是否充有气泡。若有，要先把气泡排出。

⑮ 滴定水解性氮时，标准酸要逐滴加入，在接近终点时，用玻璃棒从滴定管尖端蘸取少量标准酸滴入扩散皿内。

⑯ 速效磷测定过程中活性炭一定要洗至无磷无氯。

⑰ 钼锑抗混合剂的加入量要十分准确，特别是钼酸铵量的大小直接影响显色的深浅和稳定性。标准溶液和待测液的比色酸度应保持基本一致，其加入量应随比色时定容体积的大小按比例增减。

⑱ 温度影响测定结果。提取时要求温度在25℃左右。室温太低时，可将容量瓶放入40～50℃的烘箱或热水中保温20min，稍冷后方可比色。

八、思考题

① 如何得到有机质系数？

② 水解性氮与全氮的区别是什么？

③ 速效磷测定过程中，为何弃去最初的7～8mL滤液？

实验49 土壤中多环芳烃的提取及净化实验

多环芳烃是指含有两个或两个以上苯环的化合物，广泛存在于自然界。土壤中的多环芳烃虽含量极少，但分布广泛。进入土壤后，由于其低溶解性和憎水性，比较容易进入生物体内，从而危害生态系统；多环芳烃在土壤中具有稳定性高、难降解、毒性强、易积累等特征，因此受到广泛关注。本实验参考了《土壤和沉积物 多环芳烃的测定 气相色谱-质谱法》（HJ 805—2016），通过有机相从土壤中提取以萘和蒽为代表的多环芳烃，采用气相色谱-质谱联用仪对土壤中的萘和蒽进行测定分析，用2-氟联苯做替代物计算加标回收率，用苊烯-d_{10}做内标定量分析。

一、实验目的

① 掌握土壤中多环芳烃的提取方法；

② 掌握土壤中多环芳烃的净化方法；

③ 掌握气相色谱-质谱联用仪的使用方法。

二、实验原理

土壤或沉积物中的多环芳烃采用合适的萃取方法（索氏提取、加压流体萃取等）提取，根据样品基体干扰情况选择合适的净化方法（铜粉脱硫、硅胶色谱柱、硅酸镁小柱或凝胶渗透色谱）对提取液进行净化、浓缩、定容，经气相色谱分离、质谱检测，通过与标准物质质谱图、保留时间、碎片离子质荷比及其丰度比较进行定性，内标法定量。

三、课时安排

① 理论课时安排：2学时，学习多环芳烃提取和净化方法，气相色谱-质谱联用仪的使用方法和基本结构、测定原理及使用注意事项；

② 实验课时安排：2学时，其中试剂配制等前期准备1学时，标准曲线绘制、样品测定等1学时。

四、实验材料

（一）实验药品

除另有说明外，本实验用水均为去离子水或蒸馏水。

丙酮（C_3H_6O，农残级）、正己烷（C_6H_{14}，农残级）、二氯甲烷（CH_2Cl_2，农残级）、乙酸乙酯（$C_4H_8O_2$，农残级）、戊烷（C_5H_{12}，农残级）、环己烷（C_6H_{12}，农残级）、硝酸[$\rho(HNO_3)=1.42g \cdot mL^{-1}$，优级纯]、铜粉（Cu，纯度为99.5%）、萘和蒽标准液、苊烯-d_{10}标准液、2-氟联苯标准液、无水硫酸钠（Na_2SO_4，优级纯）、硅胶吸附剂、氮气、粒状硅藻土、石英砂。

（二）器皿

① 100、150、250、1000mL烧杯各1个；

② 500mL试剂瓶3个，1000mL试剂瓶1个；

③ 500mL棕色试剂瓶1个；

④ 100、200μL移液枪各1把；

⑤ 25、50、250、500mL量筒各1个；

⑥ 表面皿1个；

⑦ 磨口玻璃瓶3个；

⑧ 研钵1个；

⑨ 玻璃漏斗1个。

（三）试剂

① 丙酮-正己烷混合溶剂（1∶1）：量取200mL正己烷和200mL丙酮于500mL试剂瓶中混合均匀备用。

② 二氯甲烷-戊烷混合溶剂（2∶3）：量取200mL二氯甲烷和300mL戊烷于500mL试剂瓶中混合均匀备用。

③ 二氯甲烷-正己烷混合溶剂（1∶9）：量取50mL二氯甲烷和450mL正己烷于500mL试剂瓶中混合均匀备用。

④ 乙酸乙酯-环己烷混合溶剂（1∶1）：量取500mL乙酸乙酯和500mL环己烷于1000mL试剂瓶中混合均匀，作为凝胶渗透色谱流动相备用。

⑤ 硝酸溶液（1∶1）：量取250mL蒸馏水于1000mL烧杯中，向烧杯中缓慢加入250mL浓硝酸并搅拌，混合均匀后移入500mL棕色试剂瓶中备用。

⑥ 铜粉（Cu）：纯度为99.5%。使用前用硝酸溶液（1∶1）去除铜粉表面的氧化物，用实验用水冲洗除酸并用丙酮清洗后，用氮气吹干待用。每次临用前处理，保持铜粉表面光亮。

⑦ 萘和蒽标准贮备液（1000～5000mg·L^{-1}）：市售有证标准溶液。

⑧ 萘和蒽标准中间液（200～500μg·mL^{-1}）：根据购买贮备液的浓度移取适量贮备液用丙酮-正己烷混合溶剂稀释至1mL，混合均匀备用。

⑨ 苊烯-d_{10}内标贮备液（5000mg·L^{-1}）：市售有证标准溶液。亦可选用其他性质相近的半挥发性有机物做内标。

⑩ 苊烯-d_{10}内标中间液（200～400μg·mL^{-1}）：移取苊烯-d_{10}内标贮备液40～80μL，用丙酮-正己烷混合溶剂稀释至1mL，混合均匀备用。

⑪ 2-氟联苯替代物贮备液（2000～4000mg·L^{-1}）：市售有证标准溶液。亦可选用氘代多环芳烃做替代物。

⑫ 2-氟联苯替代物中间液（500μg·mL^{-1}）：根据购买贮备液的浓度移取适量贮备液用丙酮-正己烷混合溶剂稀释至1mL，混合均匀备用。

⑬ 干燥剂：无水硫酸钠（Na_2SO_4）或粒状硅藻土，置于马弗炉中400℃烘4h，冷却后装入磨口玻璃瓶中密封，于干燥器中保存。

⑭ 硅胶吸附剂：75μm（200目）～150μm（100目），置于表面皿中，以铝箔或锡纸轻覆，130℃活化至少16h，取出放入干燥器中冷却、待用。临用前活化。

⑮ 石英砂：150μm（100目）～830μm（20目），置于马弗炉中400℃烘4h，冷却后装入磨口玻璃瓶中密封保存。

（四）实验装置

① 玻璃色谱柱：内径20mm左右，长10～20cm，具聚四氟乙烯活塞。

② 玻璃棉或玻璃纤维滤膜：使用前用二氯甲烷浸洗，待二氯甲烷挥发干后，贮于磨口玻璃瓶中密封保存。

③ 气相色谱-质谱仪：电子轰击（EI）电离源。

④ 色谱柱：石英毛细管柱，长30m，内径0.25mm，膜厚0.25μm，固定相为5%苯基-95%甲基聚硅氧烷，或其他等效的毛细管色谱柱。

⑤ 提取装置：索氏提取器或加压流体萃取仪等性能相当的设备。

⑥ 凝胶渗透色谱仪（GPC）：具254nm固定波长的紫外检测器、填充凝胶填料的净化柱。

⑦ 浓缩装置：旋转蒸发仪、氮吹仪或其他同等性能的设备。

⑧ 真空冷冻干燥仪：空载真空度达13Pa以下。

⑨ 固相萃取装置。

⑩ 马弗炉。

⑪ 电子天平：量程0～200g，精度0.0001g。

⑫ 干燥器。

五、实验步骤和方法

（一）样品制备

除去样品中的枝棒、叶片、石子等异物，称取样品10g（精确到0.01g），加入适量无水硫酸钠，研磨均化成流沙状。如果使用加压流体法提取，则用粒状硅藻土脱水。（注：也可采用冷冻干燥的方式对样品进行脱水，将冻干后的样品研磨、过筛，均化处理成约1mm的颗粒。）

（二）硅胶色谱柱制备

在玻璃色谱柱底部填入玻璃棉，依次加入约 1.5cm 厚的无水硫酸钠和 10g 硅胶吸附剂，轻敲色谱柱壁，使硅胶吸附剂填充均匀。在硅胶吸附剂上端加入约 1.5cm 厚的无水硫酸钠。加入适量二氯甲烷淋洗，轻敲色谱柱壁，赶出气泡，使硅胶填实，保持填料充满二氯甲烷。关闭活塞，浸泡填料至少 10min。放出二氯甲烷，继续慢慢加入 30～60mL 正己烷淋洗，在上端无水硫酸钠层恰好暴露于空气之前，关闭活塞待用。

（三）提取

① 索氏提取：在制备好的土壤或沉积物样品中加入 80.0μL 替代物中间液，将全部样品小心转入纸质套筒中，将纸质套筒置于索氏提取器回流管中，在圆底溶剂瓶中加入 100mL 丙酮-正己烷混合溶剂，提取 16～18h，回流速度控制在 4～6 次 $\cdot h^{-1}$。收集提取液。

② 如果提取液存在明显水分，需要过滤和脱水。在玻璃漏斗上垫一层玻璃棉或玻璃纤维滤膜，加入约 5g 无水硫酸钠，将提取液过滤至浓缩器皿中。再用少量丙酮-正己烷混合溶剂洗涤提取容器 3 次，洗涤液并入漏斗中过滤，最后再用少量丙酮-正己烷混合溶剂冲洗漏斗，全部收集至浓缩器皿中，待浓缩。

（四）浓缩

氮吹浓缩：开启氮气至溶剂表面有气流波动（避免形成气涡）为宜，用正己烷多次洗涤氮吹过程中已露出的浓缩器管壁。若不需净化，直接浓缩至约 0.5mL，加入适量内标中间液使其内标浓度和标准曲线中内标浓度一致，并用丙酮-正己烷混合溶剂定容至 1.0mL，待测。

若需净化，直接将提取液浓缩至约 2mL。选用硅胶色谱柱净化，继续加入约 4mL 环己烷进行溶剂转换，再浓缩至约 2mL，待净化。

（五）净化

用 40mL 戊烷预淋洗制备好的硅胶色谱柱，淋洗速度控制在 $2mL \cdot min^{-1}$，在上端无水硫酸钠或脱硫铜粉层暴露于空气之前，关闭色谱柱活塞，弃去淋洗液。将浓缩后的提取液转至硅胶色谱柱，用 2mL 环己烷分 3 次清洗浓缩器，全部移入色谱柱（若需脱硫，应将铜粉浸没在此溶液中约 5min）。打开活塞，缓缓加入 25mL 戊烷洗脱，弃去此部分戊烷淋洗液。另用 25mL 二氯甲烷-戊烷混合溶剂洗脱，并全部收集此洗脱液，待再次浓缩。

（六）再浓缩、加内标

净化后的试液再次按照氮吹浓缩的步骤进行浓缩，加入适量内标中间液，并定容至 1.0mL，混匀后转移至 2mL 样品瓶中，待测。

（七）空白试样的制备

用石英砂代替实际样品，按照试样制备步骤制备空白试样。

六、实验结果整理和数据处理要求

（一）实验结果记录

根据实验结果将数据填入表 49-1。

表 49-1　实验记录表

样品名称	萘的峰面积	蒽的峰面积	2-氟联苯的峰面积	苊烯-d_{10} 的峰面积
土壤样品 1				
土壤样品 2				
土壤样品 3				
空白样品				

（二）实验数据处理

（1）定性分析

通过比较样品中目标物与标准系列中目标物的保留时间、质谱图、碎片离子质荷比及其丰度等信息，对目标物进行定性。应多次分析标准溶液得到目标物的保留时间均值，以平均保留时间±3 倍的标准偏差为保留时间窗口，样品中目标物的保留时间应在其范围内。

目标物标准质谱图中相对丰度高于 30％的所有离子应在样品质谱图中存在，样品质谱图和标准质谱图中上述特征离子的相对丰度偏差要在±30％之内。一些特殊的离子如分子离子峰，即使其相对丰度低于 30％，也应该作为判别化合物的依据。如果实际样品存在明显的背景干扰，比较时应扣除背景影响。

（2）定量分析

在对目标物定性判断的基础上，根据定量离子的峰面积，采用内标法进行定量。当样品中目标化合物的定量离子有干扰时，可使用辅助离子定量。

（3）结果计算

① 平均相对响应因子 RRF 的计算。标准系列第 i 点中目标化合物的相对响应因子 RRF_i，按照式(49-1) 计算。

$$RRF_i = \frac{A_i}{A_{ISi}} \times \frac{\rho_{ISi}}{\rho_i} \tag{49-1}$$

式中　RRF_i——标准系列中第 i 点目标化合物的相对响应因子；

A_i——标准系列中第 i 点目标化合物定量离子的响应值；

A_{ISi}——标准系列中第 i 点与目标化合物对应内标定量离子的响应值；

ρ_{ISi}——标准系列中内标物的质量浓度，$\mu g \cdot mL^{-1}$；

ρ_i——标准系列中第 i 点目标化合物的质量浓度，$\mu g \cdot mL^{-1}$。

标准曲线中目标化合物的平均相对响应因子 RRF，按照式(49-2) 计算。

$$RRF = \frac{\sum_{i=1}^{n} RRF_i}{n} \tag{49-2}$$

式中　RRF——标准曲线中目标化合物的平均相对响应因子；

RRF_i——标准系列中第 i 点目标化合物的相对响应因子；

n——标准系列点数。

② 土壤样品的结果计算。土壤样品中的目标化合物含量 ω($mg \cdot kg^{-1}$)，按照式(49-3) 进行计算。

$$\omega=\frac{A_x\times\rho_{IS}\times V_x}{A_{IS}\times RRF\times m\times W_{dm}} \tag{49-3}$$

式中 ω——样品中的目标化合物含量，$mg\cdot kg^{-1}$；

A_x——试样中目标化合物定量离子的峰面积；

A_{IS}——试样中内标化合物定量离子的峰面积；

ρ_{IS}——试样中内标的浓度，$\mu g\cdot mL^{-1}$；

RRF——标准曲线中目标化合物的平均相对响应因子；

V_x——试样的定容体积，mL；

m——样品的称取量，g；

W_{dm}——样品干物质含量。

七、注意事项

① 氮吹压力不要太大，控制好速度。

② 将浓缩管的口用合适的材料封住，在不影响溶剂挥发的前提下，防止外部的水从瓶口进入。

③ 所有容器均以铬酸洗液浸泡过夜后，用清水冲洗、纯水润洗后置于110℃烘箱中烘烤2h以上（容量瓶不需烘烤）。

④ 气相色谱参考条件。进样口温度：280℃。不分流或分流进样（样品浓度较高或仪器灵敏度足够时）。进样量：1.0μL。柱流量：$1.0mL\cdot min^{-1}$（恒流）。柱温：80℃保持2min；以$20℃\cdot min^{-1}$速率升至180℃，保持5min；再以$10℃\cdot min^{-1}$速率升至290℃，保持5min。

⑤ 质谱参考条件。电子轰击源（EI）；离子源温度：230℃；离子化能量：70eV；接口温度：280℃；四极杆温度：150℃；质量扫描范围：45～450amu；溶剂延迟时间：5min；扫描模式：全扫描模式（SCAN）或选择离子模式（SIM）。

⑥ 标准曲线的绘制。取5个5mL容量瓶，预先加入2mL丙酮-正己烷混合溶剂，分别移取适量的多环芳烃标准中间液、替代物中间液和内标中间液，用丙酮-正己烷混合溶剂定容，配制成至少5个浓度点的标准系列，使得多环芳烃和替代物的质量浓度均分别为2.0、5.0、10.0、20.0、$40.0\mu g\cdot mL^{-1}$，内标质量浓度均为$20.0\mu g\cdot mL^{-1}$。也可根据仪器灵敏度或目标物浓度配制成其他浓度水平的标准系列。

按照仪器参考条件，从低浓度到高浓度依次进样分析。以目标化合物浓度和内标化合物浓度比值为横坐标，以目标化合物定量离子响应值和内标化合物定量离子响应值的比值与内标化合物质量浓度的乘积为纵坐标，绘制标准曲线。

⑦ 试样的测定：将待测的试样按照绘制标准曲线的仪器分析条件进行测定。

⑧ 空白试验：将空白试样按照试样测定的仪器分析条件进行测定。

八、思考题

① 萃取的原理是什么？

② 什么样的样品不需要净化？

③ 色谱柱净化的原理是什么？

④ 选用内标物的原则是什么？

实验 50　河流水质监测与评价

河流是由一定区域内地表水和地下水补给，经常或间歇地沿着狭长凹地流动的水流。水质监测是控制水污染的重要手段。通过专业的数据比较和问题分析，可以充分了解水污染源、水污染现状及扩张速度和可能造成的危害，为水污染控制提供数据和经验，帮助专业人员做出正确判断，从而设计和制定合理的治理方案，最终有效改善水质，减少环境污染。

一、实验目的

① 了解评价河流水质的物理、化学和微生物特性的采样方案设计、采样技术、样品的保存和管理的基本原则；

② 掌握水质的现场监测指标和实验室监测指标的测定方法；

③ 熟练使用分光光度计等仪器。

二、实验原理

水质监测是监视和测定水体中污染物的种类、各类污染物的浓度及变化趋势，评价水质状况的过程。监测范围十分广泛，包括未被污染和已受污染的天然水体（江、河、湖、海和地下水）及各种各样的工业废水等。主要监测项目可分为两大类：一类是反映水质状况的综合指标，如温度、色度、浊度、pH 值、电导率、悬浮物、溶解氧、化学需氧量和生化需氧量等；另一类是一些有毒物质，如酚、氰、砷、铅、铬、镉、汞和有机农药等。为客观评价江河和海洋水质的状况，除上述监测项目外，有时还需进行流速和流量的测定。

水质监测常规五参数指的是 pH 值、电导率、溶解氧、浊度和温度，具有重要的测量意义。水质 pH 值的变化会影响藻类的光合作用释氧能力和动物对摄食的敏感性，会影响细胞膜转运物质的活性和速率，影响生物体正常的新陈代谢，进而影响整个食物网。监测水中电导率指数的主要目的是监测水体中的总离子浓度，即各种化学物质、重金属、杂质等各种导电物质的总量。水中的溶解氧除了被水中的硫化物、亚硝酸盐、亚铁离子等还原性物质消耗外，还被水中微生物的呼吸作用、水中微生物氧化分解有机物所消耗。因此，溶解氧是地表水监测的重要指标，是水体是否具有自净能力的标志。水体浊度的高低直接反映了水体的浑浊程度。浊度主要是由水中的不溶性物质造成的，包括沉积物、腐蚀性物质、浮游藻类和悬浮在水中的胶体颗粒。降低浊度可以减少水中的细菌、病毒、隐孢子虫、铁、锰等。水体浊度值高还会影响水中植物的光合作用效率，进而影响氧气的产生，导致腐烂和生物降解过程受影响，水质进一步恶化。因此，地表水浊度是反映水污染程度的综合指标。即使是相对较小的水温变化，也会对水生动物产生重大的负面影响，影响其生长速度、繁殖时间和繁殖效率。水温升高还增加了有害藻类大量繁殖的风险，这些藻类对水生植物和鱼类将产生负面影响。

至于实验室检测的项目，其指标大小也都各自反映了水体受污染程度，如化学需氧量（COD_{Cr}）、五日生化需氧量（BOD_5）、总氮、总磷、重金属、氨氮、高锰酸盐指数、粪大肠菌群等。化学需氧量反映了水中还原性物质污染的程度。五日生化需氧量是反映水中有机污染物含量的一个综合指标，其值越高，水中有机污染物越多，水质污染越严重。总氮是水中各种形态无机和有机氮的总量，常被用来表示水体受营养物质污染的程度，数值越高，水质污染越严重。河流水体中的微生物污染很大程度上来自人类和动物的排泄物中携带的各种病原微生物。人类的生产和生活活动会导致人畜粪便直接或间接地进入水体，引起水环境的污染，造成病原微生物的传播，对人体产生潜在危害。

因实验条件有限，本实验仅进行部分水质指标的测定，以考察水质状况。

水质指标的评价参照《地表水环境质量标准》(GB 3838—2002)，根据水质功能分区的标准限值，进行单因子评价（其中水温和 pH 不作为评价指标)。水质类别等级的划分参照《地表水环境质量评价办法（试行）》(环办〔2011〕22 号）中河流断面水质的评价方法。

三、课时安排

① 理论课时安排：3 学时，学习河流水质监测的基本原理、各项监测项目的测定原理及实验注意事项；

② 实验课时安排：6 学时，其中河流水文信息调查及外出采样等前期准备 1 学时，外出采样及现场监测（测定水温、溶解氧浓度、pH 值、电导率和浊度）3 学时，实验室检测(测定 COD、氨氮、粪大肠菌群浓度)、水质评价等 2 学时。

四、实验材料

（一）采样及现场测定所需材料和仪器

橡胶手套，记号笔，标签纸，杆式采样器，温度计，溶解氧测定仪，便携 pH 计，电导率仪，浊度仪，便携式冰箱。

（二）实验室测定所需材料和仪器

注：除另有说明外，药品均为分析纯级别，实验用水均为超纯水或蒸馏水。

(1) COD 测定

硫酸银（Ag_2SO_4），硫酸汞（$HgSO_4$），硫酸（H_2SO_4，$\rho=1.84g \cdot mL^{-1}$，优级纯)，重铬酸钾（$K_2Cr_2O_7$，优级纯)，硫酸亚铁铵 [$(NH_4)_2Fe(SO_4)_2 \cdot 6H_2O$]，硫酸亚铁($FeSO_4 \cdot 7H_2O$)，试亚铁灵指示剂，沸石。

回流冷却装置，加热装置，电子天平，酸式滴定管（25mL 或 50mL)，锥形瓶，移液管，量筒。

(2) 氨氮测定

轻质氧化镁（MgO，不含碳酸盐，在 500℃下加热 0.5h 以除去碳酸盐)，盐酸（HCl，$\rho=1.19g \cdot mL^{-1}$)，纳氏试剂（市售)，硫酸锌（$ZnSO_4 \cdot 7H_2O$)，氢氧化钠（NaOH)，硼酸（H_3BO_3)，溴百里酚蓝指示剂，氨氮标准贮备溶液 [$\rho(N)=1000mg \cdot L^{-1}$]，氨氮标准工作溶液 [$\rho(N)=10mg \cdot L^{-1}$]，酒石酸钾钠（$NaKC_4H_4O_6 \cdot 4H_2O$)。

可见分光光度计，20mm 比色皿，50mL 具塞磨口玻璃比色管，中速定性滤纸，移液管。

(3) 粪大肠菌群测定

胰胨，蛋白胨，酵母浸膏，氯化钠，乳糖，胆盐三号，苯胺蓝水溶液（$10g \cdot L^{-1}$)，玫瑰红酸溶液（$10g \cdot L^{-1}$)，超纯水。

高压蒸汽灭菌锅，一次性培养皿，恒温培养箱，冰箱，移液管，试管，pH 计，涂布器，酒精灯，无菌操作台，滤膜，过滤装置（配有砂芯滤器和真空泵）。

五、实验步骤和方法

（一）采样点及采样时间确定

1. 河流基础资料收集

水体的水文、气候、地质和地貌资料，如水位、水量、流速及流向的变化，降雨量、蒸发量及历史上的水情，河宽、河深、河床结构及地质状况，等等。水体沿岸城市分布、工业布局、污染源及其排污情况、城市给排水情况等。水体沿岸水资源现状及用途，如饮用水源重点水源保护区和分布、水体流域土地功能及近期使用计划等。历年水质监测资料、水文实测资料、水环境研究成果等。

2. 采样位置确定

① 在对调查研究结果和有关资料进行综合分析的基础上，监测断面的布设应有代表性，即能较真实、全面地反映水质及污染物的空间分布和变化规律。根据监测目的和监测项目，并考虑人力、物力等因素确定监测断面和采样点。

② 有大量废水排入河流的主要居民区、工业区的上游和下游。较大支流汇合口上游和汇合后与干流充分混合处，入海河流的河口处，受潮汐影响的河段和严重水土流失区。湖泊、水库、河口的主要入口和出口。国际河流出入国境线的出入口处。

③ 饮用水水源区、水资源集中的水域、主要风景游览区、水上娱乐区及重大水利设施所在地等功能区。

④ 断面位置应避开死水区及回水区，尽量选择河段顺直、河床稳定、水流平稳、无急流浅滩处。

⑤ 应尽可能与水文测量断面重合，并且交通方便，有明显岸边标志。

（二）现场水质指标的测定及采样

水温、pH 等水质指标易受环境变化的影响，在储存过程中变化较大，无法准确反映真实的水环境状况，应进行现场测定。

水温：将采集的水样倒入储存容器中，将温度计的球状玻璃泡全部浸入水中，在避免阳光直射的条件下，静置 3～5min 后读数。

溶解氧（DO）、pH、电导率（EC）和浊度：采用溶解氧测定仪、pH 计、电导率仪和浊度仪进行现场测定。将采集的水样置于样品储存容器中，然后将分析仪探头浸入水样液面以下，静置 5min，待读数稳定后读取并记录数值。

每个采样点收集 1L 水样装入塑料瓶，放入便携冰箱，采完全部点位后带回实验室进行后续指标检测。

（三） COD 测定

① 前处理：无机还原性物质如亚硝酸盐、硫化物、二价铁盐的需氧量作为水样 COD 值的一部分是可以接受的；氯化物可加入硫酸汞溶液去除，$m(SO_4^{2-}):m(Cl^-)\geqslant 20:1$。

② 样品测定：将水样充分摇匀，取 20.00mL 于锥形瓶中，依次加入硫酸汞溶液、10.00mL 重铬酸钾标准溶液和几颗防暴沸玻璃珠，摇匀。硫酸汞溶液按 $m(HgSO_4):m(Cr)\geqslant 20:1$ 的比例加入。

将锥形瓶连接到回流装置冷凝管下端，从冷凝管上端缓慢加入 30mL 硫酸银-硫酸溶液，以防止低沸点有机物逸出。不断旋动锥形瓶使之混合均匀。自溶液开始沸腾起回流 2h。若为水冷装置，应在加入硫酸银-硫酸溶液之前通入冷凝水。

回流冷却后，自冷凝管上端加入 90mL 水冲洗冷凝管，使溶液体积在 140mL 左右，取下锥形瓶。溶液冷却至室温后，加入 3 滴试亚铁灵指示剂溶液，用硫酸亚铁铵标准溶液滴定至溶液的颜色由黄色经蓝绿色变为红褐色即为终点。记下硫酸亚铁铵标准溶液的消耗体积 V_1。

③ 空白试验：按样品测定步骤以 20.00mL 蒸馏水代替水样进行空白试验，记录下空白滴定时消耗硫酸亚铁铵标准溶液的体积 V_0。

④ 计算。COD 按式(50-1) 计算。

$$\rho=\frac{c(V_0-V_1)\times 8000}{V_2} \tag{50-1}$$

式中 ρ——样品中化学需氧量的质量浓度，$mg \cdot L^{-1}$；

c——硫酸亚铁铵标准溶液的浓度，$mol \cdot L^{-1}$；

V_0——空白试验所消耗的硫酸亚铁铵标准溶液的体积，mL；

V_1——水样测定所消耗的硫酸亚铁铵标准溶液的体积，mL；

V_2——水样的体积，mL；

8000——$1/4O_2$ 的摩尔质量以 $mg \cdot L^{-1}$ 为单位的换算值。

测定结果报整数且不超过三位有效数字。

（四）氨氮测定

① 前处理。絮凝沉淀法：移取 100.00mL 经充分摇动混合均匀的样品，加入 1mL 硫酸锌溶液，并用氢氧化钠溶液调节 pH 值到 10.5，混匀使之沉淀。取上清液或用经水冲洗过的中速定性滤纸过滤后分析。

② 标准曲线绘制：在 8 个 50mL 比色管中，分别加入 0、0.50、1.00、2.00、4.00、6.00、8.00、10.00mL 氨氮标准工作溶液，其所对应的氨氮含量分别为 0、5.00、10.00、20.00、40.00、60.00、80.00、100.00μg，加水至标线，加入 1.0mL 酒石酸钾钠溶液摇匀。加入纳氏试剂 1.5mL 混匀。放置 10min 后，在波长 420nm 下，用 20mm 比色皿，以水作参比，测量吸光度。由测得的吸光度减去零浓度空白管的吸光度后，得到校正吸光度，绘制以氨氮含量（μg）对校正吸光度的标准曲线。

③ 样品测定：取经预处理的水样 50mL（若水样中氨氮浓度超过 $2mg \cdot L^{-1}$，可适当少取水样），按标准曲线测定步骤测量吸光度。用无氨水作为空白对照。按式(50-2) 计算。

$$\rho=\frac{A_s-A_b-a}{bV} \tag{50-2}$$

式中 ρ——样品中氨氮的质量浓度，$mg \cdot L^{-1}$；

A_s——样品的吸光度；

A_b——空白试验的吸光度；

a——标准曲线的截距；

b——标准曲线的斜率，μg^{-1}；

V——所取水样的体积，mL。

当测定结果 $<10mg \cdot L^{-1}$ 时，保留至小数点后两位；否则，保留三位有效数字。

（五）粪大肠菌群测定

① 前期准备。苯胺蓝水溶液（$10g \cdot L^{-1}$）：取1g苯胺蓝、2mL冰醋酸溶解于98mL超纯水中，煮沸或高压蒸汽灭菌。也可直接购买市售苯胺蓝水溶液（$10g \cdot L^{-1}$）试剂。

玫瑰红酸溶液（$10g \cdot L^{-1}$）：取1g玫瑰红酸，溶解于$8.0g \cdot L^{-1}$氢氧化钠溶液中，煮沸或高压蒸汽灭菌。也可直接购买市售玫瑰红酸溶液（$10g \cdot L^{-1}$）试剂。

MFC培养基：取胰胨10g、蛋白胨5g、酵母浸膏3g、氯化钠5g、乳糖12.5g、胆盐三号1.5g溶解于1000mL水中，调节pH值为7.4，分装于锥形瓶内。于115℃高压蒸汽灭菌20min，储存于冷暗处备用。临用前，用灭菌吸管分别加入10mL已煮沸灭菌的苯胺蓝水溶液（$10g \cdot L^{-1}$）及10mL玫瑰红酸溶液（$10g \cdot L^{-1}$），混合均匀。

无菌滤膜、超纯水、培养皿等均需高压灭菌。

② 样品过滤：过滤体积分别为10、1、0.1mL，理想的样品接种量是滤膜上生长的粪大肠菌群菌落数为20～60个，总菌落数不得超过200个。用灭菌镊子以无菌操作夹取无菌滤膜贴放在已灭菌的过滤装置上，固定好过滤装置，将样品充分混匀后抽滤，以无菌水冲洗器壁2～3次。样品过滤完成后，再抽气约5s，关闭开关。

③ 培养：用灭菌镊子夹取滤膜移放在MFC培养基上，滤膜截留细菌面向上，滤膜应与培养基完全贴紧，两者间不得留有气泡，然后将培养皿倒置，放入恒温培养箱内，（44.5±0.5)℃培养（24±2）h。

阳性及阴性对照：将粪大肠菌群的阳性菌株（如大肠埃希氏菌 *Escherichia coli*）和阴性菌株（如产气肠杆菌 *Enterobacter aerogenes*）制成浓度为40～600$CFU \cdot L^{-1}$的菌悬液，分别按照上述步骤培养。阳性菌株应呈现阳性反应，阴性菌株应呈现阴性反应；否则，该次样品测定结果无效，应查明原因后重新测定。

用超纯水做空白对照。

④ 计数：MFC培养基上呈蓝色或蓝绿色的菌落为粪大肠菌群菌落，予以计数。MFC培养基上呈灰色、淡黄色或无色的菌落为非粪大肠菌群菌落，不予计数。按式(50-3）计算。

$$C=\frac{C_1 \times 1000}{f} \tag{50-3}$$

式中 C——样品中的粪大肠菌群数，$CFU \cdot L^{-1}$；

C_1——滤膜上生长的粪大肠菌群菌落总数，个；

1000——将过滤体积的单位由mL转换为L的换算系数；

f——样品接种量，mL。

测定结果保留至整数位，最多保留两位有效数字。当测定结果≥100$CFU \cdot L^{-1}$时，以科学计数法表示。

六、实验结果整理和数据处理要求

（一）采样点及采样时间记录

简单绘制河流地形图，标注采样点和采样时间。

（二）各采样点检测数据记录

检测项目记录于表50-1。

表 50-1 检测项目记录

采样点号	水温/℃	DO/(mg·L^{-1})	pH	EC/(μS·cm^{-1})	浊度/NTU	COD/(mg·L^{-1})	氨氮/(mg·L^{-1})	粪大肠菌群/(CFU·L^{-1})
采样点 1								
采样点 2								
采样点 3								
…								

（三）水质评价表（以最差的指标判定河流整体水质）

地表水环境质量基本项目见表 50-2。

表 50-2 地表水环境质量基本项目

项目名称	Ⅰ类	Ⅱ类	Ⅲ类	Ⅳ类	Ⅴ类
水温/℃	人为造成的环境水温变化应限制在:周平均最大温升≤1℃，周平均最大温降≤2℃				
pH	6～9				
DO/(mg·L^{-1})	7.5	6	5	3	2
COD/(mg·L^{-1})	15	15	20	30	40
氨氮/(mg·L^{-1})	0.15	0.5	1.0	1.5	2.0
粪大肠菌群/(个·L^{-1})	200	2000	10000	20000	40000

七、注意事项

COD 浓度的测定过程中应注意以下事项。

① 硫酸汞属于剧毒化学品，硫酸也具有较强的化学腐蚀性，操作时应按规定佩戴防护器具，避免接触皮肤和衣服。若含硫酸溶液溅出，应立即用大量清水清洗。在通风橱内进行操作。检测后的残渣残液应妥善安全处理。

② 向水中加入浓硫酸时，必须小心谨慎，边加入边搅拌。玻璃仪器清洗时应小心，避免灰尘落入，且应单独存放，专门用于测定 COD。

③ 溶液消解时应保证消解装置均匀加热，使溶液缓慢沸腾，不宜暴沸。如出现暴沸，说明溶液局部过热，会导致测定结果有误。暴沸的原因可能是加热过于剧烈，或是防暴沸玻璃珠的效果不好。如消解过程中未出现沸腾，溶液可能未被完全消解，也可能会导致测定结果有误。

④ 试亚铁灵的加入量虽然不影响临界点，但应该尽量一致。当溶液的颜色先变为蓝绿色再变为红褐色即达到终点，但还会存在几分钟后重现蓝绿色的情况，此时需补充滴定直至红褐色即达到终点。

⑤ 水样加热回流后，溶液中重铬酸钾剩余量以占加入量的 1/5～4/5 为宜。回流冷凝管不宜用软质乳胶管，否则容易老化、变形，导致冷却水不通畅。要充分保证冷凝效果，用手摸冷凝管上段冷却出水时不能有温感，否则测定结果会偏低。

氨氮浓度的测定中应注意以下事项。

① 絮凝沉淀后样品必须经过滤纸过滤或离心分离，以免取样时带入絮状物。因离心比滤纸过滤干扰小，推荐采用离心分离。样品絮凝沉淀后转入 100mL 离心管进行离心处理 ($4000r \cdot min^{-1}$，5min)，取上清液分析。

② 当水样中存在细小颗粒时，易使纳氏反应生成物沉淀，影响后续吸光度检测，故应预先过滤除去。滤纸中含有一定量的可溶性铵盐，定量滤纸中的含量高于定性滤纸，建议采用定性滤纸过滤，过滤前用无氨水少量多次淋洗（一般为 100mL）。也可在准备阶段用无氨水浸泡滤纸 30min 左右，临用时再用无氨水多次淋洗，这样可减少或避免滤纸引入的测量误差。

③ 为了防止前处理后的溶液再次出现浑浊和氨氮在中性溶液中可能的逃逸损失，絮凝沉淀过滤后的水样应尽快分析。

八、思考题

① 影响测定准确度的因素有哪些？如何减少干扰？

② 为减少氯离子对 COD 测定的影响，除了采用硫酸汞溶液进行前处理外，还可采用什么方法？举例说明。

③ 采样时间的选择对水质各指标的检测数值有何影响？

④ 水质监测是否能全面地反映河流的健康程度？还有哪些指标可以共同评价河流的生态环境质量？

参考文献

[1] 奚旦立．环境监测［M］．5 版．北京：高等教育出版社，2019.

[2] 王灿．环境分析与监测［M］．北京：科学出版社，2021.

[3] 施文健，周化岚．环境监测实验技术［M］．北京：北京大学出版社，2009.

[4] 孙宝盛，单金林．环境分析监测理论与技术［M］．北京：化学工业出版社，2004.

[5] 日本《化学同人编辑部》．化学实验安全手册［M］．陈琼，译．南宁：广西人民出版社，1980.

[6] 李天增．有机化学：实训篇［M］．大连：大连理工大学出版社，2006.

[7] 李卫芳，俞红云，王冬梅，等．生物化学与分子生物学实验［M］．合肥：中国科学技术大学出版社，2012.

[8] 冯国刚，韩承辉．环境监测实验［M］．南京：南京大学出版社，2008.

[9] 周勤．医药分子生物学实验教程［M］．广州：中山大学出版社，2008.

[10] 袁力，张涛，胡冠九，等．环境监测操作技术指南［M］．南京：河海大学出版社，2006.

[11] 张悦，韩德文，韩银淑．生物化学实验教程［M］．北京：军事医学科学出版社，2004.

[12] 童志平，李星，郑良副．化学与环境保护实验［M］．成都：西南交通大学出版社，2005.

[13] 徐固华，陈芬．生物化学与技术实训［M］．武汉：华中科技大学出版社，2010.

[14] 刘亚贤，华芮．基础化学：上［M］．长春：吉林科学技术出版社，2006.

[15] 朱云，刘明娣．化学实验技术基础［M］．上海：上海交通大学出版社，2006.

[16] 卢建国，曹凤云．基础化学实验［M］．北京：清华大学出版社，2005.

[17] 侯晞．药理学实训［M］．南京：东南大学出版社，2014.

[18] 王万荣．医药数理统计实训［M］．南京：东南大学出版社，2013.

[19] 濮文虹，刘光虹，龚建宇．水质分析化学［M］．3 版．武汉：华中科技大学出版社，2018.

[20] 国家环境保护总局《水和废水监测分析方法》编委会．水和废水监测分析方法［M］．4 版．北京：中国环境科学出版社，2002.

[21] 王罗春，郑坚，齐雪梅．环境监测实验［M］．北京：中国电力出版社，2018.

[22] 严金龙，潘梅．环境监测实验与实训［M］．北京：化学工业出版社，2014.

[23] 赵晓莉，徐建强，陈敏东．环境监测综合实验［M］．北京：气象出版社，2016.

[24] 奚旦立．环境监测实验［M］．北京：高等教育出版社，2011.

[25] 王安，曹植菁，杨怀金．环境监测实验指导［M］．成都：四川大学出版社，2016.

[26] 陆建刚．大气环境监测实验［M］．北京：中国环境科学出版社，2017.

[27] 中华人民共和国环境保护总局．空气和废气监测分析方法［M］．4 版增补版．北京：中国环境出版集团，2003.

[28] 高冬梅，洪波，李锋民．环境微生物实验［M］．青岛：中国海洋大学出版社，2014.

[29] 陈倩，刘思彤．环境微生物实验教程［M］．北京：北京大学出版社，2014.

[30] 王秀菊，王立国．环境工程微生物学实验［M］．青岛：中国海洋大学出版社，2019.

[31] 姚槐应，黄昌勇．土壤微生物生态学及其实验技术［M］．北京：科学出版社，2006.

[32] 查同刚．土壤理化分析［M］．北京：中国林业出版社，2017.

[33] 胡慧蓉，王艳霞．土壤学实验指导教程［M］．北京：中国林业出版社，2020.